W0255814

BMFT - Risiko- und Sicherheitsforschung

Risikoanalyse und politische Entscheidungsprozesse

Standortbestimmung von Flüssiggasanlagen in vier Ländern

Herausgeber: IIASA, Laxenburg, Österrreich

H. Kunreuther und J. Linnerooth

J. Lathrop, H. Atz, S. Macgill, C. Mandl, M. Schwarz, M. Thompson

Mit 29 Abbildungen und 35 Tabellen

Springer-Verlag
Berlin Heidelberg New York Tokyo 1983

Bundesministerium für Forschung und Technologie, Bonn

IIASA - International Institute for Applied Systems Analysis,
A-2361 Laxenburg, Austria

Howard Kunreuther
Decision Sciences Department, The Wharton School, University of Pennsylvania,
Philadelphia, PA 19104, USA

Joanne Linnerooth
International Institute for Applied Systems Analysis,
A-2361 Laxenburg, Austria

John Lathrop
Woodward Clyde Consultants, 3 Embarcadero Center, San Francisco,
CA 94111, USA

Hermann Atz
International Insitute for Applied Systems Analysis,
A-2361 Laxenburg, Austria

Sally Macgill
School of Geography, The University of Leeds, Leeds LS 2 9 JT, UK

Christoph Mandl
Elin-Union AG für Elektrische Industrie, Penzingerstraße 76,
A-1141 Wien, Austria

Michiel Schwarz
Department of Social and Economic Studies, Imperial College of Science
and Technology, University of London, London SW7 2AZ, UK

Michael Thompson
International Institute for Apllied Systems Analysis,
A-2361 Laxenburg, Austria

CIP-Kurztitelaufnahme der Deutschen Bibliothek:
Risikoanalyse und politische Entscheidungsprozesse:
Standortbestimmungen von Flüssiggasanlagen in 4 Ländern /
im Auftr. d. IIASA, Laxenburg, Österreich, von H. Kunreuther, L. Linnerooth, J. Lathrop ...

Berlin; Heidelberg; New York; Tokyo: Springer, 1983. -
(Risiko- und Sicherheitsforschung)

ISBN-13:978-3-642-82079-3 e-ISBN-13:978-3-642-82078-6
DOI: 10.1007/978-3-642-82078-6

2060/3020 543210

Vorwort

Das vorliegende Buch untersucht die Entscheidungsprozesse für die Standortbestimmung von Flüssigenergiegasanlagen in vier Ländern: Bundesrepublik Deutschland, Niederlande, Vereinigtes Königreich von Großbritannien und Nordirland und Vereinigte Staaten von Amerika. Die verschiedenen Länder haben jeweils bestimmte institutionelle Rahmenbedingungen und Einrichtungen, die die Vorgangsweise bei der Auswahl eines Standortes festlegen. Eines der Hauptanliegen des Buches ist es, der Rolle der Risikoanalytiker bei Standortentscheidungen innerhalb einer gegebenen Kultur und politischen Struktur nachzugehen. Außerdem werden Möglichkeiten vorgeschlagen, wie der Kuchen (d.h. Kosten und Nutzen) zwischen den Personen und Gruppen, die von einem Standortbestimmungsproblem betroffen sind, aufgeteilt werden kann.

Das Einleitungskapitel bereitet die Szene mit Abrissen der vier Fallstudien und einer Besprechung der typischen Merkmale des LEG-Problems. Danach entwickeln wir mehrere Leserhilfen, wie z.B. das mehrdimensionale Vielgruppenmodell (MAMP-Rahmenmodell) zur Analyse des sequentiellen Entscheidungsprozesses für die Standortbestimmung von neuen Technologieanlagen. Diese Hilfen werden in den Kapiteln 3 bis 6 auf die vier Fallstudien angewendet, sodaß die Leser nachvollziehen können, wie die Programme für das politische Handeln (Agendas) erstellt werden und wie die hauptbeteiligten Parteien im Laufe der Zeit interagieren.

In Kapitel 7 vergleichen wir eine Reihe von Risikoermittlungen verschiedener Analytiker aus den vier Ländern und stellen einige ziemlich wesentliche Diskrepanzen zwischen den Schätzwerten für die Unfallswahrscheinlichkeiten selbst bei ein und derselben Anlage fest. Da es sich bei Flüssigenergiegas um eine relativ neue Technologie handelt, ergeben sich bei der Messung dieser Risiken Probleme. Es läßt sich daher nur schwer bestimmen, wie genau eine Risikoanalyse jeweils ist.

In Kapitel 8 werden diese Analysen innerhalb des die Standortdebatten umgebenden sozialen und politischen Kontextes untersucht. Dabei liegt der Schwerpunkt auf den Vor- und Nachteilen der Einbringung von quantitativen Risikoanalysen in die politische Maßnahmendebatte.

In Kapitel 9 konzentrieren wir uns auf Methoden zur Verbesserung des Entscheidungsverfahrens und der sich daraus ergebenden Resultate. Besondere Aufmerksamkeit wird der Frage gewidmet, wie die maßnahmenpolitische Analyse den Entscheidungsprozeß fördern kann. Das Kapitel schließt mit der Empfehlung von normativen Kriterien für einen wünschenswerten Entscheidungsprozeß, welche eher relativ denn absolut formuliert sind, da natürlich jede Gesellschaft die ihr geeignet erscheinenden Ziele festlegen muß.

Während der Arbeit an diesem Buch wurde am IIASA auch eine kulturelle Perspektive zu gesellschaftlichen Entscheidungen, die mit Risiken für die Allgemeinheit verbunden sind, ausgearbeitet. Dieser kulturelle Ansatz wird im Postskriptum besprochen und verwendet, um viele der in den vier Fallstudien vorgefundenen Anomalien zu erklären. Diese Perspektive baut auf den in dem Buch entwickelten Rahmen für die Beschreibung von politischen Entscheidungsprozessen auf und stellt diesen Rahmen gleichzeitig zu einem gewissen Grad in Frage.

Howard Kunreuther
Joanne Linnerooth

Danksagung

Dieses Buch ist ein Bericht über einen überdisziplinären Versuch, die Entscheidungsprozesse für die Standortbestimmung von potentiell gefährlichen Großanlagen innerhalb verschiedener kultureller Rahmenbedingungen besser verstehen zu lernen. Es ist primär für Analytiker und Politiker gedacht, die daran interessiert sind, die gegenwärtigen Methoden und Vorgangsweisen zu verbessern und die Erfahrungen aus anderen Ländern mit ähnlichen Problemen kennenzulernen.

Obwohl der Prozeß der Standardisierung und Koordinierung der verschiedenen Aspekte dieser Studie hauptsächlich auf unseren Schultern ruhte, ist doch der Bericht zu einem sehr großen Ausmaß eine Gruppenarbeit. Das Projekt begann mit einem IIASA-Arbeitsgruppentreffen über die Standortbestimmung von Flüssiggasanlagen im September 1980, bei dem uns Teilnehmer an Standortbestimmungsdebatten in fünf Ländern aus Kreisen der Regierung, Industrie, Wissenschaft und Bürgerinitiativen wertvolle Hinweise und Informationen lieferten. Anschließend an dieses Treffen machten sich Michiel Schwarz und John Lathrop um die Strukturierung des für die Fallstudien zu sammelnden Materials und die Erstellung von Richtlinien für die Interviews verdient.

Christoph Mandl und John Lathrop waren auch für das Material über die Ermittlung und den Vergleich der Sicherheitsrisiken beim Umgang mit Flüssigenergiegas verantwortlich. In den vier untersuchten Ländern wurden Vertreter der beteiligten Gruppen von den Fallstudienautoren befragt: Hermann Atz (Bundesrepublik Deutschland), Michiel Schwarz (Niederlande), Sally Macgill (Vereinigtes Königreich) sowie John Lathrop und Joanne Linnerooth (Vereinigte Staaten von Amerika). Wir sagen allen jenen Dank, die uns ihre Zeit gaben, die den Fallstudienautoren Material und Einsichten in die Standortbestimmungsprozesse zur Verfügung stellten und die später die Vorentwürfe der Berichte kritisch prüften. Im Laufe des Jahres gab es noch viele andere, die Teile unseres Materials überprüfen konnten und uns wertvolle Hinweise dazu lieferten. Die Namen dieser Personen und ihre Organisationszugehörigkeit sind am Ende des Buches im Abschnitt "Ratgeber und Kritiker" angeführt. In den überarbeiteten Kapiteln spiegeln sich die vielen nützlichen Kommentare wider, die wir von ihnen erhalten haben.

Natürlich sind dem Nachvollzug der Dynamik des realen Entscheidungsprozesses Grenzen gesetzt. Um alle Nuancen der Standortdebatte voll verstehen und aufnehmen zu können, hätten sich die Mitglieder des Teams in Stubenfliegen verwandeln müssen, um die vielen Interaktionen zwischen den beteiligten Parteien beobachten zu können. Dies lag jedoch offensichtlich außerhalb der Möglichkeiten dieses Projektes.

Einige Personen verdienen aufgrund ihres Engagements für das Projekt besondere Erwähnung. Alle Projektmitglieder sind Eduard Löser von der IIASA-Bibliothek sehr zum Dank verpflichtet. Er nahm von Anfang an besonderen Anteil an unserer Forschungstätigkeit und versorgte uns mit Veröffentlichungen über alle Aspekte des Projektes. Meredith Golden und Eryl Ley verbrachten viel Zeit mit der Überprüfung der Fallstudienzusammenfassungen und anderer Unterlagen. Ein besonderer Dank gebührt auch Rhonda Starnes, die allein die Vorentwürfe des englischen Manuskripts produzierte und die die endlosen Revisionen mit Geduld und Humor ertrug. Vivien Landauer, die Anfang 1982 zur Risikogruppe stieß, half bei der Koordination der Endphasen des Projektes.

Die Veröffentlichung dieses Buches wäre ohne die harte Arbeit von Valerie Jones nicht möglich gewesen, die mehrere Monate lang das Manuskript redigierte und vielfach neu schrieb. Sie leistete ausgezeichnete Arbeit bei der Koordinierung der Beiträge aus verschiedenen Ländern und Disziplinen. Wir möchten auch Maria Bacher-Helm und Gertrude Maurer danken, die mit der wertvollen Mithilfe von Hermann Atz eine exzellente Übersetzung des Buches aus dem Englischen ins Deutsche erstellten.

Wir konnten 1982 eine aktive Teilnahme von vielen IIASA-Forschern an dem Projekt feststellen. Im speziellen bot Nino Majone sehr nützliche Anregungen zu einem gemeinsamen Rahmen für die Präsentation des Materials der vier Fallstudien. Er widmete außerdem der kritischen Kommentierung der einzelnen Fallstudien und der individuellen Zusammenarbeit mit den Fallstudienautoren viel Zeit. Michael Thompson vermittelte uns zahlreiche Einblicke in kulturelle und politische Stilunterschiede zwischen den Ländern und erinnerte uns immer wieder an die Bedeutung von Kasten und Sekten. James Vaupel bot umfassende Kommentare zu den Entwürfen der einzelnen Kapitel des Buches. Besonders nützlich erwiesen sich seine Vorschläge für eine konstruktivere Funktion der Analytiker im Entscheidungsprozeß für Probleme der Standortbestimmung. Michael Stoto untersuchte zusammen mit der Risikogruppe am IIASA die Rolle der Experten im Entscheidungsverfahren. Sally Blount erarbeitete einen Bericht über Kompensationsmöglichkeiten, der uns zu einem besseren Verständnis ihrer Rolle im politischen Prozeß verhalf. Brian Wynne überprüfte das gesamte Fallstudienmaterial und gab uns zahlreiche Hinweise auf die Rolle der Risikoanalyse im politischen Entscheidungsverfahren. Die Teilnehmer an einem IIASA-Sommerseminar im Juni 1981 über "Entscheidungsprozesse und institutionelle Aspekte des Risikos" leisteten einen sehr nützlichen Beitrag zu unserer Arbeit, indem sie unser Material kommentierten und besonders, indem sie unseren Blickwinkel der risikobezogenen Probleme erweiterten.

Das Projekt stand ursprünglich unter der Leitung von Craig Sinclair, der bis Dezember 1980 beim IIASA war. Howard Kunreuther koordinierte die Arbeit ab Januar 1981. Wir möchten Alec Lee, dem Leiter des Management- und Technologiebereiches, Andrzej Wierzbicki, dem Leiter des System- und Entscheidungswissenschaftsbereiches, Roger Levien, dem früheren Direktor des IIASA, und C.S. Holling, dem Direktor des IIASA unseren Dank sagen, daß sie die Risikogruppe in ihren Bemühungen unterstützt haben.

Ermöglicht wurde das gesamte Projekt durch die finanzielle Förderung des Bundesministeriums für Forschung und Technologie (BMFT) der Bundesrepublik Deutschland, ergänzt durch IIASA-interne Geldmittel. Besonderen Dank schulden wir Hans Seipel und Werner Salz, den Verantwortlichen für das Programm, von dem diese Studie einen Teil bildet. Sie sind uns unermüdlich mit Ermutigung und Unterstützung zur Seite gestanden.

Schließlich gilt noch unserer besonderer Dank unseren Familien für ihre Unterstützung und ihr Verständnis für die langen Arbeitstage, die in den kritischen Stadien des Projektes unvermeidlich waren.

Howard Kunreuther
Joanne Linnerooth

Inhaltsverzeichnis

1 Das Problem*

Die Gaswerke haben einen Antrag auf Errichtung eines Flüssigenergiegas-Anlandehafens in der Nähe von Pietersdorf eingebracht. Das Unternehmen vertritt die Meinung, daß das vorgeschlagene Projekt ökonomisch als Investition gerechtfertigt ist. Es wurde außerdem von der nationalen Energiebehörde dazu ermutigt, ein solches Projekt durchzuführen, da das Flüssigenergiegas verspricht, einen Teil des künftigen Energiebedarfs des Landes zu decken. Die Gemeinde Pietersdorf wird insofern aus der Anlage Nutzen ziehen, als diese zusätzliche Steuereinnahmen sowie Arbeitsplätze für die Zukunft bieten wird. Einige Bewohner der Stadt sind jedoch bezüglich der Auswirkungen der Anlage auf ihre künftige Sicherheit beunruhigt, da ein - allerdings relativ geringes - Risiko besteht, daß ein schwerer Unfall zu Sachschäden und auch Todesfällen führen könnte. Außerdem zeigt sich die Gruppe besorgt darüber, daß eine solche technologische Großanlage potentiell negative Folgen für die Umweltqualität und den Lebensstil ihrer Kinder und Enkelkinder haben kann. Umweltschutzgruppen haben ähnliche Bedenken geäußert und lehnen das Projekt ab.

Das obige Szenario ist typisch für einen umfangreichen Problemkomplex, bei dem es zu potentiellen Konflikten zwischen verschiedenen Gruppen kommt. In den letzten Jahren wurde sich die Öffentlichkeit der Probleme der Standortbestimmung von neuen technologischen Anlagen bewußt, als es zu erregten Debatten darüber kam, wie wünschenswert die Kernkraft als Energiequelle sei. Die Vorschläge zum Bau von neuen Flüssigenergiegasterminals haben weniger Staub aufgewirbelt, trotzdem die prinzipiellen Probleme durchaus dieselben sind. In diesem Buch untersuchen wir das Verfahren der Standortbestimmung und -genehmigung von Umschlaghäfen für Flüssigenergiegas aus einer übernationalen Perspektive. Im speziellen konzentriert sich unser Interesse auf die folgenden Fragen:

- Warum ist die Standortbestimmung von Flüssigenergiegasanlagen ein Problem?
- Wer sind die Beteiligten?
- Was sind die Standpunkte der einzelnen Gruppen?
- Wie werden die Konflikte bewältigt?
- Wann betreten die Analytiker und Fachleute das Feld?

*Dieses Kapitel wurde von Howard Kunreuther verfaßt.

- Wie können Analytiker und Fachleute eine konstruktivere Rolle spielen?
- Welche Kriterien sollen bei der Entscheidung über Standorte herangezogen werden?

Wir untersuchen diese Fragen anhand von geplanten Flüssigenergiegasanlagen in der Bundesrepublik Deutschland, den Niederlanden, Großbritannien und den Vereinigten Staaten von Amerika. Vor dem Abschluß der vier Fallstudien hielt die IIASA einen einwöchigen Workshop ab, bei dem die Ähnlichkeiten und Unterschiede zwischen den Ländern bei der Standortbestimmung von Flüssigenergiegasanlagen diskutiert wurden (Kunreuther, Linnerooth und Starnes 1982, im folgenden KLS 1982). In den einzelnen Abschnitten dieses Buches illustrieren wir Aspekte des Entscheidungsverfahrens anhand von ausgewählten Kommentaren der Teilnehmer. So bemerkte am Ende des Workshops einer der Teilnehmer, C.D.J. Cieraad vom TNO-Zentrum für Energiestudien in den Niederlanden folgendes:

> Ich glaube, daß dies ein sehr informatives Treffen war, bei dem wir den Fallstricken der Analyse wie auch ihrem Nutzen nachgegangen sind. Ich glaube, wir müssen noch hinzufügen, daß der Einsatz der Analyse in der Politik sehr sorgfältig untersucht werden muß (KLS 1982, S. 450).

In diesem Sinne wurde das Buch geschrieben.

HINTERGRUND

Die Ölkrise des Jahres 1973 und der darauffolgende starke Preisanstieg rüttelte die Welt auf, sodaß sie erkannte, daß die Staaten eng voneinander abhängig sind und daß die Suche nach alternativen Energiequellen vorangetrieben werden muß. Gleichzeitig wuchs auch die Sorge, daß neue technologische Anlagen potentiell gefährliche und langfristige Auswirkungen auf die Umwelt haben können und auch die Möglichkeit einer Unfallkatastrophe in sich bergen. Daher kann man nicht einfach neue Energiequellen wie z.B. Kernkraft oder Flüssigenergiegas anstelle von Erdöl empfehlen, selbst wenn diese Quellen kostengünstig sind. Bei der Entwicklung von neuen Strategien müssen alle Aspekte des menschlichen Handelns und Denkens in Betracht gezogen werden (Häfele 1981). Diese Überlegungen bildeten die Basis für unsere Studie über die Stand ortbestimmung von LEG-Anlagen.

Was ist LEG?

Liquefied Energy Gas (LEG - Flüssigenergiegas) umfaßt zwei Substanzen: Liquefied Natural Gas (LNG - Flüssigerdgas) und Liquefied Petroleum Gas (LPG - Flüssiggas). Die Technologie für die Produktion und Lagerung dieser Energiequellen wurde erst vor kurzem entwickelt, jedoch ist die Anzahl der neuen Anlagen sehr schnell angewachsen. Die Technologie beruht im Prinzip darauf, daß das Gas durch Abkühlung verflüssigt wird, worauf es nur mehr einen Bruchteil seines ursprünglichen Volumens einnimmt. Erdgas wird beispielsweise bei -161,5°C flüssig und weist dann nur mehr ca. 1/600 seines Volumens bei normalem Luftdruck auf. Daher enthält ein LNG-Lagertank 600mal so viel Energie wie ein gleich großer Erdgas-Tank.

Die Technik dient zwei Hauptzwecken. Erstens bietet sie den Gasfirmen die Möglichkeit, ihr überschüssiges Gas während der warmen Sommermonate durch Verflüssigung zu speichern. Während der Wintermonate, wenn der Bedarf relativ hoch ist, kann dann das LEG zur Deckung des Spitzenbedarfes wieder rückverdampft werden. Diese *Anlagen für den Spitzenbedarf* können an "Satellitenstationen" in ländlichen Gemeinden angeschlossen werden, wo das mit Tankwagen hingeführte LEG gelagert wird.

Zweitens kann man mit Hilfe dieser Technik Erdgas in Ländern wie Algerien und Indonesien verflüssigen, in speziell konstruierten Tankschiffen transportieren und in Terminals, die Hunderte oder Tausende von Kilometer entfernt sind, lagern. Das LEG wird dann wieder rückverdampft und an die Verbraucher - meist per Rohrleitung - geliefert, wobei ein Teil des Gases auch mit Lastwagen oder Bahnwaggons verfrachtet wird. Bild 1.1 zeigt die Elemente des Transport- und Lagerverfahrens. Die Kosten der Errichtung des gesamten Systems (d.h., Verflüssigungsanlage, LEG-Tankschiffe, Anlandehafen und Rückverdampfungsanlage) belaufen sich auf über eine Milliarde Dollar.

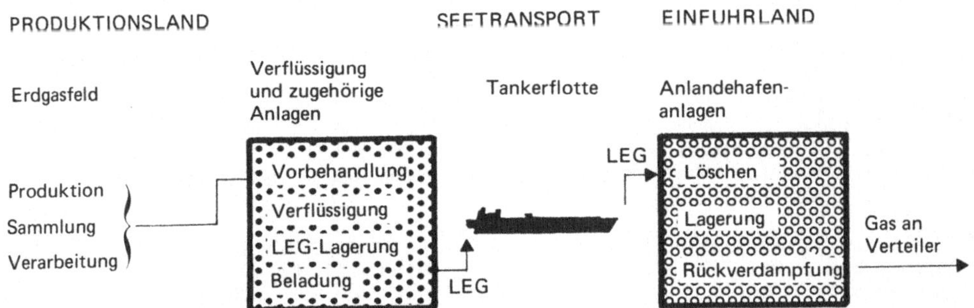

Bild 1.1: Hauptelemente eines LEG-Projektes (nach Jensen Associates Ltd.)

Von den vier in diesem Buch vorgelegten Fallstudien beziehen sich drei (Bundesrepublik Deutschland, die Niederlande und die USA) auf geplante LNG-Importanlagen, während das britische Projekt eine Anlage für den Export von LPG umfaßt. Erst 1977 schätzte die Gasindustrie, daß, falls alle angekündigten internationalen LNG-Importgeschäfte bis 1985 durchgeführt würden, bis zu 22% der amerikanischen, 23% der westeuropäischen und 86% der japanischen Gasversorgung aus LNG bestehen würde (Daniels und Anderson 1977). Sechs Länder importieren gegenwärtig LNG und fünf weitere ziehen den Bau von neuen Anlagen in Betracht[1]. Bild 1.2 zeigt die Standorte von global vorhandenen Verflüssigungs- und Speicheranlagen. Davis (1979) weist jedoch darauf hin, daß Ende der 70er Jahre die Bedeutung von LNG als Weltenergiequelle sehr stark zurückging, wofür hauptsächlich zwei wirtschaftliche Gründe verantwortlich waren: der rapide Preisanstieg bei LNG seit 1973 und die wachsende Besorgnis, wie weit mit Lieferungen aus Ländern wie Algerien und Indonesien verläßlich gerechnet werden kann.

Wie gefährlich ist LEG?

Eines der schwierigsten Probleme im Zusammenhang mit der Standortbestimmung von neuen technischen Anlagen liegt in der Ermittlung der Sicherheitsrisiken für die Bewohner der Umgebung. Die Entwicklung von LEG erlitt einen empfindlichen Rückschlag, als der erste errichtete Lagertank, der 1941 in Cleveland, Ohio, erbaut worden war, nach dreijährigem Betrieb brach und seinen Inhalt in die anschließenden Straßen und Kanäle ergoß. Die Flüssigkeit verdampfte, das Gas entzündete sich und explodierte, was 120 Tote, 300 Verletzte und ca. $ 7 Mio. an Sachschäden zur Folge hatte. Die Anlage wurde nie wiederaufgebaut und warf die Entwicklung dieser Technik um zwei Jahrzehnte zurück. In der Mitte der 60er Jahre waren sich die Ingenieure und Techniker sicher, die Probleme, die zu dem Tankbruch geführt hatten, bewältigt zu haben, und erklärten, daß das LNG-Verfahren in Zukunft gefahrlos sei und daher kommerziell erschlossen werden könne[2].

---

1. Gegenwärtig importieren Frankreich, Italien, Japan, Spanien, Großbritannien und die USA Flüssigerdgas. In Belgien, Kanada, den Niederlanden, der Bundesrepublik Deutschland und Schweden wird die Errichtung von Terminals ins Auge gefaßt (Davis 1979, S. 11).

2. Eine Untersuchung des Unfalls in Cleveland ergab, daß der Tank gebrochen war, weil er aus 3,5%igem Nickelstahl bestand, welcher bei Kontakt mit den extrem niedrigen Temperaturen des LNG spröde wird. Alle Anlagen werden jetzt mit 9%igem Nickelstahl, Aluminium oder Beton gebaut und die Lagertanks sind von Dämmen umgeben, die den Inhalt des Tankes auffangen können, wenn ein Bruch auftreten sollte.

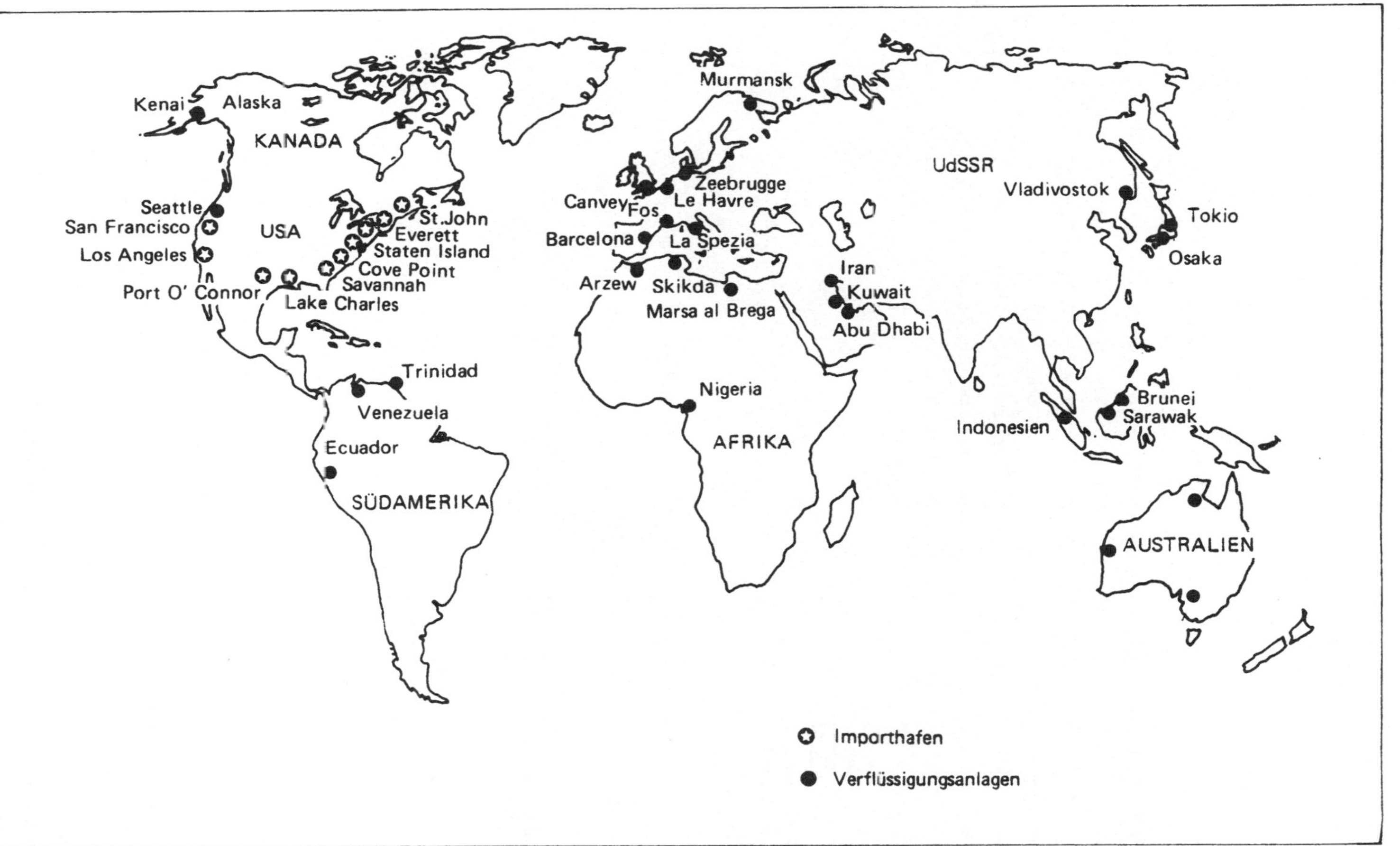

Bild 1.2: Weltkarte mit Standorten von vorhandenen (1982) Erdgasverflüssigungsanlagen und LEG-Speicheranlagen

Um die Risiken einer LEG-Anlage besser einschätzen zu können, wurden von Analytikern Unfallszenarien entwickelt. Bild 1.3 führt die Hauptelemente eines solchen Szenarios an. Der Hergang beginnt mit einem auslösenden Ereignis wie z.B. dem Unfall eines Tankschiffs oder dem Bruch eines Lagertanks, was zu einem LEG-Austritt führt. Das LEG verdampft sofort nach Austritt und erzeugt eine Dampfwolke, die in Windrichtung auf ein besiedeltes Gebiet hinzieht. Die Mischung von verdampftem LEG und Luft kann sich entzünden, wenn sie mit einer Entzündungsursache wie z.B. einem elektrischen Funken in Kontakt kommt. Wenn die Wolke zu brennen beginnt, besteht die Möglichkeit, daß aufgrund von Bränden und Explosionen in umschlossenen Räumen Todesfälle auftreten können und daß bestimmte Stoffe durch die Strahlungswärme Feuer fangen. Wenn sich die Dampfwolke nicht innerhalb einer gegebenen Zeit entzündet, vermischt sie sich weiter mit Luft, sodaß sie ungefährlich wird und sich schließlich auflöst.

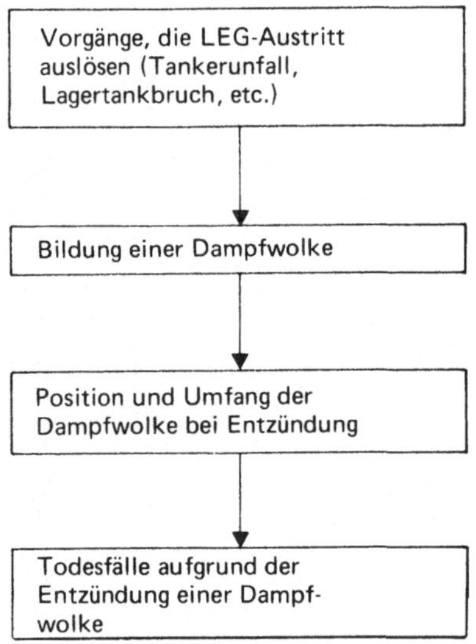

Bild 1.3: Elemente eines Unfallszenarios (aus: Keeney 1980)

Unter den wissenschaftlichen Experten herrscht noch keine Einigkeit über die Risiken in Verbindung mit solchen Unfällen. Wie hoch ist die Wahrscheinlichkeit eines LEG-Austrittes? Wie groß ist die Chance, daß sich die entstehende Dampfwolke entzündet? Wieviele Menschenleben wird das kosten und wie hoch wird die Zahl der Verletzten sein, wenn eine solche Abfolge von Ereignissen eintritt? In Kapitel 7 dokumentieren wir die von uns festgestellten wesentlichen Diskrepanzen bei den Schätzungen, die darauf zurückzuführen sind, daß die verschiedenen Analytiker verschiedene Annahmen für die Ursachen und die Natur dieser LEG-bezogenen Risiken gemacht haben. Die großen Unterschiede in den Ansichten über die potentiellen Gefahren von LEG sind von Bedeutung für das Verständnis der politischen Dynamik der Standortdebatten.

DIE FALLSTUDIEN

Die empirische Basis dieses Buches (Kapitel 3-6) besteht aus Fallstudien, in denen die in vier Ländern vorgefundenen Entscheidungsverfahren und institutionellen Rahmen für die Standortbestimmung von LEG-Anlagen beschrieben werden. Die Grundzüge dieser Verfahren wurden mit Hilfe von retrospektiven Interviews mit Schlüsselpersonen als Vertreter der relevanten Interessensgruppen interpretiert. Außerdem wurden Studien und Dokumente, die uns von diesen Personen zur Verfügung gestellt wurden, herangezogen. Die Interviews wurden ohne einen vorgegebenen Rahmen für eine Analyse des Entscheidungsprozesses durchgeführt. Die jeweiligen Verfasser der Fallstudien holten lediglich Informationen darüber ein, wie die beteiligten Parteien die verschiedenen Aspekte des Standortbestimmungsverfahrens einschätzten und inwieweit sich ihre Ansichten im Laufe der Zeit änderten. Die Rollen dieser Gruppen wurden ausschließlich im Zusammenhang mit den spezifischen LEG-Projekten untersucht und nicht im Rahmen von weitergefaßten Programmen oder Perspektiven, auf denen die Parteien ihre Vorgangsweise begründet haben mögen. Im folgenden legen wir eine kurze Synopsis der vier Fälle vor.

- *Bundesrepublik Deutschland*

Im September 1972 gründeten zwei große Gasfirmen eine Tochtergesellschaft in der Absicht, eine LNG-Import/Rückverdampfungsanlage in Wilhelmshaven, einer Hafenstadt an der Nordseeküste, zu errichten, um hier das aus einer Verflüssigungsanlage in Algerien herangebrachte LNG zu verarbeiten. Der Terminal sollte einen wesentlichen Beitrag zu der projektierten nationalen Energieversorgung in der BR Deutschland leisten und außerdem Anstöße für die Entwicklung einer regionalen Industrie im Gebiet um Wilhelmshaven geben. Die andere Seite der Münze war jedoch die Meinung verschiedener Gruppen, daß der vorgeschlagene Terminal eine Belastung für die Umwelt darstellen würde und damit negative Auswirkungen auf den Fremdenverkehr hätte. Außerdem gäbe es für die Bevölkerung ein erhöhtes Risiko aus möglichen Schiffsunglücken bei den Anlandeanlagen im Jadebusen, die nicht nur von dem LNG-Terminal, sondern auch von einem geplanten petrochemischen Werk benützt würden. Die beteiligten Parteien und die Kontrollorgane erstellten eine Reihe von Risikostudien, die sich alle mit Aspekten der Sicherheit für die Bevölkerung beschäftigten. Im Juli 1979 entschied der Bundesminister für Verkehr schließlich, daß die Schiffahrtsrisiken angesichts des erwarteten wirtschaftlichen Nutzens des Projektes tragbar wären und erteilte eine bedingte Bewilligung für den Terminal. Aufgrund von Problemen mit dem algerischen Gasliefervertrag wurde jedoch bis jetzt mit dem Bau der Anlage noch nicht begonnen.

- *Niederlande*

Anfang der 70er Jahre äußerte die halbstaatliche Gasgesellschaft Gasunie Interesse an der Einfuhr von LNG in die Niederlande und leitete Gespräche mit der algerischen Firma Sonatrach ein. Als Standort für den Einfuhrterminal wurde Maasvlakte im Gebiet des Rotterdamer Hafens vorgeschlagen, da sich die für die Energiepolitik und die wirtschaftliche Entwicklung zuständigen Stellen einig waren, daß an dieser Stelle eine Anlage wünschenswert wäre. Die Annahme von Maasvlakte als Standort wurde jedoch durch den Widerstand von Umweltschutzgruppen gefährdet, sodaß man schließlich Eemshaven gegenüber Rotterdam den Vorzug gab, da die niederländische Regierung der Meinung war, daß eine Anlage an diesem Ort positive Auswirkungen auf die regionale Wirtschaft und die Arbeitsplatzsituation haben würde. Ein wesentlicher Faktor, der den Anstoß zur Entscheidung für Eemshaven gab, war die Ansicht einiger lokaler, am Bewilligungsverfahren beteiligter Gruppen, daß das potentielle Risiko von Umschlag und Lagerung von LNG in Maasvlakte unzumutbar wäre. Eine von der Regierung in Auftrag gegebene LNG-Risikoermittlung wurde von allen Hauptbeteiligten an der Debatte verwendet. Während beide Standorte - sowohl Eemshaven als auch Maasvlakte - von der Regierung als annehmbar erachtet wurden, genehmigte sie schließlich Ende 1978 den ersteren. Jedoch wurde kurz danach der LNG-Vertrag von Sonatrach storniert, sodaß aufgrund des Fehlens von Alternativlieferanten die Planung für den LNG-Einfuhrhafen in den Niederlanden bis auf weiteres vertagt wurde.

- *Vereinigtes Königreich von Großbritannien und Nordirland*

Im Juli 1976 erklärten Shell und Esso ihr gemeinsames Interesse an der Errichtung einer Gasverarbeitungsanlage bei Mossmorran und eines Exporthafens in der Braefoot Bay, Schottland, als Teil eines umfassenden Entwicklungsprogrammes zur Aufbereitung und Ausfuhr von Erdgas aus dem nahegelegenen Öl- und Gasfeld von Brent. Daher betraf dieses Projekt nicht direkt die nationale Energieversorgung, wie dies bei den drei anderen Ländern der Fall war. Bei einer öffentlichen Erörterung konzentrierte sich die Kontroverse hauptsächlich darauf, ob der potentielle wirtschaftliche Nutzen für die Region groß genug sein würde, um die erwarteten negativen Auswirkungen der Anlage auf die Umwelt und insbesondere die Risiken einer Unfallkatastrophe aufzuwiegen. Zu den potentiellen Nutznießern des Projektes gehören die Bewohner von Cowdenbeath, da die Anlage von Mossmorran Arbeitsplätze schaffen würde. Die potentiellen Verlierer waren die hauptsächlich der Mittelschicht angehörenden Einwohner von Aberdour und Dalgety Bay in der Nähe des Ausfuhrhafens von Braefoot Bay, die die Risiken der Lagerung und der Aufbereitung des Flüssigenergiegases tragen müssen und die daher eine Bürgerinitiative gegen das Projekt gründeten. Die örtlichen Behörden, die nationale Regierung und die Bürgerinitiative legten jeweils ihre eigenen Risikostudien vor. Der Minister für Schottland bewilligte schließlich im August 1979 den Standort mit der Auflage, daß vor der Inbetriebnahme eine detaillierte technische Überprüfung der Anlage durchgeführt werden muß. Der Bau der Anlage ist gegenwärtig im vollen Gange und sie wird voraussichtlich in den 90er Jahren in Betrieb gehen.

- *Vereinigte Staaten von Amerika*

Im September 1974 stellte die Western LNG Terminal Company, die die Interessen von drei Gaslieferfirmen vertritt, einen Antrag auf Genehmigung von drei Standorten an der kalifornischen Küste - Point Conception, Oxnard und Los Angeles - für die Aufnahme von LNG aus Indonesien und Alaska. In den nächsten drei Jahren diskutierte eine Reihe von Interessensgruppen auf Bundes-, Landes- und Ortsebene darüber, wie wünschenswert jeder einzelne Standort sei. Im Sommer 1977 war es schließlich klar, daß keiner der drei Standorte anhand der bestehenden Verfahrensordnung bewilligt werden würde, sodaß die Versorgungsunternehmen und andere Wirtschaftsgruppen auf ein neues Gesetz drängten, um das Standortverfahren abzukürzen. Das Ergebnis war das kalifornische Gesetz über die Standortbestimmung von LNG-Hafenanlagen aus dem Jahre 1977, in dem der Genehmigungsprozeß vereinfacht wurde und Grenzen für die Bevölkerungsdichte angegeben wurden, bis zu denen ein Standort bewilligt werden konnte. Um die Sicherheitsfrage zu klären, wurden von einigen der beteiligten Parteien unabhängig voneinander Risikostudien in Auftrag gegeben, welche den Konflikt zwischen den Gruppen noch verschärften. Es schien bereits, als ob Point Conception schließlich im Oktober 1981 von der Bundesenergiebehörde und der kalifornischen Kommission für die öffentlichen Versorgungsbetriebe genehmigt würde, nachdem es sich herausgestellt hatte, daß eine kurz davor entdeckte Erdbebenfalte kein unzumutbares Risiko darstelle. Jedoch blieb die Frage, ob Kalifornien immer noch einen LNG-

Terminal brauche, weiterhin ungelöst. Die Versorgungsfirmen haben ihre Absicht bekanntgegeben, ihren Antrag vorläufig zurückzuziehen, sich jedoch die Möglichkeit offengelassen, dieses Projekt - eventuell in den 90er Jahren - wiederaufzunehmen.

Ähnlichkeiten und Unterschiede

Die politischen Entscheidungsverfahren der vier Länder spiegeln die unterschiedlichen institutionellen Strukturen wider, innerhalb welcher die Gruppen ihre Streitfragen diskutieren. Trotzdem gibt es gewisse Gemeinsamkeiten, die einen Großteil der Kontroversen um die Errichtung von LEG-Anlagen stimulierten. In der Mitte der 70er Jahre waren die westlichen Regierungen der Ansicht, daß das Erdgas angesichts der Ungewißheit der Ölversorgung aus dem Nahen Osten eine sicherere Energiequelle für die Zukunft sein könnte. Die Energieversorgungsunternehmen glaubten, dieses Bedürfnis mit Hilfe der Erdgasverflüssigung erfüllen zu können und die nationalen Regierungen unterstützten diese Entwicklung, wenn gezeigt werden konnte, daß die diesen Techniken innewohnenden Gefahren tragbar waren.

Wenn sich die Standortwahl mit regionalen Wirtschaftsbedürfnissen deckte, hatten die Regierungen ein zusätzliches Motiv für die Förderung einer geplanten Anlage. Gleichzeitig warben aber die Umweltschutzbewegungen um Unterstützung für ihre Bedenken über die Auswirkungen von technologischen Entwicklungen großen Maßstabes auf die künftige Lebensqualität und die Risiken für die Menschen in der Umgebung einer LEG-Anlage. Es entstanden örtliche Bürgerinitiativen, die ihre Besorgnis darüber äußerten, daß potentiell gefährliche Anlagen in ihrer unmittelbaren Nachbarschaft gebaut werden sollten.

Angesichts dieses Konfliktes zwischen dem nationalen Energiebedarf und den Sicherheits- und Umweltschutzfragen war es unvermeidlich, daß die betroffenen Menschen und Gruppen aufeinanderprallen würden. Die folgenden kurzen Zitate aus den vier Fallstudien beleuchten die Schwierigkeiten, mit denen die Länder bei der Bewältigung dieser Probleme zu kämpfen hatten.

In der BR Deutschland sieht Hermann Atz die größte Schwäche darin, daß die Regierung bei der Behandlung von Plänen über eine LEG-Anlage ein Übermaß an Geheimhaltung an den Tag legte:

Angesichts der zunehmenden Betroffenheit in der Gesellschaft über die Risiken bzw. negativen Auswirkungen technologischer Entwicklungen erscheint es ratsam, wesentliche Verfahrensmerkmale des ... Entscheidungsprozesses neu zu überdenken. Dazu gehören zum einen das Konzept der strengen Isolierung der vorläufigen "prinzipiellen" Entscheidungsfindung im politisch-administrativen Rahmen ohne gleichzeitige Diskussion von Sicherheitsfragen in der Öffentlichkeit und zum anderen die Übung in bestehenden Bewilligungsverfahren, die Erörterung von Sicherheitsbelangen erst dann zuzulassen, wenn der Standort bereits feststeht (Kapitel 3).

Bezüglich der Niederlande unterstreicht Michiel Schwarz den dominierenden Einfluß der Politik auf das Ergebnis der Debatte:

> Wenn [die Regierung] sich auch in Beantwortung eines "energiepolitischen Imperativs" bindend für die Errichtung eines LNG-Anlandehafens ausgesprochen hatte, so war das Endergebnis des Entscheidungsprozesses vorwiegend von politischen Überlegungen und nicht von Bedenken über die Sicherheit geprägt (Kapitel 4).

In der britischen Fallstudie weist Sally Macgill auf die Grenzen des britischen Planungssystems bei der Bewältigung des Risikoproblems hin:

> Die Risikostudien, die im Entscheidungsprozeß von Mossmorran-Braefoot Bay Verwendung fanden, waren Teil einer öffentlichen Risikodebatte, die als unausgeglichen und ergebnislos zu bezeichnen ist ... Die Debatte war unausgeglichen insofern, als das Gewicht, das verschiedenen Sicherheitsfragen beigemessen wurde, nicht ihrer relativen Bedeutung entsprach ... Da sich die interessierten Parteien auf keine Kriterien zur Beurteilung der Sicherheit einigen konnten, blieb die Debatte ergebnislos (Kapitel 5).

In der amerikanischen Fallstudie diskutieren John Lathrop und Joanne Linnerooth die positiven und negativen Seiten des kalifornischen Standortbestimmungsgesetzes aus dem Jahre 1977, welches einer einzigen staatlichen Behörde das Mandat zur Erteilung von Standortbewilligungen verleiht, sodaß das Versorgungsunternehmen nicht mehr länger Bewilligungen von einer ganzen Reihe von örtlichen Behörden einholen muß:

> Eine LNG-Hafenanlage eröffnet der betreffenden Region neue Möglichkeiten wirtschaftlicher Entwicklung und kann zu einem höheren Steueraufkommen der Gemeinde beitragen, bringt aber auch für die Bewohner bestimmte Risiken mit sich. Aus diesem Grund mag sich ein Bewilligungsverfahren auf Ortsebene als schwierig erweisen. Mißt man aber der Bürgerbeteiligung einige Bedeutung zu, so ist wahrscheinlich jeder für lokale Präferenzen unempfindlichere Prozeß unbefriedigend (Kapitel 6).

Ein Blick auf den gegenwärtigen Stand der Projekte in den vier Ländern zeigt ein vollkommen anderes Bild, als sich Mitte der 70er Jahre bot. Bis jetzt wird nur die Exportanlage in Mossmorran-Braefoot Bay gebaut. Die BR Deutschland und die Niederlande haben die Errichtung ihrer LEG-Anlagen aufgrund der Unsicherheiten in der Gasbelieferung auf unbestimmte Zeit verschoben. In den USA sind die Versorgungsunternehmen zu dem Schluß gekommen, daß das LEG keine gewinnbringende und zukunftsichere Energiequelle ist; daher ist es unwahrscheinlich, daß in der nächsten Zukunft ein Terminal in Point Conception errichtet werden wird, obwohl der Standort als erdbebensicher befunden wurde.

CHARAKTERISTISCHE MERKMALE DER STANDORTBESTIMMUNGSPROBLEME

Die Probleme der Standortbestimmung weisen eine Reihe von Zügen auf, die sie zu einem besonders interessanten Studienobjekt machen.

Relevante Akteure

Viele Personen und Gruppen haben ein Interesse an dem Endergebnis. Alle diese Parteien verfügen über bestimmte Ziele und Vorstellungen, die sich im Laufe der Zeit ändern können. Betrachtet man die Beteiligten an den Debatten über die Standortbestimmung von LEG-Anlagen genauer (Bild 1.4), so wird es klar, warum die Wahrscheinlichkeit von Konflikten sehr hoch ist.

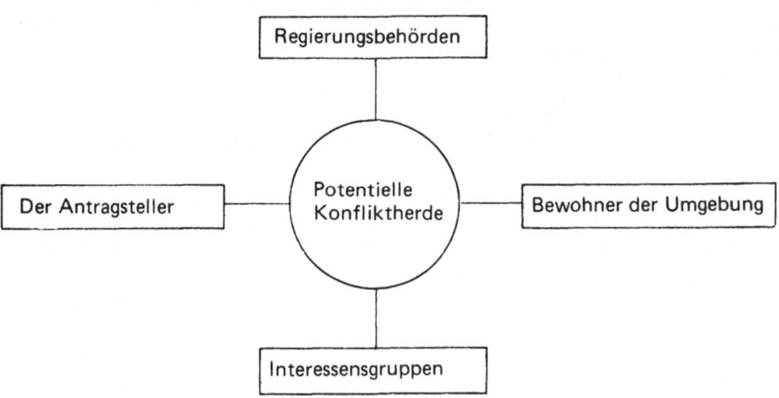

Bild 1.4: Relevante Akteure bei der Standortdebatte

- *Der Antragsteller:* Jene Unternehmen, die die Errichtung und den Betrieb einer Anlage unterstützen, sind zu dem Schluß gekommen, daß trotz gewisser Unsicherheiten in der Zukunft die voraussichtlichen Gewinne aus dem Projekt die erwarteten Kosten übersteigen werden. Dabei wird sich ihre Analyse auf die Rentabilität des Anlagebetriebes, den zukünftigen Ein- und Verkaufspreis für das Produkt sowie auf das Risiko einer Unfallkatastrophe begründen.

- *Bewohner der Umgebung:* Die Menschen, die im Umfeld eines geplanten Terminals leben, werden die Situation vermutlich anders sehen. Jene Landbesitzer, auf deren Boden die Anlage errichtet werden soll, werden Angst haben, daß ihnen das Gericht keinen fairen Preis für ihren Grund zusprechen wird. Andere werden betonen, daß die geplante Anlage zu einer Herabsetzung der Grundsteuern, der Schaffung von Arbeitsplätzen und zu einem Wirtschaftsaufschwung in dem Gebiet führen kann. Eine dritte Gruppe wiederum wird sich mit den potentiellen Gefahren der Anlage befassen. Daher werden manche Bewohner der Umgebung das Projekt billigen, andere dagegen es ablehnen.

- *Regierungsbehörden:* Die Regierungsbehörden haben normalerweise bei dem Standortbestimmungsverfahren genau vorgeschriebene formale Verantwortungsbereiche. Aufgrund ihrer Funktion, die oft durch gesetzliche Bestimmungen definiert wird, geben sie bestimmten Interessen den Vorzug gegenüber anderen. Die vier Fallstudien zeigen interessante Kontraste bezüglich der Rolle der Regierungsbehörden auf nationaler, bundesstaatlicher oder regionaler und lokaler Ebene und zeigen die Auswirkungen ihrer Handlungen und Vorgangsweisen auf die verschiedenen Akteure.

- *Interessensgruppen:* Seit einiger Zeit läßt sich eine verstärkte Beteiligung von Bürgerinitiativen und Umweltschutzgruppen an den Standortdebatten feststellen. Diese Organisationen vertreten gewöhnlich die Interessen und Präferenzen von bestimmten Teilen der Öffentlichkeit. So beschäftigen sich z.B. die Mitglieder des Sierra Club mit den Auswirkungen neuer technischer Einrichtungen auf die Umwelt. Die lokalen Bürgerinitiativen befassen sich hauptsächlich mit den Folgen eines geplanten Projektes für die Grundstückspreise und für die Sicherheit der Bewohner der Umgebung. Wer sich solchen Organisationen anschließt, hat bestimmte ausgeprägte Interessen, welche das Programm der Organisation diktieren und Einfluß darauf nehmen, welche Art von Informationen gesammelt und verwendet wird.

Die folgenden allgemeinen Zielsetzungen werden von diesen Interessensgruppen zumindest implizit einbezogen, wenn sie die Attraktivität von vorgeschlagenen Alternativen beurteilen:

- *Das Wohlfahrtsziel:* Die Absicht, das Wohl der Gesellschaft insgesamt zu fördern, häufig auch als Effizienz-Ziel bezeichnet.
- *Das Verteilungsziel:* Die Absicht, das Wohl von Einzelpersonen und -gruppen zu verbessern. Oft auch als Ziel der Verteilungsgerechtigkeit bezeichnet.

Bestimmte Akteure, wie z.B. der Antragsteller, die Interessensgruppen und die Bevölkerung der Umgebung, sind hauptsächlich um ihr eigenes Wohl besorgt. Sie werden dann für eine Anlage sein, wenn sie zu der Auffassung gelangen, daß sie damit einen Nettonutzen im Vergleich zum Status quo erzielen können. Manche Regierungsbehörden müssen nationale Interessen wie z.B. die Auswirkungen des Projektes auf den Preis und die Zuverlässigkeit der künftigen Energieversorgung bedenken. Die für die Umwelt- und Sicherheitsaspekte einer neuen Anlage verantwortlichen Stellen konzentrieren sich auf die Auswirkungen des Projektes auf bestimmte Segmente der Bevölkerung. Wie wir in den vier Fallstudien sehen werden, beeinflussen die institutionellen Rahmen für die LEG-Standortbestimmung das relative Gewicht, das dem Wohlfahrts- und dem Verteilungsziel bei der letztlichen Entscheidung zugemessen wird.

Ein Vergleich mit - beispielsweise - einem Plan zur Errichtung eines Einkaufszentrums in einer Gemeinde verdeutlicht die besonderen Züge des LEG-Standortproblems. Die von einem Einkaufszentrum betroffenen Leute wohnen normalerweise in der Umgebung, sodaß das Projekt wahrscheinlich nur lokale Interessen und Anliegen berühren wird, obwohl es auch hier zu einer erregten Debatte kommen kann. Eine geplante LEG-Anlage hat jedoch wesentlich breitere positive Auswirkungen, da die potentiellen Nutznießer über ein viel größeres Gebiet verstreut leben. Die Kosten werden dagegen normalerweise von den Bewohnern der unmittelbaren Umgebung getragen, wenn sich auch nationale Interessensverbände ihrer annehmen mögen. Daher wird der Konflikt zwischen einer größeren Zahl von Gruppen ausgetragen werden.

Louis Clarenburg von der Rijnmond-Behörde in den Niederlanden wies eindrücklich auf die nationalen Konflikte zwischen Effizienzüberlegungen und lokalen Anliegen der Verteilungsgerechtigkeit bei der Standortbestimmung für eine LEG-Anlage hin:

> Ich bin sicher, daß die Mehrheit der Bevölkerung für eine garantierte Stromversorgung wäre. Nur die Leute, die in der unmittelbaren Umgebung der Anlage wohnen, würden sich dem entgegenstellen. Die Frage ist nun, welches Gewicht den Interessen der lokalen Bevölkerung beizumessen ist und ich glaube nicht, daß eine Volksabstimmung über das Projekt dieses Problem lösen würde. Sie entzieht die Verantwortung der politischen Ebene, von der sie eigentlich getragen werden soll (KLS 1982, S. 323).

Sequentielle Natur des Verfahrens

Das politische Entscheidungsverfahren für die Standortprobleme ist seiner Natur nach dynamisch und sequentiell. Da man nicht unbegrenzt Informationen sammeln und verarbeiten kann und da gesetzliche und rechtliche Einschränkungen bestehen, ergeben sich Unterprobleme für die übergeordnete Frage, ob ein Projekt nun genehmigt oder abgelehnt werden soll. Der Einsatz und das Interesse der verschiedenen Parteien wie auch ihre relative Bedeutung ändern sich im Laufe der Zeit, je nachdem, welches Unterproblem gerade behandelt wird. Diese Tatsache betont die Bedeutung der Reihenfolge, in der die Probleme gelöst werden. Eine andere Tagesordnung, oder Agenda, ergibt daher möglicherweise für dasselbe Problem andere Endergebnisse, da sich jeweils andere Konstellationen von interagierenden Beteiligten bilden.

Exogene Ereignisse wie z.B. Katstrophen tragen ebenfalls zur Strukturierung der Agenda bei, indem sie auf die Gefahren einer bestimmten Technologie hinweisen. Wenn die Datenbasis für die Beurteilung der Häufigkeit von Ereignissen mit geringer Wahrscheinlichkeit schmal ist, so verstärken sich die Auswirkungen dieser herausragenden Ereignisse auf den Entscheidungsprozeß. Diese Art von systematischer Fehleinschätzung wurde in kontrollierten Laborexperimenten von Psychologen belegt. Lichtenstein *et al.* (1978) zeigten beispielsweise, daß bei Einzelpersonen die Tendenz besteht, die Häufigkeit von Todesfällen aus Ereignissen, an die sie sich leicht erinnern, wie z.B. Natur- oder Technikkatastrophen, zu überschätzen. Ihre Untersuchungen ergaben, daß die Zahl von unfalls- und krankheitsbedingten Todesfällen gleich hoch eingeschätzt wurde, während in Wirklichkeit Krankheiten ca. 15mal so viele Todesfälle fordern. Tversky und Kahneman (1974) bezeichnen diese Fehleinschätzung als ein heuristisches Kriterium der Präsentheit, wonach man die Häufigkeit von Ereignissen daran schätzt, wie leicht man sie aus dem Gedächtnis abrufen kann.

Norbert Dall von der Alliance for Coastal Management in Kalifornien glaubt, daß Einzelpersonen nur schwer mit Wahrscheinlichkeiten operieren können und daher durch Erfahrungen aus der jüngsten Vergangenheit stark beeinflußt werden. Er illustriert dieses Argument mit einem Beispiel aus der Standortbestimmung von LNG-Anlagen in amerikanischen Gemeinden:

> ... in Orten wie Staten Island, Oxnard und Santa Barbara formte sich die lokale Risikowahrnehmung aus unmittelbaren, realen und leicht verständlichen Ereignissen, welche sich zu einer deterministischen Einschätzung des Risikos verfestigten. Ereignisse aus der Vergangenheit der nur allzumenschlichen gefährlichen Industrien führten zu der Annahme "Es kann auch hier passieren", weshalb die puritanische Ader in uns zur Vorsicht rät (KLS 1982, S. 146).

Da die Menschen Schwierigkeiten im Umgang mit statistischen Risikowerten haben, werden sie wahrscheinlich den Fachleuten die Schuld geben, wenn ein Unfall passiert. Die Folge davon kann ein Mißtrauen der Technik gegenüber sein, wie sich an der Reaktion der Öffentlichkeit auf die Kernkraft nach der Panik von Three Mile Island zeigte.

Durch unsere Analyse des Entscheidungsverfahrens zieht sich als roter Faden das Auftreten von Konflikten zwischen den beteiligten Parteien, nachdem jede Gruppe andere Anliegen hat, welche wiederum die Art der gesammelten Informationen und die Verwendung von bestimmten Ereignissen wie z.B. Katastrophen oder Unfälle im Prozeß beeinflußt. Die Lösung dieser Konflikte hängt meist von der institutionellen Struktur des jeweiligen Landes ab, d.h., wie die Verantwortungsbereiche in bestimmten Stadien des Entscheidungsprozesses auf bestimmte Parteien aufgeteilt sind.

In Kapitel 2 entwickeln wir einen Rahmen für die Untersuchung der Dynamik der Standortbestimmung in den verschiedenen Ländern. Wir bieten einige Leserhilfen für den Vergleich der vier Fallstudien an: eine graphische Darstellung von Schlüsselereignissen des Standortbestimmungsprozesses auf der Grundlage der PERT-Technik, eine Parteien/Interessensmatrix für die Auflistung der Hauptbeteiligten und ihrer ausdrücklichen Interessen und Anliegen sowie ein MAMP-Rahmenmodell zur Verdeutlichung der Argumente, die die Parteien in die politische Arena einbrachten. Die Fallstudien beschreiben jeweils, wie die Konflikte im Rahmen der verschiedenen institutionellen Strukturen, die den sequentiellen politischen Entscheidungsprozeß formten, behandelt und gelöst wurden.

Uneinigkeit über die Risiken

Unter den beteiligten Parteien herrscht oft Uneinigkeit über die Natur der Risiken, die mit neuen Technologien wie z.B. LEG verbunden sind. Unterschiede ergeben sich oft schon auf der elementarsten Ebene, nachdem der Begriff "Risiko" viele Interpretationen zuläßt. In diesem Buch verwenden wir die Risikodefinitionen von Fischhoff *et al.* (1981), wonach die Bedrohung von Leben oder Gesundheit als potentielle Folge des Betriebes einer gegebenen technischen Einrichtung als Risiko bezeichnet wird: Ein Betrieb ist riskant, wenn er die Möglichkeit von solchen Verlusten in sich birgt.

Weinberg (1972) war einer der ersten Wissenschaftler, der auf die Probleme der Abschätzung von Ereignissen mit geringer Wahrscheinlichkeit hinwies. Er schlug den Begriff "Transwissenschaft" als Bezeichnung dafür vor, daß es keine praktische Basis für die Abschätzung der statistischen Chancen und Konsequenzen des Auftretens gewisser Arten von Unfällen gibt, obwohl sie vom epistemologischen Standpunkt aus reale Tatbestände sind. Ähnlich hat sich auch das Council for Science and Society (1977) ausgedrückt, als es in seinem Bericht die Berechnung dieser Zahlen als sehr unsicher bezeichnete. Wenn die beteiligten Parteien verschiedene Schätzwerte der Unsicherheiten und Auswirkungen der Risiken vorlegen, so ist es besonders schwer, diese Unterschiede auf wissenschaftliche Art und Weise zu lösen.

Wir beleuchten die Probleme der Risikoabschätzung deshalb besonders, da in den Standortdebatten immer wieder die Sorge auftauchte, ob eine Technologie zumutbar sicher sei[3]. Bei dem LEG-Arbeitsgruppentreffen der IIASA verwendete sich Richard Mehta, der Vorsitzende einer Bürgerinitiative in Mossmorran, Schottland, dafür, daß eine ausdrückliche Norm für eine zumutbare Risikohöhe erstellt werden sollte:

> ... es sollte zumindest einen allgemein anerkannten Standard geben, sodaß die Öffentlichkeit beurteilen kann, welcher Zumutbarkeitsstandard gemeint ist (KLS 1982, S. 196).

Harry Otway von ISPRA in Italien widersprach dem:

> Ich möchte Mr. Mehta davor warnen, ein numerisches Kriterium des zumutbaren Risikos zu akzeptieren, denn Leben heißt mehr als nur nicht tot sein - es sind auch noch andere Dinge wichtig außer dem körperlichen Risiko. Wie weit ist dieses dumme Zahlenspiel mit dem "zumutbaren Risiko" nicht in Wirklichkeit ein Ersatz für eine Debatte über die Legitimität von Institutionen? Würden die Institutionen als legitim angesehen, dann würde das Risiko nie als Problem in Erscheinung treten. Wollen die Diskussionen über das zumutbare Risiko der Frage der institutionellen Legitimität ausweichen? (KLS 1982, S. 196.)

Zwei Arbeiten über Probleme des zumutbaren Risikos wurden vor kurzem von Fischhoff *et al.* (1981) und Vaupel (1982) vorgelegt. Fischhoff *et al.* argumentierten, daß keine allgemeingültige Lösung für das Problem gefunden werden dürfte, da die verschiedenen Ansätze jeweils andere Stärken und Schwächen aufweisen. Die Autoren weisen darauf hin, daß es aufgrund der vielen Unsicherheiten äußerst schwierig ist, zu einer magischen Zahl zu gelangen, die man als Anleitung für Risikoentscheidungen verwenden könnte. Im speziellen betonen sie die Unsicherheit im Zusammenhang mit der Definition von bestimmten Entscheidungsproblemen, der Ermittlung von Fakten und Werten und der Bestimmung der Qualität

3. Eine der ersten Untersuchungen über das Thema des zumutbaren Risikos wurde von Starr (1969) vorgelegt, der die Meinung vertrat, daß neue Technologien nur dann zumutbar seien, wenn sie die Risikohöhe von vorhandenen Technologien, die der Gesellschaft einen ähnlichen Nutzen bringen, nicht übersteigen. Dieses "Konzept manifester Präferenzen" hat dazu geführt, daß sich die beteiligten Parteien auf Schwellenwerte für ein zumutbares Risiko konzentrieren, die zur Rechtfertigung ihrer Position verwendet werden können.

der Entscheidungen, die getroffen werden. Außerdem sind sowohl die Öffentlichkeit als auch die Experten fehlbar in ihrer Risikowahrnehmung und können auch systematischen Fehleinschätzungen unterliegen.

Vaupel weist darauf hin, daß alle Konzepte für ein zumutbares Risiko davon ausgehen, daß die Erstellung von Normen für Gesundheit, Sicherheit oder Umwelt nur eine einzige Entscheidung erfordert. Daher ist es aus dieser Perspektive heraus nur natürlich, anzunehmen, daß die Entscheidung von einem einzigen "Entscheidungsträger" getroffen wird, dem einige Fakten unterbreitet werden und der daraufhin entscheidet, was getan wird. Manchmal stellt man sich diesen Entscheidungsträger als Person vor, die eine gewisse Entscheidungsfreiheit hat und nach eigenem Ermessen handeln kann, manchmal ist der "Entscheidungsträger" in Wirklichkeit eine Formel oder Vorschrift, manchmal ist er die Personifizierung eines Konsenses innerhalb einer Gruppe von Einzelpersonen. Wie auch immer, es besteht die Vorstellung einer einzigen Entscheidung anstelle eines Entscheidungsprozesses. Daher können, so argumentiert Vaupel, die Konzepte für ein zumutbares Risiko in einigen Situationen irreführend, ungeeignet und sogar störend sein, wie z.B. bei der Standortbestimmung für einen LEG-Terminal, wo die Entwicklungslinie einer Politik "die Resultante eines komplexen Prozesses des Zusammenwirkens vieler Akteure" ist.

Etwas allgemeiner schlug Wynne (1982) vor, daß wir die Risikowahrnehmungen nicht als separate Einheit studieren sollten, sondern als Teil des politischen und gesellschaftlich-organisatorischen Kontextes, in dem die Entscheidungen getroffen werden. Diese Ansicht entspricht der von Douglas (1982b), die folgendes feststellt:

> Wer Organisationen akzeptiert, akzeptiert auch Risiken. Wenn auch die Risikoanalytiker und Risikowahrnehmungspsychologen versuchen, die Idee des zumutbaren Risikos von politischen Bindungen zu befreien, so sind die Probleme der Risikowahrnehmung doch im wesentlichen politischer Natur. Die Kongresse und Parlamente geben die ihnen zustehenden Rechte auf, wenn sie dieses Problem den Risikoexperten überlassen. Eine öffentliche Debatte über das Risiko ist eine Debatte über Politik (S. 30).

In diesem Buch nehmen wir den Standpunkt ein, daß das Risiko ein politisches Problem ist. In den Standortdebatten entstehen Kontroversen häufig daraus, daß die verschiedenen Akteure unterschiedliche Risikoabschätzungen vorlegen, um ihre Ansichten darüber zu reflektieren, ob eine bestimmte Technologie in die Gesellschaft integriert werden soll oder nicht. Die vier in den Kapiteln 3 bis 6 vorgelegten Fallstudien schildern die Rollen der Hauptparteien in den Standortbestimmungsprozessen und ihre Einstellungen zu den geplanten LEG-Projekten.

DER GEBRAUCH DER ANALYSE

Die Kapitel 7, 8 und 9 untersuchen und diskutieren den Gebrauch der Analyse in ihrer Auswirkung auf das Entscheidungsverfahren für die Standortbestimmung von gefährlichen Anlagen. Unter Analyse verstehen wir eine systematische Kombination von Forschungsansätzen und Methoden zur Behandlung eines bestimmten Problems. Manchmal wird die Analyse an den Universitäten und Forschungsinstituten durchgeführt, manchmal von Konsulenten und Beratern der beteiligten Parteien.

Kapitel 7 vergleicht verschiedene Analysen des Todesfallsrisikos, das bei LEG-Unfallkatastrophen in den geplanten Terminals der Bundesrepublik Deutschland, der Niederlande, der Vereinigten Staaten von Amerika und Großbritanniens besteht. Da das LEG-Verfahren noch eine relativ neue Technologie ist, gibt es Probleme bei der Messung dieser Risiken. Das Fehlen einer detaillierten statistischen Datenbasis hat die Wissenschaftler gezwungen, entweder historische Daten zu verwenden oder Modelle für den Prozeß zu entwickeln. So kann z.B. die Wahrscheinlichkeit eines LEG-Tankerunfalls geschätzt werden, indem man die Unfallziffern von Öltankern nimmt und diese Zahlen entsprechend der voraussichtlichen Unterschiede bei LEG-Tankern modifiziert. Schiffszusammenstöße können mit Hilfe eines abstrakten Modells von Schiffsbewegungen analysiert werden, welches die Verkehrsmuster für den betreffenden Hafen in Rechnung stellt.

Die Risikoanalysen können nicht für sich allein betrachtet werden, sondern müssen in dem sozialen und politischen Umfeld der Standortentscheidungen untersucht werden. Die Brauchbarkeit von Analysen hängt auch davon ab, welche Meinung die Gesellschaft von ihren Experten hat. In den letzten Jahren haben die Wissenschaftler ihren Nimbus der Unparteilichkeit verloren, da ihnen die technologischen Unsicherheiten einen großen Interpretationsspielraum bezüglich der Risiken von gefährlichen Technologien eingeräumt haben. Bei der Kernkraft beispielsweise beurteilen die Wissenschaftler die Bedeutung der Risiken für die Gesundheit und Umwelt verschieden, je nach ihrer Einstellung der Kernenergie gegenüber (Nelkin 1981).

Kapitel 8 gibt einen Vergleich darüber, wie die Risikostudien in die Entscheidungsverfahren der vier Länder inkorporiert wurden. Die Sicherheit für die Bevölkerung war bei allen Standortdebatten ein wichtiges Anliegen, sodaß in allen Fällen eine Risikoanalyse vor der Bewilligung des Terminals verlangt wurde. Der Entscheidungsmodus in den jeweiligen Ländern bestimmte dann, wie diese Analysen tatsächlich eingesetzt wurden. Kapitel 8 untersucht auch, inwieweit die Risikoanalysen einen nützlichen Beitrag zum Entscheidungsprozeß leisteten und warum nicht umfassendere Risikoanalysen durchgeführt wurden. Es werden einige Vorschläge gemacht, wie die Risikoanalyse eine produktivere Rolle bei der Festlegung von politischen Richtlinien über die Einführung von gefährlichen Techniken spielen kann.

Kapitel 9 beschäftigt sich damit, wie die Analyse angesichts der gegebenen Spannungen zwischen dem Wohlfahrts- und dem Verteilungsziel das Standortbestimmungsverfahren verbessern kann. Unsere Ansicht über die Vorgangsweise entspricht dem Standpunkt von Randolph Deutsch, einem Rechtsanwalt der kalifornischen Kommission für die öffentlichen Versorgungsbetriebe:

> Der Analytiker sollte zunächst feststellen, wie die Realität aussieht und dann eine ehrliche Entscheidung darüber treffen, wo seiner Meinung nach seine Analyse im Entscheidungsprozeß nützlich sein kann. Ich glaube nicht, daß sie ein Universalmittel zur Entscheidung aller gesellschaftlichen Fragen im Standortprozeß sein kann (KLS 1982, S. 262).

Die Analytiker können Analyseinstrumente, Methoden und Ansätze vorschlagen, um das Entscheidungsverfahren an sich wie auch die Ergebnisse der Parteieninteraktion zu erleichtern. Durch Konzentration auf Verfahrensaspekte wird die Aufmerksamkeit auf Fragen der *Verfahrensrationalität* gelenkt - der Art, wie Entscheidungen getroffen werden. Durch die Betrachtung der Ergebnisseite befassen sich die Analytiker mit der *substantiellen Rationalität* - den Auswirkungen von verschiedenen Programmen auf die Verteilung von knappen Ressourcen auf gegensätzliche Gruppen[4]. Wir zeigen drei Perspektiven für die Analytiker zur Verbesserung der Verfahrens- und der Ergebnisseite auf. Abschließend schlagen wir in Kapitel 9 eine Reihe von normativen Kriterien für ein zweckmäßiges Standortverfahren vor.

Begleitend zu diesem Projekt wurde ein paralleler Forschungsansatz verfolgt, der sich ausschließlich mit den kulturellen Dimensionen der Fallstudien befaßte und dessen Ergebnisse im Postskriptum vorgelegt werden.

---

4. Simon (1978) diskutiert diese beiden Arten der Rationalität ausführlich.

ZUSAMMENFASSUNG

Das Buch versteht sich primär als deskriptive Analyse der Entscheidungsverfahren und der Verwendung von Risikoanalysen für die Standortbestimmung von neuen technischen Anlagen. Wir interessieren uns für Ähnlichkeiten und Unterschiede zwischen vier Ländern (Bundesrepublik Deutschland, Niederlande, Großbritannien und die Vereinigten Staaten von Amerika) bei der Festlegung von Flüssigenergiegasterminalstandorten. Indem wir auf die Gemeinsamkeiten hinweisen, zeigen wir einige grundlegende Gegebenheiten dieser Standortbestimmungsprobleme auf, die über kulturelle Schranken hinweg gleich sind. Indem wir die Unterschiede aufzeigen, beleuchten wir die Funktion der verschiedenen institutionellen Rahmen und charakterisieren nationale Vorgangsweisen als strukturierende Faktoren der Entscheidungsverfahren und der Endergebnisse. Auf der Basis dieser deskriptiven Ergebnisse machen wir einige Vorschläge, wie die Analytiker eine konstruktivere Rolle im politischen Prozeß spielen können.

2 Der Rahmen*

Der Vergleich von vier Fallstudien stellt eine analytische Herausforderung dar, nachdem jedes Land seinen spezifischen Stil, sein spezifisches Entscheidungsverfahren und seine spezifischen institutionellen Rahmenbedingungen aufweist. In diesem Kapitel bieten wir eine Reihe von Vereinheitlichungskonzepten an, die breit genug angelegt sind, um die einzelnen Verfahren zur Standortbestimmung mit Hilfe eines gemeinsamen Rahmenmodells zu systematisieren. Auf der Grundlage dieser Konzepte entwickeln wir danach einige Hilfen für den Leser, mit denen die Abfolge von markanten Ereignissen, die Hauptanliegen und Argumente, die die jeweils beteiligten und betroffenen Parteien in die politische Arena einbringen, verdeutlicht werden. Die wichtigste Aufgabe dieser Hilfen ist es jedoch aufzuzeigen, wie ein Standortproblem zu Beginn formuliert wurde und wie es sich im Laufe der Zeit entwickelte.

VEREINHEITLICHUNGSKONZEPTE

Wer übt Macht aus?

Der Begriff der Macht wird in politwissenschaftlichen social-choice-Untersuchungen häufig als Erklärungskonzept herangezogen. Unter Macht verstehen wir die Fähigkeit einer Einzelperson oder einer Gruppe, die Handlungen anderer Personen zu beeinflussen[1]. Der Begriff kann in verschiedener Form in Erscheinung treten: Eine Partei darf aufgrund ihres gesetzlichen Verfügungsrechtes in einer bestimmten Situation Macht ausüben (Calabresi und Melamed 1972). Einzelpersonen, die Land besitzen, haben ein Verfügungsrecht darauf und können daher bestimmen, ob sie es an einen potentiellen Abnehmer verkaufen wollen. Die Gemeindeverwaltungen haben ebenfalls insofern ein Verfügungsrecht über das Land, als sie

---

* Dieses Kapitel wurde von Howard Kunreuther und Joanne Linnerooth verfaßt.

1. Cobb und Elder (1975) benützen diese Definition der Macht bei ihrer Diskussion im Zusammenhang mit der Erstellung einer politischen Agenda.

Nutzungsbeschränkungen auferlegen, wodurch gewisse Einzeltransaktionen behindert werden. Wenn in einer höheren Verwaltungsebene ein Bedarf für ein bestimmtes Stück Land entsteht, so kann diese mit Hilfe von Sonderermächtigungen (wie z.B. dem Enteignungsrecht des Staates) dieses Land beanspruchen.

Macht kann einer Partei auch durch den *Status* erwachsen. Unter Status verstehen wir das Recht auf Teilnahme am Entscheidungsprozeß im Einklang mit dem bestehenden institutionellen Rahmen. So besitzen z.B. Interessensverbände dann Status, wenn sie ihre Ansichten offiziell bei den öffentlichen Anhörungen als Bestandteil des Standortbestimmungsprozesses vorbringen dürfen. Wenn Einzelpersonen ein Verfügungsrecht haben, besitzen sie auch automatisch Status; andererseits bedeutet der Besitz von Status nicht immer auch den Besitz eines Verfügungsrechtes.

Wenn Parteien die *Verantwortung* für bestimmte Handlungen tragen, besitzen sie ebenfalls Macht. Unter Verantwortung verstehen wir die im Gesetz festgelegten formalen Pflichten wie auch die einem bestimmten Interessensverband zugewiesenen Belange oder Aufgaben. Die staatlichen Kontrollbehörden sind ein gutes Beispiel von Parteien, denen eine formale Kompetenz zukommt; Bürgerinitiativen und Umweltschutzorganisationen sind dagegen Beispiele von Parteien, die ihren Mitgliedern gegenüber die Verantwortung übernommen haben, bestimmte Positionen einzunehmen und zu verteidigen.

Beleuchten wir diese drei Machtkonzepte im Zusammenhang mit der Standortbestimmung von LEG-Anlagen. In der Bundesrepublik Deutschland hatte beispielsweise die Gemeinde Wilhelmshaven ein *Verfügungsrecht* über das Land, welches industriellen Zwecken gewidmet war. In Großbritannien wurde einer lokalen Bürgerinitiative aus Aberdour und Dalgety Bay *Status* verliehen, indem es ihr erlaubt wurde, bei einem öffentlichen Erörterungsverfahren Argumente gegen das geplante Terminal in Mossmorran-Braefoot Bay vorzubringen. In den Niederlanden trug das nationale Kabinett die formale *Verantwortung* für die Wahl des Terminals und die Entscheidung über die Zumutbarkeit des Sicherheitsrisikos bei dem geplanten Terminal. In den USA oblag der kalifornischen Küstenkommission die formale Verantwortung für den Schutz der kalifornischen Küste und damit für die Genehmigung von Flüssigerdgasprojekten, bevor das kalifornische Standortbestimmungsgesetz die Zuständigkeit dafür der kalifornischen Kommission für die öffentlichen Versorgungsbetriebe übertrug. Umweltschutzgruppen wie z.B. der Sierra Club in Kalifornien besitzen meist Status im Rahmen der Entscheidungsverfahren, was sich in ihrem Recht, ihre Ansichten bei verschiedenen öffentlichen Anhörungen vorzubringen, widerspiegelt.

BEGRENZTE RATIONALITÄT

In der politwissenschaftlichen Literatur kommt immer stärker die Erkenntnis zum Durchbruch, daß die Entscheidungsträger in ihrer Fähigkeit und ihrem Wunsch, Informationen zu sammeln, auf die sie ihre Handlungen begründen können, begrenzt sind. Eine der ersten Beschreibungen dieses begrenzt rationalen Verhaltens im Zusammenhang mit gesellschaftlichen Entscheidungsprozessen stammt von Lindblom (1959), der die Behauptung aufstellt, daß der politische Prozeß mehr ein schrittweises "Fortwursteln" als ein umfassender Entscheidungsprozeß ist. Anstatt sämtliche vorhandenen Alternativen zu prüfen, beschränken sich die Regierungsbehörden oder Politiker lediglich auf eine kleine Gruppe von Optionen. Bei jedem Schritt, den sie unternehmen, vergleichen sie die Ergebnisse einer neuen Politik mit der vorhergegangenen und vereinfachen damit den Entscheidungsprozeß im Vergleich zu dem klassischen rationalen Modell der Entscheidungstheorie (Braybrooke und Lindblom 1963) auf eine sehr drastische Weise.

Das Konzept eines schrittweisen Entscheidungsprozesses impliziert die Annahme, daß den Einzelpersonen und beteiligten Parteien nur eine sehr begrenzte Zeitspanne zur Verfügung steht, um ein bestimmtes Problem zu behandeln. Eine sehr klare Beschreibung dafür bietet Aaron Wildavsky (1964) in seiner Analyse der Budgeterstellung in den USA. Aufgrund der komplexen Struktur und der großen Menge an Zahlen, die in einem Budget enthalten sind, müssen die Beamten notwendigerweise ihre Entscheidungen mit Hilfe von vereinfachenden Verfahren treffen. Eine der Hauptmethoden, mit denen die Budgetersteller ihre Handlungen rechtfertigen, ist es, das Budget des vorhergegangenen Jahres als Leitlinie zu benutzen. Wildavsky zeigt in diesem Zusammenhang folgendes auf:

> Die Budgeterstellung geschieht schrittweise, nicht umfassend ... Daher beschäftigen sich Menschen, die das Budget erstellen, mit relativ kleinen Veränderungen gegenüber einem bestehenden Grundmuster. Ihre Aufmerksamkeit konzentriert sich auf eine geringe Zahl von Posten, über welchen der Kampf um das Budget ausgetragen wird (S. 15).

Die Entscheidung, einen LEG-Terminal an einem bestimmten Standort zu bauen, wird ebenfalls nicht umfassend getroffen; d.h., die Alternativen für Erdgas werden nicht in voller Kenntnis der besten vorhandenen Standorte und der technischen Schwierigkeiten geprüft. Es wird typischerweise eine Reihe von Entscheidungen getroffen, welche oft mit einer "prinzipiellen" Genehmigung für das Export- oder Importprojekt beginnt, ohne daß die zur Verfügung stehenden Standorte oder die technischen Einzelheiten genau bekannt wären. Diese Entscheidung drängt den Prozeß zum Teil in einen bestimmten Handlungsablauf und schränkt damit die Möglichkeiten der zukünftigen Vorgangsweise durch die immer enger werdenden Aspekte des Problems ein. So wurde beispielsweise in Kalifornien die Frage, ob in dem Bundesstaat ein LNG-Terminal benötigt würde, von dem kalifornischen Gesetzgeber entschieden, welcher danach die verantwortlichen Behörden beauftragte, einen geeigneten Standort zu suchen.

Gruppen und Fragestellungen

Die organisationstheoretische und politwissenschaftliche Literatur weist auf eine wichtige Perspektive des gesellschaftlichen Entscheidungsprozesses hin, wenn sie die Bedeutung einer vielfältigen Struktur von Interessensgruppen mit jeweils eigenen Zielen und Zielvorstellungen unterstreicht. March und Simon (1958) sowie Cyert und March (1963) betrachten beispielsweise die private wie öffentliche Organisation als eine Koalition von Parteien, die jeweils ihre Forderungen an das System richten. Die Ziele dieser Organisation ergeben sich aus einem Bargaining-Prozeß zwischen den potentiellen Koalitionspartnern. Auf ähnliche Weise zeigt Neustadt (1970) in einer Abhandlung über die Macht des Präsidenten, daß alle beteiligten Gruppierungen in der Regierung ihre eigenen Interessen wie auch ihre eigenen Verantwortungsbereiche haben. Die politische Linie ergibt sich dann aus dem Ergebnis des politischen Bargaining-Prozesses zwischen den Akteuren.

Zu den besten Untersuchungen über die Bedeutung einer Vielfalt von Interessensgruppen im Entscheidungsprozeß gehört Allisons Analyse der Kubakrise (1971). Von den drei Modellen, die er entwickelt, um aufzuzeigen, wie Politik gemacht wird, kommt das Modell der Regierungspolitik (Modell III) unserer Ansicht über den gesellschaftlichen Entscheidungsprozeß am nächsten. Allison weist darauf hin, daß es in einer Entscheidungssituation eine Reihe von aktiv Mitwirkenden gibt, die sich jeweils eher auf mehrschichtige Probleme als auf Einzelfragen konzentrieren und die jeweils ihre eigenen politischen, organisatorischen und persönlichen Zielvorstellungen haben. Alle Parteien haben bei jeweils unterschiedlichen Präferenzen Anteil an der Macht. Um nun festzustellen, wie eine Politik entsteht, müssen wir bestimmen, welche Fragen als wichtig erachtet werden, aufzeigen, welche Art von Abkommen und Kompromissen zustandekommt, und versuchen, "eine Vorstellung von der Konfusion zu vermitteln" (Allison 1971, S. 146).

Die Standorte, die in den vier von uns untersuchten Ländern für LEG-Terminals ausgewählt wurden, ergaben sich jeweils aus einem politischen

Bargaining-Prozeß. In keinem der Fälle erweist sich eine einzige Interpretation der beschriebenen Ereignisse als ausreichend. Einer der Gründe, warum wir diese Ereignisse aufgezeichnet haben, ist es, das Durcheinander zu verdeutlichen, in der Hoffnung, daß daraus Einsichten gewonnen werden, welche es dem Analytiker dann ermöglichen, etwas Klarheit in eine "chaotische" Welt zu bringen.

Konflikt und Agenda

Wenn verschiedene Akteure in dem Gesellschaftsspiel der Entscheidungsfällung mitmischen, dann sind Konflikte sehr wahrscheinlich. Solche Konflikte können sogar dann auftreten, wenn es den Anschein hat, daß zwischen den beteiligten Parteien Übereinstimmung über die übergeordneten Ziele eines bestimmten Programmes herrscht. Simon (1979) bietet uns ein interessantes Beispiel dieser Art von Konflikten zwischen den Gruppen in einer frühen Feldstudie über die Verwaltung von öffentlichen Erholungseinrichtungen. Er stellte fest, daß sich die Schulaufsichtsbehörde und die städtische Abteilung für öffentliche Einrichtungen zwar im allgemeinen über die Ziele des Erholungsprogrammes einig waren, es jedoch zwischen den beiden Parteien zu Spannungen darüber kam, wie die Verteilung der Geldmittel zwischen Instandhaltung und Spielaufsicht durchgeführt werden sollte. Der Grund dafür lag darin, daß die Spielanlage für die Behörde für öffentliche Einrichtungen eine bauliche Anlage war, während sie von der Behörde für Freizeitprogramme als Sozialeinrichtung betrachtet wurde. Ähnlich können Interessensgruppen unterschiedliche Ansichten über eine LEG-Anlage haben, in welchem Fall es dann wahrscheinlich zu Konflikten und Spannungen zwischen ihnen kommt, ob ein Projekt bewilligt werden soll oder nicht.

In den letzten Jahren wurde die wichtige Frage untersucht, wie diese potentiellen Konflikte gehandhabt werden. Cyert und March (1963) stellen die Hypothese auf, daß sequentielle und dezentralisierte Entscheidungsprozesse in vielen Situationen Handlungen erlauben, selbst wenn die Zielvorstellungen der betroffenen Parteien nicht miteinander vereinbart werden können. Die Bedeutung dieser Eigenschaft des organisatorischen Entscheidungsprozesses für den politischen Zusammenhang wird von Herbert Simon (1967, S. 108) unterstrichen:

> Eine der Hauptmethoden, Handlungen herbeizuführen, ist es, die Richtung zu beeinflussen, in welche die Aufmerksamkeit der politischen Organe gelenkt wird. Das Konzept der Macht als ein Tauziehen zwischen den Alternativen weicht dem Konzept der Macht als eine Beeinflussung des sequentiellen Prozesses, in welchem Entscheidungen nicht nur getroffen, sondern auch veranlaßt werden müssen, und in welchem die Aufmerksamkeit ein knappes Gut ist.

Diese Charakterisierung des Entscheidungsprozesses entspricht der Formulierung von Allison, der meint, daß jede beteiligte Partei mit einer Agenda aus Hunderten von Fristen und Terminen konfrontiert ist, von denen nicht alle eingehalten werden können. Es müssen daher Prioritäten gesetzt werden. In anderen Worten: Wir müssen untersuchen, wie der Prozeß der Agendaformulierung (agenda setting) vor sich geht. Wie zu erwarten, werden die Punkte, die auf die Tagesordnung der Legislative gesetzt werden, zu einem wichtigen Bestimmungsfaktor darüber, welche Entscheidungen letztlich von der Gesellschaft getroffen werden.

Cobb und Elder (1972) weisen darauf hin, daß ein Problem häufig dann auf die politische Tagesordnung gesetzt wird, wenn irgendein exogenes Ereignis auftritt, das zu Konflikten führt. Sie illustrieren dieses Phänomen an dem Bundesgesetz über die Sicherheit im Kohlebergbau (Federal Coal Mine and Safety Act) aus dem Jahre 1969, mit welchem die Anzahl der Todesfälle bei Bergwerksunfällen reduziert und die "Schwarze Lunge" bei den Bergarbeitern eingedämmt werden sollte. Der Anstoß für dieses Gesetz kam von einem Einsturz in einem Kohlebergwerk in West Virginia, bei dem 78 Bergarbeiter verschüttet und getötet wurden. Diese Katastrophe führte zu einem Streik der Bergarbeiter, wodurch die Landes- und Bundesregierung unter Druck gesetzt wurde, auf die Anliegen der Bergarbeiter einzugehen.

In einem anderen Zusammenhang zeigt Holling (1981a) auf, wie bestimmte Krisen kurzfristig zu Änderungen der Umweltschutz- und Ökologiepolitik führen können (z.B. die Ausrottung des Spruce Budworm, der Raupe einer kanadischen Kiefernwicklerart, nachdem er ganze Wälder in Kanada zerstört hatte). Kunreuther und Lathrop (1981) beschreiben anhand von Beispielen, wie in den USA exogene Ereignisse neue Koalitionen und neue Gesetze bezüglich der Entscheidung über LEG-Standorte entstehen ließen.

Ein Grund, warum exogene Ereignisse wie Krisen und Katastrophen so wichtig sind, um das Interesse der Gesellschaft an einem bestimmten Problem zu erwecken, liegt darin, daß sie potentielle Schwierigkeiten klar und deutlich aufzeigen. Walker (1977) stellt die Hypothese auf, daß Unfälle und Katastrophen eine wichtige Rolle bei der Erstellung der nicht feststehenden Tagesordnung von politischen Körperschaften (wie z.B. der US-Kongreß) spielen. Zur Unterstützung dieser Annahmen legt er empirisches Material über die Verabschiedung von Gesetzen über Sicherheitsmaßnahmen in den USA vor. Auch Lawless (1977) liefert eine große Zahl von Beispielen für diesen Prozeß in einer Serie von Fallstudien über die Auswirkungen der Technik auf die Gesellschaft. Er stellt fest, daß häufig

> ... neue Informationen von alarmierender Natur angekündigt werden, die dann mit Hilfe der modernen Massenmedien rasche und weite Verbreitung erfahren. Ein Fall kann praktisch über Nacht für einen Großteil der Bevölkerung zum Diskussionsgegenstand und Anliegen werden und einen starken Druck erzeugen, das Problem so schnell wie möglich zu bewerten und eine Lösung dafür zu finden (S. 16).

Wenn es um Entscheidungen wie die Standortbestimmung von gefährlichen Anlagen geht, können exogene Ereignisse wie z.B. eine LEG-Explosion oder ein Ölaustritt so dramatisch wirken und so viele Menschen direkt betreffen, daß frühere Entscheidungen revidiert und andere Alternativen in den Prozeß eingebracht werden, oder die relative Stärke der Parteien, die an dem Ergebnis der Entscheidung interessiert sind, verändert wird. Die Massenmedien konzentrieren ihre Aufmerksamkeit auf diese spezifischen Ereignisse und übertreiben in vielen Fällen deren Bedeutung.

Sequentielle Behandlung von politischen Fragestellungen

Braybrooke (1974, 1978) entwickelte ein Modell des politischen Systems "als eine Maschine oder Gruppe von Maschinen für die Verarbeitung von Problemen". Im Gegensatz zu der statischen collective-choice-Theorie, die auf dem bahnbrechenden Werk von Arrow (1963) über social choice beruht, ist für Braybrooke der Entscheidungsprozeß sequentiell und andauernden Änderungen unterworfen. Es gibt zu jedem beliebigen Zeitpunkt ein Problem oder einen Problemkomplex, an dem viele verschiedene Parteien beteiligt sind. Im Laufe der Zeit werden diese Probleme gelöst oder sie verschwinden oder sie verändern sich, wenn neue Informationen und neue Alternativen auftreten. Im speziellen werden oft neue Vorschläge erarbeitet, welche die Änderung der Präferenzen von beteiligten Parteien bzw. revidierte gesellschaftliche Werte reflektieren. Die Bedeutung von Braybrookes Arbeit liegt darin, daß sie es uns durch die Konzentration auf relevante Fragen ermöglicht, ein Problem in kleinere Unterprobleme zu zerlegen. Sie erfaßt damit das Wesen des sequentiellen Entscheidungsprozesses, der ein Kennzeichen des individuellen und organisatorischen Problemlösungsverhalten (March 1978) wie auch des politischen Entscheidungsprozesses (Gershuny 1981) ist.

Die Anordnung einer Agenda spielt für das Endergebnis eines solchen sequentiellen Entscheidungsprozesses häufig eine wichtige Rolle. Empirische Daten aus der Praxis wie auch Laborexperimente (Plott und Levine 1977) weisen darauf hin, daß je nach der Reihenfolge, in welcher bestimmte Unterprobleme behandelt werden, bei denselben Fragen oft andere Ergebnisse erzielt werden.

Wir erwarten bei den gesellschaftlichen Entscheidungsproblemen denselben Reihenfolgeneffekt hauptsächlich aus zwei Gründen: Erstens schränkt eine Entscheidung über eine bestimmte Frage bereits den nächsten Fragenkreis ein. Wird die Reihenfolge der Fragen umgedreht, dann ist es wahrscheinlich, daß eine andere Gruppe von Wahlmöglichkeiten zur Debatte steht. Zweitens betrifft jede Frage eine jeweils andere Gruppe von beteiligten Parteien, von denen jede ihre eigenen Unterlagen vorlegt, um ihre Sache zu fördern. Der Zeitpunkt, zu dem diese Informationen veröffentlicht werden, kann sich auf die späteren Handlungen auswirken. So betreten beispielsweise bei Problemen der Standortbestimmung die Bürgerinitiativen normalerweise erst dann die Szene, wenn ein ihnen nahegelegener Standort als möglicher Kandidat in Betracht gezogen wird. Die Reihenfolge, in welcher verschiedene Standorte untersucht werden, beeinflußt daher wahrscheinlich das letztliche Ergebnis der Debatte.

In jedem Stadium des sequentiellen Entscheidungsprozesses gibt es eine Arena, die als Börse für den Austausch von Informationen dient. Eine solche Arena ist entweder ein konkreter Ort wie z.B. ein Gerichtssaal oder ein Verfahren wie z.B. die öffentliche Erörterung, bei der die beteiligten Parteien entweder eine Frage debattieren oder eine Meinung vortragen können. Die Art der Arena unterscheidet sich von Land zu Land je nach dem Verfahrenssystem und der jeweiligen Gesetzeslage, nach der die Verantwortungsbereiche unter den betroffenen Gruppen aufgeteilt werden.

HILFEN FÜR DEN LESER

In diesem Abschnitt präsentieren wir drei "Hilfen für den Leser", d.h. analytische Rahmenmodelle zur Strukturierung der folgenden Fallstudien und Darstellung der oben beschriebenen Entscheidungsprozesse. Wir haben bei Vorlage dieser Hilfen gewisse Bedenken, nachdem heuristische Analysemethoden jeder Art unweigerlich dem beschriebenen Prozeß einen gewissen Grad von Künstlichkeit verleihen. Während wir anerkennen, daß Paradigmen dem Verständnis sogar im Wege stehen können (Hirschman 1970), sind wir doch der Ansicht, daß eine gewisse Struktur notwendig ist, um es dem Leser zu ermöglichen, die wesentlichen Punkte der vier komplexen Standortbestimmungsverfahren zu verstehen und zu vergleichen. Die drei von uns für diesen Zweck entwickelten Hilfen umfassen ein Verfahren zur Programmevaluierung (Program Evaluation Review Technique, PERT), mit dem die wesentlichen Ereignisse und Entscheidungen des Prozesses dargestellt werden, eine Partei/Interessensmatrix zur Illustration der primären Anliegen der Hauptbeteiligten Akteure und ein mehrdimensionales Vielgruppenmodell (Multi-attribute, Multi-party Framework, MAMP), in dem die veränderliche Struktur der angesprochenen Probleme und die Interaktion der betroffenen Parteien aufgezeigt werden.

Das PERT-Diagramm

Eine wichtige Neuentwicklung in der Analyse des zeitlichen Verlaufes von Entscheidungsproblemen liegt in den Vernetzungsansätzen. Diese Techniken wurden für die Analyse von "einmaligen" Aktivitäten wie z.B. den Ausbau einer Fabrik, die Einführung eines neuen Produktes oder eines neuen Computersystems erstellt. Wir haben anhand dieser Literatur ein standardisiertes graphisches Format entwickelt, mit dem wir die Standortentscheidungen in den vier Ländern strukturieren können. Im speziellen haben wir uns bei unserem Diagramm an das PERT-Verfahren gehalten[2].

Für unsere Behandlung der Fallstudien entnehmen wir dem PERT-Verfahren lediglich dessen schematische Aspekte. Bild 2.1 stellt ein hypothetisches Diagramm in der Art dar, wie es für jede Fallstudie vorgelegt wird. Die Zeitlinie gibt die Länge des Prozesses an, von dem Zeitpunkt, als das Projekt vorgeschlagen wurde, bis zu dem Zeitpunkt, da eine endgültige Entscheidung getroffen wurde (oder bis zur Gegenwart, wenn das Endergebnis noch aussteht). In diesem Beispiel wurde der Prozeß im Januar 1970 eingeleitet und die endgültige Projektgeneh-

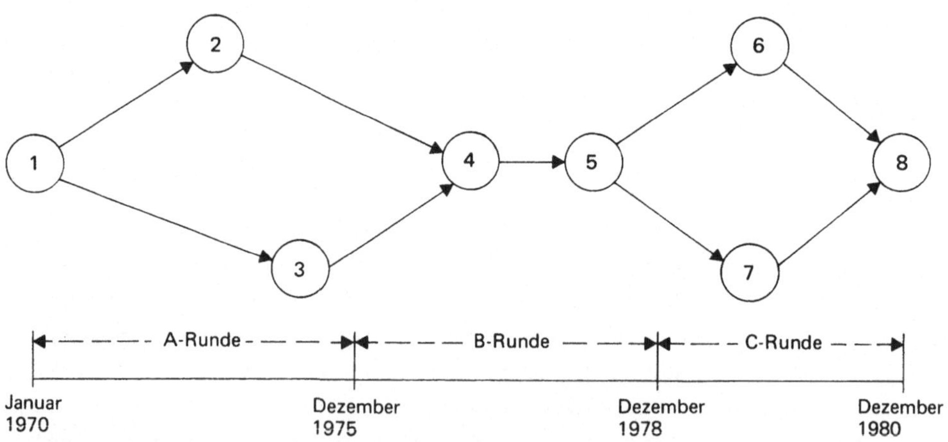

Bild 2.1: Hypothetisches PERT-Diagramm

2. Der PERT-Ansatz entstand 1958 als Teil eines Forschungsprojektes über den Fortschritt bei dem Polaris-Raketenbauprogramm der US-Marine (Emory und Niland 1968).

migung im Dezember 1980 erteilt. Wir erkennen drei Runden, die jeweils durch eine Reihe von Ereignissen gekennzeichnet sind. Ein Ereignis ist zumeist eine konkrete Handlung eines Akteurs oder einer beteiligten Partei oder auch gegebenenfalls ein exogenes Ereignis wie z.B. eine Katastrophe. Die Verbindungspfeile zwischen den Ereignissen zeigen ihre Ablaufrichtung im Entscheidungsprozeß an. So tritt z.B. Ereignis (4) ein, sobald die durch die Ereignisse (2) und (3) ausgelösten Handlungen abgelaufen sind und Ereignis (5) löst Handlungen aus, die zu den Ereignissen (6) und (7) führen. Diese Art von PERT-Diagrammen, wie sie in den Fallstudien verwendet werden, liefert uns eine Momentaufnahme des Entscheidungsprozesses und ermöglicht es dem Leser, einen Überblick über die Handlungen, Ereignisse und Gruppen, die an der Standortdebatte beteiligt waren, zu gewinnen.

Partei/Interessensmatrix

Ein wichtiges Element bei der Erstellung der Fallstudien war die detaillierte Beschreibung der Standpunkte und Ansichten aller wesentlichen Parteien und Akteure, die an der Debatte teilgenommen haben. Diese Teilnehmer, oder genauer gesagt, diese Gruppen von Teilnehmern haben bestimmte Interessen bezüglich des Ergebnisses der Entscheidung. Ihre Standpunkte werden oft von einer bestimmten Dimension der Frage dominiert. Jede Fallstudie enthält eine Tabelle, in der die Hauptbeteiligten an dem Standortverfahren und ihre wesentlichen Interessen und Anliegen angeführt sind. Die Tabelle soll einen allgemeinen Überblick über die auftretenden Interessenskonflikte geben.

In Tabelle 2.1 werden die Interessen und Anliegen der Hauptparteien in den vier untersuchten Ländern beschrieben. Diese Tabelle ist nur insofern umfassend, als sie alle Anliegen umfaßt, die die ausgewählten Vertreter der Hauptgruppierungen bei Interviews vorbrachten. Es gibt natürlich keine Gewähr dafür, daß nicht auch andere, "verdeckte" Anliegen (wie z.B. eine psychologische Ablehnung von Großtechnologien) existieren. In manchen Fällen verkörpern daher diese Anliegen eher die Strategie der Partei denn ihre "echten" Gefühle dem Projekt gegenüber.

Das MAMP-Rahmenmodell

Das PERT-Diagramm und die Akteur/Interessensmatrix stellen eine Momentaufnahme der wesentlichen Ereignisse und Anliegen der Parteien dar und können daher nicht die Dynamik des Prozesses beschreiben. Dafür haben wir das MAMP-Modell erstellt, basierend auf der "Problemverarbeitungsmaschine", die Braybrooke (1974) zur Strukturierung einer Fallstudie über Londoner Verkehrsstaus entwickelte.

Tabelle 2.1: Umfassende Liste der Akteur/Parteiinteressen

NATIONAL

Bedarf	N_1
Einfuhrpolitik	N_2
Ausfuhrpolitik	N_3
Wirtschaftlicher Nutzen (Steuern, Lizenzgebühren, Zahlungsbilanz)	N_4
Wirtschaftliche Kosten	N_5
Kosten der Anlage	N_{51}
Kosten des Hafens	N_{52}
Kosten der Fahrwasserrinne	N_{53}
Image	N_6
Sozio-ökonomischer Nutzen	N_7
Energiepolitik	N_8

REGIONAL

Luftqualität	R_1
Industrielle Aufschließung	R_2
Wirtschaftliche Kosten	R_3
Unterstützung kleinerer Gaslieferanten	R_4

LOKAL

Erholung und Umwelt	L_1
Flächennutzung (Lärm-, Landschaftsschutz)	L_{11}
Fischfang, Schiffahrt	L_{12}
Fremdenverkehr, Erholung	L_{13}
Lokale Geschichte	L_{14}
Wirtschaftlicher Nutzen	L_2
Steuern	L_{21}
Arbeitsplätze, kurzfristig	L_{22}
Arbeitsplätze, langfristig	L_{23}
Arbeitsplätze, indirekt	L_{24}
Folgeindustrie	L_{25}
Hafenbetrieb und Prestige	L_{26}

LOKAL

Wirtschaftliche Kosten	L_3
Kosten der Anlage	L_{31}
Kosten des Hafens	L_{32}
Kosten der Fahrwasserrinne	L_{33}
Negative Auswirkungen auf Fischfang und Fremdenverkehr	L_{34}
Bevölkerungsrisiko	L_4
Schiffahrt	L_{41}
Gaslagerung	L_{42}
Erdbeben	L_{43}
Funkenbildung	L_{44}
Umschlag am Anlegeplatz	L_{45}
Beschäftigtenrisiko	L_5
Eignung des Standortes	L_6
Leichtigkeit und Sicherheit der Schiffahrt	L_7

KONSUMENT

Nähe der Verbraucher zur Anlage	C_1
Gaspreis	C_2
Risiko der Versorgungsunterbrechung	C_3
aufgrund des Gasbedarfs	C_{31}
aufgrund des Ursprungslandes	C_{32}
aufgrund des Wetters	C_{33}
aufgrund von Unfällen	C_{34}
aufgrund von Erdbeben	C_{35}

BEWERBER

Profit	A_1
Einnahmen	A_{11}
Kosten, Anlage	A_{12}
Kosten, Hafen	A_{13}
Kosten, Fahrwasserrinne	A_{14}
Verfügbarkeit der Ressourcen	A_2
Image	A_3
Eignung des Standortes	A_4

- *Die Anatomie der Runden*

Ein zentrales Konzept dieser Problemverarbeitungsmaschine ist die Idee der *Runden* politischer Interaktion zur Beschreibung der Entwicklung von Sachpolitiken. Eine Runde ist ein einfaches Mittel zur Darstellung einer Änderung der Diskussionsausrichtung, d.h., eines Wechsels in der angesprochenen Problematik und einer eventuell damit verbundenen Ablöse bei den beteiligten Parteien. Diese neue Diskussionsausrichtung, diese neue Formulierung, kann sich durch folgende Faktoren ergeben:

a) eine weitreichende Entscheidung über einen Teilbereich des allgemeinen Standortproblems (z.B. eine Entscheidung der nationalen Regierung, daß ein Terminal angesichts des nationalen Energiebedarfs "erforderlich" ist),
b) eine Pattstellung aufgrund von Konflikten zwischen den Parteien, oder
c) eine Änderung im Rahmen der Diskussion aufgrund eines unvorhergesehenen Ereignisses, dem Auftritt einer neuen Partei oder der Vorlage neuer Daten.

Obwohl sich diese Art der Prozeßstrukturierung bereits als eine nützliche heuristische Methode erwiesen hat, muß doch eingeräumt werden, daß diese Runden nicht eindeutig identifizierbar sind. Es gibt im Gegenteil sogar eine Reihe von Möglichkeiten, wie die Einteilung durchgeführt werden könnte. Wir haben versucht, jene Punkte aufzufinden, an denen wir eine Änderung der Agenda oder ein zentrales Problem zu erkennen glaubten, worauf sich die Aufmerksamkeit der beteiligten Parteien richtete. In Kalifornien war es z.B. eine wichtige Frage, ob überhaupt ein *Bedarf* für importiertes Erdgas bestand. Als das Genehmigungsverfahren bereits drei Jahre lief, verabschiedete der kalifornische Gesetzgeber ein Gesetz, in dem festgestellt wurde, daß dieser Bedarf bestehe und daß bis zu einem bestimmten Zeitpunkt ein Standort für einen LNG-Terminal festzusetzen sei. Damit wurde die politische Agenda geändert und der Beginn einer neuen Runde politischer Interaktionen sichtbar markiert.

Während in einigen Fällen solche natürliche Einschnitte auftreten, räumen wir doch ein, daß manchmal der natürliche Fluß der Ereignisse mit Gewalt in diesen analytischen Rahmen gepreßt wird. Doch haben wir im allgemeinen festgestellt, daß die Fälle ohne Schwierigkeiten und durchaus sinnvoll in diese Struktur passen. Eine Runde umfaßt jeweils die allgemeine Problemformulierung, ein oder mehrere auslösende Ereignisse, die Interaktion zwischen den beteiligten Parteien und eine Entscheidung (oder "Nichtentscheidung") als Abschluß der Runde. Diese Grundzüge werden im folgenden kurz beschrieben.

- *Problemformulierung:* Von wesentlicher Bedeutung für den politischen Entscheidungsprozeß ist die Art, wie das Problem formuliert wird: Entscheiden die zuständigen Behörden beispielsweise, "ob Standort *X* oder *Y* zu wählen sei" oder lautet die Frage, "ob die Einfuhr von LNG im Zusammenhang mit dem nationalen Energiebedarf zu genehmigen sei"? Allgemein stellen wir fest, daß sich mit fortschreitender Rundenzahl die Anzahl der offenen Fragen verringert, in dem Maße, als sie nacheinander gelöst werden und damit unter Umständen die Diskussionen der nächsten Runde begrenzt werden. Eine Anfangsrunde wird beispielsweise von der Industrie eröffnet, indem sie den Antrag auf Bewilligung einer Anlage an dem von ihr gewählten Standort einbringt. In diesem Fall lauten die offenen Fragen beispielsweise, ob die Anlage benötigt wird und ob der gewählte Standort die beste Alternative ist. Sind diese Fragen bereits gelöst (z.B. im Rahmen der nationalen Energiepolitik oder eines vorhandenen Standortkonzeptes), so kann die offene Frage statt dessen so formuliert werden, ob die Anlage an diesem Standort sicher betrieben werden kann.

Die Problemformulierung erfolgt im Rahmen eines Prozesses, bei dem die anstehenden Fragen im wesentlichen durch die früheren Entscheidungen und die Macht der Entscheidungsträger festgelegt werden. Wir wollen hier nicht behaupten, daß alle beteiligten Parteien dieser Formulierung zustimmen. Jede Partei hat im Gegenteil ihre eigene Definition des Problems oder ihre eigenen Ideen, wie sie die Frage gestalten würde. So ist z.B. eine Oppositionsgruppe nicht von der Notwendigkeit der Anlage überzeugt. Wurde diese Frage jedoch schon in einer früheren Runde entschieden, wie es in Kalifornien der Fall war, so kann es für die Gruppe schwer, wenn auch nicht unmöglich, sein, die Diskussion über den "Bedarf" wieder zu eröffnen. Ein häufiges Merkmal der interaktiven Problemlösung ist es, daß viele (vielleicht die meisten) der Teilnehmer eine klare Vorstellung davon haben, wie sie die Probleme definieren wollen. Es besteht daher ein permanenter Konkurrenzkampf zwischen den Gruppen um die Formulierung des Problems auf der politischen Agenda: Wird z.B. die Anhörung über den Standort *X* eine Debatte über die Frage, ob ein Bedarf für diese Anlage vorhanden ist, zulassen? Die "Formulierung des Problems", wie sie in den Runden der Fallstudien dargestellt wird, bedeutet nicht, daß zwischen den Parteien ein Konsens erzielt wurde, sondern ist eher ein Gradmesser für die Macht der einzelnen Gruppen, die angesprochenen Probleme zu definieren.

- *Auslösung der Runde:* Eine Diskussionsrunde kann durch einen formellen Antrag oder eine formlose Anfrage eingeleitet werden. Die Eröffnung einer informellen Diskussion erfolgt z.B. einfach durch ein Ersuchen um Informationen von seiten einer Partei oder eine Forderung nach Vorgesprächen. Die jeweilige Form dieser auslösenden Forderung ist ein weiterer Faktor für die Definition oder Einschränkung der Diskussion.

Die in den Fallstudien dargestellten Runden beginnen im allgemeinen damit, daß die Frage der Standortbestimmung für einen LEG-Terminal auf die politische Agenda gesetzt wird. Industrieinterne Diskussionen über einen Standort sind noch kein Punkt auf der politischen Tagesordnung, ebensowenig wie Diskussionen der nationalen Regierung über die Energiepolitik, solange sie nicht mit speziellen Anliegen bezüglich der LEG-Anlagen verbunden sind.

Wenn auch in den Fallstudien die Runden erst mit einer formellen Anfrage oder einem Antrag von seiten einer der Parteien beginnen, werden viele Informationen, Analysen wie auch politische Fragen schon lange vor Beginn des eigentlichen Entscheidungsprozesses in das Problem eingebracht. Festverwurzelte Ansichten und Einstellungen begrenzen die schließlich zur Diskussion stehende Problemformulierung wie auch die Zahl der möglichen Alternativen. Bis zu einem gewissen Grad werden daher Lösungen schon beschlossen, bevor sie noch in den Brennpunkt der Diskussionen, Analysen und Debatten rücken (Lindblom 1982, persönliche Mitteilung). Diese "Vorrunden" des Prozesses sind leider nur schwer zu beschreiben, da es kaum formelle Dokumentationen darüber gibt und die Parteien oft zu gegensätzlichen Interpretationen der Aktivitäten kommen. Wir besprechen jedoch diese frühen Interaktionen so weit wie möglich in unseren Fallstudien.

- *Interaktionen:* Will man ein bestimmtes Muster einer institutionellen Entscheidung verstehen, so ist es notwendig, die politischen Akteure, ihre jeweiligen Verantwortungsbereiche, ihre gegenseitigen Interaktionen in den verschiedenen Stadien des Prozesses und die ihnen zugänglichen Informationen zu beschreiben. In einem formalen Sinn basiert die Bewertung einer bestimmten Standortalternative von seiten einer Partei darauf, wie diese die jeweiligen Größenordnungen und Werte der Auswirkungen oder Merkmale, die mit dieser Alternative verbunden sind, abschätzt und welche relative Bedeutung sie jedem Merkmal zumißt. Andere Parteien schätzen vielleicht die Auswirkungen einer Alternative anders ein, da sie gegensätzliche Informationen besitzen, ihre eigene Analyse der Kosten und Nutzen, die sich aus diesen Auswirkungen ergeben, durchführen oder eine andere Rangordnung für diese Merkmale aufstellen.

Eine weitere wichtige Dimension des Entscheidungsprozesses besteht darin, daß sich der Wert eines Merkmales im Laufe der Zeit durch neue Informationen ändern kann. So kann z.B. ein Bericht, der neue Erkenntnisse über das Erdbebenrisiko an einem bestimmten Standort präsentiert, bei einer oder mehreren der betroffenen Parteien zu einer Änderung ihrer Perzeption dieses Merkmales führen. Diese Änderung erfolgt z.B. in der Form, daß die Größenordnung eines Merkmales dieses Standortes neu geschätzt wird oder daß der relativen Bedeutung des Merkmales ein anderes Gewicht beigemessen wird.

Das Resultat der politischen Debatte ergibt sich hauptsächlich aus einer Kombination der folgenden Faktoren: die formalen Zuständigkeiten der beteiligten Parteien, der Grad der Aufmerksamkeit, der den Fragen angesichts der begrenzten finanziellen und zeitlichen Möglichkeiten gewidmet wird, die Art, wie die Probleme auf der politischen Agenda gestaltet werden, sowie die exogenen Ereignisse, die eine Änderung der Problemstellung bzw. der beteiligten Parteien bewirken können. Die Phase der Interaktion kann als förmliche und informelle Kommunikation zwischen den Parteien, die die Entscheidung beeinflussen, betrachtet werden. Wynne (1981) führt aus, daß es sinnlos ist, anzunehmen, daß die Parteien als "rationale" Akteure im Sinne einer aktiven und offenen Verfolgung klar definierter Ziele interagieren. Ein defensives Verhalten, d.h. das Vermeiden von Problemen und Gefahren, kann in diesen Situationen genauso rational sein wie ein zielorientiertes Verhalten.

Majone (1979) weist außerdem darauf hin, daß das organisatorische Verhalten meist nicht auf die Problemlösung in einem rationalen Sinne gerichtet ist, sondern dem Langzeitinteresse der Organisation oder Institution dienen soll. Im öffentlichen Bereich müssen die Entscheidungen - im Gegensatz zum Marktbereich - mit scheinbar objektiven Argumenten begründet werden. Daher sind die von den Parteien vorgebrachten Argumente insofern wichtig, als sie die komplexen Strategien und Gegenstrategien der politischen Akteure verdeutlichen.

Die Interaktionen zwischen den Parteien, wie sie in den Runden der Fallstudien beschrieben sind, werden durch die *Hauptargumente*, die jede Partei für oder gegen die diskutierte Alternative in die Debatte einbringt, repräsentiert. Diese Argumente beziehen sich oft lediglich auf ein oder zwei Merkmale. In manchen Fällen werden die Merkmale so ausgewählt, daß sie mehr die Wirksamkeit eines Argumentes maximieren als ein tatsächliches Anliegen der Partei reflektieren. Eine Gruppe, die einen Standort aus Umweltschutzgründen ablehnt, konzentriert vielleicht ihre Argumentation auf das Erdbebenrisiko als Hauptgrund für ihre Ablehnung des Standortes. Die Argumentation spiegelt daher die *Strategie* des Akteurs für oder gegen den Vorschlag wider. Diese Strategie kann auf einer verdeckten Agenda beruhen, die nie durch offene Handlungen oder Aussagen verdeutlicht wird. Untersucht man die Strategie der Akteure, so kann man die ihr zugrundeliegenden Motive und Wünsche der Betroffenen aufdecken. Dies ist wichtig, um zu verstehen, warum wissenschaftliche Daten wie z.B. Risikoanalysen auf eine ganz bestimmte Art und Weise interpretiert und verwendet werden.

Die Interaktionen zwischen den verschiedenen und oft unterschiedlichen Teilnehmern erfolgen nur teilweise von Angesicht zu Angesicht, wie es z.B. in einem Ausschuß, einer Arbeitsgruppe oder bei einer Anhörung der Fall ist. Der größte Teil des Dialogs, der für die letztliche Lösung der politischen Frage von Bedeutung ist, besteht aus Interaktionen aus der Entfernung. Gelegentlich ergeben sich Interaktionen auch, ohne daß die Personen direkt über die Handlungen anderer informiert sind. Diese Phase der Interaktion bietet nützliche Einsichten in den Prozeß. Die Parteien gehen oft mit starken Präferenzen in die Debatte. In der Phase der Interaktion werden dann ihre Argumente und Wahrnehmungen deutlich, was unter Umständen dazu führt, daß sie ihre Standpunkte ändern. Die Stabilität eines Systems kann zumindest teilweise daran gemessen werden, wieweit die Akteure und Argumente nach jeder Runde die gleichen geblieben sind.

- *Abschluß einer Runde:* Eine Runde wird durch eine Entscheidung, eine Pattstellung, eine Änderung der Informationslage (die die Ausrichtung der Debatte ändert und damit eine neue Runde auslöst) oder ein exogenes Ereignis (z.B. eine Katastrophe) abgeschlossen, wodurch die Diskussionen abgeschnitten werden und eine neue Untersuchungsrunde notwendig wird. Jede Entscheidung kann wiederum durch die mit der Wahl verbundenen sogenannten Trade-offs, d.h. die Gewichtung zwischen konfligierenden Werten, beschrieben werden. Diese Trade-offs werden von den Entscheidungsträgern nicht immer ausdrücklich anerkannt oder im Entscheidungsprozeß explizit analysiert.

Der Abschluß einer Runde kann auf zwei Arten erfolgen. Wenn es eine durchführbare Lösung gibt, auf die sich die Verantwortlichen geeinigt haben, so endet damit der Prozeß. Wenn jedoch eine oder mehrere der Parteien mit der Situation am Ende der Runde nicht zufrieden sind und Zuflucht zu anderen Mitteln nehmen oder wenn die Runde mit der Forderung nach weiteren Maßnahmen endet, bedeutet dies, daß damit das neue Problem für die nächste Runde formuliert wird. Die Abfolge wiederholt sich dann für eine neue Gruppe von Alternativen, beteiligten Parteien, etc.

ZUSAMMENFASSUNG

Zusammenfassend ist zu sagen, daß der gesellschaftliche Entscheidungsprozeß eine Reihe von beteiligten Parteien umfaßt, die jeweils ihre eigenen Ziele und Zielvorstellungen mitbringen. Jede Gruppe hat auch ihre eigenen Informationen, mit denen sie bestimmte Empfehlungen verteidigt. Der Entscheidungsprozeß verläuft häufig sequentiell und dezentralisiert. Viele Fragen und Probleme konkurrieren um die begrenzte Zeit und Aufmerksamkeit der beteiligten Personen. Der Prozeß der Gestaltung der Agenda ist ein wichtiges Element für das Verständnis dafür, warum bestimmte Probleme als wichtig erachtet und andere ignoriert werden. Neue empirische Studien unterstreichen die Bedeutung von exogenen Ereignissen bei der Plazierung von Problemen auf der formellen Agenda. Politische Entscheidungen werden meist in einem sequentiellen Prozeß getroffen, wobei sich aus der Lösung früherer Probleme, der Änderung der Parteienpräferenzen bzw. der sozialen Normen wieder neue Fragestellungen ergeben.

Es wurden drei Hilfen zur Strukturierung der politischen Standortbestimmungsprozesse in den vier Ländern entwickelt: Ein PERT-Diagramm zur Beschreibung der zentralen Ereignisse, eine Partei/Interessensmatrix, in der die Interessen und Anliegen der Hauptparteien angeführt werden, sowie ein MAMP-Rahmenmodell, in dem die auftretenden Problemformulierungen und Argumente der beteiligten Parteien beschrieben werden. Die Fallstudien selbst wurden nach ausgedehnten Interviews mit Schlüsselpersonen des Standortbestimmungsprozesses des jeweiligen Landes erstellt. Die interviewten Personen wurden aufgefordert, den Prozeß und die Probleme der Standortbestimmung einer LEG-Anlage aus ihrer Sicht zu beschreiben.

Erst nachdem wir die individuellen Perspektiven aller Hauptbeteiligten oder -beobachter in umfangreichen Fallstudien untersucht und dargestellt hatten, entwickelten wir die Hilfen für den Leser. Diese Hilfen sind nicht als analytische Instrumente gedacht. Sie sollen statt dessen dazu beitragen, die Ereignisse und die Partizipation der verschiedenen Gruppen und Personen bei vier komplexen Standortbestimmungsverfahren so zu verfolgen und zu strukturieren, daß damit beschreibende Vergleiche durchgeführt werden können. Eine Analyse und Interpretation dieses Materials, wie z.B. die kritische Untersuchung des Nutzens von Expertisen bei politischen Fragen des Standortproblems, ist nur möglich, wenn man versteht, welche Personen und Institutionen beteiligt sind und welche verfahrensmäßigen Einschränkungen existieren.

In den folgenden vier Fallstudien beschreiben wir mittels dieser Hilfen für den Leser die Menschen, Institutionen und politischen Vorgangsweisen, die in den jeweiligen Ländern an den Auswahl- und Bewilligungsverfahren für LEG-Terminals beteiligt sind oder waren. Anhand dieses beschreibenden Materials beschäftigen wir uns dann in den Kapiteln 8 und 9 mit einigen der dabei aufgeworfenen Fragen.

3 Bundesrepublik Deutschland: Wenig Lärm um Wilhelmshaven*

Dieses Kapitel setzt sich mit dem Prozeß der Standortwahl und Bewilligung im Fall des Importhafens für Flüssigerdgas (LNG) bei Wilhelmshaven in der BR Deutschland auseinander und faßt unter besonderer Berücksichtigung der Rolle, welche die technischen Analysen zur Frage des öffentlichen Sicherheitsrisikos spielten, die wichtigsten Aspekte des politisch-administrativen Entscheidungsprozesses zusammen.

An dieser Fallstudie sticht am meisten hervor, daß der Entscheidungsprozeß, durch den diese Technologie in der BR Deutschland zum ersten Mal eingeführt werden sollte, sich von den anderen für die Standortwahl und Bewilligung von Industrieanlagen üblichen Verfahren nur wenig unterschied. Das öffentliche Interesse beziehungsweise das Engagement in Fragen der Zumutbarkeit der geplanten Anlage waren eher bescheiden. An einem bestimmten Punkt im Prozeßgeschehen kam es jedoch zu unerwarteten Schwierigkeiten hinsichtlich des Sicherheitsrisikos des künftigen Terminals, und es sah so aus, als ob die Bewilligung nicht zustandekommen sollte. Die Bundesregierung legte diese Probleme aber auf elegante Weise bei - und bald war es wieder ziemlich still um das Projekt von Wilhelmshaven.

DIE AUSGANGSSITUATION

Mit dem Grundgesetz des Jahres 1949 wurde die Bundesrepublik Deutschland als Bundesstaat mit derzeit zehn autonomen Ländern (ausgenommen Westberlin, welches einen Sonderstatus genießt) geschaffen. Demnach obliegt, als Grundregel, der Erlaß von Bundesgesetzen und Verordnungen der Bundesregierung und die Durchführung der Gesetzes-

---

* Dieses Kapitel von Hermann Atz beruht auf einer umfassenderen Fallstudie (Atz 1982). Die Integrierung der Fallstudienbefunde in den Rahmen des MAMP-Modells erfolgte in enger Zusammenarbeit des Autors mit Joanne Linnerooth.

bestimmungen den Ländern (eine ausführliche Behandlung dieses Themas findet sich z.B. in Southern 1979). Die öffentliche Verwaltung gliedert sich in fünf Ebenen: Bund, Land, Regierungsbezirk, Kreis und Gemeinde. In einigen Belangen treten Kreis und Gemeinde als Ausführungsorgane der Länder auf, sind aber auch für die lokale oder kommunale Selbstverwaltung verantwortlich. Auf den zwei niedrigsten Verwaltungsebenen wird das oberste Organ gewöhnlich von einem gewählten Kreis- bzw. Gemeinderat, dessen Kontrolle es auch untersteht, bestellt. Auf Bezirksebene gibt es keine gewählte Körperschaft, doch ist die Bezirksregierung für eine Reihe von Verwaltungstätigkeiten verantwortlich. Sie ist das Hauptexekutivorgan innerhalb der Landesverwaltung und kann in Angelegenheiten, die an sie delegiert werden, im Auftrag der Landesregierung in Erscheinung treten.

Die politische Entscheidungsfindung in der BR Deutschland läßt sich nur unter Berücksichtigung der besonderen Form der Gewaltentrennung von Legislative und Exekutive, wie sie in der Verfassung festgelegt ist und sich aus der Sicht des Staatsbürgers darstellt, ganz erfassen. Anders als in den USA zum Beispiel versteht sich die öffentliche Verwaltung nicht so sehr als Teil des politischen Systems, sondern als im öffentlichen Recht verankerter Ausführungsapparat der Regierungen.

Da die Verwaltungsorgane nicht im ausreichenden Maß der Aufsicht gewählter Körperschaften unterstehen, spielen das öffentliche Verwaltungsrecht und die Verwaltungsgerichte eine wesentliche Rolle dabei, den Bürger vor Entscheidungen zu schützen, die dieser als Gefährdung seiner garantierten Grundrechte erfährt. Insofern versteht der Bürger in der Bundesrepublik Deutschland recht gut mit Verwaltungsverfahren umzugehen, scheint aber im Entstehungsprozeß politischer Maßnahmen größtenteils eine passive Haltung einzunehmen (Reichel 1981).

Angesichts dieser komplizierten Aufteilung der staatlichen Verantwortung, der strengen Gewaltentrennung sowie der wichtigen Position, die die Beamtenschaft im politischen Gestaltungsprozeß einnimmt, und begünstigt durch die verhältnismäßig schwache Stellung der einzelnen politischen Parteien hat sich in der deutschen Politik eine Tendenz zum Konsens gehalten (siehe Scharpf et al. 1976). Dennoch wurden innerhalb der letzten fünfzehn Jahre eine wachsende Zahl an Umweltschützergruppen und Bürgerinitiativen politisch aktiv und machten, wie im Fall der Kernkraftwerke eine Reihe von Entscheidungen zur Standortwahl großtechnischer Anlagen zum Mittelpunkt heftigen Protestes (siehe Murphy et al. 1979, Guggenberger 1980, Kitschelt 1980). Während die formale Bürgerbeteiligung an solchen Entscheidungsprozessen in der Folge ausgeweitet wurde, war den diversen Interessensgruppen auch weiterhin verhältnismäßig wenig Gelegenheit geboten, mittels politischer Forderungen auf einzelne Entscheidungen einzuwirken, wenn auch in einigen Fällen sich der Klageweg als durchaus taugliches Mittel erwies, um bestimmten Industrievorhaben bzw. technologiepolitischen Maßnahmen erfolgreich Einhalt zu gebieten oder sie zumindest zu verzögern.

Wilhelmshaven, im 19. Jahrhundert gegründet als preußischer Marinehafen und heute eine Stadt mit 100.000 Einwohnern, ist westlich von Bremerhaven an der deutschen Nordsee gelegen (Bild 3.1). Trotz seiner durch die Lage am Jadebusen gegebenen ausgezeichneten Bedingungen für

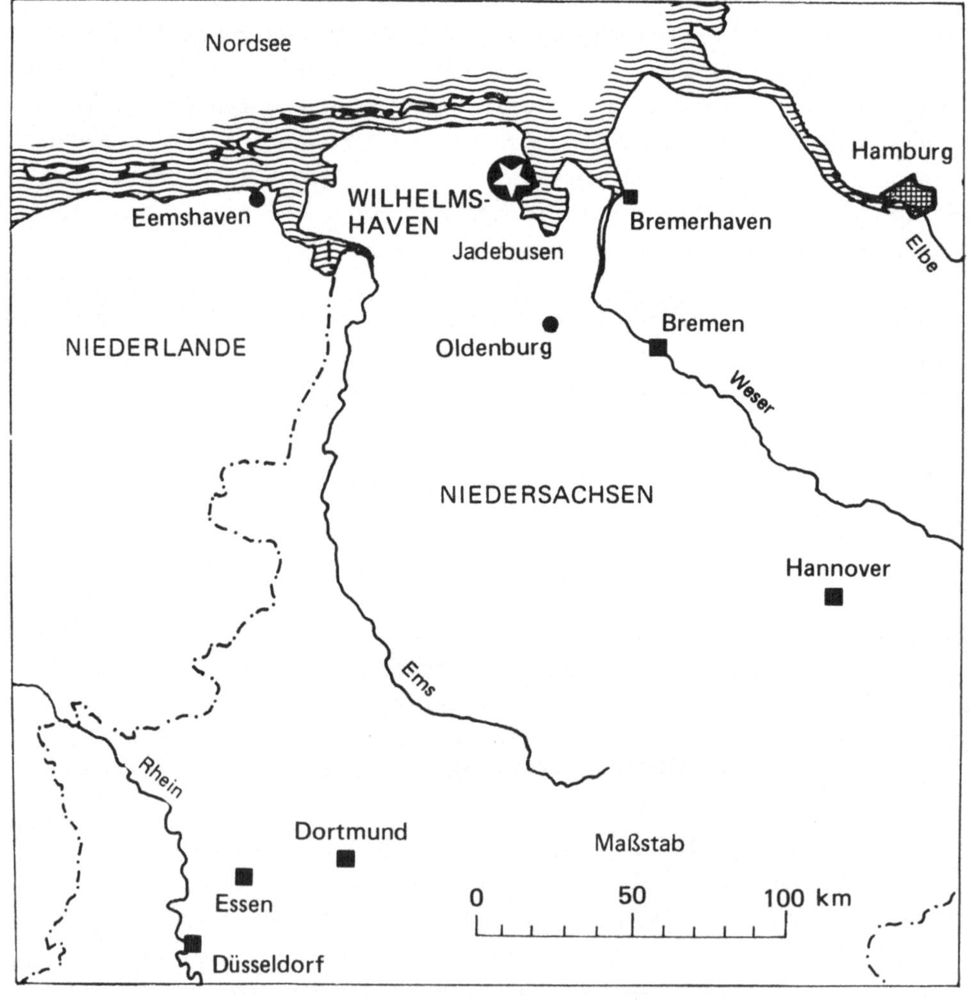

Bild 3.1: Nördlicher Teil der Bundesrepublik Deutschland

die Schiffahrt ist Wilhelmshaven in industrieller Hinsicht relativ schwach entwickelt, was zum Teil auf die eine solche Entwicklung wenig begünstigende Abhängigkeit der Stadt von den militärischen Einrichtungen, die sie beheimatet, und zum Teil auf andere Faktoren zurückzuführen ist, wie zum Beispiel die große Entfernung von den Verbrauchermärkten im Bereich des niedersächsischen Wirtschafts- und Verwaltungszentrums Hannover. Das Küstengebiet um Wilhelmshaven gehört mit seiner hohen Arbeitslosenquote zu den am schwächsten entwickelten Gebieten von Niedersachsen.

Diesem Umstand sollte durch die Bestimmung Wilhelmshavens in den regionalen Entwicklungsplänen als zukünftigem Industriezentrum abgeholfen werden. Um Wilhelmshaven für die Industrie attraktiv zu machen, wurde die Fahrrinne (im Jadebusen) vertieft und ein ausgedehntes, ehemals überflutetes Stück Land dazugewonnen. Das Land Niedersachsen hatte sich an diesem Vorhaben intensiv beteiligt, und die Nutzung dieser, zur Förderung der Industrieansiedlung geschaffenen Infrastruktur bildete auch den Zusammenhang, in dem die Errichtung eines Anlandehafens für Flüssigerdgas erörtert wurde.

Als Standort für den LNG-Hafen war ein Areal in der Nähe von Wilhelmshaven im Norden des Neulandes an der Jade und zwar an der Grenze zur zirka 10.000 Einwohner zählenden Nachbargemeinde Wangerland (Bild 3.2) vorgesehen. In einem Umkreis von weniger als 2 km befindet sich der zu Wangerland gehörige Ort Hooksiel und in einer Entfernung von nur einigen hundert Metern ein Erholungsgebiet. Letzteres sollte Hooksiel als Ersatz für seinen Bootshafen und als Ausgleich für die durch die Industrieansiedlung bedingten Nachteile dienen. Tatsächlich wurden die Nähe Hooksiels und die ungünstige Lage des Erholungsgebietes im Rahmen der den LNG-Hafen betreffenden Verfahren zu wichtigen Streitpunkten (siehe Bild 3.3).

Geplant war der Bau eines Importhafens für Flüssigerdgas bei Wilhelmshaven zum Zweck der Zwischenlagerung von Erdgas, welches mit Spezialtankern mit einer Kapazität von je 125.000 m^3 von einer Verflüssigungsanlage in Algerien hierher befördert werden sollte. Die Verteilung an die Verbraucher sollte von Wilhelmshaven aus entweder über Pipelines (nach entsprechender Wiedervergasung) oder mit Hilfe kleinerer Tankschiffe erfolgen. Für den Terminal waren ein Anleger zur gleichzeitigen Be- und Entladung eines kleinen und zweier größerer LNG-Tankschiffe, ein geschlossenes Verbindungssystem zu den Landanlagen und (ursprünglich vier, später sechs) Lagertanks für ungefähr

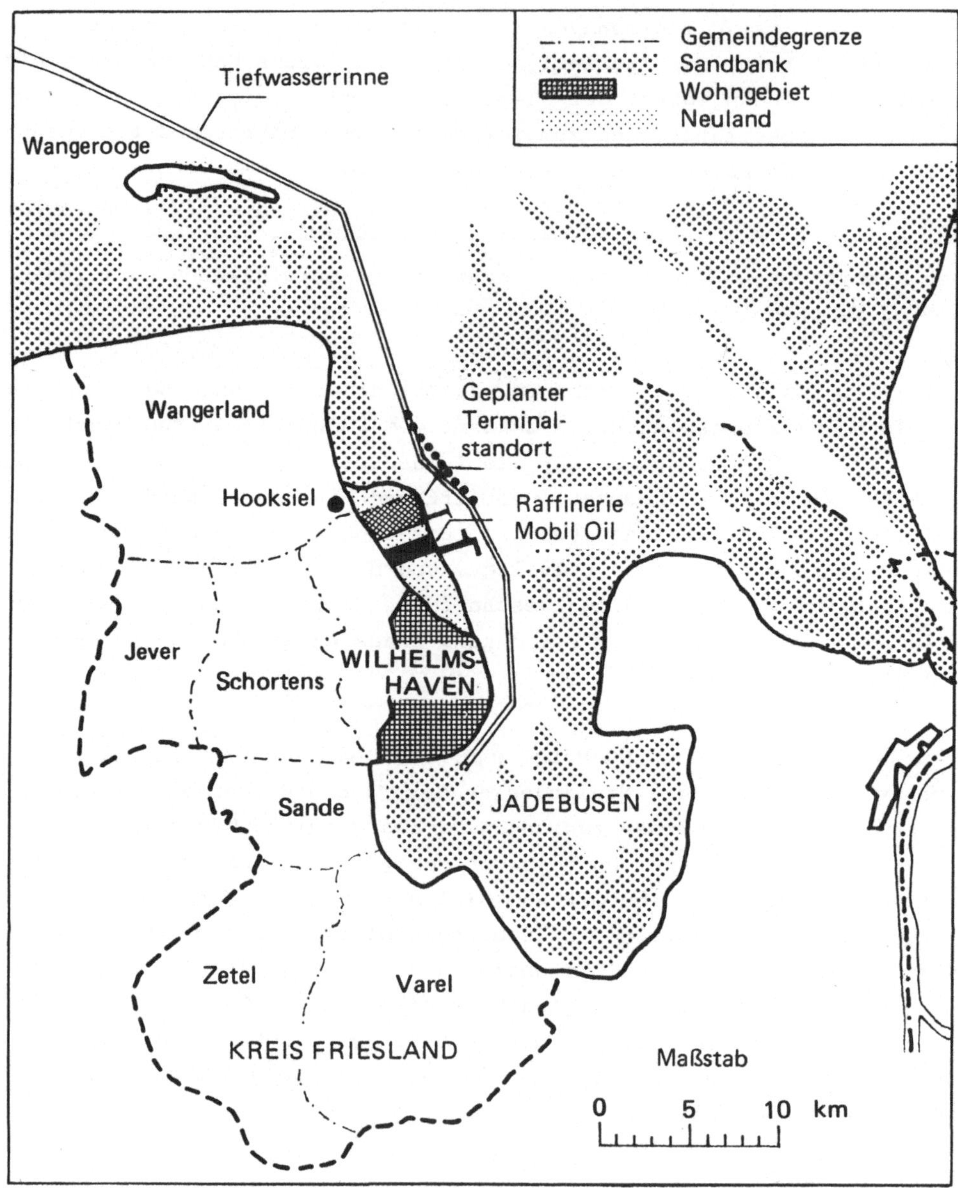

Bild 3.2: Der Landkreis Friesland und der Jadebusen. Die punktierte Linie zeigt die geplante Verlegung der Fahrwasserrinne laut Planfeststellung der WSD.

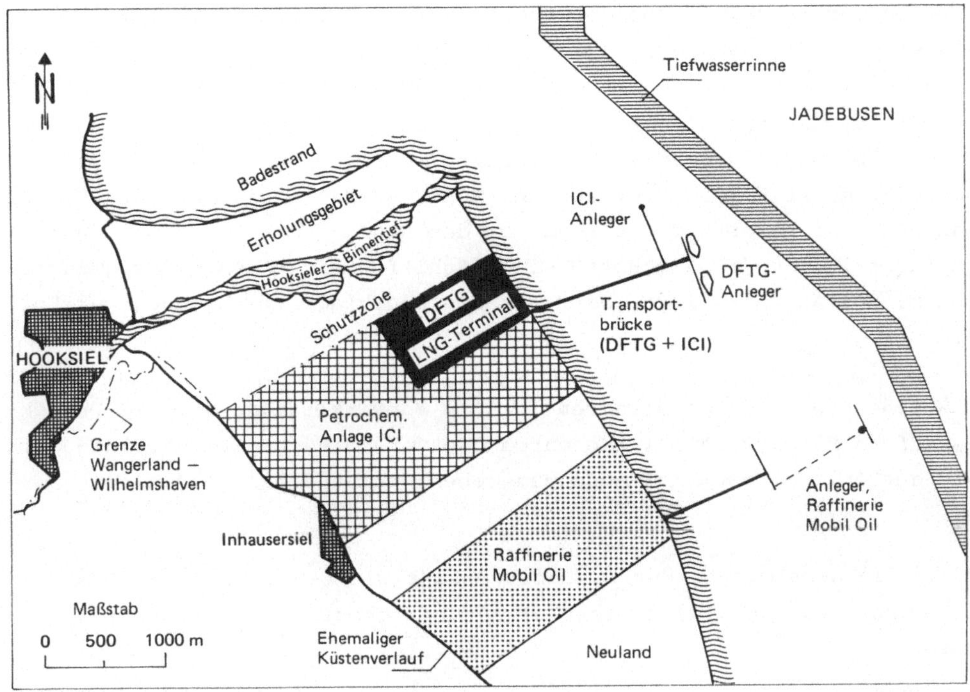

Bild 3.3: Detailplan der Industriezone Wilhelmshaven

500.000 m^3 Flüssigerdgas und eine Wiedervergasungsanlage vorgesehen[1]. Die Gesamtanlage war für den Umschlag von 12 x 10^9 m^3 Erdgasäquivalent pro Jahr (bei Normaldruck und -temperatur) ausgelegt, was einem Fünftel des derzeitigen (1980) Erdgasverbrauchs in der Bundesrepublik Deutschland entspricht. Wie weiter unten ausgeführt, wurde das LNG-Hafenprojekt in der Folge mit Plänen zur Errichtung einer petrochemischen Anlage zur Verarbeitung bzw. Herstellung gefährlicher Chemikalien (Äthylen, Natronlauge und Vinylchlorid) auf einem benachbarten Grundstück eng verknüpft. Für beide Anlagen waren eine gemeinsame Transportbrücke (d.h. auf Stelzen geführte Rohrleitungen für den Transport von Flüssigerdgas bzw. Chemikalien plus Fahrtweg), welche die beiden getrennten Anleger verbindet, vorgesehen.

1. Zur Behandlung der Sicherheitsrisiken dieser Technologie, insbesondere der Fremdzündung von Dampfwolken nach dem Austritt von Flüssigerdgas siehe Kapitel 7.

Wegen der Sandbänke vor der Küste mußte die geplante Umschlagbrükke über eine Mindestlänge von 1500 m verfügen und sich somit auf kaum 500 m der Tiefwasserrinne annähern. Sie gelangte damit in die Nähe jener Stelle, an der die Fahrrinne eine ziemlich starke Biegung macht und welche in der Vergangenheit bereits mehrmals Schauplatz glücklicherweise meist harmlos verlaufener Schiffsunfälle gewesen war. Dieser Plan hatte die ernsthafte Diskussion des Risikos der Kursabweichung mit nachfolgendem Zusammenstoß eines Schiffes mit einem Flüssigerdgastanker, der an Dock liegt, oder mit den Umschlageinrichtungen zur Folge.

Welche Bewilligungsverfahren für die Verwirklichung des LNG-Projektes erforderlich waren, wurde durch die verschiedenen technischen Merkmale der Anlage bestimmt. Ausschlaggebend waren dabei folgende:

1. Für die Genehmigung der Landanlagen war wie bei anderen größeren Industrievorhaben auch eine Verwaltungsbehörde des Landes zuständig.
2. Da der Jadebusen innerhalb der Dreimeilenzone liegt, gilt er als Binnenwasserstraße und untersteht der Aufsicht der Wasser- und Schiffahrtsverwaltung des Bundes. Für Verbauungen von Bundeswasserstraßen ist ein gesondertes Genehmigungsverfahren erforderlich.
3. Genehmigungspflichtige Landanlagen müssen den jeweiligen regionalen Raumordnungsbestimmungen entsprechen. Voraussetzung für die Bewilligung des geplanten Anlandehafens war die Abänderung der betreffenden Flächennutzungs- und Bebauungspläne (dies ist Gemeindesache).

DIE HAUPTEREIGNISSE DARGESTELLT ANHAND DES PERT-DIAGRAMMS

Auf eine kurze Einführung über die Hauptbeteiligten im Entscheidungsprozeß folgt eine Darstellung der wichtigsten Ereignisse und Entscheidungen in Form eines PERT-Diagramms, das in Kapitel 2 erläutert wurde. Die Entscheidungsfindung innerhalb der einzelnen Parteien findet dabei keine Berücksichtigung.

Die wichtigsten Akteure im vorliegenden Entscheidungsprozeß sind in Tabelle 3.1 aufgelistet. Nicht genannt sind andere interessierte

Tabelle 3.1: Die Hauptparteien im LNG-Entscheidungsprozeß in der BR Deutschland

	BEWERBER/AUSBAUUNTERNEHMER
Ruhrgas, Gelsenberg (DFTG)	Zwei wichtige private Energieversorgungsunternehmen und ihre Tochter DFTG beantragen die Genehmigung eines LNG-Terminals. Ruhrgas ist auf den Gasmarkt spezialisiert und stellt zwei Drittel der Gasversorgung in der BR Deutschland.
	NATIONALREGIERUNG UND -VERWALTUNG
Bundesminister für Verkehr (BMV)	Als oberstes Organ der Wasser- und Schiffahrtsverwaltung des Bundes ist er für die Erhaltung und Erschließung von Bundeswasserstraßen und für den Schiffsverkehr auf diesen verantwortlich. Ist am LNG-Entscheidungsprozeß in letzterer Funktion beteiligt.
Wasser- und Schiffahrtsdirektion Nordwest (WSD)	Eine von sechs Bundeswasserstraßenbehörden der mittleren Ebene, die beauftragt ist, die geplanten Hafeneinrichtungen für das gemeinsame DFTG/ICI-Projekt gemäß Bundeswasserstraßengesetz in einem Planfeststellungsverfahren zu genehmigen.
	REGIONALREGIERUNG UND -VERWALTUNG
Niedersächsisches Ministerium für Wirtschaft und Verkehr (MWV)	Führt im Auftrag des Landes Programme zur Regionalplanung durch, d.h. vergibt Fördermittel und berät interessierte Unternehmen bei der Standortwahl.
Bezirksregierung Weser-Ems (BRWE)	Ist in zwei verschiedenen Funktionen am LNG-Entscheidungsprozeß beteiligt: nach dem Bundes-Immissionsgesetz ist sie für die Genehmigung bestimmter Landeinrichtungen verantwortlich, bei der Planung eines Teils der Hafeneinrichtungen und zwar der gemeinsamen Transportbrücke von DFTG und ICI handelt sie im Auftrag des Landes. Stellt in letzterer Eigenschaft ebenfalls einen Antrag auf Planfeststellung bei der WSD.
	KOMMUNALBEHÖRDEN
Wilhelmshaven	Die Stadtgemeinde und freie Kreisstadt, in der der LNG-Terminal errichtet werden soll, hat einen gewählten Stadtrat bzw. eine Stadtverwaltung unter Leitung eines bestellten Direktors. Während die Bewilligung der wichtigsten Entscheidungen beim Stadtrat liegt, wird die Verwaltungstätigkeit größtenteils in der Verwaltung geleistet. Aus Gründen der Autonomie der Gemeinde in der Flächennutzungs- und Regionalplanung müssen Industrievorhaben mit ihren Vorstellungen vereinbar sein.
Wangerland	Gemeinde an der Grenze zum Standort im Norden von Wilhelmshaven. Da einige seiner Bürger mehr als der Großteil der Bevölkerung von Wilhelmshaven von dem Vorhaben betroffen wären, wird es von dieser Partei naturgemäß mit kritischem Interesse betrachtet.
Landkreis Friesland	Umfaßt acht Gemeinden rund um Wilhelmshaven ausgenommen die Stadt selbst. Obwohl seine offiziellen Aufgaben im Entscheidungsprozeß eher beschränkt sind, unterstützt Friesland das innerhalb seiner Grenzen gelegene Wangerland sehr.
	ANDERE INTERESSIERTE PARTEIEN
Initiativausschuß Hooksieler Vereine (IHV)	Ist die effektivste Interessensgruppe auf Betroffenenseite, die an der Diskussion um den LNG-Standort aktiv teilnimmt. Besteht aus Mitgliedern von 17 Vereinigungen und Klubs mit Hooksiel als Vereinsort. Die Gruppe versucht die Interessen der Bewohner auf halboffizielle Weise zu vertreten, ist aber in ihrer Einflußnahme von einigen wenigen tatkräftigen Personen abhängig.

Parteien, deren Einfluß auf das Geschehen nur unerheblich war, bzw. jene, deren Standpunkte durch die in der Tabelle angeführten Parteien vertreten wurden[2].

Bild 3.4 zeigt das PERT-Diagramm mit den wichtigsten Ereignissen bis hin zur prinzipiellen Bewilligung des LNG-Anlandehafens in Wilhelmshaven im Jahre 1979. Die Kreise mit Ziffern, die auch im folgenden Text verwendet werden, bezeichnen Entscheidungsmomente, durch die der Entscheidungsprozeß in vier einander teilweise überlappende Handlungsrunden aufgegliedert werden kann. Die Runden A und B umfassen die eigentliche Entscheidung zur Standortfrage, die vorläufige Planung der Anlage sowie die allgemeine Einigung zwischen den Gesellschaften Ruhrgas AG und Gelsenberg AG, dem Land Niedersachsen und der Stadt Wilhelmshaven darüber, daß die Durchführung des Projektes als wünschenswert zu betrachten war. Die Einleitung der offiziellen Bewilligungs- und Genehmigungsverfahren wurde als Beginn der C-Runde aufgefaßt, in welcher sich zum Großteil die öffentliche Diskussion über den LNG-Hafen abspielte. In der D-Runde ging es um die hinsichtlich der Genehmigung höchst kritische Frage der Risiken, die sich aus dem Bau und Betrieb der Anlage für die Schiffahrt ergeben und möglicherweise auch die Nachbarschaft des Terminals in Mitleidenschaft ziehen.

---

2. Folgende weitere Parteien waren zu irgendeinem Zeitpunkt am Entscheidungsprozeß beteiligt:

   - Die britische Imperial Chemical Industries Ltd, welche um Planungserlaubnis für den Bau einer petrochemischen Anlage in der Nähe des LNG-Anlandehafens angesucht hatte.
   - Der Bundesminister für Wirtschaft, welcher, nachdem das Vorhaben der Ministerialebene zur Entscheidung übergeben worden war, seine wirtschaftlichen Vorteile bewertete.
   - Die Wehrbereichsverwaltung II Hannover, die sich mit den möglichen Auswirkungen des LNG-Tankschiffverkehrs auf die in Wilhelmshaven stationierten Marine-Streitkräfte der NATO befaßte.
   - Wangerooge und Schortens, zwei andere Nachbargemeinden.
   - Verschiedene Bürgerinitiativen und Einzelpersonen in Wilhelmshaven, die hauptsächlich an Umweltfragen interessiert waren.
   - Die multinationale Mobil Oil AG, welche südlich der geplanten LNG-Hafenanlage eine Raffinerie betreibt und hinsichtlich der Gefahren durch die LNG-Schiffahrt bzw. der Kosten, die bei der Beseitigung möglicherweise verstärkter Sandablagerungen in der Nähe ihres Anlegers entstehen würden, Bedenken äußerte.
   - Lokale Aufsichtsbehörden wie das Wasserwirtschaftsamt von Wilhelmshaven und das Gewerbeaufsichtsamt in Oldenburg.
   - Die Lotsenbrüderschaft Weser II/Jade.
   - Verschiedene Konsulenten.
   - Mehrere Interessensgruppen wie einige Wassersportvereinigungen und der örtliche Fischereiverband.

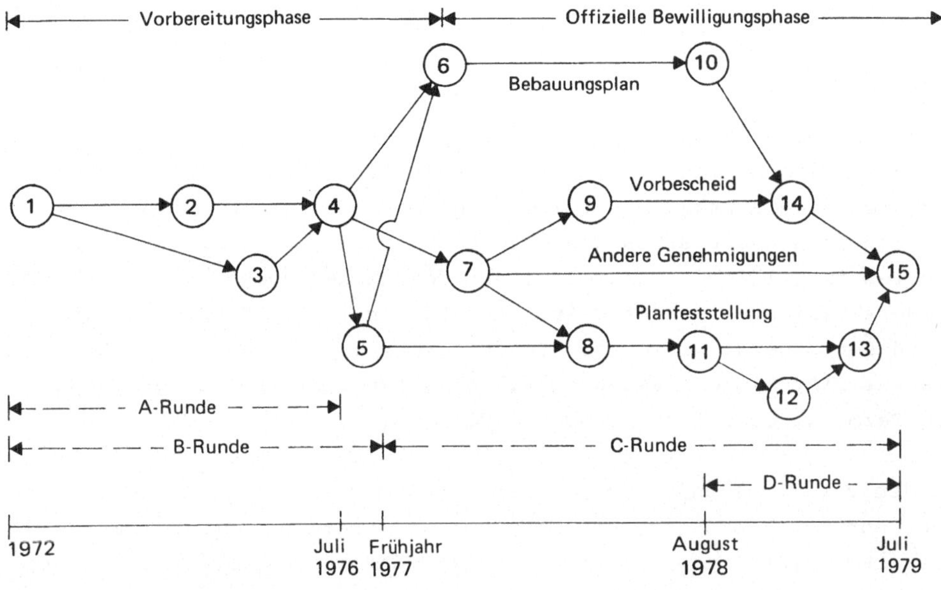

Bild 3.4: PERT-Diagramm für den LNG-Entscheidungsprozeß in der BR Deutschland

Schlüsselereignisse und/oder Entscheidungen

(1) Ruhrgas und Gelsenberg entscheiden zugunsten eines inländischen Standorts für den LNG-Anlandehafen und gründen die Tochter DFTG (1972).

(2) Die Gasgesellschaften, die DFTG und Niedersachsen unterzeichnen einen Vorvertrag (November 1973).

(3) In Abstimmung mit den Behörden entscheidet sich die DFTG für einen von zwei möglichen Standorten im Bereich Wilhelmshaven (Juni 1974).

(4) Die DFTG, Ruhrgas, Gelsenberg, Niedersachsen und Wilhelmshaven schließen einen Ansiedlungsvertrag ab (Juli 1976).

(5) Die DFTG, ICI und Niedersachsen einigen sich auf gemeinsame Hafeneinrichtungen für die petrochemische Anlage und den LNG-Terminal (Frühjahr 1977).

(6) Wilhelmshaven leitet die Bauleitplanverfahren für den Standort des Terminals ein (Mai 1977).

(7) Zwischen einem holländisch-deutschen Konsortium und der algerischen Gesellschaft Sonatrach wird ein Liefervertrag unterzeichnet (Juni 1977).

(8) Bei der WSD werden zuerst von der DFTG und dann von der ICI und Niedersachsen Anträge auf Genehmigung der Hafeneinrichtungen gestellt (September 1977 bis Februar 1978).

(9) Die DFTG stellt bei der BRWE das Ansuchen um Genehmigung der Landanlagen (September 1977).

(10) Der Stadtrat von Wilhelmshaven billigt nach Behandlung der von verschiedenen Interessensgruppen vorgebrachten Einwände den Bebauungsplan (Juli 1978).

(11) Der Bundesminister für Verkehr (BMV) tritt unmittelbar in die Bewilligungsverfahren für die Hafeneinrichtungen ein (Juli 1978).

(12) Der BMV bewertet die Risiken im Zusammenhang mit dem LNG-Terminal und dem Tankschiffverkehr im Jadebusen und erachtet sie als unter bestimmten Bedingungen zumutbar (März 1979).

(13) Die WSD bewilligt die gemeinsamen Hafeneinrichtungen (März bis Juli 1979).

(14) Die BRWE erteilt den Vorbescheid für die Landanlagen des LNG-Anlandehafens (Juli 1979).

(15) Das Bewilligungsverfahren zum Bau des LNG-Terminals ist praktisch abgeschlossen (Juli 1979).

- A- und B-Runde

In den späten sechziger Jahren begannen verschiedene europäische Gasgesellschaften die Möglichkeit der Einfuhr von Flüssigerdgas aus Algerien - damals eines der größten Flüssigerdgasexportländer - in Erwägung zu ziehen. Nach Abschluß eines internen Prüfungsverfahrens entschieden sich Ruhrgas und Gelsenberg wegen des ihrer Ansicht nach geringeren Nachschubrisikos anstelle eines möglicherweise billigeren Standortes in Belgien, Frankreich oder den Niederlanden für die kostspieligere Variante, den Bau eines LNG-Hafens in der Bundesrepublik. 1972 gründeten beide Firmen zum Zweck der Errichtung und des Betriebs des Hafens eine Niederlassung in Wilhelmshaven, die Deutsche Flüssigerdgas Terminal Gesellschaft mbH (DFTG) ①.

In den darauffolgenden Gesprächen mit dem Ministerium für Wirtschaft und Verkehr von Niedersachsen (MWV)[3] und den Kommunalbehörden wurde die von der DFTG vertretene Ansicht bestärkt, daß Wilhelmshaven als Standort für einen LNG-Anlandehafen besonders geeignet sei ③. Bei diesen Kontakten trat das Ministerium nicht nur als Landesbehörde, die mit der wirtschaftlichen Entwicklung der Region befaßt ist, sondern auch für das Land Niedersachsen als dem Eigentümer des am Jadebusen gewonnenen Neulandes auf. Die prinzipielle Einigung über den Standort Wilhelmshaven erfolgte dann im November 1973 in Form eines Vorvertrages zwischen Ruhrgas und Gelsenberg, der DFTG und dem Land Niedersachsen ②. Daraufhin kam es zwischen diesen und der Stadtverwaltung von Wilhelmshaven zu langwierigen Verhandlungen über die Voraussetzungen für die Bewilligung des Vorhabens und in der Folge zur Unterzeichnung des "Ansiedlungsvertrages" im Juli 1976[4] ④.

Seitens der betroffenen Kommunalbehörden, der Aufsichtsbehörden und der DFTG wurde auf Ersuchen des MWV gleichzeitig eine Prüfung der Realisierbarkeit des Projektes hinsichtlich seiner Auswirkungen auf die Wirtschaft der Region, die Umwelt und die Sicherheit der Beschäftigten

---

3. Die Bezeichnung war damals Ministerium für Wirtschaft und öffentliche Arbeiten.

4. Beiderseitige Verpflichtungen hinsichtlich der Bereitstellung der geeigneten Infrastruktur, der zu gewährenden finanziellen Unterstützung, Hilfestellung im Rahmen der Bewilligungsverfahren (von seiten der staatlichen Behörden), die zu tätigenden Investitionen, Maßnahmen des Umweltschutzes sowie die Möglichkeit der anteilsmässigen Beteiligung kleinerer Gasgesellschaften an der DFTG (von Industrieseite) wurden letztlich im sogenannten "Ansiedlungsvertrag" festgelegt. Dieser privatrechtlich bindende Vertrag kommt häufig im Zusammenhang mit mit öffentlichen Mitteln geförderten Industrievorhaben zur Anwendung.

bzw. der Allgemeinheit vorgenommen. Daneben wurden verschiedene mögliche Standorte im Bereich der Industriezone von Wilhelmshaven auf ihre Eignung untersucht und eine Einigung hinsichtlich der Kriterien, die zur Wahl des endgültigen Standortes heranzuziehen waren, erzielt (siehe Tabelle 3.3, Runde B). Im Jahre 1974 entschied sich die DFTG zugunsten des nördlicheren der zwei von Niedersachsen angebotenen Areale. Rechtlich gesehen wurde der Kauf des Geländes zuerst im Rahmen des Ansiedlungsvertrages abgeschlossen und dann vom niedersächsischen Landtag gebilligt.

Nach Abschluß dieser Verhandlungen, aber noch geraume Zeit vor Unterzeichnung des Vertrages verstärkten alle Beteiligten ihre Bemühungen um die Einleitung der vorläufigen Bewilligungsverfahren. So kam es zu verschiedenen Gesprächen zwischen der DFTG, Wilhelmshaven und den Genehmigungsbehörden (der Bezirksregierung Weser-Ems und der Wasser- und Schiffahrtsdirektion Nordwest). Diese wurden aber gegen Ende 1976 durch ein Ereignis gestört, das alle im Entscheidungsprozeß involvierten Parteien, ausgenommen vielleicht das MWV, überraschte, als nämlich die britische Gesellschaft Imperial Chemical Industries Ltd. (ICI) ihr Interesse an Wilhelmshaven als Standort für eine neue petrochemische Anlage bekundete. Niedersachsen unterstützte das Vorhaben der ICI, und da dafür einzig und allein ein Grundstück in der Nachbarschaft des für das LNG-Projekt reservierten Geländes in Frage kam, wurde der DFTG die Verlegung ihres Anlegers nahegelegt. Die geänderten Pläne, auf die sich die beiden Gesellschaften und das Land Niedersachsen schließlich einigten, sahen zwei getrennte Anleger (und zwar einen pro Anlage) mit einer gemeinsamen Transportbrücke vor (siehe Bild 3.3) (5).

- C- und D-Runde

Das Drängen der britischen Gesellschaft auf baldigen Baubeginn der petrochemischen Anlage hatte beträchtliche Auswirkungen auf die Dynamik des Entscheidungsprozesses und so kam es im Frühjahr 1977 zum Beginn der C-Runde. Man hatte sich kaum auf die neuen Pläne für die Dockanlage geeinigt, als die Behörden von Wilhelmshaven die laut Bundesbaugesetz nötigen Verfahren zur Erstellung eines Bebauungsplanes für die beiden Vorhaben in die Wege leiteten (6). Zu diesem Zeitpunkt erhoben eine eher kleine Gruppe von Wilhelmshavener Umweltschützern, der Initiativausschuß Hooksieler Vereine und die Gemeinde Wangerland sowie einige andere kommunale Körperschaften ihre Stimme gegen den LNG-Importhafen und begründeten dies mit dem Sicherheitsrisiko und den potentiell negativen Auswirkungen der Anlage auf die Umwelt, das Fischereiwesen und den Fremdenverkehr. Nach Anhörung und Erwiderung dieser

Einwände bewilligte der Stadtrat von Wilhelmshaven im Juli 1978 den Bebauungsplan in der ursprünglichen Vorlage ⑩.

Ein entscheidender erster Schritt zur Verwirklichung des Flüssigerdgas-Anlandehafens erfolgte im Juni 1977, als das holländisch-deutsche Konsortium (Ruhrgas AG, Salzgitter Ferngas GmbH und NV Nederlandse Gasunie) mit der algerischen Gesellschaft Sonatrach einen Vertrag über den Kauf von jährlich 8×10^9 m^3 Flüssigerdgas ab 1984 für die Dauer von 20 Jahren unterzeichnete, wobei die Hälfte der Vertragsmenge den deutschen Gesellschaften vorbehalten war ⑦. Laut Vertrag mußte die algerische Gesellschaft bis spätestens Okober 1978 über den genauen Standort des LNG-Anlandehafens in Kenntnis gesetzt werden - ein Termin, der später noch Schwierigkeiten machen sollte.

Im September 1977 reichte die DFTG um zwei Genehmigungen ein, da laut Bundes-Immissionsschutzgesetz[5] ⑧ für die mittels Genehmigungsvorbescheid zu erteilende Bewilligung der Landanlagen die Bezirksregierung Weser-Ems (BRWE) zuständig war, während die Entscheidung über die Hafenanlagen in Übereinstimmung mit dem Bundeswasserstraßengesetz im Rahmen eines anderen Genehmigungsverfahrens, der sogenannten Planfeststellung, zu erfolgen hatte. Letztere Genehmigung war bei der Wasser- und Schiffahrtsdirektion Nordwest (WSD) einzuholen, welche die Pläne für die beiden Anleger und die Transportbrücke (die vom Land Niedersachsen, das von der BRWE vertreten wurde, zu erbauen war) in drei ähnlichen Verfahren gemeinsam behandelte[6] ⑨.

Sowohl die BRWE als auch die WSD nahmen sodann eine Überprüfung der Pläne vor, und die Genehmigungsanträge wurden öffentlich ausgelegt. Gegen Mitte des Jahres 1978 zeigte sich die WSD wegen Bedenken, die sie hinsichtlich einiger ungelöster Probleme im Zusammenhang mit den möglichen Schiffahrtsgefahren in der Jade hegte, immer weniger geneigt, das Vorhaben zu bewilligen. Sie setzte daher den Bundesminister für Verkehr davon in Kenntnis, daß sie nicht willens war, Entscheidungen über geeignete Sicherheitsmaßnahmen und die Zumutbarkeit des Sicherheitsrisikos für die Allgemeinheit zu verantworten und er-

---

5. Bundes-Immissionsschutzgesetz. Im Gegensatz zur "Emission" geht es bei der "Immission" um den potentiellen Schaden für die Umwelt und nicht so sehr um den Verursacher der Umweltverschmutzung.

6. Außerdem leitete die BRWE ein Verfahren zur wasserrechtlichen Genehmigung für das Projekt ein. Obwohl sich herausstellte, daß diese Genehmigung erteilt werden würde, wurde wegen der Verzögerung des Gesamtprojektes dieses Verfahren nie abgeschlossen.

suchte ihn um eine Beurteilung der kritischen Punkte (11). Diesem standen dabei eine Arbeitsgruppe der WSD (bestehend aus Vertretern aller maßgeblichen Kommunal- und Aufsichtsbehörden) und ein ministerieller Beirat beratend zur Seite. Nach Rücksprache mit anderen Bundesministerien entschied der Minister, daß das durch die Errichtung der Anlage gegebene Sicherheitsrisiko für die Bevölkerung nur dann als annehmbar gelten konnte, wenn eine Reihe von Sondermaßnahmen vorgenommen wurden - die kostenaufwendige Verlegung der Tiefwasserrinne war eine der wichtigsten (12). Mit dieser Entscheidung stand der Bewilligung aller Pläne für die Hafeneinrichtungen (die Anleger der DFTG und der ICI sowie die Transportbrücke) zwischen März und Juli 1979 nichts mehr im Wege (13).

Als kurz darauf die Bezirksregierung Weser-Ems einen Genehmigungsvorbescheid für die Landanlagen erteilte (14), waren alle wesentlichen Hindernisse ausgeräumt. Dieser Vorbescheid entsprach einer prinzipiellen Bewilligung des gesamten Vorhabens, und der Bau konnte an sich beginnen (15). Wegen einer unerwarteten Änderung in der algerischen Flüssigerdgaspolitik zu Beginn des Jahres 1980 kam es aber nicht dazu, und es ist mit der fortgesetzten Verzögerung des Baubeginns zu rechnen, solange es den Gasgesellschaften nicht gelingt, einen neuen Vertrag über die Einfuhr von Flüssigerdgas auszuhandeln.

PARTEIENINTERESSEN

Tabelle 3.2 beschreibt in groben Zügen wichtige Merkmale und mögliche Auswirkungen des geplanten LNG-Anlandehafens aus der Sicht der Hauptparteien am Entscheidungsprozeß. Einige Vorsicht bei der Auslegung der Tabelle scheint aber geboten, da den Beteiligten aus höchst unterschiedlichen Gründen an den verschiedenen Aspekten des Vorhabens besonders gelegen war. So waren zum Beispiel die Lebensinteressen einiger Parteien mehrfach direkt betroffen, andere Parteien waren von Rechts wegen mit der Prüfung gewisser Projektfolgen betraut und andere wiederum verwendeten ihre Bedenken gegenüber bestimmten Teilen des Vorhabens, um ihre strategische Position zu untermauern. Viel schwieriger aber als einem einzelnem Akteur ein bestimmtes Interesse zuzuordnen, ist es, die richtige Unterscheidung zwischen "wahren" Anliegen und "strategischen" Interessen zu treffen. Diese Liste erhebt jedoch nicht den Anspruch auf eine in allen Einzelheiten zutreffende Beschreibung der Rolle aller Parteien, sondern soll vielmehr zeigen, in welcher Vielfalt von Dimensionen die (artikulierten) Interessen der Parteien in diesem Entscheidungsfall lagen.

Tabelle 3.2: Parteien-Interessensmatrix

Interessen		PARTEIEN								
		Bewerber	Verwaltung							Andere
			Bund		Länder		Kommunal			
		DFTG, Ruhrgas, Gelsenberg	BMV	WSD	MWV	BRWE	Wilhelmshaven	Wangerland	Friesland	IHV
NATIONAL										
Bedarf	N_1	x			x					
Importpolitik (Diversifizierung der Energiequellen)	N_2	x			x					
REGIONAL										
Industrielle Entwickiung	R_2				x	x		x	x	x
Wirtschaftliche Kosten	R_3				x	x				x
Unterstützung kleinerer Gasversorgungsunternehmen	R_4				x					
LOKAL										
Lebensqualität und Umwelt:										
Landschaftsschutz, Lärmbelastung, Luftverschmutzung	L_{11}	x		x		x	x	x	x	x
Meeresfischerei	L_{12}	x		x		x	x	x	x	x
Fremdenverkehr, Freizeit	L_{13}					x	x	x	x	x
Wirtschaftlicher Nutzen:										
Steuereinnahmen	L_{21}				x	x	x			
Arbeitsplätze, kurzfr.	L_{22}				x	x	x			
Arbeitsplätze, langfr.	L_{23}				x	x	x	x	x	x
Indirekte Arbeitsplatzbeschaffung	L_{24}				x	x	x	x	x	x
Folgeindustrie	L_{25}				x	x	x			
Hafenbetrieb und Prestige	L_{26}				x	x	x		x	

Wirtschaftliche Kosten:										
Landanlage	L_{31}	x								
Hafen	L_{32}	x			x	x				
Fahrwasserrinne	L_{33}	x	x	x	x					
Negative Auswirkungen auf Fischerei und Fremdenverkehr	L_{34}							x	x	x
Bevölkerungsrisiko:										
aus Schiffahrt	L_{41}	x	x	x			x	x	x	x
aus Gaslagerung	L_{42}	x				x	x	x	x	x
Beschäftigtenrisiko	L_5	x		x		x				
Leichtigkeit und Sicherheit der Schiffahrt	L_7		x	x						
BEWERBER										
Finanzieller Nutzen	A_1	x								
Verfügbarkeit der Ressourcen	A_2	x								
Image	A_3	x								

DFTG: Deutsche Flüssigerdgas Terminal Gesellschaft mbH
BMW: Bundesminister für Verkehr
WSD: Wasser- und Schiffahrtsdirektion Nordwest
MWV: Niedersächsisches Ministerium für Wirtschaft und Verkehr
BRWE: Bezirksregierung Weser-Ems
IHV: Initiativausschuß Hooksieler Vereine

Nationale und landesweite Interessen wurden nur von ein oder zwei Parteien in Betracht gezogen, während sich die meisten anderen Parteieninteressen auf die rein örtlichen Auswirkungen der geplanten Anlage richteten. Die öffentliche Diskussion drehte sich dabei hauptsächlich um den zu erwartenden wirtschaftlichen Nutzen bzw. die damit verbundenen Kosten, die möglichen Risiken und die schädlichen Umwelteinwirkungen. Allgemein gesprochen zeigte sich bei den unmittelbar Betroffenen die größte Interessensvielfalt, während die Sicht der Genehmigungsbehörden generell auf einige wenige Dimensionen beschränkt blieb[7]. Diese Darstellung der Parteieninteressen bliebe aber unvollständig, wenn man - anders als im folgenden Abschnitt - die Dimension der Zeit außer acht ließe.

DAS MAMP-RAHMENMODELL

Zum Zweck einer einigermaßen einsichtigen Darstellung der "Substanz" bzw. Dynamik des Entscheidungsprozesses wird hier das in Kapitel 2 erörterte "mehrdimensionale Vielgruppenmodell" (MAMP) als Rahmen der Beschreibung eingeführt. Zum Zweck der besseren Strukturierung wird dabei, wie gesagt, der Entscheidungsprozeß in vier Runden gegliedert. Jede Runde wird durch gewisse Entscheidungen oder Ereignisse, welche eine Phase der Interaktion zwischen den Parteien auslösen, eingeleitet. Diese Wechselbeziehungen sind durch die Interessensschwerpunkte der einzelnen Akteure und die Argumente, die diese in Verbindung damit vorbringen, bestimmt. Insofern als verschiedene Fragen zur selben Zeit behandelt werden, kann es auch zur Überschneidung einzelner Runden kommen. Tabelle 3.3 beschreibt diese Runden in allen Einzelheiten.

Grundlegende Fragestellungen

Die Entscheidung über den Bau eines LNG-Anlandehafens in der Bundesrepublik Deutschland läßt sich logisch in folgende drei Fragestellungen aufgliedern:

- Ist ein heimischer Anlandehafen für Flüssigerdgas wünschenswert?
- Wenn ja, wo soll dieser errichtet werden?
- Unter welchen Bedingungen kann der Bau und Betrieb des Anlandehafens an dem gewählten Ort gebilligt werden?

---

7. Der scheinbare Widerspruch zur Haltung der BRWE läßt sich dadurch erklären, daß die Bezirksregierung nicht nur Genehmigungsbehörde war, sondern auch als unmittelbar vom Ministerium für Wirtschaft und Verkehr beauftragte Behörde Planungsaufgaben zu übernehmen hatte (siehe Tabelle 3.1).

Wie sich zeigt, spielten die ersten beiden Fragen im politischen Entscheidungsprozeß eine nur unerhebliche Rolle. Ob die Anlage wünschenswert war oder nicht, war nur in einem engeren Sinn hinsichtlich ihrer Eignung für den Standort Wilhelmshaven relevant. Die Frage des Standorts selbst stellte sich den Behörden, abgesehen davon, daß man die Wahl zwischen zwei Grundstücken in Wilhelmshaven hatte, eigentlich nicht. Während eine allgemeinere Bewertung dieser Frage nur innerhalb der DFTG erfolgte, blieb die eher indirekte Einflußnahme staatlicher Stellen auf die Bewertungsergebnisse auf Fragen der Energiepolitik (auf dem Weg über den Bundesminister für Wirtschaft) und der Regionalplanung (durch das niedersächsische Ministerium für Wirtschaft und Verkehr, MWV) beschränkt. Man könnte daher die Auffassung vertreten, daß der wichtigste Teil der Entscheidung schon vor der hier als Anfangs-

Tabelle 3.3: Anwendung des MAMP-Rahmenmodells auf den LNG-Entscheidungsprozeß in der BR Deutschland
(a) A-Runde: 1972–Juli 1976

I PROBLEMSTELLUNG

Annahmen: (1) Erdgas ist eine wichtige Energiequelle, deren Vorteile allgemein Anerkennung finden.
(2) Es besteht die Möglichkeit, algerisches LNG einzuführen.
(3) Der Standort von Wilhelmshaven befindet sich in einem Gebiet, dessen industrielle Entwicklung gefördert werden soll.

Frage: Ist das geplante LNG-Vorhaben unter der Voraussetzung seiner Realisierbarkeit für Wilhelmshaven geeignet und wünschenswert?

II EINLEITUNG

Ruhrgas und Gelsenberg (später die DFTG) geben dem Land Niedersachsen ihre Absicht, einen LNG-Anlandehafen errichten zu wollen, bekannt (1972). Sowohl die DFTG als auch das MWV erachten Wilhelmshaven als den am besten geeigneten Hafen. ①[a]

III INTERAKTION

Partei	Standpunkt	Begründung
DFTG, Gasgesellschaften	Für den Standort Wilhelmshaven	Bedarf an Erdgas (N_1). Projekt entsprict Plänen der Regionalplanung (R_2). *Technik ist sicher* (L_4).[b]
Wilhelmshaven	Für den Standort Wilhelmshaven unter entsprechender Berücksichtigung der Umwelteinwirkungen	Trägt zur industriellen Entwicklung bei (L_2). *Die Sicherheit und ein hohes Maß an Umweltschutz müssen gewährleistet werden* (L_1, L_4).
MWV	Für den Standort Wilhelmshaven unter der Voraussetzung einer bestimmten Unternehmensstruktur des Terminalbetriebes	Für die Wirtschaft der Region vorteilhaft (R_2, L_2). Nützt den Gasversorgungsunternehmen in Niedersachsen (R_4).

IV SCHLUSSFOLGERUNGEN

1976: Niedersachsen und Wilhelmshaven verpflichten sich, das Vorhaben an dem gewählten Standort zu unterstützen②③. Die Gasgesellschaften und die DFTG einigen sich über bestimmte Bedingungen. ④

[a] Ziffern in Kreisen bezeichnen die Hauptereignisse, wie sie anhand des PERT-Diagrammes dargestellt sind (Bild 3.4).
[b] Die Symbole in Klammern, die auch in Tabelle 3.1 Verwendung finden, beschreiben verschiedene Interessen oder Anliegen der Parteien. Argumente mit Bezug auf das Bevölkerungsrisiko sind *kursiv gedruckt*.

Tabelle 3.3 (Fortsetzung): Anwendung des MAMP-Rahmenmodells auf den LNG-Entscheidungsprozeß in der BR Deutschland
(b) B-Runde: 1972–Frühjahr 1977

I PROBLEMSTELLUNG

Annahme: Aus wirtschaftlichen, technischen und politischen Gründen ist Wilhelmshaven als Standort für die Errichtung eines LNG-Anlandehafens wünschenswert.(2)

Fragen: (1) Ist der geplante LNG-Terminal hinsichtlich der Erfordernisse für Sicherheit und Umwelt, der Bestimmungen zur Raumordnung u.s.w. zumutbar?
(2) Welches Gelände im Bereich Wilhelmshaven ist dafür am besten geeignet?

II EINLEITUNG

Niedersachsen und die Industrie ersuchen die gesetzlich beauftragten Behörden, ihre Meinung dazu abzugeben (1972/1973).

III INTERAKTION

Da die Interaktionen in diesem Stadium des Entscheidungsprozesses durch inoffizielle Kontakte zwischen den Unternehmen und den Behörden geprägt waren und Informationen darüber nur in einem beschränkten Ausmaß zur Verfügung standen, war es nicht möglich, die Standpunkte und Argumente der jeweiligen Parteien in dieser Runde festzustellen, und aus diesem Grund sind auch im folgenden nur die betroffenen Parteien und deren Interessensdimensionen angeführt.

Parteien	Interessen
DFTG, Gasgesellschaften, Wilhelmshaven, Landkreis Friesland, MWV, BRWE und WSD	*Sichere behinderungsfreie Schiffahrt in der Fahrwasserrinne, Sicherheit der Schiffe am Anleger.* Hydrologische Begingungen bzw. Auswirkungen auf die Morphologie der Jade. *Sicherheit der Bevölkerung.* Negative Umwelteinwirkungen: Lärm, Luft- und Wasserverschmutzung. Technische und betriebsbedingte Aspekte. Kosten: Landanlagen, Hafen und Erhaltung der Fahrwasserrinne.

IV SCHLUSSFOLGERUNGEN

(1) Juni 1974: Aufgrund einer Standortuntersuchung einer Beraterfirma entscheidet sich die DFTG für eines der zwei Areale, die ihr von Niedersachsen angeboten werden.(3)
(2) Frühjahr 1977: DFTG, ICI und Niedersachsen einigen sich auf Pläne zur Errichtung gemeinsamer Hafeneinrichtungen für die petrochemische Anlage der ICI und den LNG-Terminal.(5)

Tabelle 3.3 (Fortsetzung): Anwendung des MAMP-Rahmenmodells auf den LNG-Entscheidungsprozeß in der BR Deutschland
(c) C-Runde: Frühjahr 1977–Juli 1979

I PROBLEMSTELLUNG

Annahmen: Der Vertrag mit Sonatrach garantiert die Lieferung von Flüssigerdgas (Wahl des Terminal-Standorts bis spätestens Oktober 1978). ⑦ Die DFTG, die Gasgesellschaften, Niedersachsen und Wilhelmshaven haben sich im voraus auf einen Standort in Wilhelmshaven festgelegt. Die ICI möchte neben dem geplanten LNG-Terminal eine petrochemische Anlage errichten, und so einigen sich das Land, die ICI und DFTG auf gemeinsame Hafeneinrichtungen für beide Anlagen. ⑤

Fragen:
(1) Paßt das Projekt in die örtlichen und regionalen Raumordnungspläne?
(2) Entsprechen die Einrichtungen allen relevanten Sicherheits- und Umweltschutzbestimmungen?
(3) Gibt es private Rechte irgendwelcher Art, die der Bewilligung des Vorhabens zuwiderlaufen?

Einschränkende Verfahrensbestimmungen:
Verschiedene gesetzlich festgelegte Verfahren sind für die Standortwahl und die Genehmigung industrieller Einrichtungen erforderlich.

II EINLEITUNG

Mai 1977: Wilhelmshaven leitet die Bauleitplan-Verfahren ein. ⑥ September 1977: Die DFTG ersucht die BRWE um Bewilligung für den Bau der geplanten Einrichtungen. ⑧ September 1977–Februar 1978: Die DFTG, gefolgt von der ICI und dem Land Niedersachsen, sucht um Baubewilligung für die Umschlaganlage an. ⑨

III INTERAKTION

Partei	Standpunkt	Begründung
DFTG	Für das Vorhaben	Bedarf an Erdgas (N_1). Garantierte Belieferung (N_2). Regionaler Nutzen (R_2). Verbesserung der Infrastruktur (L_{25}), Arbeitsplätze (L_{22}, L_{23}). *Kein Bevölkerungsrisiko bei Sicherheitsmaßnahmen* (L_{41}, L_{42}; 1–6)[a]. Erfüllung der Umweltschutzbestimmungen (L_{11}, L_{12}).
Initiativausschuß Hooksieler Vereine	Gegen das Vorhaben	Vorteile sind nicht eindeutig. Nur wenige Arbeitsplätze werden geschaffen (R_2, R_3). Fremdenverkehr und Fischerei werden beeinträchtigt (L_{34}). *Das Bevölkerungsrisiko ist wegen eines wahrscheinlichen Tankerunfalls und der Nähe von ICI und Mobil Oil nicht zumutbar* (L_{11}, L_{42}; 8): die psychologische Bedrohung und die Verschmutzung sind inakzeptabel (L_{11}, L_{12}).
Wilhelmshaven	Für das Vorhaben bei zusätzlichen Sicherheitsmaßnahmen	Nutzen für die industrielle Entwicklung (L_2, L_{25}, L_{26}). Steuervorteile (L_{21}). Wenige, aber wichtige Arbeitsplätze werden geschaffen (L_{22}, L_{23}, L_{24}). *Technik ist sicher* (L_4). Bei Schutzmaßnahmen geringe Umweltauswirkungen (L_{11}, L_{12}). Nutzen größer als wirtschaftliche und Umweltkosten (L_1, L_2, L_{34}).
Wangerland und Landkreis Friesland	Gegen das Vorhaben	Negative Auswirkungen auf Umwelt (L_{11}), Fremdenverkehr und Fischerei (L_{34}). *Hohes Risiko wegen Tankerunfällen und der Nähe von ICI und Mobil Oil* (L_{11}, L_{42}).
BRWE	Für das Vorhaben	Nützt der Region (R_2, L_2). Arbeitsplätze (primär bei der ICI) (L_{22}, L_{23}, L_{24}). Steuervorteile (L_{21}). *Keine Gefahr für die Allgemeinheit, da der schlimmste denkbare Unfall nicht schwerwiegend ist* (L_{42}; 11, 13). Umweltbestimmungen werden eingehalten (L_1). Negative Folgen sind zumutbar (L_1, L_2, L_3).
WSD	Für zusätzliche Sicherheitmaßnahmen, aber immer noch unentschlossen	Keine Auswirkungen auf die Jade (L_{12}). *Nicht unbedeutendes Bevölkerungsrisiko* (L_{41}; 1, 3, 6, 9). Sicherheit der Schiffahrt nicht garantiert (L_6).

IV SCHLUSSFOLGERUNGEN

(1) Juli 1978: Die Stadt Wilhelmshaven bewilligt den Bebauungsplan. ⑩
(2) Juli 1979: Die BRWE genehmigt den LNG-Terminal unter einer Reihe von technischen Bedingungen. ⑭
(3) Die WSD ist in der Frage der Sicherheit der Schiffahrt unentschlossen. ⑪

[a] Die Ziffern beziehen sich auf die Numerierung der Sachverständigengutachten in Tabelle 3.4, die zur Untermauerung der Standpunkte herangezogen wurden.

Tabelle 3.3 (Fortsetzung). Anwendung des MAMP-Rahmenmodells auf den LNG-Entscheidungsprozeß in der BR Deutschland
(d) D-Runde: August 1978–Juli 1979

I PROBLEMSTELLUNG

Annahmen: (1) Die WSD zeigt Besorgnis wegen der Sicherheitsaspekte des Transports von LNG in der Jade.
(2) Die Industrie und Niedersachsen sind wegen der Verzögerungen im Entscheidungsverfahren beunruhigt.
(3) Umfangreiche risikoverringernde Maßnahmen (Verlegung der Tiefwasserrinne) werden vorgeschlagen.

Fragen: (1) Sind die Risiken des LNG-Transports im Jadebusen bezüglich der vorgeschlagenen Sicherheitsmaßnahmen niedrig genug und daher zumutbar?
(2) Sind die risikoverringernden Maßnahmen gerechtfertigt?

II EINLEITUNG

August 1978: Der Bundesminister für Verkehr (BMV) schaltet sich in das Genehmigungsverfahren der WSD ein. (11)

III INTERAKTION

Partei	Standpunkt	Begründung
Beirat im BMV	Gutheißung des Vorhabens unter bestimmten Sicherheitsbedingungen	*Begrenztes Bevölkerungsrisiko ist zumutbar* (L_{41}; 17).

IV SCHLUSSFOLGERUNGEN

(1) März 1979: Der BMV entscheidet, daß das Restrisiko des LNG-Terminal zumutbar ist.[a] (12)
(2) Juli 1979: Die WSD erteilt die Genehmigung für den LNG-Terminal. (13)

[a] Das Restrisiko wird als Risiko, das nach Durchführung aller Sicherheitsmaßnahmen bestehen bleibt, definiert.

runde definierten Runde getroffen worden war. Diese zweifelsohne schwerwiegenden Vorentscheidungen werden in der vorliegenden Studie nicht berücksichtigt, da sie entweder mit dem LNG-Vorhaben nichts zu tun haben oder organisationsintern erfolgt sind.

Die ersten beiden Runden (A,B) können als Vorbereitungsstufen für das Kernstück des öffentlichen Entscheidungsprozesses um den LNG-Importhafen, nämlich die offiziellen Genehmigungs- und Bewilligungsverfahren der C-Runde, aufgefaßt werden. In der A-Runde ging es darum, zu klären, ob und in welchem Ausmaß Niedersachsen und die Kommunalbehörden zur Unterstützung des Vorhabens im allgemeinen und zur Durchführung der erforderlichen Planungs- und Beweilligungsverfahren bereit waren. Die diesbezüglichen Parteienkontakte, die auf wenige Punkte beschränkt waren, hatten den Charakter geschäftlicher Verhandlungen, deren Grundlage gemeinsame Interessen wie die industrielle und wirtschaftliche Entwicklung bildeten. Die ansässige Bevölkerung war, nachdem die Medien über den geplanten Bau des LNG-Importhafens in Wilhelmshaven durch die DFTG berichtet hatten, über diese Entwicklungen im Bilde, Einzelheiten dazu wurden aber in den ersten zwei Runden vertraulich behandelt. Mit dem Ende der A-Runde hatten sich die DFTG und die Behörden bereits auf einen bestimmten Standort und auf gewisse Vorbedingungen für die Verwirklichung des Projektes festgelegt.

In der B-Runde gaben die gesetzlich beauftragten Fachbehörden ihre vorläufigen Standpunkte bekannt, allen voran die beiden Genehmigungsbehörden WSD (Wasser- und Schiffahrtsdirektion Nordwest) und BRWE (Bezirksregierung Weser-Ems), welche die Standortwahl innerhalb von Wilhelmshaven, die von den Akteuren der Vorrunde zu treffen war, unterstützten. Obwohl diese Kontakte inoffizieller und unverbindlicher Natur waren, wurden die Ausarbeitung der Pläne der DFTG für die Hafenanlage und die Art, in welcher die Genehmigungsansuchen später behördlich bewertet wurden, durch die dabei erfolgte Informationsweitergabe und durch diverse interne Gespräche stark beeinflußt. Die DFTG erfuhr dabei, welche Hauptschwierigkeiten sich aus der Sicht der Aufsichtsbehörden ergaben und wurde so in die Lage versetzt, Schwachpunkte in der Vorbereitung von vornherein auszumerzen. Auch erhielten die Genehmigungsbehörden durch dieses Vorgehen Gelegenheit, fachliche Informationen zu sammeln und zu verarbeiten und konnten bereits festlegen, welche Bedingungen von der DFTG in Übereinstimmung mit den relevanten gesetzlichen Bestimmungen zu erfüllen waren.

Die Bewilligung des bereits gewählten Standortes war Thema der C-Runde. Dabei standen Fragen der regionalen Entwicklung, der Sicherheit und der Umwelteinflüsse im Vordergrund. Während es in diesem Zusammenhang um ähnliche Gesichtspunkte wie in der Vorrunde ging, hatten die nun anzuwendenden Verfahren Rechtsverbindlichkeit und im Rahmen des Entscheidungsprozesses kamen neue Akteure hinzu. So konnte sich beispielsweise die Öffentlichkeit erst nach Bekanntgabe der detaillierten Anlagenpläne zum LNG-Anlandehafen äußern. Anders gesagt konnten jene, die durch das Vorhaben direkt betroffen waren, erst jetzt, nachdem wesentliche Vorentscheidungen (wie z.B. die Wahl des geeigneten Standortes und die Auslegung der Anlage) bereits in der A- und B-Runde getroffen worden waren, in die Diskussion eintreten.

In der C-Runde wurden die Interaktionen der Parteien daher zusehends kontroversieller, wobei aber aus formalrechtlichen Gründen keine Gelegenheit zur unbeschränkten öffentlichen Debatte der unterschiedlichen Standpunkte gegeben war. Bedenken gegen das Vorhaben konnten nur innerhalb eines bestimmten Zeitraumes und innerhalb verfahrensrechtlich abgesteckter Problemgrenzen geäußert werden. So ist es zum Beispiel im Rahmen dieser Verfahren nicht möglich, Sicherheits- oder Umweltfragen unter dem Titel Raumordnung im Detail zu erörtern, auch dann nicht, wenn wie im vorliegenden Fall das entsprechende Verfahren an die Gegebenheiten eines konkreten Projektes angepaßt wird.

Die örtliche Opposition gegen den Flüssigerdgashafen entstand im Frühjahr und Sommer des Jahres 1976, als die Öffentlichkeit und die angrenzenden Gemeinden im Zuge der von Rechts wegen für den Bebauungsplan erforderlichen Bewilligungsverfahren von dem Vorhaben offiziell in Kenntnis gesetzt wurden. Daß das Gebiet nördlich von Wilhelmshaven industriell erschlossen werden sollte, war bislang bekannt und dennoch sind die Reaktionen, die die eigentlichen Pläne der beiden Unternehmen DFTG und ICI hervorriefen, als "Planungsschock" zu bezeichnen. In den Augen der Bewohner von Hooksiel war das als "beschränkte Industriezone" eingestufte Gebiet für kleine und mittlere Gewerbebetriebe, aber keineswegs für gefährliche oder umweltbelastende Industrieanlagen bestimmt; tatsächlich aber galt die Einschränkung nur in Hinblick auf die Lärmbelastung. Die potentiellen Gefahren und Auswirkungen der vorgesehenen Anlagen wurden erst nach Veröffentlichung der Pläne so richtig offenkundig und bildeten eindeutig die Zielscheibe öffentlichen Widerstands.

Gegen das Vorhaben traten eine Gruppe von Wilhelmshavener Umweltschützern und die Bewohner von Hooksiel, die sich direkt betroffen fühlten, auf sowie die Kommunalkörperschaften von Wangerland und Friesland, in deren Augen das Projekt eine ernsthafte Gefährdung für die wirtschaftliche Entwicklung von Hooksiel darstellte. Gruppierungen mit allgemein anti-industrieller und anti-kapitalistischer Ausrichtung oder Alternativbewegungen, die die Zusammenarbeit mit etablierten politischen Institutionen prinzipiell ablehnen, gab es unter den Gegnern keine. Zwischen den Befürchtungen, die die Ortsansässigen hinsichtlich des Risikos und der schädlichen Umwelteinflüsse einerseits und den möglichen nachteiligen Auswirkungen des Vorhabens auf die örtliche Geschäftstätigkeit und den Fremdenverkehr andererseits hegten, bestand ein enger, ja in manchen Fällen sogar unmittelbarer Zusammenhang.

Trotz ihrer Bemühungen, diese Anliegen mit so vielen Beweisen wie möglich zu untermauern, war die gegnerische Seite des Projektes in ihrer Sache nicht erfolgreich. Im Rahmen des Verfahrens zur Bewilligung des Bebauungsplans wies der Stadtrat von Wilhelmshaven die meisten Bedenken aus Verfahrensgründen und unter dem Hinweis auf die darauffolgenden Genehmigungsverfahren ab, während die Genehmigungsbehörden ihrerseits die Ansicht vertraten, daß sie nicht das richtige Forum seien für Fragen vorwiegend politischer und nicht fachlicher Natur (dazu gehörten die Vorwürfe unzureichender Beteiligung der Öffentlichkeit am Entscheidungsprozeß, mangelnder langfristiger wirtschaftlicher Vorteile u.s.w.). Erst als die Gemeinde Wangerland sowie auch der Initiativausschuß Hooksieler Vereine (IHV) im Rahmen ihrer Anstrengungen gegen das Projekt der ICI auch die Gerichte anriefen, waren die Behörden von Wilhelmshaven und des Landes Niedersachsen willens, einen Kompromiß ins Auge zu fassen. Während der von der Bürgerinitiative eingebrachte Fall abgelehnt wurde, zog Wangerland seine Klage freiwillig zurück, nachdem sich Niedersachsen im Sinne eines Schadenersatzes zur Erhöhung seiner Subventionen für die Fremdenverkehrseinrichtungen in Hooksiel verpflichtet hatte[8].

In der C-Runde kam es auch zu vielen Gesprächen zwischen der DFTG und den Genehmigungsbehörden sowie zur Untersuchung unzähliger technischer Einzelheiten durch die staatlichen Fachbehörden. Obwohl bereits im Zuge der Verfahrensvorbereitung Sachverständige zur Beratung herangezogen worden waren, wurden die meisten detaillierten Gutachten erst jetzt in Auftrag gegeben. Am Ende dieser Runde waren die für die Projektbewilligung nötigen Voraussetzungen und Erfordernisse weitgehend geklärt.

Dabei blieb nur noch die Frage der Risiken im Zusammenhang mit dem Schiffsverkehr im Jadebusen offen. Die Erörterung dieses Problemkreises kennzeichnet Anfang und Ende der D-Runde, in der die Zahl der Beteiligten stark verringert war. Die diesbezügliche Debatte spielte sich größtenteils in den verschiedenen Bundesministerien ab, sodaß die endgültige Entscheidung in der D-Runde nur einem einzigen Entscheidungsträger, nämlich dem Bundesminister für Verkehr (BMW) zuzurechnen ist. Die Entscheidungsgewalt des Ministers war aber dadurch, daß es ihm nicht möglich war, die in den Vorrunden getroffenen Entscheidungen rückgängig zu machen, einigermaßen eingeschränkt.

---

8. Die Kosten des Ehrolungszentrums bestehend aus einem Meereswasserschwimmbad mit künstlichem Wellengang und verschiedenen Kommunikationseinrichtungen wurden auf 12,5 Millionen DM geschätzt und sollten zu 80% durch verschiedene staatliche Subventionen getragen werden - ein weitaus höherer Beitrag als die üblichen 50% für staatliche Förderung wirtschaftlicher Entwicklungsprojekte. Darüberhinaus ist nicht eindeutig, ob ohne diese Übereinkunft das betreffende Vorhaben überhaupt die Unterstützung der niedersächsichen Behörden gefunden hätte.

Bemerkenswerte Aspekte des Entscheidungsprozesses

Einige der Grundzüge und Tatbestände, die diese Entscheidung über den Standort des ersten Flüssigerdgas-Terminals in der BR Deutschland auszeichneten, sind als besonders bemerkenswert bzw. ungewöhnlich hervorzuheben.

(1) Die für die Bewilligungsverfahren nötige Vorbereitungsphase erstreckte sich vom Zeitpunkt der ersten Einbeziehung der staatlichen Behörden bis zur Vorlage der offiziellen Anträge über einen Zeitraum von mehr als fünf Jahren - dauerte also viel länger als dies bei anderen Standortentscheidungen für Industrievorhaben vergleichbarer Bedeutung (dem ICI-Projekt, zum Beispiel) sonst üblich ist.

Da die Gespräche zwischen Industrie und Kommunalbehörden bzw. dem niedersächsischen Ministerium für Wirtschaft und Verkehr als zuständiger staatlicher Stelle für industrielle Entwicklung inoffizieller Natur waren, unterlagen sie - genauso wie die Vorbereitung für die Bewilligungsverfahren - keinen formalen zeitlichen Beschränkungen. Die lange Dauer dieses Abschnittes im Entscheidungsprozeß wurde durch mehrere Faktoren mitbestimmt. So hatte Niedersachsen in seinen Verhandlungen mit Ruhrgas und Gelsenberg die von letzteren stark bekämpfte Bedingung gestellt, daß kleinere Gasgesellschaften auf Wunsch am Terminalbetrieb beteiligt werden mußten. Durch die Einigung auf eine Höchstbeteiligung solcher Gesellschaften (die vom MWV zu nennen waren) von 26% kam es 1976 zu einem Kompromiß, der dann 1979 vollzogen wurde. Darüberhinaus gestalteten sich die Preisverhandlungen zwischen den Gasgesellschaften und der algerischen Gesellschaft Sonatrach sehr schwierig und ein 1974 unterzeichneter Vorvertrag wurde wegen diesbezüglicher Meinungsverschiedenheiten nicht erfüllt. Einen weiteren wichtigen Grund für die Verzögerung bildete die mangelnde fachliche Erfahrung der Behörden in Sachen Flüssigerdgastechnologie, wodurch sich die DFTG in der Folge zur Beantwortung unzähliger Anfragen zu deren Zumutbarkeit und insbesondere hinsichtlich der öffentlichen Sicherheit und den Umwelteinwirkungen der geplanten Anlage genötigt sah.

(2) Die vorgesehene Nähe des LNG-Anlandehafens und des petrochemischen Industriebetriebs hatte auf den Planungsablauf, die Diskussionen in der Öffentlichkeit und die offiziellen Verfahren einen erheblichen Einfluß.

Einige der daraus resultierenden Folgen wurden weiter oben behandelt. Dazu gehört (neben der erforderlich gewordenen Änderung der Pläne für die Anleger) auch, daß Niedersachsen von dem Zeitpunkt an, zu dem es selbst Antragsteller wurde, eine aktivere Rolle im Entscheidungsprozeß zu spielen begann. Weiters wurden einige Bewohner von Wilhelmshaven und aus den Nachbargemeinden, obwohl sie schon vorher über die geplante LNG-Anlandeeinrichtungen Bescheid gewußt hatten, durch die neuen Pläne in Aufruhr versetzt. Die Genehmigungsbehörden und vor allem die WSD fanden sich einer überaus komplizierten technischen Situation gegenüber, da nicht nur Unfälle in beiden Einrichtungen oder auf den jeweiligen Tankschiffen eintreten konnten, sondern weil eine Gefährdung auch durch das Zusammenwirken beider Anlagen in einer Art Dominoeffekt denkbar war[9].

(3) Ein wichtiger Abschnitt des Bewilligungsprozesses, insbesondere die Verfahren für die Bauleitplanung, mußten unter erheblichem Zeitdruck erfolgen.

Die möglicherweise größte Auswirkung, die das ICI-Projekt auf die Entscheidung zum LNG-Terminal hatte, bestand in der Beschleunigung der Ereignisse aus zeitlichen Gründen. Mit voller Unterstützung des Landes Niedersachsen drängte das britische Unternehmen auf einen baldigen Beschluß über die petrochemische Anlage, sodaß eine Reihe von Entscheidungen wie z.B. die Bauleitplanung für die ICI überstürzt vorgenommen wurden. Diese Vorgangsweise führte zu rechtlichen Schwierigkeiten[10] und löste weitere Auseinandersetzungen auf örtlicher Ebene aus. Im Sommer 1978 erhob die DFTG außerdem Bedenken gegen die Verzögerung, da die algerische Firma Sonatrach die Bekanntgabe des Terminalstandortes bis spätestens Oktober desselben Jahres vertraglich gefordert hatte. Rückblickend scheint es sich dabei vorwiegend um ein taktisches Argument gehandelt zu haben, zudem dieser Termin ohne weiteres hätte verschoben werden können.

(4) Da die WSD Zweifel hatte, wie sie über die Zumutbarkeit der Risiken aus dem Tankschiffverkehr entscheiden sollte, kam es zur rechtlich korrekten, aber eher ungewöhnlichen Einbeziehung eines Bundesministeriums in den Bewilligungsprozeß.

---

9. Dieser Dominoeffekt wäre natürlich auch zwischen den Raffinerieanlagen der Mobil Oil AG (südlich des Geländes der ICI gelegen) und dem LNG-Terminal vorstellbar. Diese Ansicht wurde auch in einer der Risikostudien geäußert, fand aber keinen besonderen Niederschlag in der öffentlichen Diskussion (vielleicht auch, weil die Beschäftigung mit der petrochemischen Anlage der ICI sowohl in technischer als auch politischer Hinsicht so sehr im Vordergrund stand).

10. Das Verfahren zum Flächennutzungsplan mußte wegen Bedenken bezüglich seiner Rechtmäßigkeit zweimal wiederholt werden.

Die Frage des Zeitdrucks - und daß es diesen gab, wird von Vertretern des WSD und der Wilhelmshavener Behörden zugestanden - führt uns zu einem Schlüsselmoment im Entscheidungsprozeß, nämlich zu der Unfähigkeit bzw. der mangelnden Bereitschaft der WSD, das Vorhaben zu bewilligen oder genauer gesagt, über die Akzeptabilität der beim Schiffstransport von Flüssigerdgas auftretenden Risiken zu entscheiden. Einen aus unserer Warte höchst interessanten Aspekt bildet dabei die Frage, inwieweit die Haltung der WSD in einem außerordentlich hohen Maße sowohl durch die ihr zur Beurteilung vorliegenden technischen Unterlagen als auch aus ihrer Sicht und Interpretation dieser Informationen erklärt werden kann.

Obwohl die Risikoproblematik erst im nächsten Kapitel in allen Einzelheiten erörtert wird, wollen wir diese Frage an dieser Stelle durch die Anführung weiterer möglicher Einflußfaktoren auf das Verhalten der WSD in eine gewisse Relation setzen:

- Aus Mangel an eigenen Experten auf dem Gebiet gefährlicher Materialien mußte die WSD zu einem großen Teil fremde Sachverständige herziehen.
- Dabei auftretende Schwierigkeiten wurden, wie anzunehmen ist, durch den Zeitdruck noch verstärkt.
- Es gibt gewisse Anzeichen dafür, daß der "menschliche Faktor", also etwa persönlicher Ehrgeiz oder eine einseitige Problemschau von Schlüsselpersonen eine Rolle spielten. Die Vertreter einiger interessierter Parteien sprachen in Interviews (und unter Hinweis auf die WSD) mehrmals vom Einfluß, den eine einzelne Person auf das Verhalten einer Behörde haben kann. Wenn es einen solchen Einfluß gab, so ging er in Richtung Risikovermeidung.
- In dem Bemühen, die Verantwortung so weit wie möglich zu streuen, erachtete es die WSD als notwendig, in der Entscheidung über die Möglichkeit eines Katastrophenfalls das Bundesministerium für Verkehr zu befassen. Außerdem meinte man wohl, sich wegen mehrerer ungewöhnlich weitreichender und kostspieliger Auflagen der Unterstützung des Bundes versichern zu müssen.

(5) Die örtliche Opposition wurde im wesentlichen durch die Lage des Anlandehafens vorgezeichnet insofern, als die Nachbargemeinde Wangerland und nicht die Bewohner von Wilhelmshaven die Hauptlast der Umweltkosten zu tragen hatten.

Die Lage des geplanten Terminals machte es den Entscheidungsträgern ungemein schwer, die verschiedenen Anliegen, die auf Kommunalebene geäußert wurden, entsprechend zu berücksichtigen. Als die Pläne schließlich bewilligt wurden, enthielten sie aufgrund der im Laufe des Genehmigungsprozesses vorgebrachten Einwände dennoch eine Reihe bedeutender Abänderungen. Durch die Umgestaltung der Lagertanks zum Beispiel (zu der sich DFTG, BRWE und Stadt Wilhelmshaven in gemeinsamen Gesprächen geeinigt hatten) wurde ein wichtiger Angriffspunkt der Kritik ausgeräumt. Es war aber deutlich, daß Hooksiel und Wangerland nur, wenn die Baupläne insgesamt fallen gelassen worden wären, zufriedenzustellen waren. Ein praktischer Kompromiß war erst erreicht, als diese zur Einsicht gelangten, daß der politische und finanzielle Aufwand für eine allfällige völlige Rückstellung des Vorhabens ihre Möglichkeiten weit überschritten hätte. Außerdem fürchtete Wangerland, durch die Ablehnung dieser Lösung die Unterstützung des Landes Niedersachsen für seine Pläne zur Förderung des heimischen Fremdenverkehrs zu verlieren.

DIE RISIKOFRAGE

Fragen der Sicherheit spielten in allen Stadien des Entscheidungsprozesses eine Rolle, wenn auch unter verschiedenen Annahmen und Randbedingungen. Beim institutionellen Verfahren zur Risikobewertung wurden mit Ausnahme der ganz ungewöhnlichen letzten Runde meist traditionelle Wege beschritten. Hinsichtlich der technischen Risikostudien waren die Genehmigungsbehörden, deren Aufgabe es war, das Sicherheitsrisiko der LNG-Technologie für die Allgemeinheit zu bewerten, nach eigenen Aussagen über den üblichen Rahmen offizieller Bewilligungsverfahren hinausgegangen und hatten so für vergleichbare Entscheidungen zur Bestimmung von Industriestandorten einen Präzedenzfall geschaffen.

Die Gesellschaften Ruhrgas AG und Gelsenberg AG machten sich bereits vor Eintritt in den Auswahlprozeß mit den wichtigsten Sicherheitsfragen in der Flüssigerdgastechnologie vertraut (Vorrunde A). Wenn auch das öffentliche Sicherheitsrisiko nicht den Kern ihrer Verhandlungen mit den Landes- und Kommunalbehörden (Runde A) bildete, so spielte es - da die Zumutbarkeit dieser Risiken eine notwendige Vorbedingung für die Projektbewilligung war - doch eine wichtige Rolle. Insbesondere die Behörden von Wilhelmshaven brauchten diesbezüglich Unterstützung, da ihre Bürger und Wähler im Ernstfall durch den Terminal unmittelbar gefährdet waren.

In der Folge stand die Risikofrage im Mittelpunkt langer Diskussionen zwischen der DFTG und den staatlichen Behörden. Nach Meinung der Aufsichtsbehörden, die in der B-Runde aufgefordert waren, ihre Ansichten zur Zumutbarkeit der Risiken der LNG-Technologie darzulegen, war das Projekt im Prinzip realisierbar, aber nur unter der Voraussetzung, daß im Zuge detaillierterer Untersuchungen keine unerwarteten Schwierigkeiten auftauchten. Ihre Bewertung stützte sich auf Informationen, die sie von gleichartigen offiziellen Stellen in anderen Ländern (einschließlich des holländischen TNO-Berichtes, siehe Kapitel 4), von amtlichen Fachkommissionen und den Sachverständigen der beteiligten Gesellschaften erhalten hatten. Eine umfassende, speziell auf Wilhelmshaven ausgerichtete Risikoanalyse aber gab es nicht.

Die Gutachten gerichtlich beeideter Sachverständiger zum öffentlichen Sicherheitsrisiko wurden erst in der C- und D-Runde eingebracht. Die Auftraggeber waren

- die DFTG, die auf diese Weise ihre zwei Genehmigungsanträge zu untermauern suchte,
- die Einspruch erhebenden Parteien Mobil Oil AG und der Initiativausschuß Hooksieler Vereine IHV, die zur Bekräftigung ihrer Einwände gegen das Projekt Gutachten erstellen ließen und
- die Genehmigungsbehörden BRWE und WSD, die sich von ihren Gutachten, welche sie vor potentiellen Schadenersatzansprüchen der direkt Betroffenen schützen sollten, Rat und Rechtfertigung für ihre Entscheidungen erhofften.

Die meisten Gutachten setzten sich nicht unmittelbar mit dem Problemkreis des Bevölkerungsrisikos auseinander, sondern befaßten sich mit Teilfragen wie der technischen Sicherheit, der Sicherheit der Schiffahrt oder mit Maßnahmen zur Verhütung bzw. Eindämmung von Brand- und Explosionsgefahr. Daß Fragen der Sicherheit und nicht des Risikos Schwerpunkt der Untersuchungen waren, ist vor dem Hintergrund der entsprechenden Gesetzgebung in der BR Deutschland zu sehen, derzufolge die staatlichen Behörden für den Schutz der Bürger vor "schädlichen Umwelteinwirkungen und sonstigen Gefahren, erheblichen Nachteilen und erheblichen Belästigungen" (Bundes-Immissionsgesetz § 5) verantwortlich sind. Tabelle 3.4 gibt einen Überblick über die Sachverständigengutachten zur Frage des Bevölkerungsrisikos.

Wegen ihrer Bedeutung für die endgültige Entscheidung über den LNG-Anlandehafen folgt nun eine kurze Beschreibung der Gutachten von Brötz und Krappinger. Bei ihren Gesprächen mit dem Antragsteller wurde sich

Tabelle 3.4: Verzeichnis der gutachterlichen Stellungnahmen zur Frage der öffentlichen Sicherheit im LNG-Entscheidungsprozeß in der BR Deutschland

	Autor	Abschluß-datum[a]	Auftrag-geber	Autoren-beschreibung[b]	Thema	Ergebnisse	Methoden der Risikoermittlung
1	ICT-Fraunhofer Gesellschaft[c]	Dez. 1977	DTFG, Antrag-steller	Aus öffentlichen Mitteln subventioniertes Institut f. angew. Forschung	Entzündungs- und Dispersionseigenschaften von Erdgas-Luftgemischen	Sicherheit der Nachbarschaft gewährleistet	Keine Informationen
2	Engler-Bunte-Institut I	Jan. 1978	DFTG	Universitätsinstitut	Sicherheitsfragen der Explosions- und Brandschutztechnik der Landanlagen	Sicherheit durch vorgesehene Schutzmaßnahmen gewährleistet	Keine Informationen
3	Engler-Bunte-Institut II	April 1978	DFTG	Universitätsinstitut	Sicherheitsfragen der Explosions- und Brandschutztechnik der Hafenanlagen	Sicherheit durch vorgesehene Schutzmaßnahmen gewährleistet	Keine Informationen
4	Böttcher/ Rother I	Feb. 1978	DFTG	Beeidete Sachverständige	Prüfung der Baupläne für die Landanlagen betr. Brandschutz	Geplante Maßnahmen sind ausreichend	Keine Informationen
5	Böttcher/ Rother II	April 1978	DFTG	Beeidete Sachverständige	Prüfung der Baupläne für die Landanlagen betr. Brandschutz	Geplante Maßnahmen sind ausreichend	Keine Informationen
6	Germanischer Lloyd (Lloyd 1978)	März 1978	DFTG	Versicherungsgesellschaft, halboffizielles Sachverständigengremium	Sicherheit der LNG-Tankschiffe	Hohes Maß an Sicherheit gewährleistet, Gasaustritt im Jadebusen nicht zu erwarten	(Qualitative) Erwägungen möglicher Unfälle
7	Energy Analysts Inc.	Juni 1978	Mobil Oil AG	Beraterfirma	Prüfung des Antrags hinsichtlich der darin erfolgten Quantifizierung möglicher Gefahren	Risikoanalyse wäre erforderlich	Keine eigenständige Analyse
8	Johannsohn (undatiert)	Undatiert	Initiativ-ausschuß Hooksieler Vereine (IHV)	Beeideter Sachverständiger	Prüfung des Antrags auf Austritte von LNG bzw. flüssigen Chemikalien bei Tankschiffunfällen	Literaturauswahl und -überblick	Keine eigenständige Analyse

Tabelle 3.4: Verzeichnis der gutachterlichen Stellungnahmen zur Frage der öffentlichen Sicherheit im LNG-Entscheidungsprozeß in der BR Deutschland

	Autor	Abschluß-datum[a]	Auftrag-geber	Autoren-beschreibung[b]	Thema	Ergebnisse	Methoden der Risikoermittlung
9	Krappinger (1978a, b)	Juni 1978	WSD	Universitätsprofessor/Forschungsinstitut	Geschätzte Häufigkeit von Tankerunfällen im Jadebusen (A) und an den Anlegern (B)	Wahrscheinlichkeit von Tankerunfällen mit LNG-Austritt in der Größenordnung 10^{-3} p.a.	Wahrscheinlichkeitsberechnung kritischer Ereignisse aufgrund historischer Daten und Schiffahrtssimulation
10	Karlsch/ Spohn[c]	Juli 1978	Wilhelmshaven (im Auftrag der BRWE)	Beeidete Sachverständige	Maßnahmen für die örtliche Bevölkerung bei Brandgefahr und im Katastrophenfall in den Hafeneinrichtungen	Maßnahmen im wesentlichen ausreichend	Keine Informationen[c]
11	Karlsch	Nov. 1978	Wilhelmshaven (im Auftrag der BRWE)	Beeideter Sachverständiger	Schutzmaßnahmen für die örtliche Bevölkerung bei Brandgefahr und im Katastrophenfall in den Landanlagen	Maßnahmen im wesentlichen ausreichend	Keine Informationen
12	Brötz I (1978)	Dez. 1978	WSD	Universitätsprofessor/beeideter Sachverständiger	Prüfung des Antrags zur Sicherheitstechnik; Analyse ausgewählter möglicher Störfälle in den Hafenanlagen	Keine Gefahr im Sinne der einschlägigen Rechtsvorschriften, wenn zusätzliche Sicherheitsauflagen berücksichtigt werden.	Quantitativ/deterministisch hinsichtlich der physischen Unfallfolgen; qualitative Schätzung der Wahrscheinlichkeit von Störfällen
13	Brötz II (1979)	Juli 1979	BRWE	Universitätsprofessor/beeideter Sachverständiger	Prüfung des Antrags zur Sicherheitstechnik; Analyse ausgewählter möglicher Störfälle in den Landanlagen	Keine Gefahr im Sinne des Bundes-Immissionsschutzgesetzes, wenn Lagertanks in revidierter Form errichtet und zusätzliche Sicherheitsauflagen berücksichtigt werden.	Quantitativ/deterministisch hinsichtlich der physischen Unfallfolgen; qualitative Schätzung der Wahrscheinlichkeit von Störfällen
14	TÜV (1979)	März 1979	WSD	Öffentlich-rechtliche Körperschaft	Prüfung des Antrags bezüglich detaillierter Sicherheitsbestimmungen (mit Schwerpunkt auf Sicherheit am Arbeitsplatz)	Stimmt im wesentlichen mit relevanten Bestimmungen überein	Qualitative Behandlung technischer Details

15	BAM (1979)	März 1979	WSD	Bundesanstalt	Überprüfung der Pläne u. Auflagen bezüglich ihrer Eignung, Stand der Technik, Kommentar zum Bericht der WSD	Sicherheitsmaßnahmen sind ausreichend, das Restrisiko ist zumutbar	Qualitative Erörterung der Wahrscheinlichkeit und Folgen von Unfällen größeren Ausmaßes
16	WSD (1978)	Okt. 1978	BMV	Aufsichtsbehörde	Risikoermittlung und Behandlung der Sicherheitsmaßnahmen für den Schiffstransport gefährlicher Materialien zu den DFTG/ICI-Anlegern	Zusätzliche Sicherheitsmaßnahmen sind notwendig, aber auch dann ist das für die Bevölkerung verbleibende Restrisiko nicht unerheblich	Qualitative Bewertung anderer Sachverständigengutachten
17	Beirat im BMW	Jan. 1979	BMV	Ständiger Beratungsausschuß im BMV	Risikoermittlung zur Schifffahrt und dem Transport gefährlicher Chemikalien auf der Jade	Das Restrisiko ist zumutbar, vorausgesetzt die geplanten Sicherheitsmaßnahmen werden durchgeführt	Qualitative Bewertung anderer Sachverständigengutachten einschließlich des Berichts der WSD

[a] Erste Version.
[b] Alle Autoren, ausgenommen die staatlichen Behörden, waren entweder gerichtlich beeidete Sachverständige oder hatten halboffiziellen Status.
[c] Zu diesen Untersuchungen hatte der Autor keinen Zugang. Diesbezügliche Informationen stammten entweder aus DFTG (1979), BAM (1979), WSD (1978, 1979) oder BRWE (1979).

die WSD der verheerenden Folgen, die Schiffszusammenstöße bzw. das Aufgrundlaufen von Flüssigerdgastankern haben könnten, bewußt und erachtete es daher als notwendig, die zu erwartenden Häufigkeiten solcher Ereignisse abschätzen zu lassen. Die Schätzungen wurden von Professor Krappinger, dem Leiter der Hamburgischen Schiffsbauversuchsanstalt GmbH durchgeführt. Dieser benützte Daten über vergangene Schiffsunglücke in der Jade und ein Schiffsverkehrscomputermodell unter Zugrundelegung bestimmter Schätzwerte für die Bruchhäufigkeit von LNG-Tanks im Unglücksfall und errechnete so Wahrscheinlichkeiten in der Größenordnung von 10^{-3} pro Jahr für einen Gasaustritt größeren Ausmaßes (Krappinger 1978 a,b), welche von den Genehmigungsbehörden und den Sachverständigen der Industrie als viel zu hoch kritisiert wurden. Die Endversion des Gutachtens, in der Krappinger seine Annahmen auf Wunsch der WSD modifiziert hatte, gelangte dann zu niedrigeren Wahrscheinlichkeiten.

Professor Brötz, der schon vorher von Genehmigungsbehörden häufig als Sachverständiger herangezogen worden war, erhielt von der BRWE und der WSD den Auftrag, die sicherheitstechnischen Aspekte der Anträge für beide Genehmigungen zu prüfen, insbesondere - auf Wunsch der WSD - verschiedene Arten größerer potentieller Störfälle (Brötz 1978). Daneben war er beauftragt, die Wahrscheinlichkeit und die Folgen des größten denkbaren Störfalls bei den Landanlagen zu ermitteln und eine Stellungnahme zur Sicherheit der Neugestaltung der Lagertanks, die einen äußeren Tank aus bewehrtem Beton statt Stahl vorsah, abzugeben (Brötz 1979). Ein wichtiger Abschnitt seiner beiden Gutachten befaßte sich mit zahlreichen technischen Vorrichtungen, den Erfordernissen für die Anlagenausgestaltung und mit den Betriebsvorschriften zur Vermeidung von Tankbrüchen bzw. zur Eindämmung von Gasaustritten und Bränden. Im Anschluß an diesen nach herkömmlichen Gesichtspunkten abgefaßten Teil setzte sich der Gutachter mit den potentiellen physikalischen Folgen, die ein Unfall für die Allgemeinheit und die Nachbarschaft haben könnte, auseinander. Während laut Brötz die Möglichkeiten von Gefahren für die Bevölkerung insbesondere im Bereich des Erholungsgebietes von Hooksiel nach seinen Berechnungen nicht vollständig auszuschließen waren, betrachtete er diese angesichts ihrer niedrigen Eintrittswahrscheinlichkeit als ausreichend geringfügig und damit im Rahmen der gesetzlichen Bestimmungen.

Für die Vorbereitung und zur Unterstützung der endgültigen Entscheidung über genehmigungspflichtige großtechnische Anlagen genügen normalerweise Sachverständigengutachten wie diese in Verbindung mit einer gutachterlichen Stellungnahme zu den Umweltfragen. Die Behandlung des Antrages auf Erteilung eines Vorbescheides laut Bundes-Immissionsschutzgesetz wurde auch auf dieser Stufe abgeschlossen (BRWE 1979). Schwieriger war es aber im Fall des Verfahrens zur Planfeststellung, wo vor Erteilung der endgültigen Bewilligung eine Reihe neuerlicher Risikostudien notwendig wurde (D-Runde).

Spätestens ab dem Sommer des Jahres 1978 widmete man in der WSD der Frage der Gefährdung der Jadeschiffahrt und der Allgemeinheit besondere Aufmerksamkeit. Aus Krappingers Gutachten ging klar hervor, daß Unfälle von mit Flüssigerdgas bzw. gefährlichen Chemikalien beladenen Tankschiffen, für welche eine signifikante Auftrittswahrscheinlichkeit im Bereich der Fahrrinne und des Anlegers festgestellt worden war, das größte potentielle Risiko darstellten. Da die Ermittlung der Unfallsfolgen "hinsichtlich ihres Ausmaßes und ihrer Wahrscheinlichkeit" nicht den Sicherheitsansprüchen der WSD genügt hatten, lehnte es diese ab, ohne Unterstützung des übergeordneten Bundesministeriums den LNG-Anlandehafen zu bewilligen.

Als einer der nächsten Schritte setzte daraufhin der Bundesminister für Verkehr eine Arbeitsgruppe ein mit der Aufgabe, "das Verfahren zu intensivieren" und Entscheidungshilfen für die Wasser- und Schiffahrtsdirektion auszuarbeiten[11]. Aufgrund von Gesprächen innerhalb der Arbeitsgruppe verfaßte die WSD einen Bericht an den Minister, der aber - zeitlich bedingt - im wesentlichen nur die Standpunkte der WSD selbst wiedergab (WSD 1978). So ging daraus hervor, warum die WSD die wissenschaftlichen Unterlagen zur Frage des Bevölkerungsrisikos als nicht umfassend und zufriedenstellend genug betrachtete und laut Bericht stimmten die Expertengutachten nicht einmal in den grundlegenden Fragen überein. Weiters bestünden zwischen den Fachleuten der Arbeitsgruppe Meinungsverschiedenheiten hinsichtlich der Methoden zur Risikobewertung. Dessenungeachtet versuchte die WSD, nachdem verschiedene risikoverringernde Maßnahmen vorgeschlagen und erörtert worden waren, das Restrisiko des LNG-Tankschiffverkehrs durch Überprüfung und Vergleich verschiedener Gutachten zu bewerten. Obwohl die Wahrscheinlichkeit eines größeren Unfalls als sehr niedrig angesehen wurde, kam die WSD zu dem Schluß, daß das Bevölkerungsrisiko wegen der schwerwiegenden Folgen eines solchen Unfalls "nicht unerheblich" sei.

11. Neben der WSD und dem BMV waren in dieser Arbeitsgruppe noch die BRWE, die Stadtverwaltung Wilhelmshaven, der Landkreis Friesland, die Wehrbereichsverwaltung II und vier Fachgremien, und zwar die Bundesanstalt für Materialprüfung (BAM), die Physikalisch-Technische Bundesanstalt (PTB), das Umweltbundesamt und die Gesellschaft für Kernenergieverwertung in Schiffbau und Schiffahrt (GKSS) vertreten.

Der Bundesminister für Verkehr gab den Bericht mit allen Sachverständigengutachten an den Beirat zur Beförderung gefährlicher Güter, einem ständigen Fachausschuß im Ministerium, weiter. Dieser wiederum bildete eine Arbeitsgruppe zur Durchführung der endgültigen Risikoermittlung. Vier der fünf Mitglieder des Gremiums gehörten Institutionen an, die an dem Entscheidungsprozeß bereits beteiligt waren[12]. Ob beabsichtigt oder nicht, jedenfalls spielte, wie ein Beamter im Ministerium feststellte, die Zusammensetzung dieser Arbeitsgruppe eine wesentliche Rolle beim Zustandekommen eines Konsens zwischen jenen Experten, die bislang über so wichtige Punkte wie die geeigneten Verfahren zur Risikoermittlung keine Einigung erzielen konnten. Nach Erörterung der Methodologie sowie der mit verschiedenen größeren Gefahren verbundenen qualitativen Faktoren kam die Arbeitsgruppe zu dem Schluß, daß beim Transport von Flüssigerdgas und gefährlichen Chemikalien ein Restrisiko bestand, welches eine kleinere Wahrscheinlichkeit aufwies als andere vergleichbare Risiken, das aber hinsichtlich der potentiellen Folgen größer war. Dieses Restrisiko war als annehmbar zu bezeichnen, "wenn die staatlichen Behörden unter Berücksichtigung des politischen und wirtschaftlichen Nutzens des vorgeschlagenen Projekts dafür die Verantwortung übernähmen" (Risikoabschätzung 1979, S. 12). Diese Ansicht, die dann auch der Bundesminister für Verkehr vertrat, bereitete den Weg für den positiven Abschluß des Verfahrens zur Planfeststellung einschließlich aller damit für den Antragsteller verbundenen Verfügungen und Bedingungen.

Sowohl technische Analysen als auch gutachterliche Stellungnahmen zur Frage der Gefährdung von Leben und Gesundheit kamen somit im Entscheidungsprozeß häufig zur Anwendung. Sie kamen alle im Zusammenhang mit den offiziellen Bewilligungsverfahren zustande, wohingegen die Wahl des Standortes gefällt wurde, ohne daß eine umfassende Risikoanalyse von mehr als einer der interessierten Parteien zur Verfügung stand. Zwischen dem Inhalt dieser Untersuchungen und ihrem Verwendungszweck im jeweiligen Verfahren bestand immer ein Zusammenhang. Die darin abgehandelten Themen waren klar definiert, aber die Problemabgrenzung oft eng und die Verfasser waren nach ihren beruflichen Qualifikationen, ihrem Ansehen und ihrem offiziellen oder inoffiziellen Status ausgewählt. In den meisten Fällen entsprach die Darstellung der Ergebnisse dem allgemeinen Auftrag der Aufsichtsbehörden nach Vermeidung von Gefahren für die Allgemeinheit und die Nachbarschaft oder - genauer gesagt - nach Gewährleistung der Einhaltung bestimmter Sicherheitsbestimmungen. Nur

12. Germanischer Lloyd, BAM, PTB und BMV.

in diesem Rahmen wurde die Frage der Zumutbarkeit des Risikos formuliert und beantwortet.

Im allgemeinen dienten die Risikostudien dem Auftraggeber eher als Rechtfertigung bestimmter eigener Vorgehensweisen als der Beratung, wie sich aus der zeitlichen Abfolge der Untersuchungen zeigen läßt. So erfolgte der Abschluß des Gutachtens von Brötz vor Erteilung der beiden Genehmigungen, aber erst, nachdem die während der Verfahren erhobenen Einwände in den öffentlichen Anhörungen erörtert worden waren. Ein signifikanter Einfluß der Ergebnisse der Gutachten auf den Entscheidungsprozeß hätte daher überrascht[13]. In bestimmten Gesichtspunkten - der Wahrscheinlichkeit von Schiffahrtsunfällen mit schwerwiegenden Folgen - mögen die Ansichten und Standpunkte der Parteien durch die Untersuchungen dennoch merklich beeinflußt worden sein. So wurden zumindest im Gegensatz zu anderen Untersuchungen die Ergebnisse des Krappinger-Gutachtens noch vor den Erörterungsterminen vorgelegt und dienten der WSD zur Untermauerung ihrer Argumentation. Auch kamen die meisten Verbesserungsvorschläge zur Einführung zusätzlicher Sicherheitsmaßnahmen, und in noch größerem Umfang Detailänderungen zum Anlagenbau, die in den diversen Expertenstudien gemacht worden waren, in den endgültigen Plänen zur Anwendung. Das deutlichste Beispiel ist die Neugestaltung der Lagertanks.

Versucht man eine Bewertung der Art und Weise, in der die Meinung der Sachverständigen in den Entscheidungsprozeß einfloß, so zeigt sich, daß die Aufgabe der Ermittlung des Bevölkerungsrisikos ohne großen finanziellen und zeitlichen Aufwand erfüllt wurde. Jene Probleme, die sich aus den widersprüchlichen Expertenmeinungen ergaben und die schon der WSD im Rahmen des Genehmigungsverfahrens zu schaffen machten, wurden vom BMV erfolgreich beigelegt, vor allem dadurch, daß es die Fachleute verschiedener Richtungen bei ihren Ermittlungen zur Zumutbarkeit des Bevölkerungsrisikos zur Zusammenarbeit zwang. Dabei ist jedoch festzuhalten, daß diese letzte Risikostudie keine umfassende Prüfung der anderen auf diesem Gebiet erstellten Gutachten beinhaltete.

13. Eine für die petrochemische Anlage der ICI erfolgte Risikoanalyse hatte noch weiterreichende Folgen, da sie die aufwendige Umsiedlung der rund einhundert Bewohner von Inhausersiel, einem nahe bei dem Gelände der ICI gelegenen Ort, der durch die Gefahren gefährlicher flüchtiger Chemikalien wie z.B. Vinylchlorid besonders bedroht war, erforderte (Varenholt 1980).

ABSCHLIESSENDE BEMERKUNGEN

Von einer anderen, mehr gesellschaftspolitischen Warte aus betrachtet liegt eine der Schwächen des Entscheidungsprozesses, der in diesem Kapitel untersucht wurde, in der vertraulichen Behandlung und Unzugänglichkeit von Informationen in den Frühstadien der Entscheidungsfindung, also noch bevor die offiziellen Verfahren eröffnet worden waren. Angesichts der zunehmenden Betroffenheit in der Gesellschaft über die Risiken bzw. negativen Auswirkungen technologischer Entwicklungen erscheint es ratsam, wesentliche Verfahrensmerkmale des derzeit in der Bundesrepublik Deutschland üblichen Entscheidungsprozesses neu zu überdenken. Dazu gehören zum einen das Konzept der strengen Isolierung der vorläufigen "prinzipiellen" Entscheidungsfindung im politisch-administrativen Rahmen ohne gleichzeitige Diskussion von Sicherheitsfragen in der Öffentlichkeit und zum anderen die Übung in bestehenden Bewilligungsverfahren, die Erörterung von Sicherheitsbelangen erst dann zuzulassen, wenn der Standort bereits feststeht. Bleiben diese unverändert, so sind wenig erwünschte Folgewirkungen wie Planungsschock bzw. nachfolgende starke Reaktionen der Betroffenen nur zu wahrscheinlich.

Viele der Probleme, die hier trotz einer nicht sehr starken Opposition der Wilhelmshavener Bürger auf der Kommunalebene deutlich wurden, hatten in der Tat mit Verfahrensfragen zu tun. Wahrscheinlich hätten, als die Entscheidung noch offen war (also im Verlauf der Bauleitplanung), manche Schwierigkeiten durch eine umfassende Debatte vermieden werden können, obzwar - in der BR Deutschland wie auch in anderen Ländern - die Entscheidungsträger hier oft anderer Meinung sind. So bemerkt z.B. Anthony Barrell vom UK Health and Safety Executive (dem Amt für Gesundheit und Sicherheit im Vereinigten Königreich Großbritannien) dazu folgendes:

> Gibt man ein Mehr an Informationen, so wird die Kontroverse gewöhnlich verstärkt statt gemildert, aber dennoch ist (meiner Meinung nach) eine besserer Informationsweitergabe anzustreben. (KLS 1982, S. 488)

Der relativ schwache Bürgerprotest, den die Angelegenheit hervorrief, läßt sich bis zu einem bestimmten Grad aus der besonderen Art des Konfliktes um den LNG-Terminal und der auf örtlicher Ebene zustandegekommenen Opposition erklären. So hatten sich weder nationale noch regionale Umweltschützergruppen daran beteiligt, unter anderem vielleicht auch, weil der Widerstand auf Fragen rein lokaler Bedeutung gerichtet war und die Risikofrage dabei nur einen von mehreren Problemkreisen bildete.

Für Auseinandersetzungen in der Öffentlichkeit von einer der Kernenergiedebatte vergleichbaren Heftigkeit (bei denen es in Zukunft auch um Fragen wie die Standortbestimmung eines Terminals für Flüssigerdgas gehen könnte) empfehlen sich meines Erachtens umfassendere Risikostudien sowie eine stärkere Beteiligung der Bevölkerung am Entscheidungsprozeß auf jeden Fall - und dies nicht nur, um so die Chancen für die Akzeptanz technologischer Entwicklungen zu erhöhen, sondern auch, um das finanzielle Risiko der möglichen Ablehnung des Vorhabens bzw. grösserer Änderungen von Anlagendetails im fortgeschrittenen Planungsstadium herabzusetzen. Andererseits hat die von den staatlichen Behörden in der BR Deutschland gehandhabte Praxis, zuerst nur eng abgegrenzte Sachverhalte bei mehreren Sachverständigen anzufragen, um diese Teilansichten sodann selbst in eine ausgeglichenere, komplette Risikountersuchung zu integrieren, auch ihre Vorzüge. Anders als bei der Erstellung umfangreicher Risikostudien durch fremde Sachverständige bringt dieses Vorgehen einen höheren Grad der Verantwortlichkeit der staatlichen Behörden mit sich, wodurch die Möglichkeiten für eine politische Kontrolle des Entscheidungsprozesses erweitert werden. Die in diesem Sinne begrüßenswerte Vorgangsweise zur Ermittlung und Bewertung des Risikos dürfte ihre Grenzen wiederum in der ständig wachsenden Komplexität technischer Belange finden, die früher oder später auch das Sachverständnis der technisch bestausgebildeten Beamten übersteigen muß, wie es sich im Falle jener Angehörigen des öffentlichen Dienstes, die mit den Bewilligungsverfahren für die Errichtung des geplanten Flüssigerdgasterminals beauftragt waren, andeutete.

4 Die Nederlande: Die Debatte über Rotterdam und Eemshaven*

Überlegungen zur Einfuhr von Flüssigerdgas in die Niederlande begannen erst in den frühen siebziger Jahren, als verschiedene Gesichtspunkte der LNG-Technologie zum ersten Mal Gegenstand von Untersuchungen und Diskussionen waren, konkrete Formen anzunehmen. Die Frage der Standortwahl gewann aber erst 1977 mit dem Abschluß eines Zwanzigjahresvertrages mit der algerischen Gesellschaft Sonatrach über die Einfuhr von 4 Milliarden m^3 Flüssigerdgas pro Jahr ab 1983 an unmittelbarer Bedeutung. In diesem Zusammenhang erfolgten ausgedehnte politische Gespräche auf allen Ebenen, und 1978 kam es zur endgültigen Wahl eines Standortes in Eemshaven in der Provinz Groningen im Norden des Landes bzw. zur Billigung des Standortes durch die holländische Regierung und das Parlament (Tweede Kamer 1978). Dieses Entscheidungsergebnis ist umso bedeutender, als Eemshaven erst gegen Ende 1977 ernsthaft in Erwägung gezogen worden war und die Einzeluntersuchungen sowie die Empfehlungen, die bis dahin an die Regierung ergangen waren bzw. in Regierungskreisen (also auch im Rahmen des Kabinetts) erfolgt waren, vornehmlich Maasvlakte im Bereich des Rotterdamer Hafens den Vorzug gegeben hatten (siehe Bild 4.1).

Dieser Bericht über den holländischen Entscheidungsprozeß im Zusammenhang mit der Standortwahl für einen LNG-Anlandehafen untersucht die politischen Faktoren, die der endgültigen Entscheidung für Eemshaven zugrundelagen. Trotz der Bewilligung dieses Standortes im Jahre 1978 wurde der Flüssigerdgasliefervertrag aber inzwischen von algerischer Seite gekündigt, und in Ermangelung anderer Lieferanten wurden alle Pläne zur Errichtung eines LNG-Importhafens vorläufig bis auf weiteres verschoben.

---

* Dieses Kapitel von Michiel Schwarz basiert auf einem vollständigen Fallstudienbericht (Schwarz 1982). Die Integrierung der Fallstudienbefunde in das MAMP-Rahmenmodell erfolgte in enger Zusammenarbeit des Autors mit Joanne Linnerooth.

Bild 4.1: Die Niederlande

DIE AUSGANGSSITUATION

Die politisch-administrative Entscheidungsfindung in den Niederlanden erfolgt auf verhältnismäßig zentralisierte Weise, wobei die wichtigsten maßnahmenpolitischen Entscheidungen über Regionalentwicklung, Energieplanung und Flächenwidmung durch die Zentralregierung koordiniert werden. Die eigentliche Bewilligung von Standorten für die Errichtung von Industrieanlagen obliegt den Kommunalbehörden, sodaß viele Planungsentscheide durch eine Kombination kommunaler und nationaler Verfahren zustandekommen.

Auf der lokalen und nationalen Ebene erfolgt die Beteiligung der Allgemeinheit an der Entscheidungsfindung über gewählte Volksvertretungen. Die große Bedeutung, die dem politischen Pluralismus in Staat und Gesellschaft in den Niederlanden zukommt, spiegelt sich in den zahlreichen Parteien des Landes wider. Die Wahl der Volksvertreter in die Abgeordnetenkammern und Kommunalräte geschieht nach dem Verhältniswahlrecht, auf welche Weise der Öffentlichkeit umfassend Gelegenheit zur vielfältigen politischen Meinungsäußerung geboten ist. Vor dem Hintergrund einer Entscheidungsfindung, die durch Zusammenarbeit und Konsultation mehrerer Parteien geprägt ist, wird auch die große Zahl der Akteure in dieser LNG-Standortdebatte durch eben diese Tradition des politischen Pluralismus verständlich, welcher sich auch in der Wesensart und Komplexität der hier zu erörternden Entscheidungen widerspiegelt.

Mit der zunehmenden Komplexität und Verflechtung von sachpolitischen Fragen wurde innerhalb der holländischen Regierung immer mehr Gewicht auf die gemeinsame Abstimmung des Vorgehens in verschiedenen Ministerien gelegt. Oft werden im Fall von Kompetenzüberschneidungen interministerielle Gremien gebildet, deren Aufgabe es ist, in Vorbereitung bestimmter administrativer Maßnahmen (bzw. gewöhnlich auch der Kabinettspolitik) zwischen den höchsten Beamten in den betreffenden Ministerien Übereinstimmung zu erzielen (Binnenlandse Zaken 1980). Im Fall der LNG-Entscheidung erfolgte der Großteil der Koordinierungsarbeit innerhalb der Interministeriellen Kommission zur Koordinierung von Nordseefragen (mit der holländischen Kurzbezeichnung ICONA) im Zuständigkeitsbereich des Verkehrs- und Bautenministeriums (ICONA 1978c).

Die Entscheidung über die Einfuhr und Lagerung von Flüssigerdgas über einen inländischen Anlandehafen kam größtenteils im Rahmen der nationalen Energiepolitik auf Betreiben der halbstaatlichen Gasgesellschaft NV Nederlandse Gasunie (im folgenden kurz als Gasunie bezeichnet) zustande. Daß ein solcher Bedarf nach Einfuhr von Erdgas (und von LNG) bestand, wurde in der ersten Festschreibung der offiziellen niederländischen Energiepolitik im Jahr 1974 festgestellt und mit der Notwendigkeit der Schonung inländischer Gasfelder und der Aufrechterhaltung strategischer Eigenreserven an Erdgas begründet (Tweede Kamer 1974). In der Mitte der siebziger Jahre machte der Anteil von Erdgas am gesamten holländischen Energieaufkommen mehr als die Hälfte aus (CBS 1978). Durch diese Energiepolitik wurde Gasunie mit überaus bedeutenden Entscheidungen betraut und der programmatische Rahmen für alle weiteren Schritte der Regierung in Sachen LNG festgelegt.

Die *nationale* Entscheidungsdimension der LNG-Frage wird durch die Tatsache deutlich, daß es sich bei Gasunie um keine unabhängige Körperschaft handelt, sondern diese zu 50% dem Staat gehört[1]. Das 1963 gegründete Unternehmen ist für alle Angelegenheiten betreffend das Aufkommen und Management bzw. den Verkauf und Vertrieb von inländischem und ausländischem Erdgas an den holländischen Verbraucher verantwortlich. Von daher bestehen zwischen Gasunie und der Regierung enge Kontakte, die offiziell über das Wirtschaftsministerium abgewickelt werden[2].

Die Anzahl der für die Errichtung einer LNG-Hafenanlage erwogenen Standorte wurde schon in den Frühstadien des Entscheidungsprozesses eingeschränkt. Noch bis Ende 1977 hatte aufgrund von Bewertungen der technischen Machbarkeit bzw. von Kosten und Nutzen verschiedener Standorte durch Regierungsgremien der Standort Maasvlakte im Bereich des Hafens von Rotterdam eine starke Befürwortung gefunden. Wissenschaftliche Untersuchungen (wie jene des Niederländischen Seeschiffahrtsinstitutes, NMI) hatten den anderen Standorten eine geringere Machbarkeit zugebilligt, und vor allem wurde auch Eemshaven aus nautischen bzw. allgemein technischen Gründen für die geplante Anlage als ungeeignet erklärt. Die Befürwortung Rotterdams wurde durch die Unterstützung von seiten des Gasunternehmens, welches aus einer Reihe wirtschaftlicher und unternehmensstrategischer Erwägungen heraus einem Standort im Bereich von Maasvlakte von vorherein den Vorzug gegeben hatte, noch verstärkt. Dieses Einvernehmen zwischen der Gasgesellschaft und dem Wirtschaftsministerium hinsichtlich der Favorisierung eines Rotterdamer Standorts trug wesentlich zur Strukturierung des Geschehens in den Frühstadien der LNG-Debatte bei.

1. Die Gesellschaftsanteile der Gasunie teilen sich auf wie folgt: 10% gehören dem Staat, 40% der DSM Aardgas BV (die niederländischen Bergbauunternehmen DSM sind ein Staatsbetrieb), 25% der Shell Nederland BV und 25% der Esso Holland (Gasunie 1978a).

2. Der Staat ist durch Vertreter des Wirtschaftsministeriums (einen der 16 Kabinettsminister) im Aufsichtsorgan der Gasunie vertreten. Die Beschlüsse der Gesellschaft über Umsatzerwartungen, Gaspreise und den Bau von Anlagen bzw. von Einrichtungen für den Transport und die Lagerung von Erdgas müssen dem Minister zur Genehmigung vorgelegt werden.

Das im Süden der Niederlande gelegene Rotterdam ist der dem vorgesehenen Ursprungsland der LNG-Importe (Algerien) am wenigsten weit entfernte, größere Hafen des Landes, der sich auch in nächster Nähe zu den bedeutendsten Erdgasabnehmern befindet (siehe Bild 4.2). Rotterdam verfügt (idealerweise) auch über die Vorteile eines traditionellen internationalen Tiefwasserhafens mit einem Jahresumschlag von mehr als 270 Mio. Tonnen, von dem Öl und Ölprodukte zwei Drittel ausmachen (Rotterdam 1978a). In den frühen siebziger Jahren, als man in Westeuropa von Öl auf andere Brennstoffe wie Erdgas, Flüssigerdgas und Kohle umzusteigen begann, fingen auch die Rotterdamer Behörden an, sich der neuen Situation anzupassen. Sie erkannten die Notwendigkeit der Errichtung von Anlagen für die Handhabung solcher anderer Energieprodukte, sollte ein wirtschaftlicher Niedergang des Hafens abgewendet werden. Außerdem war auf diese Weise die Möglichkeit der Nutzung der bestehenden Infrastruktur und des vorhandenen Arbeitskräftepotentials und damit die Aufrechterhaltung der Stellung Rotterdams als dem wichtigsten Energieverteilungszentrum Europas gegeben.

Dennoch konnten sich aber die drei wichtigsten der für die Standorte von Rotterdam zuständigen Kommunalbehörden nicht einigen, und da daher Verzögerungen und zusätzliche Genehmigungsauflagen nur zu wahrscheinlich waren, brachte die Gasgesellschaft im Dezember 1977 wiederum Eemshaven als weiteren möglichen Standort für den geplanten LNG-Anlandehafen ins Gespräch (siehe Bild 4.3). Neue wissenschaftliche Untersuchungen über die Schiffahrtsbedingungen von Eemshaven kamen zu dem Schluß, daß die kurz vorher erfolgten Veränderungen den Hafenzugang für Tankschiffe, wie sie für den Flüssigerdgastransport verwendet werden, nun als geeignet erscheinen ließen, und auf dieser Grundlage wurde Eemshaven offiziell als Standort vorgeschlagen. Zu diesem Zeitpunkt war von seiten der holländischen Regierung die Region im Nordosten des Landes bereits als ein Schwerpunktgebiet industrieller Entwicklungspläne genannt bzw. der Versuch unternommen worden, durch verschiedene Vorhaben das Interesse der Industrie an diesem Gebiet zu wecken. Die niederländische Regionalpolitik begünstigt vor allem Pläne, die einen gerechteren Ausgleich von Flächennutzung, wirtschaftlichen Aktivitäten und Arbeitsmarktpolitik zum Ziel haben, und so war in den Augen der Kommunalbehörden gerade durch die Wahl Eemshavens als Standort für den geplanten LNG-Terminal der Regierung die Möglichkeit gegeben, ihr Eintreten für die industrielle Förderung dieser Region unter Beweis zu stellen. Unter Bezug auf diese nach Meinung der Provinzbehörden in Groningen gegebenen sozioökonomischen Vorteile gelang es diesen auch, die Unterstützung zahlreicher öffentlicher und privater Interessen für die Errichtung der Anlage in Eemshaven zu gewinnen.

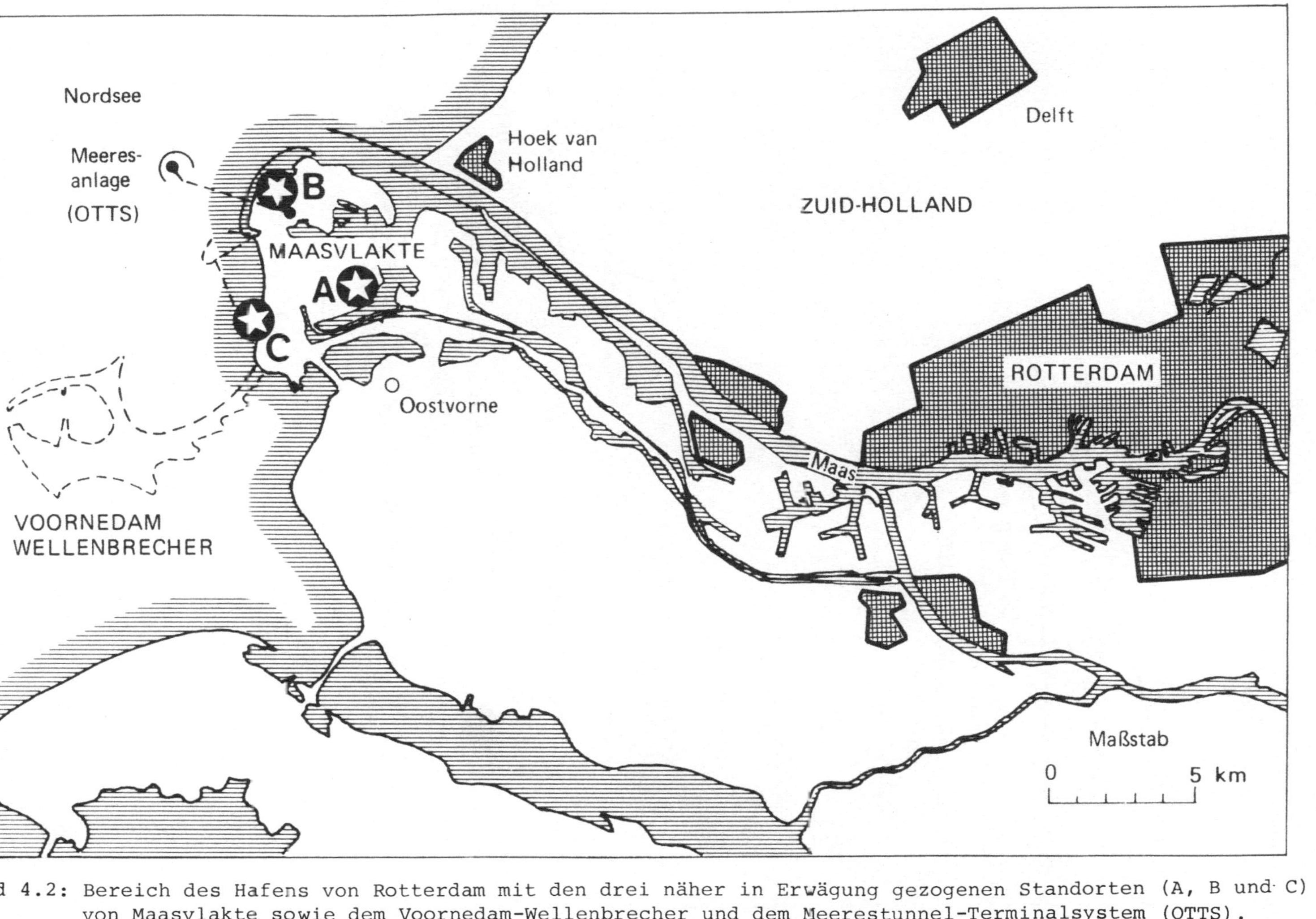

Bild 4.2: Bereich des Hafens von Rotterdam mit den drei näher in Erwägung gezogenen Standorten (A, B und C) von Maasvlakte sowie dem Voornedam-Wellenbrecher und dem Meerestunnel-Terminalsystem (OTTS). Neben diesen gab es noch fünf weitere Vorschläge zur Errichtung des LNG-Anlandehafens auf einer künstlichen Insel in der Nordsee.

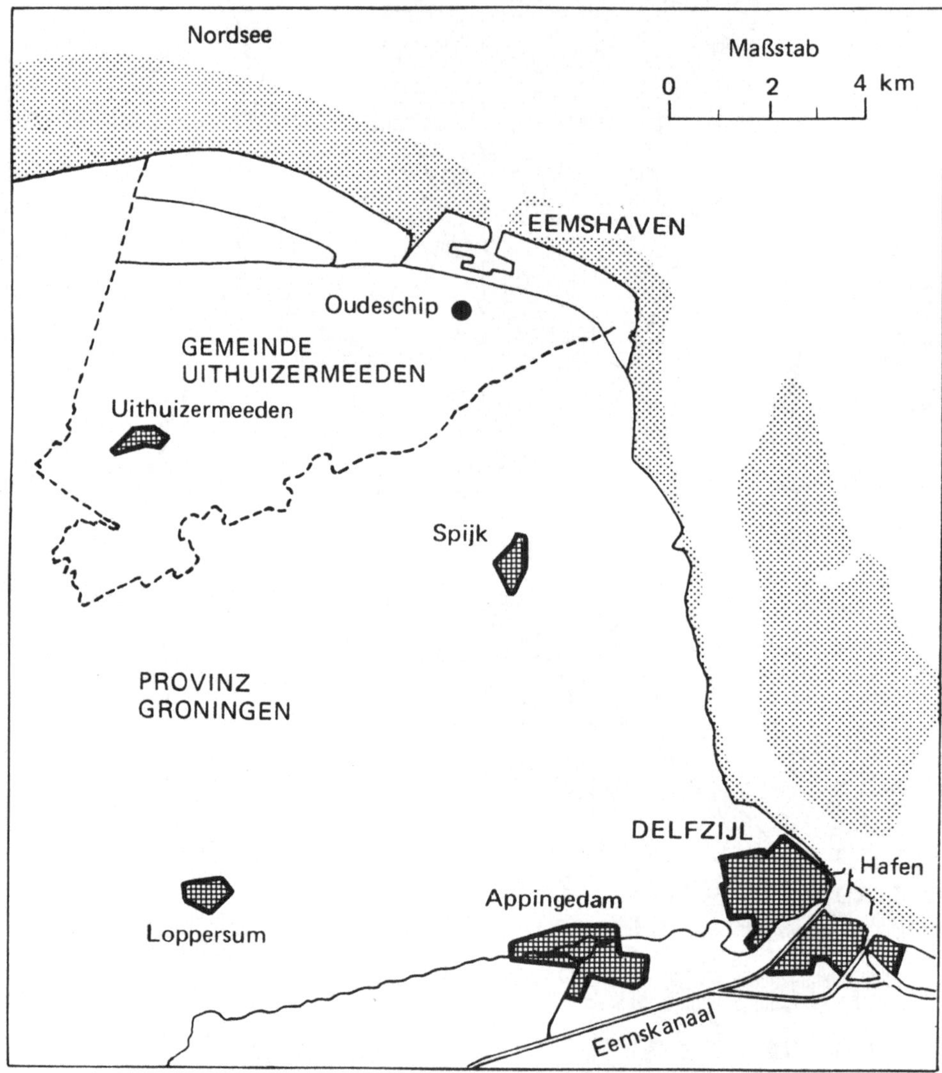

Bild 4.3: Der Standort Eemshaven im Nordosten von Groningen

Neben verschiedenen Standorten auf dem Festland, und zwar im Bereich von Rotterdam und Eemshaven, wurden auch einige andere Alternativen geprüft. Dazu zählt der Bau einer künstlichen Insel in 27 km Entfernung von der Küste, welche über Rohrleitungen mit Maasvlakte oder anderen Teilen des Festlands verbunden werden konnte, sowie ein "Meerestunnel-Terminalsystem" (offshore tunnel terminal system, OTTS) bestehend aus einer Übernahmeplattform 4 km von der Küste (bzw. 11 km von der nächstgelegenen Stadt Hoek von Holland) entfernt und in Verbindung mit einer Unterwasserrohrleitung zu dem LNG-Lager in Maasvlakte. Diese sowie eine weitere "Zwischenlagerung" - der Voornedamer Wellenbrecher, bei dem ein 7-10 km langer Dammausbau am südwestlichen Teil von Maasvlakte vorgesehen war, wurde ebenfalls als Mitteldling zwischen Meeres- und Landanlage eingestuft - wurden alle abgelehnt. Diese drei Lösungsmöglichkeiten bargen den Vorteil, daß durch die Entladung am vorgelagerten Terminal der restliche Schiffsverkehr im Rotterdamer Hafen nicht gestört worden wäre, wurden aber von der Regierung vornehmlich der hohen Baukosten wegen abgelehnt (Einzelheiten zu diesen Vorhaben finden sich auch in Bild 4.2 und Tabelle 4.1).

Tabelle 4.1: Einzelheiten zu den verschiedenen Standortalternativen für die Errichtung eines LNG-Anlandehafens in den Niederlanden.

Maasvlakte (Standort A)	Neben der bestehenden LNG-Spitzenbedarfsanlage der Gasunie im südwestlichen Teil von Maasvlakte. Relativ kleiner Standort. Entfernung zum nächsten Ort 5 km (Hoek van Holland) bzw. 4 km (Oostvoorne).
Maasvlakte (Standort B)	Ist größer als Standort A und befindet sich im nordwestlichen Teil von Maasvlakte. 6 km bzw. 8 km von den nächstgelegenen Gemeinden Hoek van Holland und Oostvoorne entfernt. Schiffstransportrouten zu den Standorten A und B in 2 km Entfernung vom Zentrum von Hoek van Holland.
Maasvlakte (Standort C)	Erfordert Ausbau des Hafengebietes westlich von Maasvlakte. Größe des Areals je nach Bedarf. Nächstgelegene Gemeinden Oostvoorne (7 km) und Hoek van Holland (9 km).
Voornedam (Wellenbrecher, kleine oder große Variante)	Erfordert Dammausbau über 7 bzw. 10 km im Südwesten von Maasvlakte. Schiffstransportweg ohne Behinderung des übrigen Schiffsverkehrs im Bereich des Rotterdamer Hafens. Entfernung zur nächstgelegenen Gemeinde Oostvoorne bei beiden Varianten 10-13 km.
Nordseeinsel	Errichtung einer künstlichen Insel 20-50 km vor der holländischen Küste und Verbindung zum Festland bei Maasvlakte oder anderswo über Pipelines.
Meerestunnel und -terminalanlage (OTTS)	Errichtung einer LNG-Anlandeplattform in 4 km Entfernung vor der Küste von Maasvlakte sowie einer Unterwasserpipeline für den Transport des Gases zum Erdgaslager in Maasvlakte. Entfernung zur nächsten Gemeinde Hoek van Holland 11 km.
Eemshaven	Neuer Hafenkomplex am nördlichsten Ende der Provinz Groningen. In freiliegendem, landwirtschaftlich genützten Gebiet mit sehr geringer Bevölkerungsdichte (140 Personen pro km^2) an der Mündung der Eems gelegen. Entfernung zu den nächstgelegenen Orten 3 km (Oudeschip) bzw. 6 km (Uithuizermeeden). Der Hafenkomplex untersteht der Verwaltung der Delfzijler Hafenbehörde.

Außerdem wurde auch ziemlich bald die Option der Erdgaseinfuhr über Pipelines ausgeschlossen, da nach Ansicht der Regierung die potentiellen Erdgaslieferanten zu weit entfernt und dieser Vorschlag daher als nicht machbar eingestuft wurde.

DIE EREIGNISABFOLGE

Zu Beginn des Entscheidungsprozesses über die Standortwahl für einen LNG-Importhafen großen Maßstabs standen einige Entwicklungen in den siebziger Jahren, die die Regierung und die halbstaatliche Gasgesellschaft betrafen. Gasunie befaßte sich zuerst 1972 mit Flüssigerdgas im Zusammenhang mit Gesprächen, die sie mit der Hafenbehörde und den Kommunalbehörden von Rotterdam hinsichtlich einer geplanten LNG-Spitzenbedarfsanlage in Maasvlakte führte[3]. Die formale Verantwortung für die Bewilligung einer solchen Anlage lag gemäß den verschiedenen Gesetzesbestimmungen in Umwelt- und Bauangelegenheiten hinsichtlich Umweltverschmutzung, Lärmbelästigung, usw. bei den Gemeinden und den Provinzbehörden[4]. Rein formal gesehen wäre daher - bei vorhergehender Billigung des Vorhabens durch das Wirtschaftsministerium in Übereinstimmung mit der nationalen Wirtschaftspolitik - die Bewilligung des Standortes für einen LNG-Anlandehafen ebenso durch eine Entscheidung der Behörden auf kommunaler Ebene möglich gewesen.

Im Fall des LNG-Terminals aber ging das Ausmaß der Mitwirkung der Regierung über offizielle Minimalverfahrensbestimmungen hinaus, und die Rolle, die die Regierung dann später im Entscheidungsprozeß spielte, kann teilweise auf ihre frühere Beteiligung an der Entscheidung über die Spitzenbedarfsanlage zurückgeführt werden. Neben der Mitwirkung des Wirtschaftsministeriums in den energiepolitischen Fragen ging es bei den Gesprächen zwischen der Regierung und der Gesellschaft auch um die Sicherheitsaspekte der geplanten Spitzenbedarfsanlage. Dadurch kam das Sozialministerium, welches mit Fragen des Beschäftigtenrisikos am Arbeitsplatz, usw., befaßt war, direkt mit ins Spiel. In der Folge kam es unter anderem zur Schaffung eines Gremiums zur Untersuchung der Sicherheitsaspekte von Flüssigerdgas[5].

3. Siehe Kapitel 1 für die Erörterung von Spitzenbedarfsanlagen.

4. Im Fall von Rotterdam war ein weiteres Gremium zwischengeschaltet: die Rijnmond-Behörde, die auf einer Ebene zwischen den Provinzbehörden und den Gemeinden angesiedelt und für bestimmte sachpolitische Fragen verantwortlich ist (Einzelheiten dazu in Tabelle 4.2).

Zu den wichtigsten interessierten Parteien im LNG-Standortbestimmungsprozeß gehörten die Nationalregierung (mit dem Regierungskabinett), Gasunie und die Kommunalbehörden von Rotterdam (bezüglich der Standorte von Maasvlakte) und Groningen (für den Standort Eemshaven). Außerdem übten zahlreiche Regierungs- und Verwaltungsstellen und einige private Interessensgruppen verschieden starken Einfluß auf die Vorgänge und die Entscheidungen der Primärakteure aus. Die wichtigsten unter ihnen sind in Tabelle 4.2 genannt.

Die bedeutendsten Ereignisse und Entscheidungen in der LNG-Debatte sind in Form eines PERT-Diagramms in Bild 4.4, welches die Entscheidungs- und Ereignisabfolge graphisch wiedergibt, festgehalten. Die Abfolge läßt sich in drei Hauptrunden (A, B und C) mit jeweils verschiedenen entscheidungspolitisch relevanten Fragestellungen, kontextuellen Faktoren und Akteuren untergliedern. Die Unterscheidung der drei Entscheidungs- und Ereignisrunden ist dabei anhand jener Verschiebungen erfolgt, durch die das Geschehen im Entscheidungsprozeß am stärksten verändert wurde.

- *A-Runde*

Im Sinne des oben Gesagten kann der Beginn des LNG-Entscheidungsprozesses mit der in die frühen siebziger Jahre fallenden Interessenskundgebung der Gasgesellschaft an der Einfuhr von Flüssigerdgas festgesetzt werden (1). 1973 kam es mit der verstaatlichten algerischen Gesellschaft Sonatrach zu vorbereitenden Gesprächen über die Bereitstellung von 6 Milliarden m^3 LNG jährlich über eine Dauer von 20 Jahren. Der endgültige Vertragsentwurf lag erst 1977 nach einer zweiten Gesprächsrunde vor, doch schon in den anfänglichen Gesprächen hatte die holländische Gasunie in Übereinstimmung mit der nationalen Energiepolitik auf eine wünschenswerte Importmenge von ungefähr 10 bis 15

5. Im Zusammenhang mit dem LNG-Entscheidungsprozeß muß hier erwähnt werden, daß Gasunie Maasvlakte aus wirtschaftlichen Gründen und wegen der Nähe großer Erdgasverbraucher für die Spitzenbedarfsanlage gewählt hatte, doch war bereits damals die Möglichkeit der späteren Erweiterung des Standorts für die Errichtung eines LNG-Terminals in Betracht gezogen worden. Während in den frühen siebziger Jahren die Vorbereitungen für die Spitzenbedarfsanlage im Gange waren, stand die Gesellschaft bereits wegen der Einfuhr von Flüssigerdgas, in deren Zusammenhang die Notwendigkeit des späteren Baus eines Anlandehafens vorauszusehen war, in Verhandlungen mit Algerien. Mitte der siebziger Jahre wurde die Anlage von den Rotterdamer Kommunalbehörden (nach einiger Diskussion um Sicherheits- und andere Risiken) genehmigt, und im Mai 1977 war sie betriebsbereit. Für einen kurzen Überblick über die allgemeine Anwendung von Risikoanalysen in den Niederlanden sei auf Blokker (1981) hingewiesen.

Tabelle 4.2: Die Hauptparteien im LNG-Entscheidungsprozeß in den Niederlanden

	BEWERBER/AUSBAUUNTERNEHMER
NV Nederlandse Gasunie	Gasunie: Das 1963 gegründete und für die Handhabung, den Verkauf und Vertrieb von Erdgas in den Niederlanden verantwortliche nationale Gasversorgungsunternehmen. 50% der Gesellschaftsaktien sind in Händen des Staates, der durch die Regierung im obersten Verwaltungsgremium der Gesellschaft vertreten ist und in vielen Fragen ein Zustimmungs- bzw. Vetorecht besitzt.
	NATIONALREGIERUNG UND -VERWALTUNG
Kabinett	Aus 16 Ministern bestehendes und für politische Maßnahmen und Entscheidungen im nationalen Rahmen verantwortliches Organ der nationalen Exekutivgewalt (mit Ausnahme zweier Minister stehen alle staatlichen Ministerien vor).
ICONA	Interministerielle Kommission zur Koordinierung von Nordseefragen (Interdepartmentale Coordinatie Commissie voor Noordzeeangelegenheden). Ein dem Kabinett in sachpolitischen Fragen zur Seite stehendes Beratungsgremium mit Vertretern (auf hoher Staatsbeamtenebene) von 14 der 16 Kabinettsminister.
	KOMMUNALBEHÖRDEN
Groningener Kommunalbehörden	Dazu gehören als Hauptparteien (a) der Königliche Kommissar und der Provinzialausschuß sowie der Provinzialrat der Provinz Groningen, (b) der Gemeinderat von Uithuitzermeeden und (c) die Delfzijler Hafenbehörde.[a]
Stadt Rotterdam	Die aus dem Bürgermeister und den "Stadträten" (wethouders) bestehende kommunalle Baubehörde für die Erteilung der Bauerlaubnis bzw. für Einzelbaugenehmigungen in Rotterdam zuständig. Die Verwaltung aller Hafenangelegenheiten erfolgt über die Rotterdamer Hafenbehörde.
Rijnmond-Behörde	Zusammenschluß von 16 Gemeinden im Bereich (der Rheinmündung bzw.) von Rotterdam einschließlich der Stadt Rotterdam. Nimmt bestimmte gesetzgeberische Aufgaben in Fragen wie Umweltplanung, Wohnungswesen, Verkehr, Gesundheit und Sicherheit und Umweltschutz wahr.
Provinz Zuid-Holland	Die Provinz, welche Rotterdam und Umgebung beheimatet, verfügt über gesetzgeberische Befugnisse zur Verordnung bestimmter Regelungen auf dem Gebiet des Umweltschutzes, der Bau- bzw. Regionalplanung und im Wohnbau.
	ANDERE INTERESSIERTE PARTEIEN
(Königlich-) Holländische Reedervereinigung	
Elektrizitätsgesellschaft Groningen und Drenthe	
Handelskammer der Provinz Groningen	
Öffentliche Interessensverbände und Umweltschützergruppen in Rotterdam und Eemshaven	
Gewerkschaftsorganisationen in Groningen	

[a] Die drei Groningener Kommunalbehörden werden in diesem Kapitel unter einem Titel betrachtet, da sie in der LNG-Standortfrage beinahe identische Standpunkte einnahmen und ihr Vorgehen im Entscheidungsprozeß durchwegs aufeinander abstimmten.

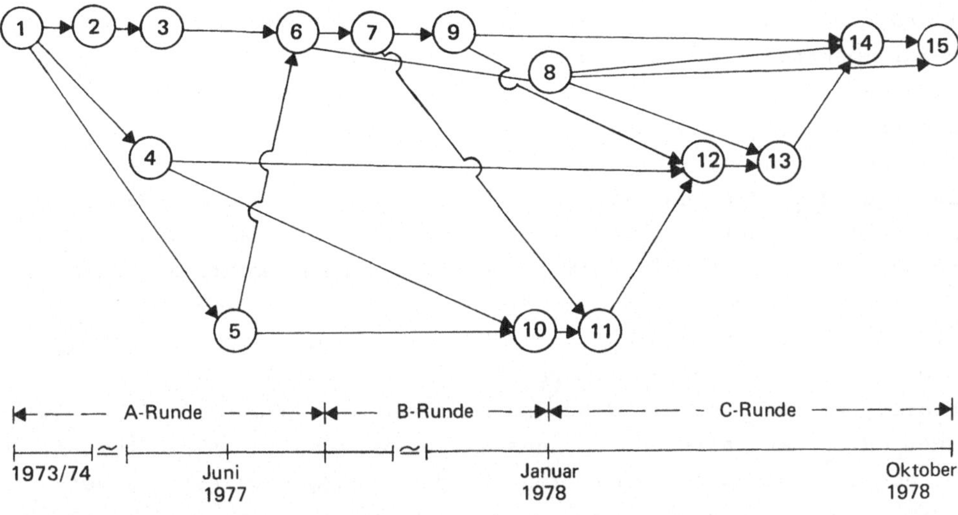

○ Schlüsselereignis und/oder Entscheidung (Abschluß aller vorbereitenden Aktivitäten)

⟶ (Erforderliche) Aktivität und Angabe ihrer Richtung

Bild 4.4: PERT-Diagramm für den LNG-Entscheidungsprozeß in den Niederlanden.

Hauptereignisse und/oder Entscheidungen

(1) Gasunie gibt ihr Interesse an der Einfuhr von Flüssigerdgas und am Bau eines Anlandehafens bekannt (Anfang der siebziger Jahre).

(2) Zwischen Gasunie und dem Wirtschaftsministerium finden erste Gespräche statt (1977).

(3) Die Regierung gibt die TNO-Risikostudie in Auftrag, zeigt Interesse an der Möglichkeit eines Anlandehafens auf einer Insel vor der Küste und ruft die Beratungsgremien STUNET und ICONA ins Leben.

(4) Die Hafenbehörde und die Gemeindebehörden von Rotterdam beginnen mit der Prüfung und Erörterung der Standortfrage.

(5) Gasunie unterzeichnet den Flüssigerdgas-Liefervertrag mit Sonatrach (Juni 1977).

(6) Der Liefervertrag wird vom Wirtschaftsministerium gebilligt (Oktober 1977).

(7) Das Kabinett und das Parlament beginnen, die LNG-Frage zu erörtern.

(8) Aus den Kreisen öffentlicher Interessensverbände, von Umweltschützern und anderen Interessensgruppen werden zum ersten Mal Bedenken gegen Flüssigerdgas laut.

(9) Die Regierung fordert von ICONA und anderen relevanten Gremien offiziell zusätzliche Expertisen und erarbeitet ein Verfahren für die Konsultationen mit den Kommunalbehörden.

(10) Zwischen Gasunie und den Groningener Behörden beginnen Gespräche über Eemshaven (Dezember 1977).

(11) Die Regierung akzepiert (neben den Standorten von Maasvlakte) Eemshaven als zusätzliche Alternative für einen LNG-Anlandehafen (März 1978).

(12) Die Kommunalbehörden leiten die offiziellen Entscheidungsverfahren auf lokaler Ebene ein (April 1978).

(13) Die Kommunalbehörden formulieren jeweils ihren Standpunkt zur möglichen Errichtung eines LNG-Anlandehafens bei Eemshaven bzw. Maasvlakte (Juni 1978).

(14) Das Kabinett entscheidet, daß der LNG-Anlandehafen bei Eemshaven gebaut werden soll (August 1978).

(15) Nach Erörterung der Kabinettsentscheidung gibt das Parlament seine Zustimmung zur Wahl von Eemshaven als Standort für den LNG-Anlandehafen (Oktober 1978).

Milliarden m³ LNG pro Jahr spätestens ab 1990 hingewiesen[6]. Durch die enge Zusammenarbeit zwischen dem Unternehmen und dem Wirtschaftsministerium war die Regierung mit den Einfuhrplänen direkt befaßt (2). Auch herrschte einige Besorgnis über die Möglichkeit, einen geeigneten, sicheren Standort für die LNG-Anlage zu finden, sodaß das Sozialministerium über die Nederlandse Organisatie voor Toegepast-Natuurwetenschappelijk Onderzoek (TNO, eine Organisation für angewandte wissenschaftliche Forschung)[7] beim Niederländischen Seeschiffahrtsinstitut (NMI) eine Untersuchung über die Machbarkeit und Sicherheit potentieller Standorte in Auftrag gab. 1975 richtete die Gasgesellschaft eine offizielle Anfrage an die Regierung über die Möglichkeit eines Standortes vor der Küste und begann um diese Zeit auch Gespräche mit den verschiedenen Hafenbehörden des Landes (vor allem mit Rotterdam), aber auch im Ausland sowie mit den für die Standortbewilligung verantwortlichen Kommunalbehörden.

Als Reaktion auf die Anfrage der Gasunie und angesichts des damals durchaus gegebenen Interesses an der Möglichkeit einer künstlichen Insel in der Nordsee rief das Verkehrs- und Bautenministerium einen sogenannten Lenkungsausschuß für ein Nordseeinsel/Terminalprojekt (Stuurgroep Studie Noordzee-eilanden en Terminals, STUNET) ins Leben sowie eine Arbeitsgruppe zur Prüfung der Machbarkeit bzw. der Vorteile eines LNG-Anlandehafens im Meer im Vergleich zu einer Einrichtung auf dem Festland (3). Die Untersuchungen des STUNET (1977) wurden der Interministeriellen Kommission zur Koordinierung von Nordseefragen (ICONA) vorgelegt[8]. STUNET sprach sich hinsichtlich der Einfuhr von Flüssig-

---

6. Die Gespräche mit Sonatrach fanden im Rahmen eines Konsortiums mit den Firmen Ruhrgas AG und Salzgitter Ferngas GmbH aus der BR Deutschland statt. Der holländische Jahresverbrauch an Erdgas beträgt ungefähr 44 Milliarden m³, also weniger als die Hälfte der inländischen Gasproduktion (CBS 1979). Die andere Hälfte wird exportiert und geht im Rahmen langfristiger, in der Mitte der sechziger Jahre abgeschlossener Verträge über 20 bis 25 Jahre vorwiegend nach Italien und Frankreich. Die Energiesituation hat sich aber seither grundlegend geändert. Da die holländische Energieinfrastruktur zum Großteil auf Erdgas eingerichtet ist und die eigenen Gasfelder geschont werden sollen, hat man sich in Regierung und Gasunie zum Ausgleich der Gasexporte auf eine Politik der Flüssigerdgaseinfuhr geeinigt.

7. TNO ist ein staatlich subventioniertes Institut für angewandte wissenschaftliche Forschung. Die Risikoanalyse der TNO, *Evaluatie van de gevaren verbonden aan aanvoer, overslag en opslag van vloeibaar aardgas* (TNO Bureau Explosieveiligheid), erschien erstmals im Jahre 1976.

8. ICONA (Interdepartmentale Coordinatie Commissie voor Noordzee-angelegenheden) umfaßte Vertreter aller 14 Ministerien. Ihre Aufgabe war es, unmittelbar für das Kabinett Entscheidungsgrundlagen in

erdgas positiv aus, beurteilte die "Pipeline-Option" aber aus wirtschaftlichen Gründen und praktischen Erwägungen und im besonderen wegen des Fehlens "nahegelegener" ausländischer Erdgasvorräte als nicht empfehlenswert (STUNET 1977) (4).

Einen gravierenden Antrieb erhielt der Entscheidungsprozeß im Juni 1977, als die holländische Gasgesellschaft den Vertrag mit Sonatrach über den Kauf von 4 Milliarden m^3 LNG pro Jahr zwischen 1985 und 2005 unterzeichnete (5). Der Vertragsabschluß brachte einen wichtigen Termin in den Entscheidungsprozeß ein: In einem Beibrief war nämlich die Bedingung enthalten, daß (a) der Vertrag bis zum 31. Oktober 1977 vom Wirtschaftsministerium zu genehmigen war, und daß (b) der genaue Standort eines LNG-Importhafens dem Vertragspartner bis 31. Oktober 1978 mitzuteilen war. Erfolgte diese Kundmachung nicht, so war der Vertrag als gegenstandslos zu betrachten.

Gemäß dem ersten Empfehlungsbericht der ICONA an das Regierungskabinett gab das Wirtschaftsministerium dem Vertrag zwischen Gasunie und Sonatrach am 18. Oktober 1977 offiziell seine Zustimmung, ohne aber das ganze Kabinett in dieser Sache zu konsultieren (Tweede Kamer 1978) (6). Die Frage der LNG-Einfuhr bzw. der Standortwahl für einen Einfuhrhafen trat erst danach in größerem Umfang im politischen Tagesgeschehen in Erscheinung - und wurde dann zum Gegenstand des Interesses von Regierungskabinett, Parlament, Kommunalbehörden und Umweltschützergruppen. Durch die Vertragsgenehmigung hatte eine neue Runde im Entscheidungsprozeß begonnen, in der es darum ging, festzustellen, ob in der geforderten Zeit ein zumutbarer Standort für die Errichtung eines LNG-Anlandehafens gefunden werden konnte.

- *B-Runde*

Mit der Einbeziehung des Regierungskabinetts wurde man sich auch in den verschiedenen Ministerien der umfassenderen, über Agenden der Energiepolitik hinausgehenden Relevanz der Standortfrage (hinsichtlich Umwelt, Sicherheit, Flächennutzung, Regionalplanung, usw.) im Zusammenhang mit einem LNG-Terminal bewußt, und es wurde deutlich, daß diese Frage eine Entscheidung auf nationaler Ebene erforderlich machte (7).

Nordseefragen einschließlich der LNG-Frage auszuarbeiten. Offiziell erfolgte die Mitteilung der Beratungsergebnisse über MICONA, einem aus den Ministern, deren Ministerien (durch hohe Staatsbeamte) in ICONA vertreten waren, bestehender Unterausschuß des Kabinetts. Da die LNG-Standortfrage als mehrdimensionales Problem auf nationaler Regierungsebene Eingang gefunden hatte, wurde ICONA zum idealen Forum für die interministerielle Behandlung der Standortpolitik (siehe ICONA 1978c).

ICONA, das wichtigste Gremium für LNG-Fragen, sowie auch einige andere Fachgremien wie z.B. die Interministerielle Kommission für Umwelthygiene (Interdepartmentale Commissie voor Milieuhygiene, ICMH) und die Staatliche Kommission für Raumplanung (Rijks Planologische Commissie, RPC) wurden von der Regierung zu weiteren Konsultationen herangezogen.

Die Verantwortung für die endgültige Standortbewilligung bzw. Bauerlaubnis für einen LNG-Anlandehafen lag aber auch weiterhin bei den Kommunalbehörden, welche gemäß feststehenden Verfahrensbestimmungen verschiedene öffentliche Anhörungen und örtliche bzw. regionale Debatten abhielten. Der Regierung erschien es daher notwendig, von den zuständigen Kommunalbehörden eine "Vorausbeurteilung" über die Zumutbarkeit eines LNG-Terminals in ihrem Gebiet anzufordern. Um unerwünschte Verzögerungen zu vermeiden und um sicherzustellen, daß ein einmal auf nationaler Ebene gewählter Standort sich nicht später anläßlich der Baubewilligung durch die Kommunalbehörden als nicht zumutbar herausstellen sollte, entwarf die Regierung für ihre Konsultationen mit den Kommunalbehörden Ende 1977 ein Sonderentscheidungsverfahren bzw. einen Zeitplan.

Spätestens im Jahre 1977 war der Hafen von Rotterdam nach erfolgtem Ausleseverfahren in Fragen der technischen Machbarkeit und der schifffahrtstechnischen Sicherheit, welches durch das NMI und andere Institutionen durchgeführt worden war, eindeutig zur bevorzugten Standortoption geworden. Sowohl die Regierung (einschließlich der Interministeriellen Kommission zur Koordinierung von Nordseefragen) als auch die Gasgesellschaften konzentrierten, sobald aufgrund strategischer und wirtschaftlicher Überlegungen nur mehr ein Standort auf dem Festland in Frage kam, buchstäblich ihre ganze Aufmerksamkeit auf die Standortmöglichkeiten in Rotterdam (9).

Aber bereits aus den ersten Gesprächen, die ab 1977 mit den Kommunalbehörden der Region (der Provinz Zuid-Holland, der Rijnmond-Behörde und der Stadt Rotterdam) geführt wurden, ging hervor, daß diese nur unter der Vorbedingung einschneidender Maßnahmen die Errichtung eines LNG-Terminals bewilligen würden, und es war vor allem die Rijnmond-Behörde, welche den Sicherheits- und Umweltfragen naturgemäß die größte Aufmerksamkeit schenkte und keinen Zweifel daran ließ, daß sie die Sicherheitsaspekte bzw. die Frage, ob der Betrieb einer solchen Anlage überhaupt wünschenswert war, in allen Einzelheiten prüfen wollte. So wurde durch Sicherheits- und andere örtliche Interessen der für die Entscheidungsfindung vorgesehene, knappe Zeitplan allmählich in Frage gestellt (8). Eine ernste Verzögerung drohte sich vor allem durch die Forderungen der Kommunalbehörden nach stärkerer Beteiligung der Öffentlichkeit und nach bestimmten Bewilligungsvoraussetzungen wie die Nichterrichtung von Kernkraftwerken in der Region einzustellen. Diese potentielle Opposition aus den Reihen der Kommunalbehörden neben neuen, von den Umweltschützern vorgetragenen Einwänden brachte eine wichtige Neuentwicklung mit sich, als sich nämlich im Dezember 1977 die Gasgesellschaft an die Delfzijler Hafenbehörde in der Provinz Groningen um Wiedereröffnung der Gespräche über die Möglichkeit der Verwendung des neugebauten Eemshavener Hafens als Terminalstandort wandte (10), und damit eine neue Gruppe von Akteuren und zwar die Kommunalbehörden der Provinz Groningen in das Geschehen eingeführt wurden. Damit begann eine neue Runde im Entscheidungsprozeß.

- *C-Runde*

Nach weiteren Machbarkeits- und Sicherheitsstudien[9] (für Eemshaven) und einer positiven Antwort der Groninger Kommunalbehörden schien Eemshaven eine echte Alternative zu Maasvlakte als Standort für den LNG-Anlandehafen zu sein. Im März 1978 reagierte dann das Kabinett auf das starke, ja enthusiastische, mehrmalige Ersuchen der Groningener Kommunalbehörden um die offizielle Einbeziehung von Eemshaven in das Vorgehen mit dessen Aufnahme in das Sonderentscheidungsverfahren für die endgültige Standortwahl (Tweede Kamer 1978) (11).

Der formale Beginn der kommunalen Entscheidungsverfahren in Groningen und in Rotterdam ist mit April 1978 festzusetzen (12). Beide Behörden waren damals aufgefordert, innerhalb von drei Monaten ihre jeweiligen Standpunkte gegenüber der prinzipiellen Zumutbarkeit eines LNG-Anlandehafens in ihrem Gebiet durch Debatten in den Provinzialparlamenten und Gemeinderäten vorzubereiten, sowie Umweltschützergruppen und der Allgemeinheit im Rahmen von Anhörungen Gelegenheit zur Meinungsäußerung zu geben. Diese auf kommunaler Ebene bestehenden Ansichten wurden dann dem Kabinett Ende Juni desselben Jahres mitgeteilt (13).

Die Standpunkte der Kommunalbehörden bildeten neben den Stellungnahmen der ICONA und der anderen Beratungsgremien die Grundlage für die endgültige Kabinettsentscheidung. Im August 1978 gab das Regierungska-

9. Neue schiffahrtstechnische Untersuchungen kamen zu dem Schluß, daß die Veränderungen des Hafeneingangs, zu denen es seit der ersten Untersuchung des NMI über die mögliche Errichtung eines LNG-Anlandehafens bei Eemshaven aus dem Jahre 1976 gekommen war, den Hafen (unter bestimmten Bedingungen) als LNG-Umschlaghafen geeignet erscheinen ließen. Die TNO wurde daher mit der Durchführung einer Risikoanalyse für den Standort beauftragt (Tweede Kamer 1978).

binett seine Präferenz für den Standort Eemshaven unter dem Hinweis auf sozioökonomische Überlegungen und die industrielle Entwicklung in dieser Region bekannt (Tweede Kamer 1978) (14). Dieser Beschluß wurde ziemlich ausführlich im Parlament erörtert und geriet in das Schußfeuer vieler politischer Parteien, wurde aber dennoch im Oktober desselben Jahres vom Parlament verabschiedet[10] (Tweede Kamer 1978/1979) (15)

Diese Hauptereignisse und besonders jene unter ihnen, die eine jeweils neue Runde im Entscheidungsprozeß einleiteten, unterstreichen die Bedeutung der Regierung und der Gasunie (und nicht so sehr die der Kommunalbehörden, die nur für die Standortbewilligung zuständig waren) als Hauptakteure, welche dem Entscheidungsprozeß Richtung und Dynamik verliehen. Die Kommunalbehörden von Rotterdam (besonders die Rijnmond-Behörde) spielten auch eine wichtige Rolle, da ihre Bedenken hinsichtlich der Sicherheit und des Wertes von LNG für ihre Region zur Prüfung von Eemshaven als Standortalternative durch die Gasgesellschaft geführt hatte. Die "Problemdefinitionen", die sich die verschiedenen Parteien zu eigen gemacht hatten, waren für die Strukturierung des Entscheidungsprozesses von großer Wichtigkeit und zwar für die B- und C-Runde, in denen sich die Debatte, ohne auf die Brauchbarkeit anderer Alternativen einzugehen, vorwiegend um die Aspekte der Errichtung eines LNG-Importhafens an dem jeweils in Rede stehenden Standort drehte.

PARTEIENINTERESSEN

Für die holländische Entscheidung über die Standortwahl für einen LNG-Anlandehafen war die (direkte oder indirekte) Beteiligung zahlreicher interessierter Parteien typisch. Obzwar die offizielle Bauerlaubnis auf kommunalbehördlicher Ebene zu erfolgen hatte, spielte bei der grundsätzlichen Entscheidung über die Standortwahl in erster Linie die Zentralregierung - und hier letztlich das Regierungskabinett, das sich selbst in den Mittelpunkt der Debatte gestellt hatte - eine Rolle. In Bild 4.5 werden die Hauptakteure im Bewilligungsprozeß sowie auch die wichtigsten Richtungen der zwischenparteilichen Interaktionen veranschaulicht.

10. Ein wichtiger Punkt der Kritik einiger links von der Mitte angesiedelter politischer Parteien (und auch einiger Umweltschützergruppen) betraf die mangelnde ernsthafte Prüfung und das Fehlen von Analysen hinsichtlich der Option der Einfuhr von Erdgas über Pipelines (bzw. der Neuregelung der Verträge mit den wichtigsten holländischen Erdgasimporteuren).

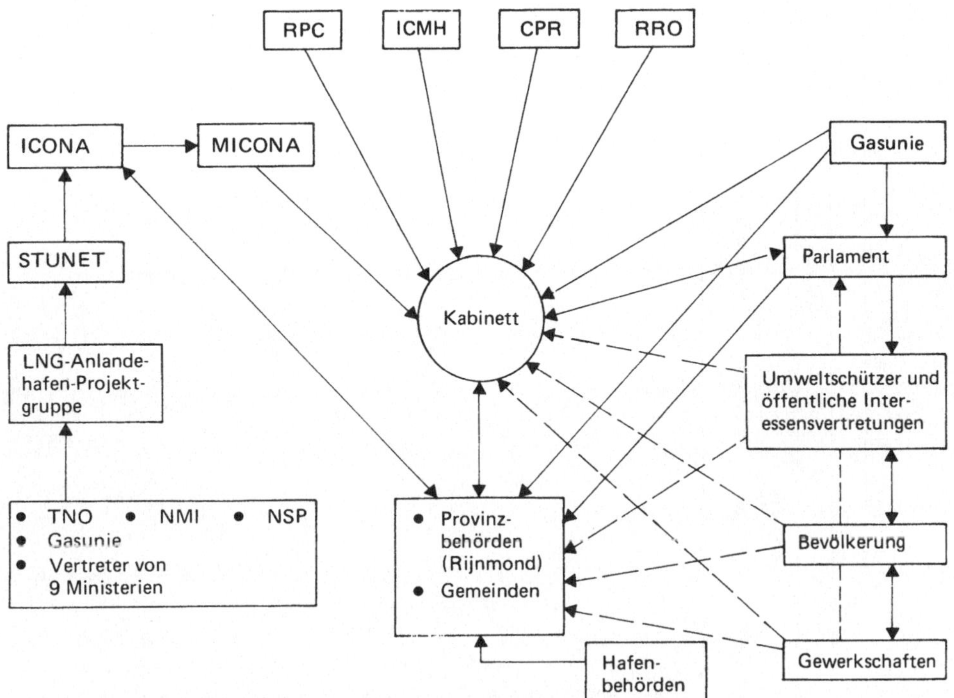

Bild 4.5: Aufbau der Organisation der Entscheidungsträger und Einwirkungen auf das niederländische Kabinett in der Entscheidung über einen LNG-Terminalstandort (nach TNO 1978).

Die Beratungsgremien

ICONA	Interministerielle Kommission zur Koordinierung von Nordseefragen
STUNET	Lenkungsausschuß für das Nordseeinsel-/Terminalprojekt
TNO	Organisation für Angewandte Wissenschaftliche Forschung
NMI	Niederländisches Institut für Meeresschiffahrt
MICONA	Ministerialausschuß für Nordseefragen
RPC	Kommission für Raumplanung
ICMH	Interministerielle Kommission für Umwelthygiene
CPR	Kommission zur Verhütung von Katastrophenfällen durch gefährliche Substanzen
RRO	Rat für Raumordung
NSP	Niederländische Prüfstation für Schiffsbaukunde

Tabelle 4.3 faßt die Hauptinteressen der wichtigsten Parteien zusammen. Auf nationaler Regierungsebene (d.h. im Kabinett und in den interministeriellen Gremien) standen eine ganze Reihe relevanter Fragestellungen zur Diskussion. Die Berater der Regierung und andere in der staatlichen Verwaltung angesiedelte interne Beratungsgremien (ICMH, RPC und CPR) waren angehalten, bestimmte Gesichtspunkte (wie z.B. die Sicherheitsfrage, Umwelteinflüsse, usw.) zu prüfen, während die Kommunalbehörden und das Gasversorgungsunternehmen enger abgegrenzte Themen

Tabelle 4.3: Parteien-/Interessensmatrix

Interessen		PARTEIEN							
		Bewerber	Regierung und Verwaltung					Andere	
			National			Kommunal			
		Gasunie	Kabinett	ICONA	Parlament	Groningen	Rotterdam	Umweltschützer-gruppen	Gewerkschaften
NATIONAL									
Bedarf	N_1	x	x	x	x	x	x	x	
Importpolitik	N_2	x	x	x	x				
Exportpolitik	N_3	x	x	x	x				
Wirtschaftlicher Nutzen	N_4		x	x	x			x	
Wirtschaftliche Kosten:									
Anlagenkosten	N_{51}	(x)	x	x	x				
Hafenkosten	N_{52}	(x)	x	x	x				
Fahrwasserrinne	N_{53}	(x)	x	x	x				
Image	N_6		x	x	x				
Sozioökonomischer Nutzen	N_7		x	x	x			x	x
REGIONAL									
Luftverschmutzung	R_1		x	x	x	x	x	x	
Industrielle Entwicklung	R_2		x	x	x	x	x	x	x
LOKAL									
Lebensqualität und Umwelt:									
Landschaftsschutz	L_{11}		x	x	x	x	x	x	
Meeresfischerei	L_{12}		x	x	x	x		x	
Fremdenverkehr, Freizeit	L_{13}					x		x	
Wirtschaftlicher Nutzen:									
Steuereinnahmen	L_{21}					x	x		
Arbeitsplätze, kurzfr.	L_{22}		x	x	x	x	x		x
Arbeitsplätze, langfr.	L_{23}		x	x	x	x	x		x
Indirekte Arbeitsplatz beschaffung	L_{24}		x	x	x	x	x		x
Folgeindustrie	L_{25}		x	x	x	x	x		x
Hafenbetrieb u. Prestige	L_{26}		x	x	x	x	x		x

Wirtschaftliche Kosten:									
Landanlage	L_{31}		x	x	x	x	x		x
Hafen	L_{32}		x	x	x	x	x		x
Fahrwasserrinne	L_{33}		x	x	x	x	x		x
Bevölkerungsrisiko:									
aus Schiffahrt	L_{41}		x	x	x	x	x	x	
aus LNG-Lagerung	L_{42}	(x)	x	x	x	x	x	x	
Beschäftigtenrisiko	L_5	(x)	x	x	x	x	x		
VERBRAUCHER									
Nähe der Verbraucher zum									
Anlandehafen	C_1	x	x	x	x				
Gaspreis	C_2	x	x	x	x				
Versorgungsrisiko:									
aus erhöhtem Gasbedarf	C_{31}	x	x	x	x				
aus Ursprungsland	C_{32}	x	x	x	x				
wetterbedingt	C_{33}	(x)	(x)	(x)	(x)				
unfallbedingt	C_{34}	x	x	x	x				
aus Erdbeben	C_{35}								
BEWERBER									
Finanzieller Nutzen:									
aus Einnahmen	A_{11}	x	x		x				
Kosten, Anlage	A_{12}	x	x		x				
Kosten, Hafen	A_{13}	x	x		x				
Kosten, Fahrwasserrinne	A_{14}	x	x		x				
Verfügbarkeit der Ressourcen	A_2	x	x		x				
Image	A_3	x	x		x				
Geographische Eignung des Standortes	A_4	x	x		x				

ICONA: Interministerielle Kommission zur Koordinierung von Nordseefragen
Gasunie: NV Nederlandse Gasunie
Groningen: Groningener Kommunalbehörden: Provinz Groningen, Delfzijler Hafenbehörde und die Gemeinderäte im Gebiet von Eemshaven
Rotterdam: Kommunalbehörden von Rotterdam: Stadt Rotterdam, Rijnmond-Behörde und die Provinz Zuid-Holland
(x): Nicht explizite, marginale Anliegen bzw. Interessen.

verfolgten. Es war wegen dieser Interessensunterschiede daher nur natürlich, daß den mit der jeweils anstehenden Entscheidung verbundenen Fragestellungen von den einzelnen Parteien unterschiedliches Gewicht beigemessen wurde. Analysiert man die von den Parteien vertretenen Ansichten, so zeigt sich je nach Anliegen oder Interesse bzw. der Rolle, die den einzelnen im Entscheidungsprozeß "zukam", eine Reihe parteienspezifischer Problemauffassungen. Dieser Abschnitt setzt sich mit den Ansichten und besonders den dominanten Interessen und Anliegen[11] der Akteure auseinander, welche für den von der jeweiligen Partei eingenommenen Standpunkt, wie es scheint, bestimmend waren[12].

- *ICONA:* Diese Interministerielle Kommission zur Koordinierung von Nordseefragen spielte eine umfassende Rolle. Unter Verwendung von Untersuchungen anderer offizieller Berater und interministerieller Gremien - einschließlich jener von TNO, ICMH, RPC und CPR - erstellte ICONA drei maßnahmenpolitische Berichte in bezug auf folgende Fragen:

- Sind LNG-Importe erwünscht?
- Sollten die Niederlande über einen eigenen LNG-Terminal verfügen?
- Sollte die Hafenanlage auf dem Festland oder vor der Küste errichtet werden?
- Welchem Standort ist unter welchen Bedingungen der Vorzug zu geben?

Als einziges Koordinierungsgremium mit Vertretern aus allen betroffenen Ministerien bezog ICONA, wie aus Tabelle 4.4 ersichtlich, in seine Vorbereitungen für die offizielle Stellungnahme der Regierung alle Gesichtspunkte nationaler Bedeutung ein. Dabei ist zu erwähnen, daß erst der dritte Bericht der Kommission eine detaillierte Ermittlung über die Option Eemshaven enthielt. Die entscheidende Schlußfolgerung, die sie aus ihren Arbeiten zog, war, daß die Risiken einer Meeres- bzw. Landanlage in gleicher Weise zumutbar waren - eine Überlegung, die in mancher Hinsicht die Voraussetzungen für die spätere Behandlung der Frage nach der Örtlichkeit des Anlandehafens schuf. Dennoch wurde die genaue Entscheidungsgrundlage für die Zumutbarkeit von LNG-Operationen und Anlagen nie ganz geklärt. Die für die Ergebnisse der angesprochenen Entscheidungsprobleme maßgeblichen Interessen der ICONA sind in Tabelle 4.4 aufgelistet[12]. Nachdem die Kommission die Zumutbarkeit der invol-

11. Diese wichtigsten Dimensionen finden Verwendung: Energiepolitik (N_2, N_3, N_{11}, A_2), Wirtschaftlichkeit/Kosten (L_3, N_5, A_1), Gesundheit/Sicherheit (L_4, L_5), sozioökonomische Überlegungen (N_7, L_2, L_3) und Umwelteinwirkungen (R_1, L_1). Eine Behandlung dieser Dimensionen und zusätzlicher Details über die verschiedenen Parteienstandpunkte erfolgt in Schwarz (1982).

12. Werden eine oder mehrere Dimensionen als dominant bezeichnet, so bedeutet das nicht, daß andere Überlegungen keine Berücksichtigung fanden.

Tabelle 4.4: Problemsicht der ICONA

Entscheidungsproblem	Dominantes Anliegen bzw. Interessen	Ergebnis
Einfuhr von LNG wünschenswert?	(1) Energiepolitik (2) (National)	Ja
Ein LNG-Anlandehafen in den Niederlanden?	(1) Energiepolitik	Ja
LNG-Anlandehafen als Land- oder Meeresanlage vor der Küste?	(1) Wirtschaftlichkeit/ Kosten (2) Energiepolitik	Landanlage
Bevorzugter Standort?	(1) Wirtschaftlichkeit/ Kosten (2) Energiepolitik (3) Umwelteinwirkungen	Maasvlakte

vierten Risiken einmal festgestellt hatte, spielte der Sicherheitsfaktor für das Endergebnis der Standortdebatte nur mehr eine sekundäre Rolle.

Neben der von der ICONA mehrheitlich vertretenen Ansicht zur LNG-Frage gab es aber auch einen Minderheitsstandpunkt des Vertreters des Gesundheits- und Umweltschutzministeriums, nach dem ein LNG-Anlandehafen bei Maasvlakte aus Sicherheitsgründen unerwünscht und der Bedarf an importiertem Flüssigerdgas fragwürdig war (ICONA 1977, 1978a,b).

- *Maasvlakte - die Provinz Zuid-Holland:* Obwohl das offizielle Ersuchen des Regierungskabinettes an die zuständigen Kommunalbehörden um ihren Standpunkt zur LNG-Frage sich nur um die Zumutbarkeit der Standorte A und B bei Maasvlakte bezog, nahm die Provinz Zuid-Holland auch zur Frage, ob die Errichtung eines Anlandehafens an einem Standort C bei Maasvlakte bzw. am Voornedamer Wellenbrecher erstrebenswert und zumutbar sei, Stellung (Tabelle 4.5). Ihrer Sorge um die Sicherheit lag das sogenannte Prinzip des "Stillstandes" zugrunde, nach dem ein Abfallen der bestehenden Umweltqualität in punkto Gesundheit und/oder Sicherheit durch den Betrieb eines LNG-Terminals in diesem Gebiet als nicht zumutbar anzusehen war. Zuid-Holland nahm bezüglich der Zumutbarkeit der Standorte A und B keine eindeutige Haltung ein, sondern drängte auf weitere Untersuchungen der Option Voornedam (Zuid-Holland 1978a,b), obwohl dieser bereits zu einem früheren Zeitpunkt von der Behandlung ausgeschlossen worden war.

Tabelle 4.5: Problemsicht der Provinz Zuid-Holland

Entscheidungsproblem	Dominantes Anliegen bzw. Interessen	Ergebnis
LNG in Provinz wünschenswert?	(1) Sozioökonomische Überlegungen	Ja
LNG-Anlandehafen in Zuid-Holland zumutbar?	(1) Gesundheit und Sicherheit (2) Sozioökonomische Überlegungen	Ja/Nein[a]
Bevorzugter LNG-Standort?	(1) Gesundheit und Sicherheit (2) Sozioökonomische Überlegungen	Voornedam[b]

[a] Das vorherrschende Maß an Sicherheit und Umweltqualität darf nicht verringert werden.
[b] Voornedam wird aus Sicherheitsgründen als Standort bevorzugt, doch kann vor Abschluß der Prüfung anderer Alternativen keine verpflichtende Feststellung gemacht werden.

- *Maasvlakte - die Rijnmond-Behörde:* Während die Behörde vom Kabinett um eine offizielle Stellungnahme zur Errichtung eines LNG-Anlandehafens an den Standorten A und B bei Maasvlakte ersucht worden war, bewertete diese die Frage in einem weiteren Zusammenhang unter Berücksichtigung der Machbarkeit bzw. Vorteilhaftigkeit einer solchen Anlage für das Gebiet der Rheinmündung (siehe Tabelle 4.6). Die Behörde akzeptierte die Notwendigkeit von Flüssigerdgasimporten, zeigte aber über die dabei ge-

Tabelle 4.6: Problemsicht der Rijnmond-Behörde

Entscheidungsproblem	Dominantes Anliegen bzw. Interessen	Ergebnis
LNG für das Gebiet der Rheinmündung wünschenswert?	(1) Sozioökonomische Überlegungen (2) Wirtschaftlichkeit/ Kosten	Ja
LNG im Gebiet der Rheinmündung zumutbar?	(1) Gesundheit und Sicherheit	Ja/Nein[a]
Wo soll der Anlandehafen errichtet werden?[b]	(1) Sozioökonomische Überlegungen (2) Gesundheit und Sicherheit	In Mündungsgebiet/in dessen Nähe; nicht bei Maasvlakte

[a] Für die Standorte A und B von Maasvlakte wird die Lagerung von LNG als unzumutbar und die Handhabung bzw. Übernahme als nicht zumutbar beurteilt.
[b] Frage bezieht sich auf einen LNG-Terminal mit kombinierter Lagerung und Handhabung bzw. Übernahme.

gebenen Sicherheitsaspekte höchste Besorgnis und drängte vor allem auf eine physische Trennung von LNG-Lagerung und Transport bzw. Umschlag. Da der Umschlag ein besonders schwerwiegendes Problem darstellte, sollte er nach Meinung der Rijnmond-Behörde entfernt vom Festland erfolgen. Anders als in dem Regierungsersuchen verlangt worden war, gab sie somit auch eine Stellungnahme zur Option des Meerestunnel-Terminalsystems ab (Rijnmond 1978a,b).

- *Maasvlakte - die Stadt Rotterdam:* Wie aus Tabelle 4.7 ersichtlich, bewerteten die Behörden der Stadt Rotterdam die Machbarkeit und die Vorteilhaftigkeit eines LNG-Importhafens im Lichte der Kosten und des Nutzens der verschiedenen Standorte im Bereich von Maasvlakte, wie sie sich aus der Sicht der Hafenbehörden und Gemeinden darstellten. Diese angenommenen sozialen und ökonomischen Vorteile eines LNG-Anlandehafens (die eine Stärkung der Position des Hafens von Rotterdam bedeuteten) bildeten den Rahmen für die Betrachtungen zur möglichen Verwirklichung einer solchen Einrichtung irgendwo im Hafengelände[13]. Die Rotterdamer Behörden kamen zu dem Schluß, daß ein LNG-Terminal nicht gefährlicher wäre als die bereits vorhandenen Industriebetriebe und das "kumulative" Risikoausmaß nicht wesentlich erhöhen würde. Als eine Bedingung für die Akzeptanz des Vorhabens nannten die Behörden aber den Ausschluß der Errichtung eines Kernkraftwerkes in diesem Gebiet (Rotterdam 1978a,b).

Tabelle 4.7: Problemsicht der Stadt Rotterdam

Entscheidungsproblem	Dominantes Anliegen bzw. Interessen	Ergebnis
LNG-Anlandehafen machbar und wünschenswert für den Standort Maasvlakte?	(1) Sozioökonomische Überlegungen (2) Wirtschaftlichkeit/ Kosten	Ja
LNG-Anlandehafen Maasvlakte zumutbar?	(1) Gesundheit und Sicherheit	Ja[a]
Bevorzugter Standort in Maasvlakte?	(1) Wirtschaftlichkeit/ Kosten (2) Sozioökonomische Überlegungen	Maasvlakte-Standort B[a]

[a]Maasvlakte wäre als Standort nur zumutbar, wenn in dem Gebiet in Zukunft keine Kernkraftwerke gebaut würden.

13. Die Stadt Rotterdam war für Maasvlakte B (und nicht für C) aus Kostengründen und (nicht für A) weil B weitere industrielle Aktivitäten in diesem Zusammenhang eröffnete.

- *Eemshaven - die Groningener Kommunalbehörden:* Hier kam es schon zu Beginn der Diskussionen im Zusammenhang mit der LNG-Frage zu gemeinsamen Aktionen verschiedener Gruppen und Berhörden.[14] Nachdem Gasunie ihr Interesse an Eemshaven bekundet hatte, waren die Behörden sehr bemüht, die Industrie für den Plan zu begeistern, um so dem verhältnismäßig schwach entwickelten Wirtschaftsleben der Provinz im Norden der Niederlande neue Impulse zu geben. Angesichts des von ihnen ermessenen wirtschafts- und vor allem beschäftigungspolitischen Vorteils setzten sich die Kommunalbehörden nur mit den Bedingungen für die Zumutbarkeit einer solchen Anlage in Eemshaven auseinander, wie in Tabelle 4.8 zu sehen ist. Da Eemshaven als mögliche Alternative zu Maasvlakte ins Spiel gebracht worden war, unternahmen die Behörden zur Stärkung ihrer Position einen direkten Vergleich aller größeren, in Erwägung gezogenen Standorte, obwohl sie seitens der Regierung nur zur Bewertung der eigenen Position aufgefordert worden waren (Groningen 1978a,b).

Tabelle 4.8: Problemsicht der Groningener Kommunalbehörden

Entscheidungsproblem	Dominantes Anliegen bzw. Interessen	Ergebnis
Ist LNG für Eemshaven zumutbar?	(1) Sozioökonomische Überlegungen (2) Gesundheit und Sicherheit	Ja
Bevorzugter LNG-Anlandehafen-Standort: Eemshaven oder Maasvlakte?	(1) Sozioökonomische Überlegungen (2) Gesundheit und Sicherheit	Eemshaven

- *Gasunie:* Die Perspektive der Gasgesellschaft ergab sich aus ihrer Verpflichtung zur Bereitstellung von Erdgas zu wirtschaftlichen Preisen. Bezüglich ihrer Haltung zur Errichtung eines LNG-Anlandehafens orientierte sie sich, wie Tabelle 4.9 zeigt, an Fragen der Energiepolitik und der Wirtschaftlichkeit bzw. an den Kosten eines solchen Vorhabens. Aus beiden Gründen war auch ihre erste Wahl auf Maasvlakte gefallen[15]. Außerdem zählten für Gasunie die unternehmenspolitischen und

14. Dem Zusammenschluß gehörten an die Provinzbehörde, die Delfzijler Hafenbehörde und die Gemeinde Uithuizermeeden, in der sich der betreffende Terminalstandort befand.

15. Da Standort A im Bereich Maasvlakte an das Areal der LNG-Spitzendarfsanlage der Gasunie anschloß, ergaben sich bestimmte wirtschaftliche und betriebsmäßige Vorteile.

strategischen Vorteile, die sie sich durch die Verfügbarkeit eines holländischen LNG-Importhafens erwartete. Obwohl Eemshaven für die Gasunie ebenfalls eine akzeptable Alternative darstellte, war es nur ein Standort zweiter Wahl (Gasunie 1978b).

Tabelle 4.9: Problemsicht der Gasunie

Entscheidungsproblem	Dominantes Anliegen bzw. Interessen	Ergebnis
Optimaler Standort für einen LNG-Anlandehafen?	(1) Energiepolitik (2) Wirtschaftlichkeit/ Kosten	Maasvlakte

- *Andere Parteien:* Die übrigen interessierten Parteien, die an dem holländischen Entscheidungsprozeß teilhatten, befaßten sich in den meisten Fällen viel weniger direkt mit der LNG-Frage, sondern kümmerten sich z.B. mehr um örtliche Umweltschutz- oder beschäftigungspolitische Fragen. In der Debatte kam ihnen eine weit weniger institutionalisierte Rolle zu, und ihre Kontakte mit den entscheidungsverantwortlichen Hauptparteien (d.h., dem Regierungskabinett und den Kommunalbehörden) waren für gewöhnlich nicht so formell und intensiv[16]. Die wichtigsten Kommunikationskanäle eröffneten sich ihnen über die politischen Parteien und den jeweils zuständigen Kabinettsminister. In den Niederlanden bildeten sich keine eigenen "Anti-LNG-Bürgerinitiativen", doch konnte sich die ortsansässige Bevölkerung durch die bestehenden Umweltschützergruppen, die die Fälle Eemshaven und Rijnmond aufgegriffen hatten, mit am Entscheidungsprozeß beteiligen. Auch die auf Kommunal- und Landesebene

16. Die folgenden "kleineren" Parteien waren ebenso am Entscheidungsprozeß beteiligt:
    - *Gewerkschaften:* Befürworteten einen LNG Terminal bei Eemshaven. Dominante Dimension: sozioökonomische Überlegungen.
    - *Umweltschützergruppen:* Gegen die Errichtung eines LNG-Anlandehafens bei Eemshaven und etwas weniger negativ gegenüber der Option Maasvlakte. Dominante Dimensionen: Umwelteinwirkungen und Gesundheit. Sie stellten auch die Notwendigkeit der Einfuhr von Flüssigerdgas in Frage.
    - *Kgl.-Holländische Reedervereinigung:* Aus Gründen der Sicherheit für die Schiffahrt gegen den Standort Eemshaven.
    - *Elektrizitätsgesellschaft* für die Provinzen Groningen und Drenthe: Gegen die Errichtung eines LNG-Importhafens in Eemshaven, da im Ernstfall das benachbarte Elektrizitätswerk gefährdet wäre.

    Eine weitere Behandlung dieser und anderer Parteienperspektiven findet sich in Schwarz (1982).

organisierten politischen Parteien spielten eine Rolle, indem sie über den Weg der gewählten Mitglieder der Volksvertretungen (Stadtgemeinderat bzw. Gemeinderäte, Rat von Rijnmond, Provinzialräte und Parlament) Gelegenheit zur öffentlichen Diskussion boten.

DAS MAMP-RAHMENMODELL

In diesem Unterkapitel wird zum besseren Verständnis des holländischen Entscheidungsprozesses zur Wahl eines Standortes für einen LNG-Importhafen das mehrdimensionale Vielgruppenmodell MAMP,[17] das in Kapitel 2 vorgestellt wurde, auf die Fallstudienbefunde angewendet. Tabelle 4.10 beschreibt dabei für jede Entscheidungsrunde die geltende Problemstellung, die einleitende Handlung, die Interaktion zwischen den Parteien und die daraus ableitbaren Schlußfolgerungen. Die Schlußfolgerung wiederum findet Eingang in die Problemstellung der nächsten Runde und so fort, bis der Entscheidungsprozeß mit der endgültigen Entscheidung abgeschlossen wird. Daneben können aber auch äußere Ereignisse jederzeit in das Prozeßgeschehen eintreten, welche dann unter Umständen frühere Schlußfolgerungen umkehren oder den Entscheidungsprozeß verlängern.

Bild 4.4 zeigt, daß dieser Entscheidungsprozeß durch drei Runden beschrieben ist, in denen die Interaktionen der Parteien in bezug auf die jeweilige Problemstellung erfolgten. Durch Einführung und Darstellung dieser Handlungsrunden wie in Tabelle 4.10 wird eine Reihe von Fragen deutlich, auf die weiter unten im einzelnen eingegangen werden soll. Es handelt sich dabei vorwiegend um die (1) Einführung und Ablehnung anderer LNG-Terminalstandorte (ob diese Alternativen als annehmbar eingeschätzt wurden, ist ebenfalls angegeben), (2) Verschiebungen des Entscheidungsprozesses und die dazugehörigen Determinanten sowie (3) der variable Einfluß getroffener Entscheidungen auf das Endergebnis.

(1) In der A-Runde erschien Maasvlakte aus Erwägungen der nautischen Durchführbarkeit und Sicherheit der einzige vertretbare Standort für eine Landanlage. Zu diesem Schluß kam auf nationaler Ebene die interministerielle Kommission ICONA auf der Grundlage beratender technischer Stellungnahmen des STUNET und des NMI, und diese Ansicht wurde auch größtenteils noch in der nächsten Runde von keinem der Akteure in Frage ge-

17. Für weitere Angaben zu diesem Rahmenmodell siehe Kunreuther *et al.* (1981).

Tabelle 4.10: Anwendung des MAMP-Rahmenmodells auf den LNG-Entscheidungsprozeß in den Niederlanden
(a) A-Runde: Dezember 1976–Ende 1977

I PROBLEMSTELLUNG

Annahmen:
(1) In einem energiepolitischen Bericht der Regierung (1974) wird im Interesse der Erhaltung der holländischen Erdgasreserven der Bedarf an importiertem LNG festgestellt.
(2) Gasunie zeigt Interesse an der Errichtung eines LNG-Anlandehafens neben ihrer Spitzenbedarfsanlage in Maasvlakte (Hafen Rotterdam).
(3) Die Regierung und die Industrie zeigen gemeinsam Interesse an der Schaffung einer künstlichen Insel in der Nordsee.

Fragen:
(1) Ist die Errichtung eines LNG-Terminals machbar und zeitgerecht?
(2) Wenn ja, sollte die Anlage im In- oder Ausland, vor der Küste oder auf dem Festland bzw. an dem Standort Maasvlakte gelegen sein?

Einschränkende Verfahrensbestimmungen:
(1) Alle LNG-Einfuhrverträge müssen vom Wirtschaftsministerium gebilligt werden.
(2) Die Standortbewilligung bzw. Bauerlaubnis für einen Anlandehafen müßte über die Kommunalbehörden erfolgen.

II EINLEITUNG

Gasunie erklärt ihr Interesse an der Einfuhr von LNG, (1) und sucht beim Wirtschaftsministerium um die offizielle Genehmigung an. (2) Weiters ersucht die halbstaatliche Gasgesellschaft die Regierung um eine offizielle Stellungnahme zur Zumutbarkeit eines Anlandehafens bei Maasvlakte. 3 4

III INTERAKTION

Partei	Standpunkt	Begründung
Gasunie	Für die Einfuhr von LNG über Rotterdam (Maasvlakte)	Wirtschaftlich und praktisch. Bestehende Infrastruktur. Technisch machbar.[a] Nähe größerer Verbraucher von Erdgas.
STUNET (1977)	LNG ist machbar und praktisch. Landanlage ist kostengünstiger. Inselterminal aus Sicherheitsgründen vorzuziehen.	Pipeline ist keine tragfähige Option, und ein Standort zu Lande weniger teuer. Eemshaven ist aus nautischen Gründen nicht zumutbar. *Das Risiko ist anderen industriellen Risiken vergleichbar.* Auswirkungen auf die Umwelt zumutbar.
ICONA	LNG-Einfuhr ist wünschenswert. Ein Terminal im Inland (wenn Landanlage, dann Maasvlakte).	Diversifizierung der Energieversorgung, Vorteile des Erdgases für die Umwelt, Unabhängigkeit der Versorgung, Kostenüberlegungen bei Landanlage. *Risiko zumutbar.*[b] Nautische/technische Gründe sprechen für Maasvlakte (bei den Landoptionen).
Hafenbehörde Rotterdam	Standort Maasvlakte	Sozioökonomischer Nutzen.

IV SCHLUSSFOLGERUNGEN

(1) Juni 1977: Gasunie unterzeichnet Vertrag mit Sonatrach (Algerien) über LNG-Lieferungen. (5) Vertrag erfordert Angabe eines LNG-Standortes bis spätestens Oktober 1978.
(2) Oktober 1977: Wirtschaftsministerium genehmigt den Vertrag zwischen Gasunie und Sonatrach. (6)
(3) Ende 1977: Die Regierung arbeitet ein formales Entscheidungsverfahren zur Standortbewilligung bei vorzeitiger Einbeziehung der Kommunalbehörden aus.

[a] Rotterdam (1977).
[b] TNO (1976).

Tabelle 4.10 (Fortsetzung): Anwendung des MAMP-Rahmenmodells auf den LNG-Entscheidungsprozeß in den Niederlanden
(b) B-Runde: Februar 1977–März 1978

I PROBLEMSTELLUNG

Annahmen: (1) Aus der offiziellen Sicht der Regierung müssen die Niederlande LNG einführen, der bevorzugte Anlandehafen Standort ist der Rotterdamer Hafen.
(2) Der algerische LNG-Vertrag erfordert eine Standortentscheidung bis Oktober 1978.

Fragen: (1) Soll ein Standort im Bereich des Rotterdamer Hafens bewilligt werden?
(2) Wenn ja, welche der fünf möglichen Alternativen – Maasvlakte (A, B, C), Voornedam oder eine Insel vor der Küste – soll es sein?

Einschränkende Verfahrensbestimmungen:
Die Regierung hat ein Entscheidungsverfahren zur Standortbewilligung unter Einbeziehung der Kommunalbehörden ausgearbeitet.

Einschränkung der Ergebnisse:
Die Beratungsgremien der Regierung treten mit Nachdruck für einen holländischen Standort ein.

II EINLEITUNG

Gasunie wendet sich an Rotterdam um Bewilligung eines LNG-Anlandehafens bei Maasvlakte. Das Wirtschaftsministerium fordert die Kommunalbehörden (von Maasvlakte) zur Eröffnung der Entscheidungsverfahren auf (Oktober 1977). ⑦⑧⑨

III INTERAKTION

Partei	Standpunkt[a]	Begründung
Stadt Rotterdam	Für den Standort Maasvlakte. Ziehen A oder B C vor.[b]	Nationaler Bedarf. Verstärkter Hafenbetrieb. Arbeitsplätze. Schiffsbau. Kosten.
Rijnmond-Behörde	Für Erdgaslager bei Rotterdam. Gegen A, B ausgenommen Lagerung. Übernahme-Plattform vor der Küste.	Nationaler Bedarf. Verstärkter Hafenbetrieb. Näher am Verbraucher. Mehr Arbeitsplätze. *Hohe Transport- und Übernahmerisiken.*[c]
Zuid-Holland	Für Standort Rotterdam. A, B unzumutbar. Für Voornedam.	Nationaler Bedarf. Wirtschaftliche Faktoren. *Risiko unzumutbar.*
ICONA	Für Standorte A, B, C von Maasvlakte, die man einem Standort vor der Küste vorzieht.	Nationaler Bedarf. Kostenüberlegungen. *Risiko zumutbar.*
Ministerium für Gesundheit und Umwelt	Gegen Standort Maasvlakte.	Nationaler Bedarf fragwürdig. *Hohe Risiken.*

IV SCHLUSSFOLGERUNGEN

(1) Da eine neue Diskussionsrunde zum Zweck des Vergleiches der Standorte von Rotterdam mit Eemshaven eröffnet wurde, kam es hinsichtlich des Rotterdamer Hafens zu keiner Entscheidung. ⑩
(2) Die Regierung beschließt die Einengung der Standortmöglichkeiten für einen LNG-Anlandehafen auf zwei Gebiete: Maasvlakte (A oder B) und Eemshaven.

[a] Vor Beginn der C-Runde war es noch nicht zu einer vollständigen Ausarbeitung der offiziellen Parteienstandpunkte der Kommunalbehörden von Maasvlakte gekommen.
[b] In der Folge wurde die Akzeptanz eines LNG-Anlandehafens bei Maasvlakte von dem Verzicht auf die Errichtung von Kernkraftwerken in dem Gebiet *abhängig* gemacht.
[c] TNO (1976).

Tabelle 4.10 (Fortsetzung): Anwendung des MAMP-Rahmenmodells auf den LNG-Entscheidungsprozeß in den Niederlanden
(c) C-Runde: März 1978–November 1978

I PROBLEMSTELLUNG

Annahmen:
(1) Aus der offiziellen Sicht der Regierung müssen die Niederlande LNG einführen.
(2) Der LNG-Vertrag erfordert eine Standortentscheidung bis Oktober 1978.
(3) Die Besorgnis über die öffentliche Akzeptanz bzw. über die erforderliche Bewilligung eines Standorts bei Maasvlakte durch die Kommunalbehörden nimmt zu.
(4) Anders als früheren Gutachten zufolge erscheint der Hafen von Eemshaven nun aus nautischen Gründen für eine LNG-Anlage doch akzeptabel und wird neben den Standorten von Maasvlakte zum zweiten Bewerber.

Frage: Soll Maasvlakte (A oder B) oder Eemshaven als Standort für einen LNG-Anlandehafen bewilligt werden?

II EINLEITUNG

(1) Wegen der zunehmenden Besorgnis über die ausstehende Bewilligung von Maasvlakte durch die Kommunalbehörden wendet sich Gasunie an Eemshaven. ⑩
(2) Das Kabinett reagiert positiv auf die Ansuchen der Groningener Provinzbehörden um die Einbeziehung von Eemshaven in das Verfahren. ⑪ ⑫ ⑬

III INTERAKTION

Partei	Standpunkt	Begründung
Groningen	Für Eemshaven	Sozioökonomische Überlegungen. Arbeitsplatzbeschaffung. *Risiken zumutbar.*[a]
Gewerkschaften	Für Eemshaven	Sozioökonomische Überlegungen.
Umweltschützergruppen	Gegen Eemshaven	*Risiken unzumutbar.*[a] Alternativen wie z.B. die Errichtung einer Pipeline vernachlässigt.
ICONA	Zieht Maasvlakte Eemshaven vor	Nähe größerer Erdgasverbraucher. Möglichkeiten der Kohlevergasung. Kosten, indirekte Arbeitsplatzbeschaffung. *Risiken ungefähr gleichwertig.*
Schiffsreedervereinigung	Für Maasvlakte	*Nautische Nachteile und Risiken im Fall von Eemshaven.*
Elektrizitätsgesellschaft	Gegen Eemshaven	*Sicherheit des vorhandenen Kohlekraftwerks gefährdet.*
Kabinett	Für Eemshaven	Sozioökonomische Überlegungen. Regionalpolitik. *Risiken zumutbar.*
Parlament (Mehrheit)	Für Eemshaven	In Übereinstimmung mit dem Kabinett.

IV SCHLUSSFOLGERUNGEN

(1) Kabinett wählt Eemshaven. ⑭ Die Entscheidung wird von der Parlamentsmehrheit gebilligt.[b] ⑮
(2) Groningener Kommunalbehörden (Gemeinden und Provinz) lassen wissen, daß sie dem Standort Eemshaven ihre Zustimmung mit Vorbehalt erteilen werden.

[a] TNO (1978).
[b] Einige Parteien im Parlament (Minderheit) sind gegen die Standortentscheidung des Kabinettes in der LNG-Frage. Begründung: unsichere oder unzumutbare Risiken, mögliche Alternativen ungeprüft.

stellt. Daß diese Meinung von den übrigen Parteien einfach stillschweigend aufgenommen wurde, unterstreicht die Bedeutung, die die Regierung und vielleicht in etwas geringerem Maß die Gasunie bei der Festlegung der überhaupt zu prüfenden Standortoptionen hatte[18]. Ziemlich bald zu Beginn der ersten Runde hatte die Regierung die Möglichkeit der Erdgaseinfuhr über Pipelines zurückgewiesen und mit dieser einleitenden Grundsatzentscheidung eine bestimmte Problemstellung geschaffen, die für die spätere Entwicklung des Entscheidungsverfahrens richtungsweisend war.

Die Einbringung der Alternative Eemshaven - nach Erstellung neuer wissenschaftlicher Untersuchungen, die von Gasunie und den Groningener Kommunalbehörden in Auftrag gegeben waren - erfolgte unabhängig von der Regierung, was eine Verringerung ihres Einflusses bedeutete. Unter dem Druck der Behörden von Groningen und dem drohenden Widerstand der Bevölkerung gegen die Wahl eines Standortes bei Maasvlakte mußte die Regierung das Wiedererscheinen des Standortes Eemshaven in der Debatte in Kauf nehmen und seine Bewertung im Rahmen ihres formalen Entscheidungsverfahrens zulassen.

(2) Das Abnehmen des Einflusses der Regierung - das aber nicht eine Verringerung der formalen Regierungsverantwortung bedeutete - läßt sich auch an den wichtigsten Verschiebungen im Entscheidungsprozeß verfolgen. Nach dem einleitenden Beschluß für den Bau eines LNG-Anlandehafens spielte die Regierung eine wichtige Rolle bei der Bestellung von Risikountersuchungen und der Schaffung von interministeriellen Studiengruppen und Beratungsgremien wie ICONA und STUNET. Durch zwei wichtige Ereignisse außerhalb ihres Einflußbereiches war sie dann zunehmend zur Reaktion gezwungen, und die Dynamik bzw. die Problemgrenzen der LNG-Debatte verschoben sich entsprechend.

Die erste Verschiebung geschah durch den Vertrag mit Sonatrach, mit dem die B-Runde begann und der die Wahl eines Standortes innerhalb von 16 Monaten (bis Oktober 1978) erforderlich machte und so dem Verfahren einen strikten Zeitrahmen aufzwang. Was den Vertrag betrifft, so hatte die Regierung verhältnismäßig wenig Einfluß auf das Vorgehen des Gasunternehmens, da dieses Mitglied eines internationalen Konsortiums war, von dem die Firmen Ruhrgas AG und Salzgitter Ferngas GmbH aus der Bundesrepublik Deutschland bei den Verhandlungen mit der algerischen Gesellschaft federführend waren. Im größeren Rahmen war Gasunie entsprechend der nationalen Energiepolitik mit der Einfuhr von Erdgas beauf-

18. Es ist erwähnenswert, daß auch die Ergebnisse der von der Regierung in Auftrag gegebenen Untersuchungen über den am besten geeigneten Standort mit der Präferenz der Gasgesellschaft für die Errichtung des Hafens bei Maasvlakte übereinstimmten.

tragt, sodaß die Billigung des Vertrages durch das Wirtschaftsministerium als eine reine Formalität betrachtet werden konnte. Die Regierung, die sich aber dann dem Druck eines starken Imperativs nach Wahl eines Anlagenstandortes in der vorgegebenen Zeit ausgesetzt sah, erachtete es als notwendig, für die "formellen" Konsultationen mit den Kommunalbehörden (von Rotterdam!) ein Sonderentscheidungsverfahren einzuführen, statt den vielleicht langwierigen normalen Weg der kommunalbehördlichen Standortbewilligung zu gehen, wodurch der Vertrag möglicherweise nicht hätte eingehalten werden können. Die Struktur und Dynamik des Entscheidungsprozesses waren somit stark durch den "Bezugsrahmen" nationaler energiepolitischer Überlegungen bestimmt.

Die zweite große Verschiebung ergab sich in den Endphasen des Entscheidungsporzesses, als Gasunie den Standort Eemshaven als Alternative zu Maasvlakte einführte. Die Gasgesellschaft wandte sich an die Groningener Behörden mit dem Vorschlag, die Machbarkeit der Errichtung eines LNG-Anlandehafens in Eemshaven zu prüfen, da für Maasvlakte wegen des übergeordneten Faktors Sicherheit keine Übereinstimmung über die Frage der Zumutbarkeit des Anlagenbaus erzielt werden konnte. Anläßlich ihrer ersten Prüfung verschiedener Alternativen (im Dezember 1977) war es zu einigen wenigen Gesprächen auf kommunaler Ebene mit Vertretern der Rijnmond-Behörde, dem Stadtgemeinderat von Rotterdam und dem Provinzialparlament von Zuid-Holland gekommen, und schon damals war klar, daß es einigen Widerstand gegen das LNG-Vorhaben gab. Berichte in den Medien sprachen von den potentiell negativen Umwelteinwirkungen und besonders über die zu erwartenden erhöhten Sicherheitsrisiken für die örtliche Bevölkerung. Während eine Übereinstimmung über die Kriterien zur Definition des "faktischen Risikos" (Wahrscheinlichkeit mal Folgen, wie es in der TNO-Risikostudie formuliert wird) fehlte, wurden auch Bedenken hinsichtlich des "wahrgenommenen Risikoniveaus für die ansässige Bevölkerung geäußert. In den Diskussionen über die Sicherheit der Standorte im Bereich Rotterdam ging es meist um die *Folgen* eines größeren Unfalls[19]. Unter diesen Bedingungen war die Regierung einfach gezwungen, *als Reaktion* auf das Ersuchen der Groningener Behörden Eemshaven als Alternative mitzuberücksichtigen.

(3) In welchem Ausmaß auch immer die Akteure der nationalen Ebene den Entscheidungsprozeß beeinflussen konnten, jedenfalls war doch das Regierungskabinett für die endgültige Zustimmung zu Eemshaven verant-

---

19. Die für den Katastrophenfall im Zusammenhang mit LNG (inklusive Explosion) geschätzte Anzahl der Todesfälle im Bereich von Maasvlakte wurde mit durchschnittlich 5.500 und maximal 17.600 angegeben (TNO 1976).

wortlich, das sich in erster Linie an der regionalen Entwicklungspolitik und den sozioökonomischen Faktoren wie der Arbeitsplatzsicherung orientierte (siehe Tabelle 4.11; Tweede Kamer 1978)[20]. Wieviel Gewicht diesen Faktoren beigemessen wurde, geht besonders daraus hervor, daß das Kabinett zugunsten dieser Entscheidung die Arbeitsergebnisse seiner engsten Berater zurückwies und von früheren Aussagen aus den eigenen Reihen abging (in Übereinstimmung mit den Zielen der nationalen Energiepolitik und in einem geringeren Ausmaß aus Gründen der Wirtschaftlichkeit und Kosten hatte ICONA Maasvlakte den Vorzug gegeben).

Tabelle 4.11: Problemsicht der Regierung

Entscheidungsproblem	Dominantes Anliegen bzw. Interessen	Ergebnis
Ist die Einfuhr von LNG wünschenswert?	(1) Energiepolitik	Ja
Ist ein holländischer Anlandehafen wünschenswert?	(1) Energiepolitik	Ja
Land- oder Meeresanlage vor der Küste?	(1) Wirtschaftlichkeit/ Kosten (2) Energiepolitik	Landanlage
Bevorzugter LNG-Anlandehafenstandort?	(1) Sozioökonomische Überlegungen	Eemshaven

In der Sicherheitsfrage kam das Regierungskabinett zu dem Schluß, daß "keinem" der Standorte eine "klare Präferenz" zu geben war; die zwischen den interessierten Parteien bestehenden Konflikte über die Zusatzfragen, ob die Errichtung einer LNG-Importanlage wünschenswert oder zumutbar sei, wurden aber dadurch nicht beigelegt. Die Regierung nahm an Einzeldiskussionen mit den Gegnern des Vorhabens (wie z.B. den Umweltschützergruppen) nicht teil, gab aber auch nicht ausdrücklich der von den Groningener Behörden und anderen geteilten Ansicht, daß die Risiken der Standorte Eemshaven und Maasvlakte gleichermaßen zumutbar seien, ihre Unterstützung[21]. Tatsächlich bediente sie sich der Sicherheitsfra-

20. Tabelle 4.11 gibt die Dimensionen wieder, die der Lösung der verschiedenen Entscheidungsfragen unmittelbar dienlich waren. Nicht aus der Tabelle geht hervor, daß die Regierung in der Tat eine ausführliche Untersuchung der Sicherheitsaspekte durchgeführt hatte.

21. Die Wahl eines Standortes für einen LNG-Anlandehafen war die erste größere Umweltfrage, die der neu geschaffenen Rijnmond-Behörde vorlag. Angesichts ihres besonderen Interesses am Umweltschutz und dem Fehlen von Gesetzen, die ähnlich den "environmental impact statements" in den USA eine Prüfung geplanter Anlagen hinsichtlich ihrer Einwirkungen auf die Umwelt vorsahen, hatte sie klarerweise als Institution an dieser Frage Interesse.

ge als endgültigem Auswahlkriterium nicht und äußerte daher keine grundlegenden Bedenken aus Sicherheitsgründen gegen LNG, sondern konzentrierte sich vielmehr auf Dimensionen wie sozioökonomische Faktoren[22].

Diese Entwicklung der Dinge läßt darauf schließen, daß das Ergebnis des LNG-Entscheidungsprozesses nicht nur aus dem Blickwinkel der Parteieninteraktionen, wie sie im MAMP-Rahmenmodell dargestellt sind, analysiert werden kann. Die eindeutig auseinandergehenden Ansichten des Kabinetts und seiner vielen Beratungsgremien (allen voran der ICONA) bezüglich Faktoren wie der "psychologischen" Bedeutung, die die Wahl des Eemshavener Standortes auf die Belebung der industriellen Entwicklung in dieser Region haben kann, weisen im besonderen darauf hin, daß der Kabinettsentscheid nur in einem begrenzten Maß durch die dem Regierungskabinett zur Verfügung gestellten Entscheidungsgrundlagen erklärt werden kann.

In der Tat gibt es Hinweise dafür, daß politischer Druck eine signifikante Rolle gespielt hatte. Die Groningener Behörden hatten sich der Unterstützung auf Provinz- und Gemeindeebene sowie der Handelskammern und Gewerkschaften versichert und konnten daher eine geschlossene Front aufweisen. Die Behörden von Rotterdam waren hingegen in verschiedene Gruppen gespalten: Der Bürgermeister von Rotterdam und seine Stadträte traten betont für Maasvlakte ein, während die Rijnmond-Behörde nicht willens oder vielleicht sogar nicht imstande war, diesen Standort vollinhaltlich zu unterstützen. Ein weiterer politischer Faktor hinsichtlich der Zumutbarkeit eines Anlandehafens bei Maasvlakte war die Bedingung des Rotterdamer Stadtgemeinderates, daß in Zukunft in diesem Gebiet keine Kernkraftwerke errichtet werden dürften.

Die Groningener Behörden operierten mit dem Argument, daß eine positive Entscheidung über die Wahl Eemshavens als Standort für den LNG-Anlandehafen der Regierung die einmalige Gelegenheit bieten würde, ihre deklarierte Politik der Ankurbelung industrieller Entwicklungen in den Nordprovinzen des Landes durch konkrete Schritte unter Beweis zu stellen. Der Hafenkomplex von Eemshaven, der mit staatlicher Hilfe gebaut worden war, war nämlich seit der offiziellen Eröffnung im Jahre 1973 mehr oder weniger ungenützt geblieben. Die Behörden erhielten dabei die Unterstützung des Königlichen Kommissärs der Provinz, einem gewand-

22. Die Pipeline-Option war aller Wahrscheinlichkeit nach weniger risikoreich als die Einfuhr von Flüssigerdgas. Daneben wurde mancherorts die Meinung vertreten, daß die Regierung diese Alternative niemals ausreichend geprüft hatte.

ten Politiker mit Erfahrung auf Kabinettsebene, dem es gelang, über persönliche Kontakte sich im Kabinett Gehör zu verschaffen bzw. seine Verbindungen zu einer der politischen Parteien (der VVD, dessen langjähriges Mitglied er war) in der Koalitionsregierung zu nützen[23]. Ohne daß dem Einfluß einzelner hier zu große Aufmerksamkeit geschenkt werden soll, geht doch aus der Rolle des Königlichen Kommissärs von Groningen die Bedeutung jener Faktoren hervor, die eindeutig außerhalb des formalen Entscheidungsprozesses lagen und einigen Argumenten der interessierten Parteien zusätzliches Gewicht gaben. Die Endentscheidung scheint daher in einem stärken Maße von politischer Opportunität als von konsequenten politischen Zielen, Strategien oder Entscheidungsverfahren der Regierung getragen worden zu sein. Der Widerspruch zwischen dem endgültigen Ergebnis und den offiziellen Empfehlungen der interministeriellen Kommission ICONA gibt Anstoß zur Frage nach der Angebrachtheit und Effektivität "fachlicher Expertise" in diesem Entscheidungsprozeß. Die Kommission hatte (bewußt) zwei wichtige politische Aspekte außer acht gelassen: die Risikowahrnehmung auf örtlicher Ebene hinsichtlich der öffentlichen und offiziellen Akzeptanz von LNG und die politische Bedeutung, die der Terminalstandortfrage von einigen interessierten Parteien beigemessen worden war. Rückblickend kann man sagen, daß diese Faktoren einen großen Einfluß auf die Struktur und das Ergebnis des Standortentscheidungsprozesses gehabt hatten. Dabei ist zu betonen, daß sich das vorliegende "Entscheidungsproblem" für die Regierung im allgemeinen als energiepolitische Frage und im besonderen als eine Frage des angenommenen Bedarfs an Flüssigerdgasimporten darstellte.

---

23. Der königliche Kommissär war damals E.H. Toxopeus. Waren sozioökonomische Überlegungen, Energiepolitik und Gesundheit und Sicherheit in der LNG-Standortdebatte als Dimensionen von entscheidender Bedeutung, so ist vielleicht auch signifikant, daß die dafür jeweils verantwortlichen Kabinettsminister der VVD (Volkspartij voor Vrijheid en Democratie, eine konservativ-liberale Partei) angehörten und der Provinzkommissär mit ihnen wahrscheinlich enge politische Beziehungen unterhielt. Weiters ist festzustellen, daß vor Dezember 1977 niemand aus der VVD dem Kabinett angehörte und über die damalige Koalitionsregierung auch die Partei der Arbeit (PvdA) im Kabinett vertreten war. In den Kommunalbehörden, die für die Bewilligung der Standorte von Maasvlakte zuständig waren, verfügte im großen und ganzen die PvdA über die Mehrheit und so kam es vor dem Dezember 1977 wahrscheinlich auch zu intensiveren Kontakten mit dem Kabinett. Die Partei der Arbeit war im ganzen gesehen den Regierungsplänen zur Errichtung eines LNG-Anlandehafens in den Niederlanden eher kritisch gegenüber eingestellt und zwar vor allem aus Sicherheitsgründen und wegen der geringen Beachtung, die man anderen Methoden des Erdgastransports geschenkt hatte.

DIE RISIKOFRAGE

Risiko und Sicherheit waren im holländischen LNG-Entscheidungsprozeß wichtige Anliegen. Das frühe Interesse der Regierung an diesen Fragen zeigt sich an ihrem Auftrag an die TNO zur Erstellung einer Risikoermittlung im Jahre 1974. Der Bericht (TNO 1976) untersucht die Risiken eines LNG-Anlandehafens bei Maasvlakte. Später wurde auf Ersuchen der Groningener Kommunalbehörden die Analyse für die Errichtung eines LNG-Terminals bei Eemshaven noch einmal durchgeführt (TNO 1978). Darüberhinaus gab es keine anderen Risikountersuchungen, und alle wichtigen Parteien bedienten sich dieser beiden Arbeiten der TNO. Es handelt sich dabei um technische Dokumente ohne eigentliche Behandlung der Frage *zumutbarer* Risikoniveaus. Sie berücksichtigen keine "wahrgenommenen Risiken", sondern verwenden das gängige Konzept von Risiko als "Wahrscheinlichkeit mal Folgen". In diesem Zusammenhang ist es daher von Bedeutung, die unterschiedlichen Standpunkte der verschiedenen Parteien in der LNG-Debatte in bezug auf eine qualitative Bewertung des Risikos näher zu untersuchen (siehe Tabelle 4.12).

Angesichts der vielen Standpunkte in der Frage des Risikos von LNG entschied die Regierung, daß sowohl Maasvlakte als auch Eemshaven als Standort zumutbar seien, gab aber nicht an, welche Analyse im besonderen dieser Schlußfolgerung zugrunde lag[24]. Sie stellte nur fest, daß die Risiken im Lichte der angenommenen Vorteile der Einfuhr von Flüssigerdgas in die Niederlande zumutbar seien. Bezüglich der Möglichkeit der Errichtung einer Meeresanlage (die von einigen Gruppen wie der Rijnmond-Behörde anderen Optionen vorgezogen wurde) wurden nach Ansicht der Regierung die marginalen Sicherheitsvorteile durch die Nachteile des notwendigen Kosten- und Zeitaufwandes wieder zunichte gemacht. Akzeptierte man die zumutbaren Risikoniveaus, über die solcherart Übereinkunft bestand, so war eine Behandlung der Aspekte der Sicherheit der geplanten Anlage nur mehr in relativen Begriffen möglich und zwar (a) durch den Vergleich des Risikos von LNG mit dem Risikograd anderer Aktivitäten und (b) durch Verlagerung des Diskussionsschwerpunktes auf die Ermittlung der vergleichsweisen Vorteile verschiedener Anlagenstandorte.

Es ist wichtig, zwischen dem Einfluß der Sicherheitsinteressen auf die *Struktur* des Entscheidungsprozesses und dem *Ergebnis* der letzten Runde in der LNG-Debatte zu unterscheiden. Die Dimension des Risikos

24. Im übrigen hatten auch verschiedene Kommunalbehörden die LNG-Standortfrage erörtert, ohne ausdrücklich Bezug auf ein absolutes qualitatives Niveau für ein zumutbares Risiko zu nehmen.

Tabelle 4.12: Parteienstandpunkte hinsichtlich der Risikofrage in der holländischen LNG-Debatte nach TNO (1978) und Schwarz (1981)

Zumutbar	Zu unsicher	Zusätzliches Bevölkerungsrisiko ist unzumutbar	Unzumutbar
Kabinett ICONA Parlament (Mehrheit) Rotterdamer Hafenbehörde Stadtgemeinde Rotterdam Groningener Kommunalbehörden Rat für Raumplanung (RPC)	Provinzialparlament Zuid-Holland Umweltschützergruppe Eemsmond Umweltschützergruppe Noordzee	Königlicher Kommissar und Provinzialausschluß der Provinz Zuid-Holland Rijnmond-Behörde Minister für Gesundheit und Umweltschutz (Minderheit)	Umweltschützergruppe Noordzee Elektrizitätsgesellschaft Groningen

Anmerkungen:
Zumutbar: Verglichen mit den Vorteilen sind die Nachteile von LNG vernachlässigbar klein.
Zu unsicher: Die Risikoanalysen sind zu unsicher. Es gibt zu viele zugrundegelegte Annahmen bzw. Widersprüche. Es wäre (zum gegebenen Zeitpunkt) unannehmbar, Schlüsse zu ziehen. Weitere Risikountersuchungen sollen durchgeführt bzw. Alternativmöglichkeiten geprüft werden.
Zusätzliches Bevölkerungsrisiko ist unzumutbar: Psychologische Faktoren/Risikowahrnehmungen. Zumindest die Handhabung/Übernahme von Flüssigerdgas sollte nicht in Maasvlakte erfolgen (von den Parteien, die sich dieser Meinung anschlossen, gibt es weder Stellungnahmen zur Zumutbarkeit anderer Standorte noch absolute Werte für ein ihnen zumutbar erscheinendes Risiko).
Unzumutbar: Die möglichen Folgen eines Unfalls sind zu schwerwiegend. Die Übernahme, Handhabung bzw. Lagerung von LNG auf dem Festland ist unzumutbar.

war für die Struktur des Entscheidungsprozesses sowie für die Eigenart und Richtung der verschiedenen Handlungsrunden von großer Wichtigkeit. Dazu ist folgendes festzuhalten:

1. Die Regierung gab ihrer Besorgnis über die Frage der Sicherheit bereits zu einem sehr frühen Zeitpunkt[25] Ausdruck, was dann zur Inauftraggabe der Risikoermittlungen bei der TNO führte.

2. Die Sicherheit der Schiffahrt bildete ein wichtiges Element in der anfänglichen Auslese der verschiedenen Standorte und führte zur Bevorzugung der Standorte bei Maasvlakte (wodurch die Voraussetzungen für die A-Runde gegeben waren).

25. 1974 gab es noch keine Verträge und so war die Notwendigkeit der Errichtung eines holländischen Terminals nur eine theoretische.

3. Nach Unterzeichnung des Vertrages zwischen Gasunie und Sonatrach (mit der die B-Runde eingeleitet wurde) verstärkte sich das Interesse an der Sicherheitsfrage, und es kam zu Erörterungen bei den Kommunalbehörden, den Umweltgruppen und Interessensverbänden bzw. im Parlament und in den politischen Parteien.

4. Die Bewilligung des LNG-Vertrags durch das Wirtschaftministerium kam zustande, nachdem die Ermittlung der ICONA ergeben hatte, daß die Risiken einer Landanlage und einer Meeresanlage gleichermaßen zumutbar seien.

5. Die Einführung des Standortes Eemshaven als Alternative zu Maasvlakte zeigt die Sorge der Gasgesellschaft über die rechtzeitige Bewilligung eines Standortes durch die Rotterdamer Behörden. Diese Verzögerung war wiederum das Ergebnis von Gesprächen über eine lokale Opposition gegen die betreffenden Sicherheitsrisiken, bei denen es vor allem um die möglichen Folgen eines größeren Unfalls ging (diese Entwicklung bildete die Voraussetzung für den Beginn der C-Runde).

6. Zur folgenden (Wieder-)Einführung von Eemshaven in die Standortdebatte kam es nur, nachdem die nautischen und sicherheitstechnischen Aspekte dieses Standortes von den Groningener Kommunalbehörden geprüft und gutgeheißen worden waren[26].

Für das Endergebnis, das zugunsten von Eemshaven ausfiel, war aber die Dimension des Risikos relativ unbedeutend. Die Endausscheidung zwischen Maasvlakte und Eemshaven war für die Regierung auf der Annahme begründet, daß eine Einigung über die allgemeinen Sicherheitskriterien zur Beurteilung der Zumutbarkeit eines LNG-Terminalstandortes praktisch unmöglich war, und die Risiken einer Landanlage waren ja von ICONA und den anderen Beratungsgremien als zumutbar betrachtet worden.

Die endgültige Wahl von Eemshaven war für die Regierung in erster Linie aus sozioökonomischen Überlegungen und besonders aus Gründen der Regionalentwicklung und der Beschäftigungspolitik gerechtfertigt. Dabei war die Tatsache, daß die regierungsinterne Risikoermittlung in einigen Punkten den Standort Eemshaven im Vergleich zu Maasvlakte als für die örtliche Bevölkerung sicherer auswies, anscheinend nicht entscheidend (Tabelle 4.13). Die Regierung hatte ja festgestellt, daß,

26. Die Groningener Behörden gaben bei der TNP und den Provinzbehörden für öffentliche Bauten Sicherheitsstudien in Auftrag.

"was das Risiko betrifft, dem einen oder anderen Standort keine klare Präferenz gegeben werden kann" (Tweede Kamer 1978). Wenn sie sich auch in Beantwortung eines "energiepolitischen Imperativs" bindend für die Errichtung eines LNG-Anlandehafens ausgesprochen hatte, so war das Endergebnis des Entscheidungsprozesses vorwiegend von politischen Überlegungen und nicht von Bedenken über die Sicherheit geprägt.[27]

Tabelle 4.13: Risikovergleiche für Maasvlakte und Eemshaven (aus Tweede Kamer 1978)

	Maasvlakte	Eemshaven
Wahrscheinlichkeit eines größeren Unfalls (unter Berücksichtigung zusätzlicher Sicherheitsmaßnahmen)	3×10^{-7} (3×10^{-8})	10^{-7} (5×10^{-8})
Maximalfolgen		
Anzahl der Todesfälle	$0{,}5\text{-}2 \times 10^{4}$	$0{,}52\text{-}2 \times 10^{3}$
Anzahl der Verletzten	$1\text{-}4 \times 10^{4}$	$1\text{-}4 \times 10^{3}$
Materieller Schaden Dritter (holl. Gulden)	18×10^{9}	?
Erhöhtes tödliches Individualrisiko	3×10^{-6}	$<3 \times 10^{-7}$
Risiko unter Berücksichtigung von Sicherheitsmaßnahmen, gewichtet	0,028	0,023 (ungef.)

ABSCHLIESSENDE BEMERKUNGEN

Im Zusammenhang mit dem holländischen Entscheidungsprozeß werden folgende abschließende Beobachtungen gemacht:

- Der Entscheidungsprozeß in den Niederlanden war durch gegensätzliche Interessen und Anschauungen der verschiedenen interessierten Parteien gekennzeichnet und zwar besonders hinsichtlich (i) der Notwendigkeit der Einfuhr von Erdgas in verflüssigter Form, (ii) der Zumutbarkeit der "faktischen Risiken" (Wahrscheinlichkeit x Folgen) sowie der "subjektiv wahrgenommenen Risiken" von LNG (so wurde z.B. das Schwergewicht auf die möglichen Maximalfolgen verlagert).

27. Hier ist festzuhalten, daß das Kabinett wahrscheinlich (aus politischen Gründen) nicht willens war, die Sicherheitsvorteile von Eemshaven als ein wichtiges Argument für ihre Entscheidung hervorzuheben, da in den Anfangsstadien der Entscheidung die Regierung der Sicherheitsfrage konsequent wenig Bedeutung als kritischem Faktor in der Standortwahl für eine LNG-Anlage zugebilligt hatte.

- Die Konflikte, die sich aus den verschiedenen Parteieninteressen und -anliegen bzw. den unterschiedlichen Problemdefinitionen der Akteure ergaben, wurden von der Regierung niemals beigelegt. Das Endergebnis kann daher nicht ausschließlich im Sinne der parteienspezifischen Interaktionen verstanden werden.
- Die endgültige Wahl des LNG-Terminalstandortes war eine *politische* Entscheidung. Sie entstand unter dem Einfluß der regierungsseits eingegangenen Verpflichtung zu einer nationalen Energiepolitik, die die Einfuhr von Flüssigerdgas über einen auf dem Festland zu errichtenden Anlandehafen begünstigte. Zwecks Erfüllung des algerischen Liefervertrages mußte der Standort in einer bestimmten Zeit gewählt werden. Die Kabinettsentscheidung war weiterhin auf die Annahme gegründet, daß der Nutzen die eingegangenen Risiken rechtfertigen würde, und daß Faktoren der "politischen Machbarkeit" (oder Akzeptanz), die im Zusammenhang mit einem bestimmten Anlagenstandort gegeben waren, bei der Festlegung des Endergebnisses einen wichtigen Teilaspekt bildeten.

Von einer umfassenderen Warte aus betrachtet sticht hervor, daß die Dynamik und die "Problemdefinition" des Entscheidungsprozesses im großen und ganzen in der A-Runde festgelegt wurden. In den Frühstadien ging es hauptsächlich um den Bauwerber (Gasunie) und um einige Ministerien in der Regierung, die für die nationale Energieplanung verantwortlich waren. Verschiedenen anderen interessierten Parteien war der Zugang zum Entscheidungsprozeß ursprünglich sehr erschwert. Dies wirkte sich sowohl auf die politische Agenda als auch auf die Art der zum Entscheidungsprozeß "zugelassenen" Entscheidungsoptionen aus. Forderungen gegenüber der Regierung von seiten der Kommunalbehörden und anderer Gruppen waren hauptsächlich auf die späteren Abschnitte des Entscheidungsprozesses beschränkt. Zu dem Zeitpunkt, da der Prozeß in die B-Runde eintrat, bestand für die Regierung bereits ein Imperativ, ihre grundsätzliche Verpflichtung zur Einfuhr von Flüssigerdgas über einen Terminal auf dem Festland zu erfüllen. Sowohl die Eigenart der öffentlichen Diskussion über die Sicherheitsaspekte von LNG als auch die Rolle, die formalen Risikoanalysen im LNG-Entscheidungsprozeß in den Niederlanden zukam, müssen in diesem besonderen Zusammenhang betrachtet werden.

5 Fallstudie Vereinigtes Königsreich*

Dieses Kapitel gibt einen kurzen Überblick über einige Aspekte des Entscheidungs- und Bewilligungsverfahrens zur Wahl von Mossmorran-Braefoot Bay in Fife, Schottland, als Standort von Flüssigenergiegas- (abgekürzt LEG-)Anlagen. Dabei bildete der Erhalt einer offiziellen grundsätzlichen Baubewilligung (d.h. eines Vorbescheids) in den wie folgt genannten Punkten für die als Bewerber (Ausbauunternehmer) auftretenden multinationalen Ölgesellschaften Shell und Esso den Entscheidungsrahmen:

a) Antrag der Firma Shell auf Errichtung von Erdgaskondensatanlagen in Mossmorran und zugehörigen Hafenanlagen in Braefoot Bay.

b) Antrag der Firma Esso auf Errichtung einer Äthylen-Spaltanlage in Mossmorran sowie zugehöriger Umschlageinrichtungen in Braefoot-Bay.

c) Antrag der Firma Esso auf industrielle Erschließung von Mossmorran.

Diese Fallstudie wird im wesentlichen als Entscheidungsprozeß für nur einen Standort behandelt, bei dem es vor allem um die prinzipielle Eignung von Mossmorran-Braefoot Bay als Standort für die vorgesehenen Anlagen ging. Sollte diese festgestellt werden, so war als nächstes die damit zusammenhängende Frage nach der Art der Bauauflagen für die Errichtung der geplanten LEG-Anlagen an diesem Standort zu klären. Sollte die Frage nach der Eignung verneint werden, so war die Wahl eines anderen Standortes und für diesen die Einleitung eines ähnlichen, vom ersten aber im wesentlichen unabhängigen Entscheidungsprozesses vorgesehen. Auf diese Weise sollten mögliche Standorte nicht gleichzeitig, sondern nacheinander behandelt werden. Das gegenständliche Entscheidungsverfahren erstreckte sich über drei Jahre, vom Juli 1976, als zum ersten Mal Interesse an dem Standort bekundet wurde, bis zum August 1979, also dem

---

* Dieses Kapitel von Sally M. Macgill beruht auf einer umfassenden Fallstudie (Macgill 1982). Die Integrierung der Fallstudienbefunde in das MAMP-Rahmenmodell erfolgte in enger Zusammenarbeit der Autorin mit Joanne Linnerooth.

Zeitpunkt, zu dem die Mitteilung des offiziellen Bewilligungsbeschlusses erfolgte.

Die Planung der Anlagen geschah in Verbindung mit der Ausbeutung des großen Öl- und Gasfeldes von Brent im britischen Teil der Nordsee (siehe Bild 5.1), das neben Rohöl als Hauptenergiequelle auch über wirtschaftlich abbaubare Mengen an Gas (Methan) und Erdgaskondensaten verfügt. Die Erzeugung kommerzieller Brennstoffe und chemischer Pro-

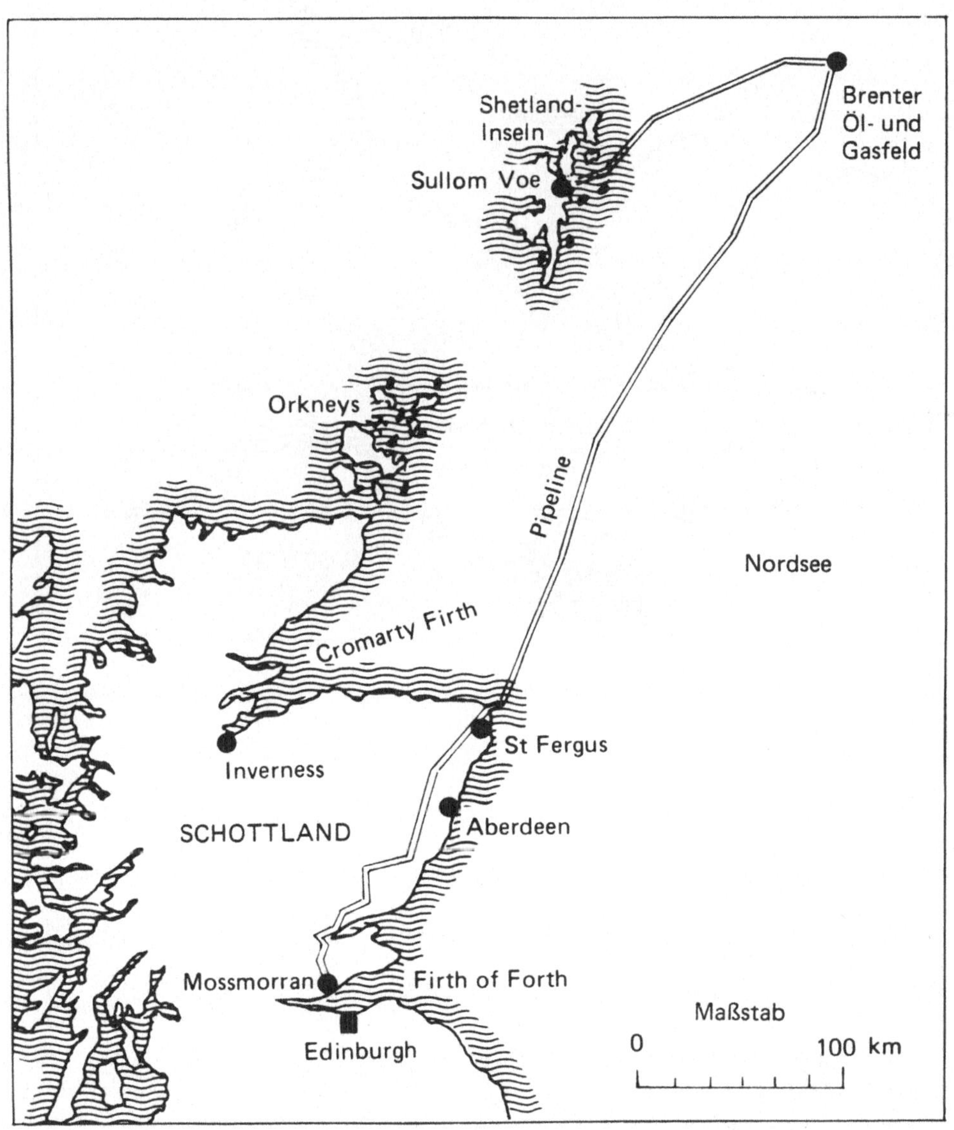

Bild 5.1: Schottland und das Öl- und Gasfeld von Brent

dukte (wie Propan, Butan und Äthylen) aus Erdgaskondensaten machte Anlagen, wie sie unter (a) beschrieben sind, notwendig. Die Wirtschaftlichkeit des Abbaus der Ölvorräte in der Nordsee und die sich landesweit ergebenden Folgeprozesse waren dabei für die allgemeine britische Energie- und Wirtschaftspolitik von großer Bedeutung. Die Ausfuhr der im Raum Mossmorran erzeugten kommerziellen Brennstoffe war über den Umschlaghafen von Braefoot Bay vorgesehen (Bild 5.2).

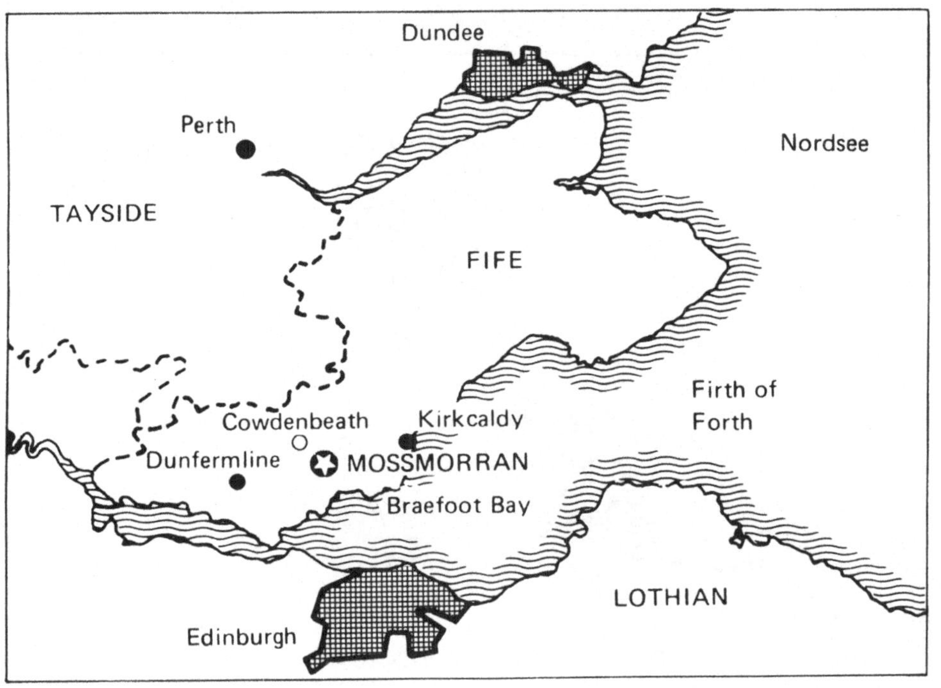

Bild 5.2: Das Gebiet von Fife

Obwohl strenggenommen nur Punkt (a) als Antrag auf Errichtung einer LEG-Anlage verstanden werden konnte, wurde er im Rahmen des Entscheidungsprozesses gemeinsam mit dem umfangreicheren Entwicklungsprogramm für eine petrochemische Industrie - d.h. zusammen mit den Anträgen (b) und (c) - behandelt. Bild 5.3 zeigt die geplanten Standorte, und Bild 5.4 gibt die Kapazität bzw. die Funktionszusammenhänge zwischen den verschiedenen Anlagen und den dazugehörigen Einrichtungen wieder. Wegen der Nähe des Verladehafens bei Braefoot Bay und des Sicherheitsrisikos für die angrenzenden Gemeinden und im besonderen für Aberdour und Dalgety Bay kam es zu heftigem, fortgesetzten Widerstand der Bevölkerung gegen die Anträge.

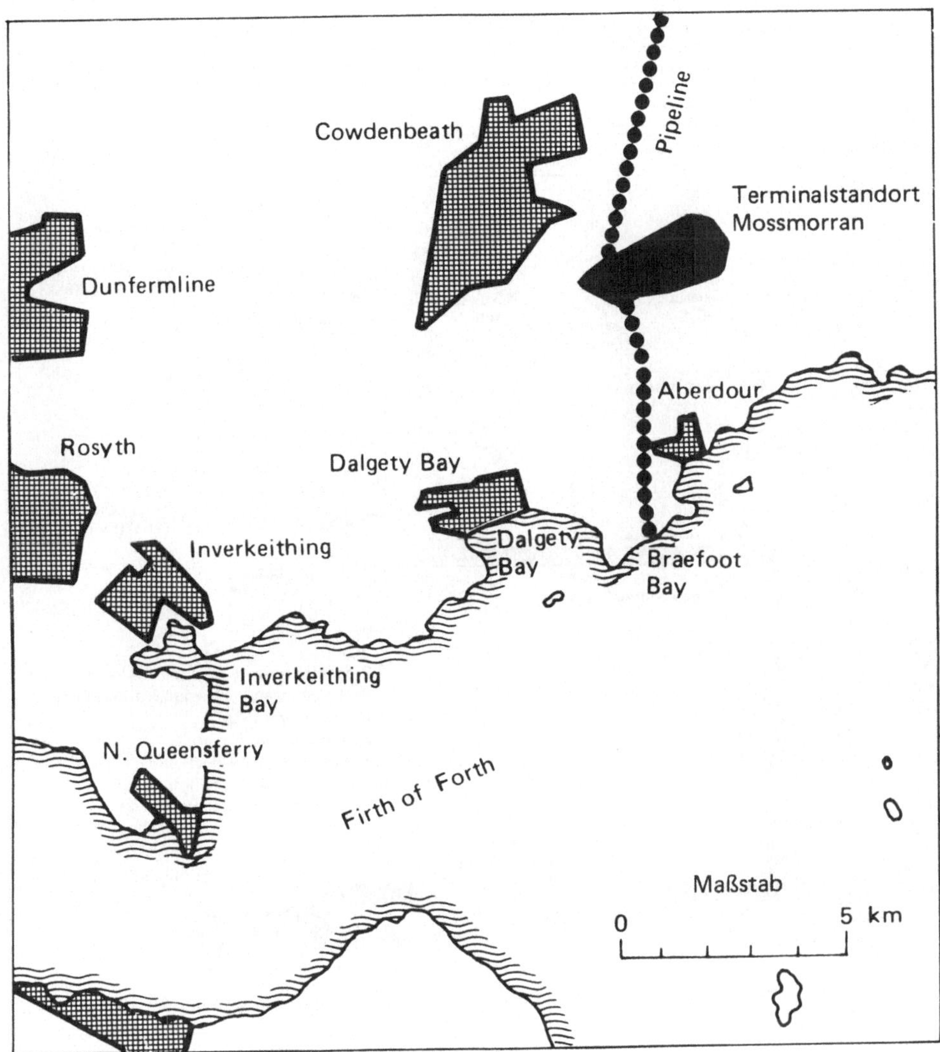

Bild 5.3: Der Standort Mossmorran-Braefoot Bay

Während der Entscheidungsprozeß im Gange war, wurde nur im Fall von Antrag (a) eine ausdrückliche Zusage durch den Antragsteller zur Errichtung einer Anlage im Bewilligungsfall gemacht. Eine feste Zusage des zweiten Bewerbers zum Bau des Äthylenspalters (Antrag b) kam erst im Oktober 1980 zustande, während die Verwirklichung von Antrag (c) auch zum Zeitpunkt der vorliegenden Berichterstattung noch nicht verbindlich gesichert war. Durch diesen Mangel an Verbindlichkeit wurde die Bewertung des Gesamtnutzens der beantragten Projekte erheblich erschwert, erwies sich doch Antrag (c) mit mehr als 1000 vorgesehenen langfristigen

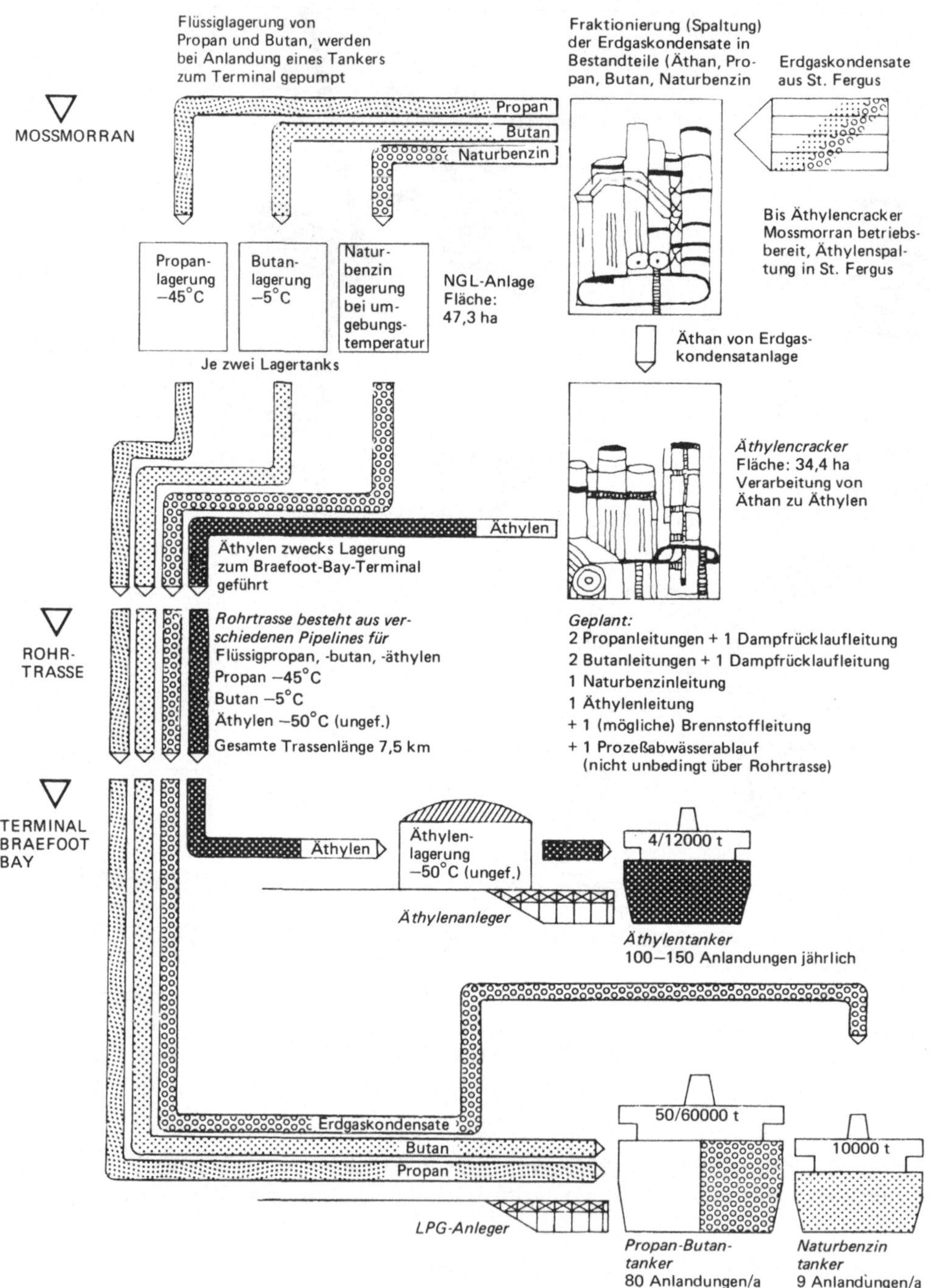

Bild 5.4: Funktionszusammenhänge zwischen dem LEG-Lager- und Umschlagterminal (aus Fife, Kirkcaldy und Dunfermline District Councils 1977)

Arbeitsplätzen als beschäftigungspolitisch weitaus interessanter als sowohl (a) und (b) mit je 100 bzw. 250 geplanten ständigen Arbeitsplätzen.

Für den Fall der Nichterrichtung der für Mossmorran geplanten Anlagen ergaben sich für den Absatz der Brenter Erdgaskondensate folgende (suboptimale) Alternativen: die Möglichkeit ihrer Nutzung in der Elektrizitätserzeugung oder als Industriebrennstoff bzw. die teilweise Übernahme der Erdgaskondensate durch die derzeitige britische Petrochemie. Als kurzfristige Lösung bot sich die Rückführung der Gase in das Gasfeld von Brent an.

DER ENTSCHEIDUNGSPROZESS

Nach dem Raumordnungsgesetz für Schottland aus dem Jahr 1972 bedarf jede bauliche Gestaltung und Nutzung von Grund und Boden (vom Anbau einer Garage durch einen privaten Hauseigentümer bis zur Bebauung eines Grundstücks von 300 ha durch eine multinationale Gesellschaft) der Bewilligung durch die Behörden. Die behördlichen Bewilligungsverfahren werden durch Einreichen eines offiziellen Antrags auf bestimmte Art der baulichen Nutzung des betreffenden Grundstücks eingeleitet. Die Wahl der Örtlichkeit liegt dabei völlig in der Verantwortung des Antragstellers. Der Entscheidungsfall von Mossmorran-Braefoot Bay wurde solcherart als ein normales Ansuchen um Baubewilligung behandelt, und ähnliche Bewilligungsverfahren kommen in allen anderen Teilen des Vereinigten Königreichs zur Anwendung.

Das britische Baubewilligungsverfahren ist durch eine besondere Vielfalt gekennzeichnet. Je nachdem, welche Relevanz ein Projekt für die betreffende Gemeinde bzw. für die übergeordneten regionalen und nationalen politischen Zielsetzungen hat, kann die eigentliche Zustimmung zu einem Vorhaben durch eine von drei Instanzen erfolgen, nämlich durch den Gemeinderat oder den Kreisrat (örtliche oder kommunale Ebene) bzw. durch die Zentralregierung (überörtliche Ebene)*. Die Mehrheit der Ansuchen und somit alle damit verbundenen Fragestellungen werden, soferne sie

---

* Anmerkung des Übersetzers:
Nach dem Local Government (Scotland) Act 1973 wird Schottland (neben seinen Inseln) in "regions" (Kreise) und auf der nächsttieferen Ebene in "districts" (Gemeinden) aufgeteilt, die beide von gewählten öffentlichen Körperschaften, dem "regional council" (Kreisrat) bzw. "district council" (Gemeinderat) verwaltet werden. Diese und andere Kommunalbehörden mit verschiedenen, meist geringeren Befugnissen unterstehen der Kontrolle des Secretary of State for Scotland (Minister für Schottland), dem in Ausübung dieser Tätigkeit das Scottish Office unterstellt ist.

sich im wesentlichen auf das zu verbauende Grundstück beschränken, vom Gemeinderat entschieden. Gehen die Ansuchen in ihrer Bedeutung über reine Gemeindeinteressen hinaus, so können sie auch regional, also auf der Ebene des Landkreises, entschieden werden, wie dies beispielsweise bei industriellen Großprojekten der Fall ist, wenn diese dem Raumordnungsprogramm für ein bestimmtes Gebiet zuwiderlaufen bzw. nicht vorgesehen sind. Schließlich fallen Ansuchen von nationalem Interesse, wie z.B. der Bau von Flughäfen und Kraftwerken oder industriellen Großprojekten, die sich im Zusammenahng mit dem Abbau der Nordseevorräte ergeben, ebenfalls in die Entscheidungskompetenz des Ministers für Schottland.

Bei Großprojekten wie dem Mossmorran-Braefoot-Bay-Vorhaben erfolgt die Bewilligung in zwei Stufen, wobei die Erteilung oder Nichterteilung der grundsätzlichen Bauerlaubnis (der sogenannten *outline planning permission*, die eine prinzipielle Zustimmung zum Bauvorhaben darstellt) den Abschluß der ersten Phase bildet. Um eben diese erste Bewilligungsstufe für das Mossmorran-Braefoot-Bay-Projekt geht es bei dem hier beschriebenen Entscheidungsprozeß. Wurde die grundsätzliche Bauerlaubnis erteilt, so folgt dann in einem zweiten Schritt das Verfahren zur Erteilung einer Detailgenehmigung, das hier aber nicht weiter untersucht werden soll. Die Zurücknahme einer einmal abgegebenen grundsätzlichen Bewilligung ist nur unter stark eingeschränkten Bedingungen und unter Berufung auf genau festgelegte, besondere Belange möglich, anderenfalls sich die Regierung (Verwaltungsbehörde) enormen Entschädigungsansprüchen gegenübersieht. Insofern versteht sich die grundsätzliche Bewilligung auch in mehrfacher Hinsicht als volle Zustimmung.

Das Ansuchen auf Erteilung einer grundsätzlichen Erlaubnis im Rahmen des Zweistufenverfahrens muß so detailliert sein, daß der Zweck, dem das betreffende Grundstück zugeführt werden soll, daraus hinreichend klar hervorgeht, sodaß die befaßte Entscheidungsbehörde die Eignung der Liegenschaft im Sinne der Einreichung im Prinzip feststellen kann. Fragen der Detailplanung einer Anlage sowie der Bedarf an bestimmten Versorgungseinrichtungen, die unter die obengenannten besonderen Belange fallen, werden gewöhnlich erst nach Gewährung der grundsätzlichen Erlaubnis für das Gesamtprojekt geprüft. Diese Abfolge scheint sowohl im Interesse des Bewerbers als auch in jenem der zuständigen Genehmigungsbehörde zu liegen, da vor Erteilung der prinzipiellen Zustimmung zum Gesamtkonzept gewöhnlich keine der beiden Parteien von sich aus umfangreiche Untersuchungen anstellt. Die grundsätzliche Bewilligung bezieht sich hiermit nur auf den prinzipiellen Verwendungszweck des Grundstücks und nicht auf irgendwelche Einzelheiten, auch dann nicht, wenn diese zur Unterstützung des Ansuchens explizit angeführt wurden.

Bemerkenswert im Zusammenhang mit dem Mossmorran-Braefoot-Bay-Vorhaben ist weiters die Tatsache, daß es bei Projekten dieser Größenordnung meist noch vor dem Einreichen des offiziellen Ansuchens zu zahlreichen informellen Kontakten zwischen den Interessenten und den örtlichen und überörtlichen Behörden kommt. Diese Kontaktaufnahme soll es dem künftigen Bauwerber in erster Linie gestatten, Basisinformationen einzuholen und festzustellen, ob das gewählte Grundstück auch für den vorgesehenen Zweck geeignet ist. Gleichzeitig erhält die Baubehörde ihrerseits auf diese Weise Rückschlüsse über die Art der Zusatzinformationen, die sie zur Beurteilung der Angemessenheit des Ansuchens benötigt; so zeigt sich beispielsweise, welche Fragen durch separate Berichte oder Gutachten zu klären sind, die entweder intern erstellt oder nach außen in Auftrag gegeben werden müssen. Durch diese Vorgespräche wird insgesamt eine reibungslosere Abwicklung des offiziellen Ansuchens ermöglicht. Im vorliegenden Fall fanden die ersten Begegnungen mit den Kommunalbehörden im Juli 1976 statt, dann kam es zu informellen Kontakten mit anderen gesetzlich beauftragten Behörden, und im Frühjahr 1977 wurden offiziell die Anträge auf Baubewilligung gestellt.

Diese Bewilligungsansuchen werden immer beim zuständigen Gemeinderat eingereicht (hier waren es die Gemeinderäte von Dunfermline und Kirkcaldy, da der Standort von Mossmorran die gemeinsame Gemeindegrenze überschreitet). Nach deren Erhalt werden seitens der Behörden dreierlei zusammenhängende Schritte unternommen (siehe Bild 5.5):

1. Die Gemeinderäte sind verpflichtet, Ansuchen mit regionalen oder überregionalen Auswirkungen den zuständigen regionalen und staatlichen Behörden zur Kenntnis zu bringen. Im gegenständlichen Fall wurden der Kreisrat von Fife und die Sektion für Raumordnung und Regionalplanung im Scottish Office (Scottish Development Department) verständigt. Diese höhergeordneten Stellen können nach eigenem Ermessen das Ansuchen "einberufen", d.h. zur Erledigung anfordern, übernehmen damit aber auch die Verantwortung für das Ergebnis des Entscheidungsprozesses. Ansuchen, die den Oberbehörden angezeigt und von diesen nicht übernommen werden, gehen zwecks Erledigung an den Gemeinderat zurück. Im Fall von Mossmorran-Braefoot Bay wurden die Ansuchen wegen ihres besonderen Stellenwertes für die Energiepolitik und Wirtschaft des Landes und wegen ihrer Bedeutung für die Region des Firth of Forth im allgemeinen von der vorgesetzten nationalen Behörde übernommen, wodurch der Minister für Schottland zum höchsten Entscheidungsträger in dem Verfahren wurde. Da auch wichtige regionale Verwaltungsinteressen mit auf dem Spiel standen, stimmten die drei Kommunalbehörden (eine Kreisbehörde und zwei Ge-

meinderäte) ihre Vorgangsweise bei der Bearbeitung der Ansuchen aufeinander ab, trafen aber unabhängig voneinander ihre jeweiligen Entscheidungen.

2. Strittige Bewilligungsansuchen werden vom Gemeinderat in öffentlichen Kundmachungen, über Anzeigen in der Lokalpresse und durch persönliche Mitteilungen der Öffentlichkeit bekanntgegeben. Auf diese Art und Weise wird Personen, (privaten und öffentlichen) Organisationen, anderen Zweigen der öffentlichen Verwaltung (die durch die Vorhaben möglicherweise betroffen sind oder Aufgaben wahrzunehmen haben, die mit bestimmten Teilen eines Ansuchens zusammenhängen) noch vor Erlaß eines offiziellen Bescheides die Möglichkeit geboten, bei der Behörde schriftlich vorstellig zu werden. Im Fall von Mossmorran-Braefoot Bay wurden nach Bekanntwerden der Anträge einige hundert Einsprüche eingereicht, bei denen es hauptsächlich um die möglichen Gefahren und das Risiko für die Umwelt ging. Aber auch die möglichen nationalen Folgewirkungen und positiven sozioökonomischen Auswirkungen fanden ein beträchtliches Maß an ausdrücklicher Unterstützung. Der Minister wurde über das Echo, das die Anträge in der Öffentlichkeit hervorriefen, informiert. Somit hatte sich bereits nach den informellen Kontaktgesprächen zwischen Juli und Dezember 1976 - also noch vor Eingang der offiziellen Ansuchen im Januar 1977 und vor der vorgeschriebenen öffentlichen Kundmachung - gegen das Vorhaben eine ansehnliche örtliche Opposition gebildet.

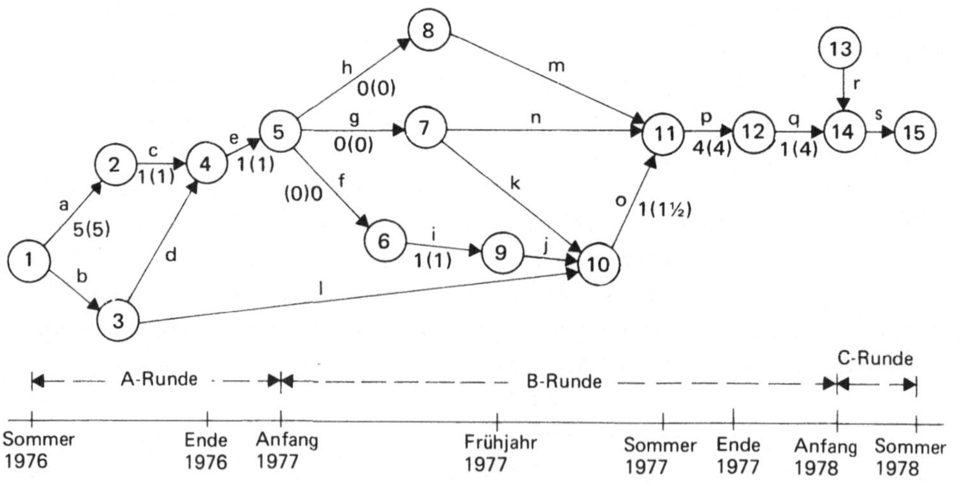

Bild 5.5: PERT-Diagramm für den LEG-Entscheidungsprozeß im Vereinigten Königreich. Die Ziffern an den Flußlinien geben die erwartete Zeitdauer und die in Klammern die tatsächlich benötigte Zeit an.

Schlüsselereignisse und/oder Entscheidungen

(1) Die Ölgesellschaften zeigen an Standorten im Bereich Mossmorran-Braefoot Bay Interesse.

(2) Die Kommunalbehörden, die Hafenbehörde des Firth of Forth und die Ölgesellschaften einigen sich inoffiziell auf die Eignung des Standortes.

(3) Es kommt zum Widerstand der örtlichen Bevölkerung.

(4) Öffentliche Versammlungen.

(5) Einreichen der offiziellen Ansuchen.

(6) Benachrichtigung regionaler/nationaler Instanzen.

(7) Öffentliche Kundmachung der Bauansuchen.

(8) Gutachten über Risiko, Umwelt und wirtschaftliche Auswirkungen beauftragt bzw. in Vorbereitung.

(9) Die Ansuchen werden vom Minister für Schottland angefordert.

(10) Beschluß über die Abhaltung einer öffentlichen Erörterung.

(11) Öffentliche Erörterung findet statt.

(12) Der Minister erhält den Bericht über die öffentliche Erörterung.

(13) Problem der Funkenbildung durch Radioübertragung wird aufgeworfen.

(14) Der Minister gibt seine vorläufige Zustimmung, ersucht aber um weitere Stellungnahmen zur Frage der Funkenbildung.

(15) Ende der Debatte und Ankündigung des (grundsätzlichen) Baubewilligungsbescheides.

(a) Informelle Konsultationen zwischen den Ölgesellschaften und den Kommunalbehörden.

(b) Betroffenheit der ansässigen Bevölkerung über das Vorhaben.

(c) Die Kommunalbehörden und die Ölgesellschaften veranstalten öffentliche Versammlungen.

(d) Teilnahme der Bewohner an diesen Versammlungen.

(e) Die Ölgesellschaften bereiten die offiziellen Ansuchen vor.

(f) Einleitung der behördlichen Benachrichtigung höher geordneter Stellen.

(g) Vorbereitung der öffentlichen Kundmachung durch die Behörden.

(h) Konsultationen.

(i) Der Minister für Schottland prüft die Anträge.

(j) Der Minister wartet die öffentlichen Reaktionen ab.

(k) Der Bekanntmachung der Anträge folgt eine signifikante Opposition in der Öffentlichkeit.

(l) Die ansässigen Bewohner äußern sich weiterhin negativ.

(m) Die Kommunalbehörden befürworten einstimmig das Vorhaben und erarbeiten mit Hilfe offizieller Gutachten und Konsultationen die Grundlagen für die öffentliche Erörterung.

(n) Die interessierten Parteien bereiten sich auf die öffentliche Erörterung vor.

(o) Der Berichterstatter koordiniert die Vorbereitungen für das Erörterungsverfahren.

(p) Der Bericht des Berichterstatters wird zwecks Kommentare an die Teilnehmer verteilt.

(q) Der Minister für Schottland prüft den Erörterungsbericht aus der Sicht des "nationalen Interesses" und anderer Überlegungen.

(r) Das Problem der Funken wird dem Minister zur Kenntnis gebracht.

(s) Wegen des Problems der Funken wird der Dialog zwischen dem Amt für Gesundheit und Sicherheit und der Aktionsgruppe unterbrochen.

Es liegt sodann am zuständigen Entscheidungsträger - hier dem Minister -, je nach Art der Reaktionen auf die Kundmachung über die Abhaltung eines öffentlichen Erörterungsverfahrens zu entscheiden. Diese Erörterung soll allen interessierten Parteien Gelegenheit geben, ihre Ansichten für und wider das Ansuchen darzulegen bzw. fremde Ausführungen in Frage zu stellen und einer öffentlichen Prüfung zu unterziehen. Das Verfahren selbst kann ähnlich wie ein Gerichtsprozeß ablaufen. Da die Abhaltung des öffentlichen Erörterungsverfahrens im Ermessen des Entscheidungsträgers liegt, wäre die Behandlung der Ansuchen für das Mossmorran-Braefoot-Bay-Projekt ohne ein solches Verfahren von Rechts wegen zwar möglich, politisch aber sehr schwierig gewesen. Der Entscheidungsträger, der an dem Erörterungsverfahren selbst nicht teilnimmt, ist an etwaige Schlußfolgerungen oder dabei zustandegekommene Empfehlungen in keiner Weise gebunden.

3. Die Kommunalbehörden (Kreis- und Gemeinderat) können, wenn ihnen dies für die Erteilung der Baubewilligung für ein bestimmtes Ansuchen wesentlich erscheint, zur Prüfung der möglichen Auswirkungen des Vorhabens eigene oder fremde Sachverständige zu Rate ziehen. Im Zusammenhang mit dem Ansuchen für Mossmorran-Braefoot Bay wurde eine private Beraterfirma für Chemie und Ingenieurswesen namens Cremer and Warner mit der Untersuchung des möglichen Sicherheitsrisikos und der Umwelteinflüsse beauftragt (Cremer und Warner 1977). Dieses Gutachten sollte durch eine Reihe allgemeinerer Empfehlungen betreffend ein mögliches Sicherheitsrisiko, welche vom Amt für Gesundheit und Sicherheit (Health and Safety Executive, Vollzugsorgan der Health and Safety Commission, der obersten nationalen Gesundheits- und Sicherheitsbehörde; Anm.d.Ü.), dem gesetzlichen Berater und Hüter in Sicherheitsfragen, abzugeben waren, ergänzt werden. Die sozioökonomischen Einflüsse des Vorhabens waren Gegenstand eines gemeinsamen Berichts der Leiter der Bauabteilungen der drei Kommunalbehörden (Fife, Dunfermline und Kirkcaldy Councils 1977).

Diese drei parallelen Schritte bildeten den Auftakt zum formalen Teil des Entscheidungsprozesses von Mossmorran-Braefoot Bay. Der Entscheidungsprozeß, der vom Juli 1976 bis zum August 1979 dauerte, ist in seiner Gesamtheit unter Berücksichtigung der wichtigsten Ereignisse und Schritte in Form eines modifizierten PERT-Diagramms in Bild 5.6 dargestellt. Dieser war an und für sich keiner zeitlichen Begrenzung unterworfen, doch gab es bei gewissen Verfahren Fristen, die von Gesetzes wegen einzuhalten waren.

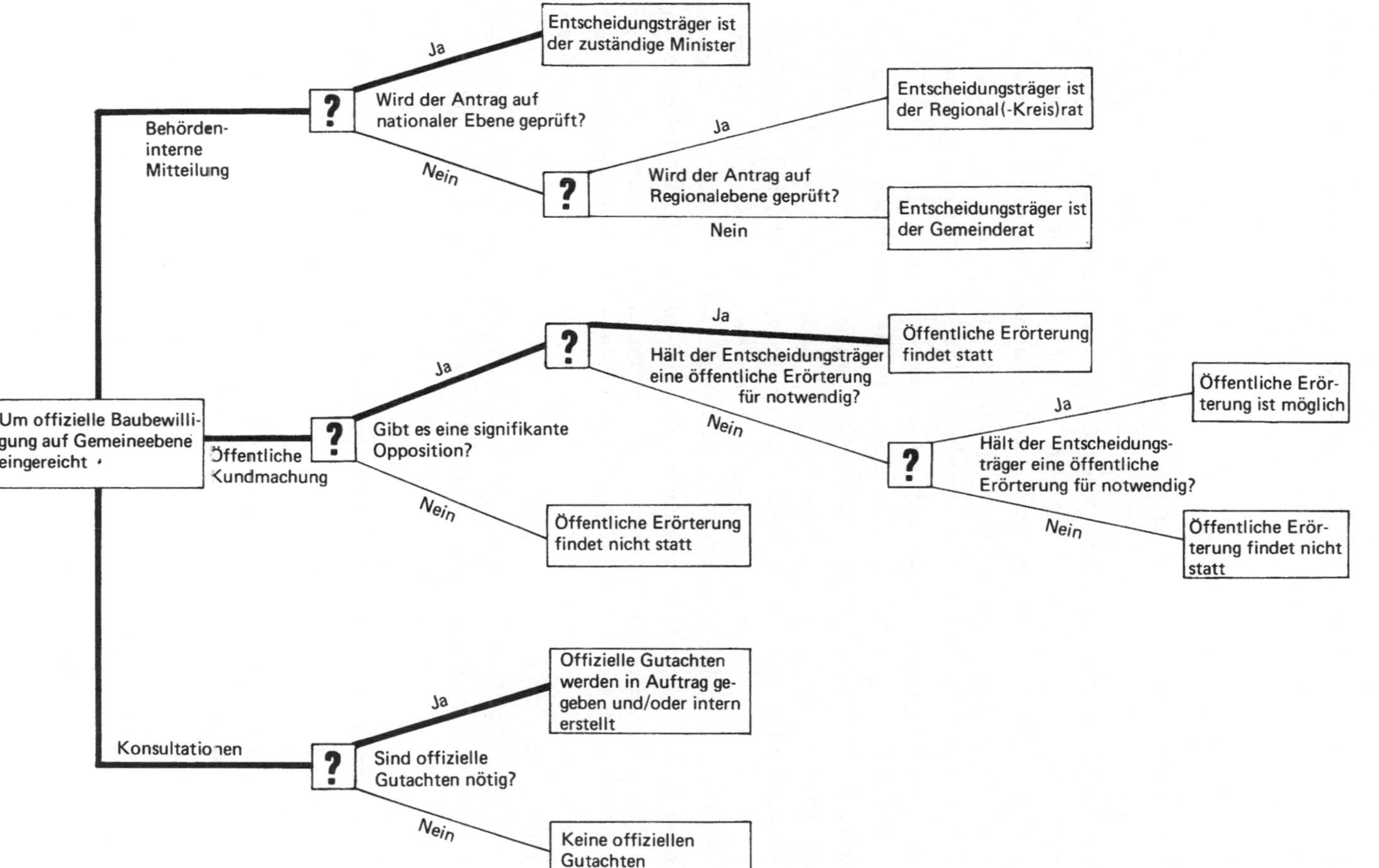

Bild 5.6: Mögliche behördliche Entscheidungsverfahren im Vereinigten Königreich nach Einreichung eines Baubewilligungsansuchens. Die stark ausgezogenen Linien bezeichnen den hier relevanten Verfahrensweg.

Neben der erforderlichen Baubewilligung für die Standorte Mossmorran und Braefoot Bay war weiters für einen Anleger im Umschlaghafen von Braefoot Bay die Genehmigung der Hafenbehörde des Firth of Forth (Forth Ports Authority) einzuholen.

Den Mittelpunkt des Entscheidungsprozesses bildete das öffentliche Erörterungsverfahren; die Zeit davor läßt sich mit der Einreichung des offiziellen Ansuchens in zwei Abschnitte gliedern. Vor diesem Zeitpunkt war die geplante Bautätigkeit von allen Betroffenen eher informell behandelt worden, aber dann nahmen mit dem Wirksamwerden gesetzlicher Verfahrensvorschriften die Formalitäten zu. In die Zeit nach der Einreichung fällt auch die Erstellung der wichtigsten offiziellen Analysen. Das Erörterungsverfahren selbst konzentrierte sich (wie üblich) auf Fragen örtlicher Tragweite, und in der Folge vertraten jene nationalen staatlichen Stellen, die an den Anträgen ein wesentliches Interesse hatten (die Ministerien für Energie und Industrie sowie die Sektion für Raumordnung und Regionalplanung im Scottish Office) ihre Ansichten nicht vor dem Erörterungsgremium, sondern verfaßten kurze überblicksartige Stellungnahmen bzw. teilten diese dem Minister auf normalem Dienstweg über offizielle und inoffizielle (d.h. nicht nachprüfbare) interministerielle Kanäle mit. Alle anderen vom Gesetz her mit der Sache befaßten Behörden (das Amt für Gesundheit und Sicherheit, die örtlichen Baubehörden und die Hafenbehörde des Firth of Forth) vertraten - abgesehen von diversen internen Entscheidungen und gemeinsamen Kontakten - ihre Standpunkte in der Öffentlichkeit des Erörterungsverfahrens. Es waren vor allem letztere Stellungnahmen, die Gelegenheit zur öffentlichen Diskussion der in Rede stehenden Fragen boten. Die Ausnahme bildete das Problem der möglichen Feuergefahr durch Funkenbildung bei Radioübertragung, das erst nach Abschluß des Erörterungsverfahrens auftauchte. Dabei entschied der Minister für Schottland überraschenderweise, daß dieses Problem eine weitere Behandlung vor den Augen der Öffentlichkeit verdiente, aber anstatt einer Wiedereröffnung des Verfahrens erfolgte die Aufforderung an die Öffentlichkeit, ihre Eingaben schriftlich zu machen. So verschob sich die endgültige Entscheidung in den August 1979, obwohl der Bericht über das Erörterungsverfahren dem Minister schon im November 1977 vorlag und die offizielle Entscheidung für unmittelbar danach erwartet worden war.

DIE PARTEIEN UND IHRE STANDPUNKTE

Folgende Parteien erwiesen sich als Hauptakteure in dem Entscheidungsprozeß:

1. Die privaten multinationalen Ölgesellschaften Shell und Esso, die als Antragsteller fungierten.
2. Der Minister für Schottland (Secretary of State for Scotland), der als Entscheidungsträger auftrat. Als politisch bestelltem Mitglied des nationalen Regierungskabinetts stehen ihm bei der Erfüllung seiner Aufgaben Rechtsexperten und andere Berater zur Verfügung.
3. Die Sektion für Raumordnung und Regionalplanung im Scottish Office (Scottish Development Department), die im Auftrag des Ministers für Schottland die Verwaltungsfunktion der Kontrolle über die Raumordnung und die politische Funktion der Regionalplanung ausübt.
4. Der Berichterstatter im öffentlichen Erörterungsverfahren (Public Inquiry Reporter), ein Beamter des öffentlichen Dienstes, der von der Sektion für Raumordnung und Regionalplanung im Scottish Office zum Vorsitzenden über das öffentliche Erörterungsverfahren bestellt wurde.
5. Die örtlichen Baubehörden der Region von Fife und der Gemeinden von Dunfermline und Kirkcaldy, in denen die Vorhaben geplant waren - also demokratisch gewählte Gemeinde- und Kreisräte, denen Bausachverständige zur Seite stehen. Zu den Fragen des Sicherheitsrisikos und der Umwelteinwirkungen wurde hier außerdem die Beraterfirma Cremer and Warner herangezogen.
6. Das Energieministerium und das Industrieministerium als Ministerien der Zentralregierung mit erheblichem Interesse an den geplanten Vorhaben.
7. Das Amt für Gesundheit und Sicherheit (Health and Safety Executive), gesetzlicher Hüter der öffentlichen Sicherheit der Bevölkerung und der Sicherheit der Arbeitnehmer im ganzen Vereinigten Königreich, für alle mit potentiellen Gefahren verbundene Tätigkeiten und Einrichtungen. In der Bauphase übt das Amt eine beratende Funktion und bei dem Anlagenbetrieb eine vollziehende Tätigkeit aus.
8. Die Hafenbehörde des Firth of Forth (Forth Ports Authority), die zur Vergabe von Hafenanlagen und zur Überwachung des Schiffsverkehrs im Firth of Forth (einschließlich der Sicherheit der Schifffahrt) gesetzlich befugte Behörde.
9. Die Gemeinsame Aktionsgruppe von Aberdour and Dalgety Bay (Aberdour and Dalgety Bay Joint Action Group), eine gegen die Bauvorhaben ausgerichtete örtliche Interessensgruppe. Dieser Zusammenschluß aus Bürgerinitiativen der beiden Orte mit jeweils ca. 4000 Einwohnern, in deren Umkreis von einer Meile die Hafenanlage von Braefoot Bay liegt, ist eine vorwiegend der Mittelschicht zuzu-

rechnende Bevölkerungsgruppe mit geringer Arbeitslosigkeit. Aus der Notwendigkeit heraus, selbst ihre Standpunkte im Entscheidungsverfahren vertreten zu müssen, gelang es dieser, sich rechtliche und fachliche Sachkenntnis in den eigenen Reihen bzw. über den Experten Rasbash, Professor für Brandschutz und Sicherheitstechnik an der Universität Edinburgh, anzueignen.

10. Die Conservation Society, eine landesweite Umweltschützervereinigung, deren schottischer Landesverband gegen die LEG-Anlage auftrat.

11. Die Bewohner von Cowdenbeath, der dem Standort von Mossmorran nächstgelegenen Ansiedlung mit hoher Arbeitslosigkeit, welche zwar aus Beschäftigungsgründen für den Anlagenbau waren, ihre Ansicht aber nicht mit Nachdruck vertraten.

Andere Personen und Organisationen spielten eine geringfügigere Rolle, waren aber deswegen nicht unbedingt weniger stark engagiert (siehe Macgill 1982). Die wichtigsten politischen Parteien nahmen im Prinzip eine positive Haltung ein (wenn auch seitens eines örtlichen Abgeordneten im Parlament Anfragen zum verfahrensmäßigen Vorgehen gestellt wurden), während einige Angehörige von Minderheitsparteien gegen das Projekt Stellung bezogen. Die Medien neigten eher zu den von den Anlagegegnern vorgebrachten Ansichten, aber hier gab es ebenfalls Ausnahmen.

Die möglichen Auswirkungen, oder anders gesagt, die durch das Projekt betroffenen Interessen sind in Tabelle 5.1 aufgezählt. Ihre Benennung sowie die gewählten Überschriften sind einer ausführlicheren Liste von Interessen und Anliegen entnommen (siehe Kapitel 2), die auch bei den anderen Entscheidungsfallstudien Verwendung finden. Nicht alle unter ihnen sind für das Vorhaben von Mossmorran-Braefoot Bay relevant.

Die genannten Interessen wurden von den verschiedenen Parteien verschieden eingestuft. Bei einigen Anliegen läßt sich ein direkter Nutzen für die betreffenden Parteien und deren Wohlergehen ableiten, während andere Punkte wiederum als relevant für ausdrückliche Verantwortungsbereiche bestimmter Parteien verstanden werden können. Letzteres gilt hauptsächlich (aber nicht ausschließlich) für die gesetzlich beauftragten Behörden (Regierung bzw. Verwaltung). Daneben gibt es Auswirkungen, die weder das Wohlergehen einzelner Parteien noch den für sie erzielbaren Nutzen schmälerten, sich aber taktisch gesehen als Argumentationsgrundlage eigneten und als solche auch herangezogen wurden (was diese

Tabelle 5.1: Liste der für die Entscheidung Mossmorran-Braefoot Bay relevanten Interessen und Anliegen

Interesse		Bedeutung im Entscheidungsfall Mossmorran-Braefoot Bay
NATIONAL		
Wirtschaftlicher Nutzen	N_4	Steuereinkünfte, Abgaben, Zahlungsbilanz
Nationale Kosten	N_5	20% der Kapitalkosten für den Bau von Erdgaskondensatanlage und Äthylencracker
Nationales Image	N_6	Ankurbelung verwandter Ölindustrien
Energiepolitik	N_8	Effiziente Ausbeutung des Brenter Öl- und Gasfeldes
REGIONAL		
Industrielle Entwicklung	R_2	Belebung der industriellen Tätigkeit und vermehrte neue Beschäftigungsmöglichkeiten in Fife
LOKAL		
Lebensqualität und Umwelt:		
Landschaftsschutz	L_{11}	Möglicherweise schwerwiegende Einbußen in diesen Bereichen
Meeresverschmutzung	L_{12}	
Fremdenverkehr, Freizeit	L_{13}	
Geschichtliche Entwicklung	L_{14}	
Wirtschaftlicher Nutzen:		
Arbeitsplätze, kurzfr.	L_{22}	Maximal 3500 Arbeitsplätze durch 3jährige Bautätigkeit
Arbeitsplätze, langfr.	L_{23}	100, 250 bzw. 1000+ Stellen bei NGL-Anlage, Äthylencracker und Folgeindustrien
ANTRAGSTELLER		
Profit	A_1	

Interessen trotz ihrer taktischen Nützlichkeit nicht unbedingt weniger wertvoll macht). So konnte beispielsweise die Gemeinsame Aktionsgruppe Punkt L_{42}, durch den sie selbst kaum betroffen war, in ihrem eigenen Interesse nützen und gewann dadurch weiteren Argumentationsspielraum gegen die Anlage und somit zusätzliche Unterstützung für die eigene Kampagne.

Tabelle 5.2 listet alle anhand der vorliegenden Unterlagen feststellbaren Interessen der Hauptakteure auf. Die oben beschriebene dreifache Unterscheidung der Interessen ist durch Kreise, Dreiecke und Quadrate symbolisiert. Wichtiger als die Art des Symbols, das in einem bestimmten Fall Anwendung findet, ist das Fehlen oder Vorhandensein eines Symbols in den jeweiligen Matrixzeilen. Eine Gewichtung der Bedeutung, die bestimmte Interessen in den Augen bestimmter Parteien einnahmen, wurde nicht versucht.

Tabelle 5.2: Parteien/Interessensmatrix

Interessen		PARTEIEN										
		Bewerber	Regierung und Verwaltung							Andere		
			National					Kommunal				
		Shell u. Esso	Minister für Schottland	Sektion für Raumordnung u. Regionalplanung	Ministerien für Energie und Industrie	Berichterstatter	Amt für Gesundheit und Sicherheit	Hafenbehörde Firth of Forth	Kommunal behörden	Aktionsgruppe	Conservation Society	Bewohner von Cowdenbeath
NATIONAL			Muß alle Interessen berücksichtigen			Muß alle Interessen berücksichtigen						
Wirtschaftlicher Nutzen	N_4				● ■				▲			
Nationale Kosten	N_5	●								▲		
Nationales Image	N_6			● ■	● ■							
Energiepolitik	N_8	▲			● ■						▲	
REGIONAL												
Industrielle Entwicklung	R_2	▲							●			
LOKAL												
Umweltqualität												
Landschaftsschutz	L_{11}	■							●	●	▲	
Meeresfischerei, -verschmutzung	L_{12}	■						■				
Fremdenverkehr, Freizeit	L_{13}							■	● ■	●		
Geschichtliche Entwicklung	L_{14}								● ■	●	▲	
Arbeitsplätze, Kurzfr.	L_{22}	●							● ■			●
Arbeitsplätze, Langfr.	L_{23}	●							● ■	▲		●
Schiffahrtsrisiken	L_{41}	● ■					■	■	● ■	●	▲	
Gaslagerung u. Verarbeitung (Risiken)	L_{42}	● ■					■		● ■	▲	▲	
Funkenbildung durch Radioübertragung	L_{44}	● ■					■		● ■	●		
Anlegerbetrieb	L_{45}	● ■					■	■	● ■	●	▲	
Lage des Standorts	L_6	●							● ■	▲	▲	
BEWERBER												
Finanzieller Nutzen	A_1	●										

● Partei direkt betroffen
▲ Für Partei taktisch wichtig
■ Partei direkt verantwortlich

Aus der statischen Darstellung in Tabelle 5.2 läßt sich ein durchaus dynamisches Bild des Entscheidungsprozesses gewinnen, wenn man das in den verschiedenen Phasen des Entscheidungsprozesses ablaufende Wechselspiel der Parteienargumentation bezüglich der Interessen betrachtet. Dann zeigt sich nämlich, daß die kreisartigen Zeichen einige der wichtigsten Gründe darstellen, warum die in erster Linie Betroffenen für oder wider die Bauansuchen Stellung bezogen. Dabei ist zu berücksichtigen, daß nicht alle diese Interessen von den Parteien im Entscheidungsprozeß ausdrücklich als Argumente vorgebracht wurden. Dies gilt zum Beispiel für Shell und Esso bei Punkt A_1, für die Bevölkerung von Cowdenbeath in Punkt L_{22} oder für die Ministerien für Energie und Industrie bei Punkt N_6. Die Quadrate bezeichnen Gründe für die Unterstützung oder Ablehnung der Ansuchen, und im Falle potentiell schädlicher Auswirkungen (wie z.B. L_1) stellen sie vorgebrachte Begründungen dar, warum diese oder jene Auswirkung bereits auf ein zumutbares Ausmaß gebracht wurde oder gebracht werden konnte oder durch andere Vorteile ausreichend wettgemacht war. Auch hier gilt, daß nicht alle Interessen im Entscheidungsprozeß als Argument offen zutage traten (siehe die Haltung des Amts für Gesundheit und Sicherheit zur Frage L_{41} zum Beispiel). Die Dreiecke wiederum versinnbildlichen Interessen, die zur taktischen Festigung des jeweiligen Parteienstandpunktes herangezogen wurden.

ANALYSE DES ENTSCHEIDUNGSPROZESSES

Die Prozeßrunden

Zum besseren Vergleich mit anderen Fallstudien und in Übereinstimmung mit dem mehrdimensionalen Vielgruppenmodell (Kunreuther *et al.* 1981 nach Braybrooke 1974; siehe auch Kapitel 2) wurde der gegenständliche Entscheidungsprozeß in mehrere Runden unterteilt, die sich durch folgende Bestimmungsmerkmale auszeichnen: Jede Runde umfaßt (1) einen weitgehend einvernehmlich abgesteckten Bezugsrahmen (auch Problemstellung genannt), (2) einen Anfangspunkt bzw. ein auslösendes Ereignis (Einleitung), (3) Argumente der Parteien (Interaktion), die hinsichtlich dieser Fragen vorgebracht werden, sowie (4) ein Ergebnis (Schlußfolgerung). Wie schon in früheren Kapiteln beschrieben, handelt es sich dabei nicht um streng abgegrenzte Einheiten, und einen einzig richtigen Weg zur Unterteilung eines bestimmten Entscheidungsprozesses in solche Runden gibt es nicht. Wie in den Tabellen 5.3(a) bis 5.3(c) veranschaulicht und im PERT-Diagramm angedeutet, wird das Entscheidungsverfahren im Fall von Mosmorran-Braefoot Bay in drei solche Runden (A,B,C) untergliedert. Diese Darstellungen bedürfen keiner näheren Erläuterung und weitere Bemerkungen dazu finden sich im folgenden.

Tabelle 5.3: Anwendung des MAMP-Rahmenmodells auf den LEG-Entscheidungsprozeß im Vereinigten Königreich
(a) A-Runde: August 1976–Anfang 1977

I PROBLEMSTELLUNG
Annahmen: Die Verarbeitung von Gasen aus dem Brenter Öl- und Gasfeld ist machbar und wünschenswert.
Frage: Ist Mossmorran-Braefoot Bay im Prinzip als Standort für eine solche Anlage geeignet?

II EINLEITUNG
Shell und Esso zeigen am Standort Mossmorran-Braefoot Bay Interesse. (1) [a]

III INTERAKTION

Partei	Standpunkt	Begründung
Shell/Esso	Für den Standort	Standort für Industrie vorgesehen (R_2). Zumutbarkeit der Umwelteinwirkungen erreichbar (L_{11}, L_{12}). Vorhandenes Arbeitskräftepotential vorteilhaft (L_{22}). Vorteil langfristiger Arbeitsplätze (L_{23}). *Sicherheit wird gewährleistet sein* (L_{41}, L_{42}, L_{45}). Lage für Vorhaben gut geeignet (L_6).
Hafenbehörde des Firth of Forth	Standort geeignet	*Zumutbare Meeresumwelt und -sicherheit durch strenge Kontrolle erzielbar* (L_{12}, L_{13}, L_{41}, L_{45}). Lage für Vorhaben gut geeignet (L_6).
Kommunalbehörden	Für die Anträge. Suchen hinsichtlich potentieller Auswirkungen Beratung. Um Unterstützung für Antrag (c) aber auch für (a) und (b) bemüht.	Standort für Großindustrie vorgesehen (R_2). Möglicherweise nachteilige, insgesamt aber zumutbare Umwelteinwirkungen (L_{11}, L_{13}, L_{14}). Beschäftigungsfördernde Maßnahme (L_{22}, L_{23}). *Risiko zumutbar* (L_{41}, L_{44}, L_{45}). Lage für Vorhaben gut geeignet (L_6).
Gemeinsame Aktionsgruppe Aberdour und Dalgety Bay	Gegen die Anträge	Signifikante Einbußen bei Umwelt, geschichtlicher Entwicklung und Lebensqualität (L_{11}, L_{13}, L_{14}). *Risiken erscheinen unzumutbar* (L_{41}, L_{42}, L_{45}). Lage Braefoot Bay ungeeignet (L_6).

IV SCHLUSSFOLGERUNGEN
Einreichung der offiziellen Baubewilligungsanträge.

[a] Ziffern in Kreisen entsprechen den Knoten im PERT-Diagramm (Bild 5.4).

Tabelle 5.3 (Fortsetzung): Anwendung des MAMP-Rahmenmodells auf den LEG-Entscheidungsprozeß im Vereinigten Königreich
(b) B-Runde: Jänner 1977–März 1978

I PROBLEMSTELLUNG

Annahmen: Die Verarbeitung von Gasen aus dem Brenter Öl- und Gasfeld ist machbar und wünschenswert. Mossmorran-Braefoot Bay ist als Standort potentiell geeignet. Zur Diskussion von Anliegen und Interessen soll eine öffentliche Erörterung abgehalten werden. Der Minister für Schottland ist der Entscheidungsträger.

Frage: Soll der Standort Mossmorran-Braefoot Bay offiziell bewilligt werden?

II EINLEITUNG

Die Bewilligungsanträge werden eingereicht, ⑤ behandelt ⑥⑦⑧ und bilden den Gegenstand der Debatte im öffentlichen Erörterungsverfahren. ⑪ Der Erörterungsbericht wird in der Folge dem Minister für Schottland zugeleitet. ⑫

III INTERAKTION

Partei	Standpunkt	Begründung
Shell/Esso	Für den Standort	Vorhaben stimmen mit landesweiter Politik überein (N_3). Vorgesehener Industriestandort (R_2). Zumutbarkeit der Umwelteinwirkungen erreichbar (L_{11}, L_{12}). Vorteil vorhandener Arbeitskräfte (L_{22}). Dauerarbeitsplätze (L_{23}). *Sicherheit wird gewährleistet sein* (L_{41}, L_{42}, L_{45}). Lage gut geeignet (L_6).
Ministerien für Energie und Industrie	Für Bewilligung	Vorhaben stimmen mit Energiepolitik überein (N_3). Potentielle wirtschaftliche (N_4) und indirekt nationale Vorteile (N_6).
Amt für Gesundheit und Sicherheit	Standort geeignet	*Vorgesehene Standorte für sichere Einrichtungen im Prinzip geeignet* (L_{42}, L_{45}).
Hafenbehörde des Firth of Forth	Standort geeignet	*Strenge Kontrollen können Zumutbarkeit der Belastungen für die Meeresumwelt sicherstellen* (L_{12}, L_{13}, L_{41}, L_{45}). Gutgeeignete Lage – es gibt keine bessere an der Mündung (L_6).
Kommunalbehörden	Für Bewilligung	Vorgesehener Industriestandort (R_2). Möglicherweise nachteilige, insgesamt aber zumutbare Umwelteinwirkungen (L_{11}, L_{13}, L_{14}). Arbeitsplätze und Vervielfältigungseffekt der Vorteile (L_{22}, L_{23}). *Schließen sich der Zumutbarkeit der Risiken an*[a] (L_{41}, L_{44}, L_{45}).
Gemeinsame Aktionsgruppe Aberdour und Dalgety Bay	Gegen Standortbewilligung	Signifikante nationale Kosten (N_5). Signifikante Einbußen bei Umwelt- und Lebensqualität (L_{11}, L_{13}, L_{14}). Abwerbung von Beschäftigten der Industrie (L_{23}). *Risiken unzumutbar, wenig Vertrauen zu Zusicherungen* (L_{41}, L_{42}, L_{45}). Lage ungeeignet (L_6).
Conservation Society	Gegen Standortbewilligung	Erhaltung der Ressourcen der Nordsee (N_3). Signifikante Einbußen bei Umwelt- und Lebensqualität (L_{11}, L_{13}, L_{14}). *Risiken erscheinen unzumutbar* (L_{41}, L_{42}, L_{45}). Lage ungeeignet (L_6).
Berichterstatter	Empfiehlt Bewilligung	Nationaler Nutzen ist zu akzeptieren (N_3, N_4, N_6). Günstige lokale Auswirkungen (R_2, L_{22}, L_{23}). Zumutbare Einbußen bei Umwelt- aber geringe Verluste bei Lebensqualität (L_{11}, L_{12}, L_{13}, L_{14}). *Beweismaterial indiziert zumutbares Risiko* (L_{41}, L_{42}, L_{45}). Kein besserer Standort an Mündung (L_6).

IV SCHLUSSFOLGERUNGEN

Der Minister gibt den Ansuchen unter der Bedingung einer Vielzahl von Bauauflagen seine vorläufige Zustimmung. Die übergeordnete nationale Notwendigkeit solcher Anlagen hat Vorrang vor möglichen Umwelteinbußen. Angesichts des Gesetzes über Gesundheit und Sicherheit am Arbeitsplatz und zusätzlicher Bestimmungen einschließlich jener, die in den Bauauflagen enthalten sind, stellt sich die Frage nach dem Entstehen eines unzumutbaren Risikos nicht.

[a] Bezeichnet Beibringung einer offiziellen Risikostudie.

Tabelle 5.3 (Fortsetzung): Anwendung des MAMP-Rahmenmodells auf den LEG-Entscheidungsprozeß im Vereinigten Königreich
(c) C-Runde: März 1978–August 1979

I PROBLEMSTELLUNG
Annahme: Der Minister für Schottland hat dem Standort Mossmorran-Braefoot Bay seine vorläufige Zustimmung gegeben.
Frage: Ist die Funkenbildung bei Radioübertragung ein unzumutbares Risiko?

II EINLEITUNG
Der Minister für Schottland erachtet die weitere Untersuchung der Frage der Funkenbildung durch Radioübertragung als gerechtfertigt.

III INTERAKTION

Partei	Standpunkt	Begründung
Amt für Gesundheit und Sicherheit	Standort bei zusätzlichen Sicherheitsvorkehrungen geeignet	*Kein Grund zur Verschiebung der grundsätzlichen Baubewilligung*[a] (L_{43}).
Kommunalbehörden	Für die Zustimmung	*Kein Grund zur Verschiebung der grundsätzlichen Baubewilligung*[a] (L_{43}).
Gemeinsame Aktionsgruppe Aberdour und Dalgety Bay	Gegen die Anträge	*Frage der Funkenbildung nicht geklärt* (L_{43}). *Signifikantes Zusatzbeweismaterial zu anderen Sicherheitsfragen* (L_{41}, L_{42}, L_{45}).

IV SCHLUSSFOLGERUNG
August 1979: Nach der in der B-Runde genannten vorläufigen Zustimmung erfolgt nun die endgültige Zustimmung des Ministers zur grundsätzlichen Baubewilligung.

[a] Bezeichnet Beibringung einer offiziellen Risikostudie.

Die erste Runde (Tabelle 5.3a) nahm ihren Anfang mit der ersten Interessensäußerung zum Standort Mossmorran-Braefoot Bay und endete mit der Abgabe der offiziellen Ansuchen um Baubewilligung. Ihr Ende läßt sich annähernd genau mit dem Übergang der zu beobachtenden Argumentation von rein lokalen zu lokalen und nationalen Gesichtspunkten und dem Entritt des Ministers für Schottland, der letzten Entscheidungsinstanz, in das Geschehen beschreiben.

In der A-Runde traten (da die Vertreter nationaler Interessen noch nicht aktiv geworden waren) nur vier Akteure in Erscheinung, wobei die Bewohner von Cowdenbeath, die sich weder zu diesem Zeitpunkt noch später ausdrücklich organisierten, nicht als teilnehmende Partei angesehen werden. Der Erhalt einer vorläufigen Zustimmung der örtlichen Baubehörden und der Hafenbehörde des Firth of Forth war für die Bauwerber ein wichtiges Ergebnis der ersten Runde.

Die B-Runde (Tabelle 5.3b) umfaßt das öffentliche Erörterungsverfahren, das der Minister für Schottland kurz nach Anforderung der Ansuchen ankündigte, und endete mit einem vorläufigen Bewilligungsbescheid des Ministers.

Der Beginn der dritten Runde (Tabelle 5.3c) fiel mit der Bekanntwerdung des Problemkreises Funkenbildung bei Radioübertragung zusammen. Dieser neue Einwand, der zuvor nicht geprüft worden war, ließ die fortgesetzte Behandlung der Ansuchen unter Einbeziehung der Öffentlichkeit als sinnvoll erscheinen. Warum diese Frage aber soviel Publizität gewann, läßt sich eher aus verfahrenstechnischen als aus inhaltlichen Gründen erklären, da es dabei weniger um die relative Problematik der Sache als um die Tatsache ging, daß das Problem erst *nach* Abschluß des öffentlichen Erörterungsverfahrens bekannt wurde. In dieser Runde trat die Aktionsgruppe mit weiteren Argumenten zu anderen Interessensschwerpunkten hervor, die aber nach dem Verständnis des Ministers für Schottland in jene Kategorie von Fragen einzureihen waren, die bereits im Rahmen des öffentlichen Verfahrens behandelt worden waren und daher zur offiziellen Debatte nicht mehr zugelassen wurden. Der endgültige (grundsätzliche) Bewilligungsentscheid bildete den Abschluß der C-Runde.

Die positive Erledigung der Ansuchen war seitens der Verwaltung bzw. Regierung sowohl auf lokaler als auch nationaler Ebene (der Sektion für Raumordnung und Regionalplanung im Scottish Office, der Energie- und Industrieministerien und der Kommunalbehörden) stark befürwortet worden unter der Bedingung, daß zuerst die möglichen negativen Auswirkungen der Vorhaben zufriedenstellend geklärt bzw. entsprechende Sicherheitsvorkehrungen festgelegt werden mußten. Diese Haltung hatte sich, wie es scheint, auch durch die relativ lange Verzögerung über den Problemkreis Funkenbildung kaum geändert. So wurde eine relativ umfangreiche Liste von 48 Bauauflagen mit der Bewilligung des Ansuchens der Firma Shell verbunden, und fast die gleichen Auflagen wurden an die positive Erledigung des Antrags der Firma Esso geknüpft. Dabei bestand die sicherheitspolitisch schwerwiegendste Auflage in der kompletten Überprüfung des Sicherheitsrisikos und der Betriebsfähigkeit der geplanten Anlagen, die noch vor Inbetriebnahme zur Zufriedenheit des Ministers für Schottland durchzuführen war. Diese Bedingung wurde von den anderen Behörden vielfach mit Nachdruck unterstützt, da sie darin einen wesentlichen Schritt zur vollen Gewährleistung der Anlagensicherheit erblickten. Entsprechend einer Empfehlung der Beraterfirma Cremer and Warner (daß eine solche Überprüfung zur Zufriedenheit der Kommunalbehörde zu erfolgen hätte) hatten die örtlichen Behörden schon vor und während dem öffentlichen Erörterungsverfahren eine ähnliche Forderung gestellt. Der Berichterstatter empfahl seinerseits, daß die Untersuchung zur Zufriedenheit des Amtes für Gesundheit und Sicherheit auszufallen hätte. Der Minister entschied, daß sie auch seinen Ansprüchen zu genügen hatte.

In den verschiedenen Runden und von Runde zu Runde änderten die einzelnen Parteien nur unwesentlich ihre Meinungen zu den wichtigsten Fragen. Nicht alle Meinungsäußerungen der Hauptakteure sind in der Tabelle 5.3 erfaßt, denn neben den genannten Punkten gab es zweifellos eine Reihe "unbeobachteter" offizieller und nichtoffizieller Interaktionen sowie auch stürmische Stellungnahmen der Aktionsgruppe zu Verfahrensfragen. Auch das Ausmaß an Betroffenheit, das die verschiedenen Auswirkungen bei den einzelnen Parteien hervorriefen, ist aus den Auflistungen nicht klar ersichtlich (Macgill 1982). Außerdem geben die Listen nur jene Argumente der Behörden wieder, die auf ihre prinzipielle Einwilligung zu den Bauvorhaben Bezug haben, und sagen nichts über spezifischere behördliche Bedenken in bestimmten Detailfragen aus.

Im Normalfall reichen zum Beschluß über ein Ansuchen um Baubewilligung im Vereinigten Königreich zwei statt drei Prozeßrunden aus, ohne daß nach dem Erhalt des Berichts über das öffentliche Erörterungsverfahren irgendwelche weitere Schritte zu beobachten wären. Es ist daher für den Fall Mossmorran-Braefoot Bay bemerkenswert, daß hier "neues" Beweismaterial (zur Frage der Funkenentstehung bei Radioübertragung) erst *nach* dem öffentlichen Erörterungsverfahren auftauchte, aber noch erstaunlicher ist es, wie lange die Untersuchung dieser Frage in der C-Runde dauerte.

Die Beteiligung der Öffentlichkeit

Wie Tabelle 5.3 zeigt, nahm die Öffentlichkeit durch eine Reihe informeller Versammlungen, durch umfangreiche Versuche der Einflußnahme und Propaganda sowie mittels schriftlicher Stellungnahmen und Eingaben bei den Behörden und anderen potentiell interessierten Personen und Organisationen an dem Entscheidungsprozeß teil. In der B-Runde bildeten das offizielle Erörterungsverfahren sowie Bemühungen um eine überzeugende Gegendarstellung - welche durch von der Aktionsgruppe als Zeugen aufgerufene Sachverständige und von anderen Personen und Organisationen, die ihrer Meinung Ausdruck verleihen und Gegenmeinungen in Frage stellen wollten, erarbeitet worden war - die Schwerpunkte öffentlicher Aktivität. Die Frage der Sicherheit wurde dabei zum Haupteinwand der Überlegungen. Als von den schriftlichen Stellungnahmen, die von der Aktionsgruppe in der C-Runde bei den gesetzlichen Behörden eingereicht worden war, nur die Eingaben zum Problem der Funkenbildung bei Radioübertragung als relevantes Zusatzbeweismittel anerkannt wurden, sprach die

Gruppe von einem schwerwiegenden Vertrauensschwund gegenüber dem britischen öffentlichen Erörterungsverfahren, an dem sie doch selbst teilgenommen hatte. Das Fehlen wesentlicher behördlicher Reaktionen in den anderen Punkten verstärkte die Unruhe und Enttäuschung unter den Mitgliedern der Aktionsgruppe.

Zur Erstellung eines solchen Berichts zur Gefahrenfrage bestand an sich keine gesetzliche Notwendigkeit. Dennoch bemühten sich die Kommunalbehörden um ein unabhängiges Sachverständigengutachten, da seitens des Amts für Gesundheit und Sicherheit nur eine eher allgemein gehaltene Stellungnahme zu erwarten war und vor allem deshalb, weil die Frage des Sicherheitsrisikos der zu behandelnden Anträge in der örtlichen Kosten-Nutzen-Rechnung eine entscheidende Rolle spielte. Ein geringer Teil der Kosten des Gutachtens wurde von der Sektion für Raumordnung und Regionalplanung im Scottish Office getragen, das wegen der landesweiten Bedeutung von Antrag (a) an den Ergebnissen interessiert war.

Unter den Risikostudien, die im Laufe des Entscheidungsprozesses verfaßt wurden, war die von Cremer and Warner die umfangreichste, obwohl ihr - bedingt durch den in der Phase der Grundsatzbewilligung gegebenen Mangel an Details - eine gewisse Gründlichkeit fehlte und an verschiedenen Stellen anstatt konkreter Planungseinzelheiten allgemeinere Annahmen getroffen werden mußten. Mit Hilfe rechnerischer Folgeanalysen wurde unter Berücksichtigung technischen und menschlichen Versagens die Wahrscheinlichkeit für verschiedene Störfälle abgeschätzt und als gering, sehr gering oder äußerst gering eingestuft. Die Beraterfirma kam insgesamt zu dem Schluß, daß

> ... die Planung, der Bau und der Betrieb der für den Standort von Mossmorran-Braefoot Bay vorgesehenen Anlagen zweifellos in einer solchen Art und Weise durchgeführt werden können, die hinsichtlich der Umwelteinflüsse und der öffentlichen Sicherheit als zumutbar anzusehen ist, vorausgesetzt, daß vernünftige und ausreichende Sicherheitsvorkehrungen vereinbart und gewährleistet werden.

Daneben gab es zu Antrag (a) und (b) noch einige konkrete Empfehlungen zu Verbesserungen bei der Bebauungsplanung und den technischen Schutzmaßnahmen auf dem Anlagengebäude sowie zur Umsiedlung der Bewohner einer kleinen benachbarten Siedlung. Außerdem schlug der Bericht die Durchführung einer detaillierten technischen Sicherheitsüberprüfung noch vor Inbetriebnahme vor und empfahl die sorgfältige inhaltliche Prüfung von Antrag (c).

Der Großteil der Öffentlichkeit, der wie erwartet von den geplanten Anlagen direkt betroffen zu sein schien - allen voran die Bevölkerung von Cowdenbeath - nahm aus den verschiedensten Gründen nicht aktiv am Entscheidungsprozeß teil. So betrachteten sich z.B. viele unter ihnen als durch die örtlichen Gemeinde- und Kreisbehörden ausreichend vertreten. Diejenigen Personen, die sich dennoch aktiv beteiligten, äußerten ihre Meinung hauptsächlich über die Aktionsgruppe, die als Anwalt der potentiell am stärksten gefährdeten Bevölkerungsgruppen (Aberdour und Dalgety Bay) auftrat.

Die Aktionsgruppe von Aberdour und Dalgety Bay war eine überaus entschlossene, gut organisierte Interessensgruppe, der es gelang, sich wo auch immer Gehör zu verschaffen. Sie finanzierte sich selbst und tat sich auch durch ihr großes - rechtliches und fachliches - Sachverständnis in den eigenen Reihen hervor. Im Vergleich dazu war das Engagement der Conservation Society eher bescheiden. Die Aktionsgruppe nahm für sich in Anspruch, über bessere fachliche Sachkenntnis als die zuständigen Behörden zu verfügen und forderte stärkere Sicherheitsvorschriften, als die Conservation Society für geeignet hielt. Dabei übte sie offen Kritik am Gutachten der Firma Cremer and Warner und stellte die Kompetenz des Amts für Gesundheit und Sicherheit sowie die von der Hafenbehörde zugesagten Sicherheitsvorkehrungen in Frage. Das sicherheitspolitische Interesse der Aktionsgruppe schien eng mit ihren Einwänden gegen die Angemessenheit des Verfahrens verknüpft - Aspekte, welche im vorliegenden Zusammenhang von besonderem Interesse sind.

Der Hauptbericht zur Fallstudie (Macgill 1982) beleuchtet unter anderem folgende fünf Themenkreise:

a) Die besondere Art der Unzufriedenheit der Aktionsgruppe über die Entscheidungsverfahren und die Möglichkeiten der Beteiligung der Allgemeinheit z.B. hinsichtlich der Ortsbezogenheit des Entscheidungsprozesses, der Menge an verfügbaren Informationen sowie zeitlicher und anderer ressourcenbedingter Einschränkungen.

b) Das Ausmaß, in dem für die Aktionsgruppe die Unzufriedenheit mit dem öffentlichen Partizipationsprozeß im allgemeinen und dem öffentlichen Erörterungsverfahren im besonderen Vorrang vor anderen Gesichtspunkten hatte.

c) Das Ausmaß, in dem die Sicherheit geplanter Anlagen schon im Entscheidungsprozeß ermittelt werden kann (und soll), z.B. durch Maßnahmen unmittelbar nach der offiziellen prinzipiellen Zustimmung als Ergänzung der (nicht beobachtbaren) Überprüfung der Sicherheitsvorkehrungen durch die Behörden.

d) Probleme der politischen Verantwortlichkeit, die sich ergeben, wenn die Bevölkerungsgruppe, die sich vorwiegend gefährdet fühlt, nur klein ist, und ihre Interessen daher auf normalem demokratischen Weg nicht erfaßt werden, bzw. wenn die betreffende Fragestellung zu einseitig und daher für eine Erörterung im Rahmen allgemeiner oder örtlicher Wahlen nachweislich ungeeignet ist.

e) Die Art und Weise, in der ein als Interessensgruppe auftretender Teil der Bevölkerung auf eigene Kosten zum Risikomanagement der Gesellschaft beiträgt.

DIE ROLLE DER RISIKOANALYSEN

Der Entscheidungsprozeß von Mossmorran-Braefoot Bay, der Gegenstand der vorliegenden Fallstudie ist, hatte die Erteilung der *grundsätzlichen* Bewilligung zum Bau von Gasverarbeitungs-, Lager- und Umschlageinrichtungen an einem bestimmten Standort zum Ziel. Insofern ging es bei der im Rahmen der gesetzlichen Verfahren zu entscheidenden Frage der Sicherheit darum, zu klären, ob es *im Prinzip* möglich ist, an dieser Stelle eine solche Anlage zu bauen, die mit einem zumutbaren Risiko verbunden und somit entsprechend sicher ist. Dazu wurden von verschiedenen Parteien Risikoermittlungen beigebracht, in denen die Frage des Risikos gelegentlich mit der konkreteren Frage nach der Zumutbarkeit des Risikos der eigentlichen Anlage und deren Betrieb stark verknüpft zu sein schien.

Zu den wichtigsten Risikostudien zählten:

1. ein Gutachten der Beraterfirma Cremer and Warner (1977),
2. Untersuchungen zur Frage der Funkenbildung bei Radioübertragung, von denen hier nur die des Amts für Gesundheit und Sicherheit beispielhaft genannt sei (Health and Safety Executive 1978a), sowie
3. der Bericht der Aktionsgruppe zum Thema Schiffahrtsrisiken (Aberdour and Dalgety Bay Joint Action Group 1979).

Daneben gab es schriftliche Stellungnahmen zur Frage des Gefahrenpotentials und dessen Auswirkungen, die die Grundlage verschiedener Zeugenaussagen im öffentlichen Erörterungsverfahren bildeten, sowie jene der Bauwerber Shell und Esso zur Unterstützung der ursprünglichen Anträge, welche aber die Gefahrenfrage in einem weitaus bescheideren Ausmaß behandelten.

Vom Amt für Gesundheit und Sicherheit, dessen offizielle Erklärungen sich immer auf eine prinzipiell sichere Anlage zu beziehen hatten, kam keine offizielle Risikoermittlung, sieht man von den Untersuchungen zum Problem der Funkenbildung bei Radioübertragung ab. Das Ausmaß seiner Sicherheitskontrolle sollte anhand der Anlagendetailplanung feststellbar sein (und somit erst nach Erteilung der grundsätzlichen Baubewilligung).

Der Bericht der Firma Cremer and Warner (1977) wurde wie erwähnt von den Kommunalbehörden gegen Ende der A-Runde in Auftrag gegeben. Er bildete die schriftliche Antwort auf ein allgemeines und kurzes schriftliches Ersuchen um Beratung in folgenden Punkten:

- Der Zumutbarkeit bzw. Nichtzumutbarkeit der Anträge (a) und (b) hinsichtlich des Sicherheitsrisikos und unter Berücksichtigung möglicher Wechselwirkungen und des Bebauungsplans für den zukünftigen Umschlaghafen,
- der Angemessenheit der Informationen, die von den bauwerbenden Firmen zur Verfügung gestellt worden waren, sowie
- etwaige Empfehlungen zu den Bauauflagen.

Der Bericht wurde von den Kommunalbehörden zur Unterstützung ihrer eigenen positiven Beurteilung der Risikoakzeptabilität herangezogen, nachdem ihnen diese - unter der Voraussetzung der Verwirklichung der konkreten Empfehlungen und Vorschläge und angesichts der späteren Durchsetzung solcher Maßnahmen durch das Amt für Gesundheit und Sicherheit bzw. wegen des guten Rufs der Firmen Shell und Esso - gewährleistet schien.

Während dieser Bericht einer internen Prüfung durch die Kommunalbehörden und die Sektion für Raumordnung und Regionalplanung im Scottish Office unterzogen wurde (deren Zwecke er anscheinend zur vollen Zufriedenheit erfüllte), wurde noch vor dem öffentlichen Erörterungsverfahren das Gutachten von Cremer and Warner zur öffentlichen Einsichtnahme aufgelegt. Die Aktionsgruppe übte Kritik an der in dem Gutachten gewählten Breite des Ansatzes, dem Grad der Detaillierung, den angewandten qualitativen Kriterien sowie an der Knappheit der Darstellung (die besonders hinsichtlich der relativ oberflächlichen Behandlung des Anlegerbetriebs in Braefoot Bay bemängelt wurde). Sie stellte auch die Überparteilichkeit von Beratern in Frage, die von örtlichen

Behörden bestellt waren, welche selbst Interesse an der Unterstützung der Anträge hatten.

Im Rahmen des öffentlichen Erörterungsverfahrens trat eine Reihe von Meinungsunterschieden zwischen den Beratern von der Firma Cremer and Warner und den Risikofachleuten anderer Parteien zutage. Mit Ausnahme der Aktionsgruppe verstanden alle anderen Parteien diese Unterschiede als Sache der Feinabstimmung und nicht als grundlegende Faktoren, die gegen die prinzipielle sicherheitspolitische Zumutbarkeit der Anlage sprachen. In den Augen der Aktionsgruppe handelte es sich dabei um schwerwiegendere Differenzen, die der Öffentlichkeit Grund zur Besorgnis um ihre eigene Sicherheit geben sollten, vor allem in Hinblick auf die mögliche Explosionsgefahr durch im Freien entflammbare Dampfwolken (Rasbash und Drysdale 1977).

Im Sinne der Risikostudien, die im Laufe des Entscheidungsprozesses erstellt wurden, erfuhr das Problem der Funkenbildung bei Radioübertragung (Runde C) die ausführlichste Behandlung, obwohl es nach Meinung aller Parteien weniger wichtig zu sein schien als andere Sicherheitsfragen. Die diesbezüglichen Berichte des Amts für Gesundheit und Sicherheit (siehe dazu z.B. die Referenz Health and Safety Executive 1978a) beruhen auf Feldversuchen zur Abschätzung der Entzündbarkeit von Dampfwolken durch Funken, die bei der Radioübertragung entstehen. Die Experimente waren auf Verlangen der Aktionsgruppe erfolgt. Die Verzögerung, die durch ihre Durchführung und die Verbreitung der schriftlichen Unterlagen an alle Parteien verursacht worden war, bildete ein wichtiges Verfahrensmerkmal dieses Entscheidungsprozesses.

Der Bericht der Aktionsgruppe zu den Schiffahrtsrisiken, der von zwei Ortsbewohnern und Gruppenmitgliedern verfaßt worden war, wurde in der C-Runde veröffentlicht. Er diente der quantitativen Ermittlung von Risiken, die sich aus einem bestimmten Teilstück der Anträge - dem Anlegerbetrieb in Braefoot Bay - für die Gemeinden im Raum des Firth of Forth ergeben würden. Im Gutachten der Firma Cremer and Warner war diesem Aspekt wie gesagt verhältnismäßig wenig Aufmerksamkeit geschenkt worden, und das Amt für Gesundheit und Sicherheit hatte sich überhaupt nicht dazu geäußert. Die Aktionsgruppe, die schon lange vorher mit Nachdruck für eine quantitative Risikoermittlung eingetreten war und sich auf eine Gefahrenwahrscheinlichkeit von eins zu einer Million pro Jahr als nützlichen Maßstab für die Zumutbarkeit eines Risikos geeinigt hatte, stellte - wenn auch ohne Bezug auf eine bestimmte quantitative Risikoermittlung - in ihrem Bericht fest, daß dieses Kriterium auch von anderen Parteien indirekt akzeptiert wurde.

Der Bericht der Aktionsgruppe zu den Schiffahrtsrisiken übernahm Methoden der Gefahrenermittlung, wie sie in der damals gerade erschienenen offiziellen Untersuchung über den Gas- und Petrochemiekomplex von Canvey Island Verwendung gefunden hatten (Health and Safety Executive 1978b). Demnach wurde die Eintrittswahrscheinlichkeit eines Unfalls in Braefoot Bay mit tödlichen oder schweren Verletzungen für die Bewohner von Aberdour und Dalgety Bay in der Größenordnung von 10^{-3} berechnet. Für andere Siedlungen im Firth of Forth wurden geringere Wahrscheinlichkeiten angesetzt.

ABSCHLIESSENDE BEMERKUNGEN

Die Risikostudien, die im Entscheidungsprozeß von Mossmorran-Braefoot Bay Verwendung fanden, waren Teil einer öffentlichen Risikodebatte, die als unausgeglichen und ergebnislos zu bezeichnen ist. Dies überrascht auch kaum, wenn man an die Probleme, um die es sich dabei handelt, mit einem im eigentlichen Sinn philosophischen Interesse herangeht. Neben solchen Überlegungen zu den Gesamtzusammenhängen ist aber auch eine Reihe ganz spezifischer Beobachtungen angebracht. Die Debatte war unausgeglichen insofern, als das Gewicht, das verschiedenen Sicherheitsfragen beigemessen wurde, nicht ihrer relativen Bedeutung entsprach. So wurde den Schiffahrtsrisiken beispielsweise unverhältnismäßig wenig Aufmerksamkeit geschenkt, während das Problem der Funkenbildung durch Radioübertragung mit unverhältnismäßig großer Sorgfalt und auf eine für Außenstehende relativ einsichtige Weise geprüft wurde. Da sich die interessierten Parteien auf keine Kriterien zur Beurteilung der Sicherheit einigen konnten, blieb die Debatte ergebnislos, und so blieben auch viele Zweifel, die im öffentlichen Erörterungsverfahren und dem späteren umfangreichen Beweismaterial geäußert wurden, unausgeräumt.

Eine schwerwiegende Einschränkung der Debatte ergab sich außerdem durch den Mangel an Detailinformationen über die geplanten Anlagen, und es ist bemerkenswert, daß es hier seit dem Entscheidungsfall von Mossmorran-Braefoot Bay zu einigen möglicherweise bedeutenden Änderungen in der Behandlung von Baubewilligungsanträgen für risikoreiche Großanlagen im Vereinigten Königreich gekommen ist. Die fehlende Beweisführung zur Anlagensicherheit wurde, wenn auch nur zum Teil, über die Bauauflage erbracht, daß noch vor Inbetriebnahme ein detaillierter Risikokontrollbericht zu erstellen ist, der dem Anspruch des Amtes für Gesundheit und Sicherheit zu genügen hat. Diese für damalige Verhältnisse ungewöhnliche Bestimmung sollte die Vorschriften über Gesundheit und Sicherheit am Arbeitsplatz nach dem Health and Safety at Work Act, also der erforderlichen Überprüfung des allgemeinen Anlagenbetriebes durch diese Behörde ergänzen. Für die zuständigen Behörden war diese Lösung zufriedenstellend, nicht aber für die Aktionsgruppe. Diese forderte einschneidendere Maßnahmen, klarere Grundlagen zur Beurteilung der Sicherheitsfragen und eine intensivere Diskussion der Sicherheitsaspekte noch während des Entscheidungsprozesses, die es ihnen ermöglichen würden, sich persönlich von der Sicherheit der geplanten Anlagen überzeugen zu können.

Nach Dafürhalten der Aktionsgruppe gab der Bericht ihren Befürchtungen über die Sicherheit der geplanten Anlagen in beunruhigender Weise recht. Obwohl er von Laien verfaßt worden war, handelte es sich dabei um eine durchaus geeignete Anwendung der im Canvey-Island-Bericht beschriebenen Verfahren. Andere Parteien wiederum ließen erkennen, daß sie die Benützung der Canvey-Island-Daten als unzulässig betrachteten, enthielten sich aber jeder schriftlichen Kritik.

Die Aktionsgruppe zeigte sich besorgt über das Fehlen wesentlicher Reaktionen seitens der Behörden zum Inhalt ihres Berichts über die Schiffahrtsrisiken bzw. darüber, daß dieser zwar indirekt kritisiert wurde, die Behörden aber noch vor ihrer Zustimmung zu den Ansuchen keine geeignetere Untersuchung veranlaßten. Da der Bericht aber als Teil des erst nach dem Erörterungsverfahren angefallenen Beweismaterials galt, wurde er aus Verfahrensgründen als gegenstandslos erklärt. Er bot sich somit innerhalb der Kampagne der Aktionsgruppe zur Klarstellung gewisser Interessen Dritter an, war aber nicht geeignet, einen offenen Dialog oder eine Debatte mit anderen am Entscheidungsprozeß Beteiligten herbeizuführen. Ungeachtet möglicher inhaltlich-fachlicher Schwächen des Berichts zeigt dies, wie eng die Sicherheitsanliegen der Aktionsgruppe mit ihren verfahrensmäßigen Bedenken zusammenhingen.

6 Vereinigte Staaten von Amerika: Konflikte in Kalifornien*

In den späten sechziger Jahren, als Energieprognosen für die USA den Rückgang heimischer Gasvorräte und ein Ansteigen des Bedarfs ankündigten, begannen mehrere amerikanische Gasgesellschaften nach zusätzlichen Versorgungsmöglichkeiten Ausschau zu halten. 1974 reichte die Western LNG Terminal Company (im folgenden kurz als Western bezeichnet) als Interessensvertreterin dreier größerer Energieversorgungsunternehmen auf der Suche nach Standorten für die Errichtung von Flüssigerdgasanlandehäfen um Bewilligung für drei Standorte an der kalifornischen Küste ein: für das abseits, in einem landschaftlich schönen Teil gelegene Point Conception, für die Hafenstadt Oxnard und für die große Hafenmetropole Los Angeles (siehe Bild 6.1). Die Gesellschaft suchte um Bewilligung für alle drei Standorte an, da dadurch der Umfang des Tankschiffverkehrs pro Standort verringert, die Eigentümerschaft und die Aufsicht über die Anlagen voneinander getrennt und das Risiko möglicher Erdgaslieferstörungen, die bei Schwierigkeiten bei nur einem alleinigen Standort zu erwarten waren, so gering wie möglich gehalten werden sollte. Das in den drei Häfen umzuschlagende Flüssigerdgas sollte von der Nordküste Alaskas bzw. von der Cook-Bucht in Südalaska und aus Indonesien bezogen werden. Nach fast zehn Jahre langem Tauziehen gaben die Energieversorgungsunternehmen nun bekannt, daß sie ihren Antrag auf Errichtung eines LNG-Anlandehafens an dem einzigen noch ernsthaft in Erwägung gezogenen Standort Point Conception nicht mehr weiterverfolgen werden, da die Notwendigkeit der Erdgaseinfuhr für Kalifornien nicht mehr gegeben sei.

Rückblickend scheint der Entscheidungsfall Mossmorran-Braefoot Bay ein Meilenstein in der Erledigung von Bewilligungsanträgen für den Bau größerer risikoreicher Anlagen im Vereinigten Königreich zu sein. Das Amt für Gesundheit und Sicherheit spielt nun in den Frühstadien des Bewilligungsverfahrens eine viel aktivere Rolle. Es formuliert die Zusammenfassungen für Risikogutachten und fordert wenn nötig vom Bauwerber

---

*Diesem Kapitel von John Lathrop und Joanne Linnerooth liegt eine ausführlichere Fallstudie (Lathrop 1981, Linnerooth 1980) zugrunde.

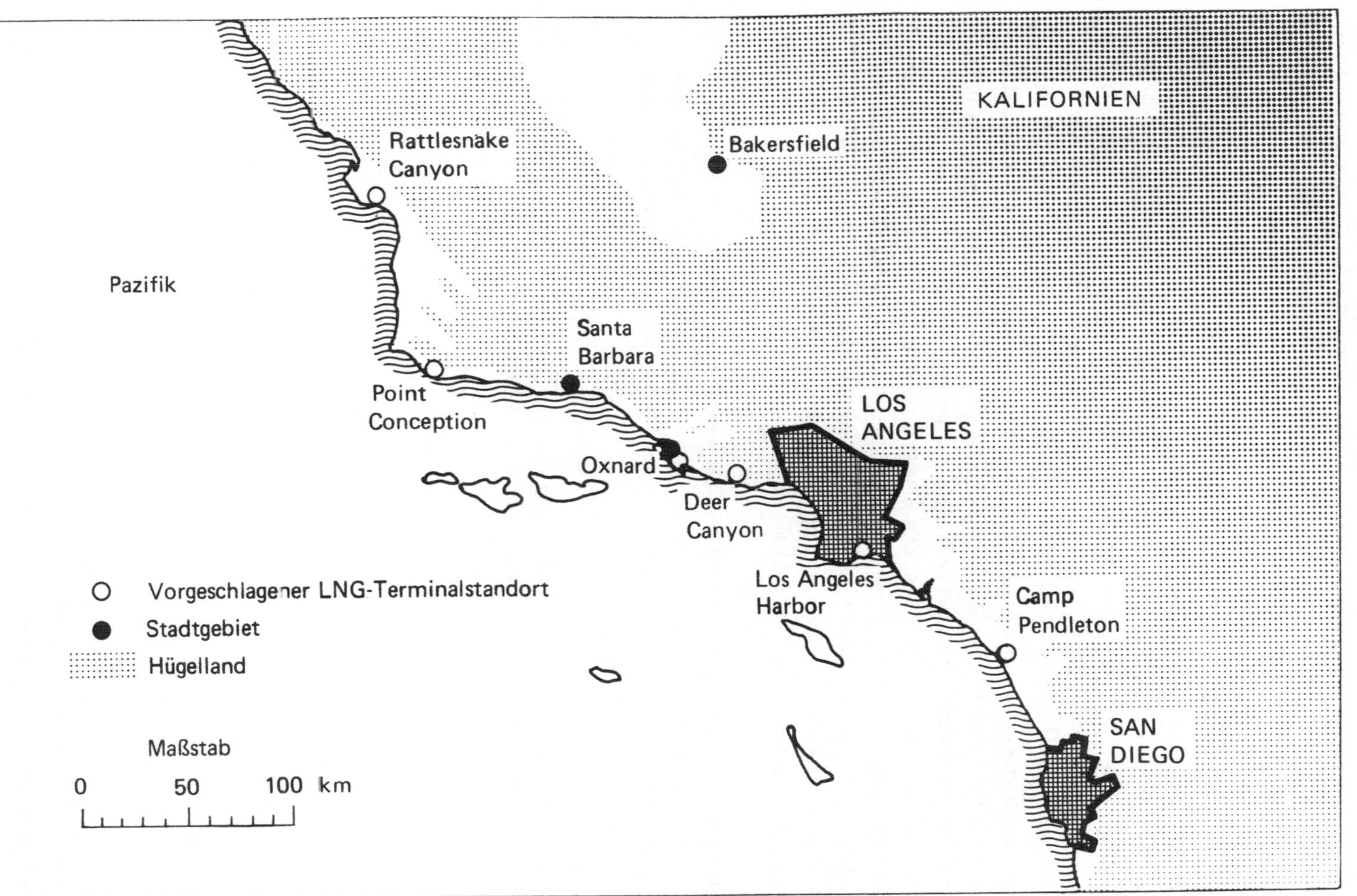

Bild 6.1: Teil von Kalifornien mit den für die Errichtung eines bzw. mehrerer LNG-Anlandehäfen erwogenen Standorten

zusätzliche Einzelheiten über das Planungsvorhaben an. Ungeachtet aller verfahrenstechnischer Änderungen, die seither erfolgt sind, kann die Prüfung der Anlagensicherheit im Rahmen des Entscheidungsprozesses (wie sie vor den Augen der Allgemeinheit abläuft) aber nur ein bescheidener Anfang sein im Vergleich zu der noch viel gewissenhafteren Prüfung, die dann (unter Ausschluß der Öffentlichkeit) beim Bau und Betrieb einer Anlage durch das Amt für Gesundheit und Sicherheit in Verbindung mit den Eigenkontrollen der Industrie zu erfolgen hat. Da aber für manche Teile der Bevölkerung das Vertrauen, das sie der Industrie bzw. dem Amt für Gesundheit und Sicherheit bei ihrer jeweiligen Kontrolltätigkeit glaubte schenken zu können, eine entscheidende Überlegung bei ihrer Beurteilung der Annehmbarkeit des Risikos darstellt, können die seit Mossmorran-Braefoot Bay in Kraft befindlichen Verfahrensänderungen in mancher Hinsicht wichtig sein. So kann einerseits dem Inhalt von Risikoermittlungen durch eine breiter angelegte, gründlichere Darstellung der Sicherheitsfragen größere Bedeutung zukommen und andererseits die Wahrung der Sicherheitsaufgaben durch die gesetzlichen Hüter auf eine positivere Art unter Beweis gestellt werden.

Ungeachtet dieser Verfahrensänderungen ist zu bezweifeln, ob die eigentliche Letztentscheidung die Aktionsgruppe überhaupt zufriedenstellen konnte. Obwohl die Sicherheitsängste der Gruppe sehr eng mit ihrer Verfahrenskritik verknüpft waren, blieben einige (von anderen betroffenen Parteien nicht geteilte) Befürchtungen unausgeräumt. Ja, es ließe sich sogar ein Szenario erarbeiten, in dem diese jüngsten Verfahrensänderungen und die viel deutlichere Grundlage, die diese für eine Sicherheitsdiskussion bieten, die Sicherheitskampagne nicht abschwächen, sondern noch verstärken. Aber das ist eine andere Fallstudie.

DIE HAUPTEREIGNISSE DARGESTELLT ANHAND DES PERT-DIAGRAMMS

Im folgenden wird nach einer kurzen Einführung der Hauptakteure in diesem Entscheidungsprozeß ein Überblick über die Abfolge der für den kalifornischen Fall charakteristischen, wesentlichen Ereignisse und Entscheidungen dargeboten.

Tabelle 6.1 enthält die Namen der Hauptparteien (d.h., die englischen sowie die hier benützten deutschen Bezeichnungen) und eine kurze Beschreibung der Rolle, die diese Akteure im Entscheidungsprozeß spielten. Dabei ist festzuhalten, daß im großen und ganzen alle Parteien aktive Teilnehmer im Entscheidungsspiel waren und sich haupt-

Tabelle 6.1: Die Hauptparteien im LNG-Entscheidungsprozeß in den USA

	BEWERBER/AUSBAUUNTERNEHMER
Western LNG Terminal Company	Ist zum Teil Eigentum der Gasversorgungsunternehmen Pacific Lighting Corporation (für Südkalifornien) und Pacific Gas and Electric (für Nordkalifornien), deren Interessen sie auch bei der Standortwahl der LNG-Anlandehäfen vertritt. Bis 1977 auch mit der Abwicklung des kalifornischen Terminalteils eines LNG-Projektes der El Paso Natural Gas Company betraut.
	NATIONALREGIERUNG UND -VERWALTUNG
Federal Power Commission (FPC, Vorläufer der heutigen Bundesenergiebehörde)	Im wesentlichen eine für die Energiepreisregelung und die Bewilligung von Gasimporten verantwortliche Finanzaufsichtsbehörde. Wurde 1977 durch die Federal Energy Regulatory Commission (FERC) und die Economic Regulatory Administration (ERA), beide im Bundesenergieministerium (Department of Energy, DOE), abgelöst.
Federal Energy Regulatory Commission (FERC, die heutige Bundesenergiebehörde)	Im Bundesenergieministerium beheimatet und ursprünglich als reine Wirtschaftsaufsichtsbehörde geschaffen. Laut Bundesumweltschutzgesetz (National Environmental Protection Act, NEPA) auch bei allen Anwendungen größeren Maßstabs für die Prüfung der Umwelteinwirkungen (Erstellung von Environmental Impact Statements, EIS) bzw. die Bestätigung der Erfüllung der Gesetzesvorschriften (bestmögliche Alternativen, etc.) verantwortlich. Im Fall von LNG ist auch die Übereinstimmung mit dem Bundeserdgasgesetz (Natural Gas Act, NGA) festzustellen. Nach Überprüfung aller Teilaspekte einschließlich der Kosten, rechtlichen Eintragung, Umwelteinwirkungen und Sicherheit erteilt die FERC Zeugnisse über die allgemeine Zweckmäßigkeit und Notwendigkeit (Certificates of Public Convenience and Necessity) des Vorhabens.
Economic Regulatory Commission (ERA, Bundeswirtschaftsbehörde)	Im wesentlichen keine Fachbehörde wie die FERC, sondern als politisch-administratives Aufsichtsorgan mit Fragen der Versorgung, Preisstabilität in Ursprungsländern, Importpreisen, Zahlungsbilanz und der vertraglichen Struktur des Marketing betraut.
Office of Pipeline Safety Regulation (OPSR, Bundesamt für die Sicherheit von Rohrleitungen)	Für die Festlegung der technischen Sicherheitsbestimmungen für die Landeinrichtungen einer LNG-Hafenanlage verantwortliche, mit dem Bewilligungsverfahren für die Anlage aber nicht befaßte Bundesaufsichtsbehörde.
Coast Guard (CG, Küstenwache)	Legt die technischen Sicherheitsbestimmungen für Schiffe, Schiffahrt und Meeresanlagen eines LNG-Terminals fest und entscheidet über die Akzeptabilität einer Anwendung bzw. über Zulassungen im LNG-Tankschiffverkehr.
	EINZELSTAATLICHE REGIERUNG UND -VERWALTUNG
Die kalifornische Legislative	Die mit der Vorbereitung und Verabschiedung von Gesetzen in bestimmten innerstaatlichen Belangen beauftragte, gewählte Volksvertretung.
California Public Utilities Commission (CPUC, kalifornische Kommission für die öffentlichen Versorgungsbetriebe)	Typische bundesstaatliche, mit Finanzgewalt ausgestattete Aufsichtsbehörde. Sorgt u.a. für die Festlegung angemessener Verbraucherpreise durch die Versorgungsunternehmen sowie für adäquate Energieversorgung zur Vermeidung von Arbeitslosigkeit, die durch Versorgungsschwierigkeiten ausgelöst werden könnte. Nimmt anders als andere bundesstaatliche Behörden wie die CCC oder die CEC (siehe unten) in Fragen der Anlagenkapazität und -expansion eine eher industrienahe Haltung ein.

Tabelle 6.1 (Fortsetzung): Die Hauptparteien im LNG-Entscheidungsprozeß in den USA

California Coastal Commission (CCC, kalifornische Küstenkommission)	Als Betreuer der kalifornischen Küstenlandschaft für den Interessensausgleich zwischen industrieller Entwicklung und Naturerhaltung verantwortlich. Gilt eher als Befürworter der Naturschutzinteressen und beschäftigt sich mehr als die CPUC mit Trade-offs zwischen Umweltqualität und wirtschaftlichen Überlegungen.
California Energy Commission (CEC; eigentlich The California Energy Resources Conservation and Development Commission, kalifornische Energiebehörde)	1974 von Umweltschützern und Vertretern der Versorgungsbetriebe zwecks Förderung von Energiesparmaßnahmen und Alternativtechnologien gegründet und später zur besseren Abwicklung von Standortverfahren mit der Vergabe von Standortbewilligungen für Kraftwerke (certificates) beauftragt. Fungiert als Sachberater der CPUC in LNG-Fragen und informiert den kalifornischen Gesetzgeber über Energiebedarfs- und -ressourcenprognosen.
	KOMMUNALBEHÖRDEN
Los Angeles City Council (Stadtrat von Los Angeles)	Für eine Reihe städtischer Aktivitäten wie Industrialisierung, Beschäftigung, Wohnungswesen, Gesundheit und Sicherheit bzw. Umweltschutz verantwortliche, gewählte Körperschaft. In der Metropole gibt es viele einander konkurrierende förderungswürdige Interessen.
Oxnard City Council (Stadtrat von Oxnard)	Für eine Reihe städtischer Aktivitäten wie Industrialisierung, Wohnungswesen, Gesundheit und Sicherheit bzw. Umweltschutz verantwortliche, gewählte Körperschaft. Die nur 100.000 Einwohner zählende Stadtgemeinde verfügt über keine größeren Steuereinkünfte.
Santa Barbara Country (Landkreis Santa Barbara)	Der Point Conception beheimatende Landkreis kennt rigorose Umweltschutzbestimmungen und ein langwieriges, umfangreiches Bewilligungsverfahren für Industrieanlagen.
	ANDERE INTERESSIERTE PARTEIEN
Sierra Club	Nationale Umweltschützervereinigung mit zahlreichen bundesstaatlichen und kommunalen Untergruppen. Vertritt eine hohe Mitgliederzahl bzw. alle an Schutz und Erhaltung der Umwelt interessierte, betroffene Bürger. Geht zwecks größerer Breitenwirkung oft Verbindungen mit anderen Umweltorganisationen ein.
Hollister and Bixby Ranch Association	Zusammenschluß zweier relativ wohlhabender Grundbesitzer mit an den Standort von Point Conception angrenzendem Farmland.

sächlich durch die ihnen gegebenen Handlungsmöglichkeiten bzw. ihre Interessen und ihren Verantwortungsbereich voneinander unterschieden. Bild 6.2 zeigt eine Darstellung der formalen zwischenparteilichen Interaktionen. Von den (nicht gezeigten) informellen Interaktionen - vom Versuch der Beeinflussung bis zur persönlichen Kontaktaufnahme - sind vornehmlich jene zwischen dem Antragsteller (Western) und den in der kalifornischen Öffentlichkeit agierenden Interessensgruppen und -vertretungen (dem Sierra Club oder auch dem kalifornischen Gesetzgeber zum Beispiel) zu nennen. Die Darstellung enthält keinen Hin-

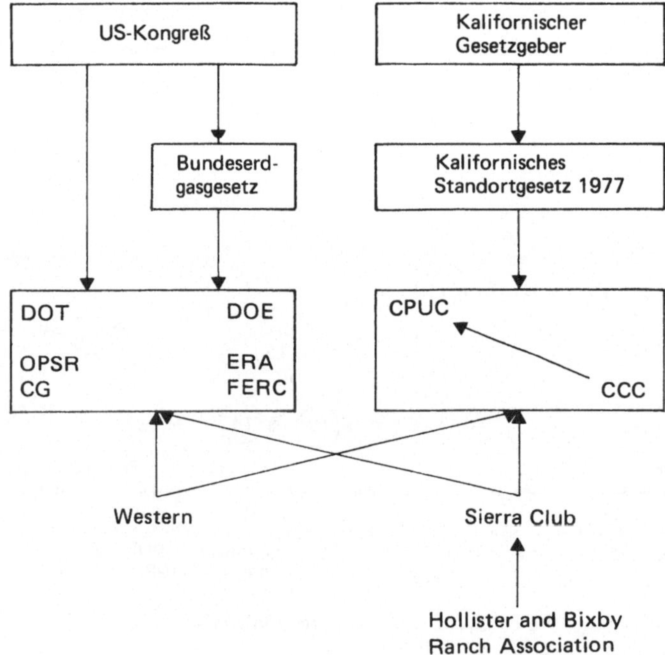

Bild 6.2: Interaktionen zwischen den Hauptparteien im kalifornischen LNG-Entscheidungsprozeß

Anmerkung:

CCC Kalifornische Küstenkommission

CG Küstenwache

CPUC Kalifornische Kommission für die öffentlichen Versorgungsbetriebe

DOE Energieministerium

DOT Technologieministerium

ERA Bundeswirtschaftsbehörde

FERC Bundesenergiebehörde

OPSR Bundesamt für die Sicherheit von Rohrleitungen

weis auf kommunale Verwaltungsstellen, da diesen nach dem kalifornischen Gesetz aus dem Jahre 1977 über die Standortbestimmung von LNG-Hafenanlagen (LNG-Terminal Siting Act 1977) keine zentrale Funktion zugeteilt war.

Das PERT-Diagramm in Bild 6.3 (die Grundzüge dieser schematischen Darstellungsweise wurden in Kapitel 2 genau erläutert) stellt die wichtigsten Ereignisse und Entscheidungen im Verlauf der kalifornischen LNG-Standortdebatte dar. Der Prozeß läßt sich demnach in vier getrennte, wenn auch in ihrer Eigenart keineswegs grundlegend verschiedene Handlungsrunden gliedern. In der folgenden Beschreibung sind die Ereignisse und Entscheidungen durch numerierte Kreise (statt Knoten wie in Bild 6.3) wiedergegeben.

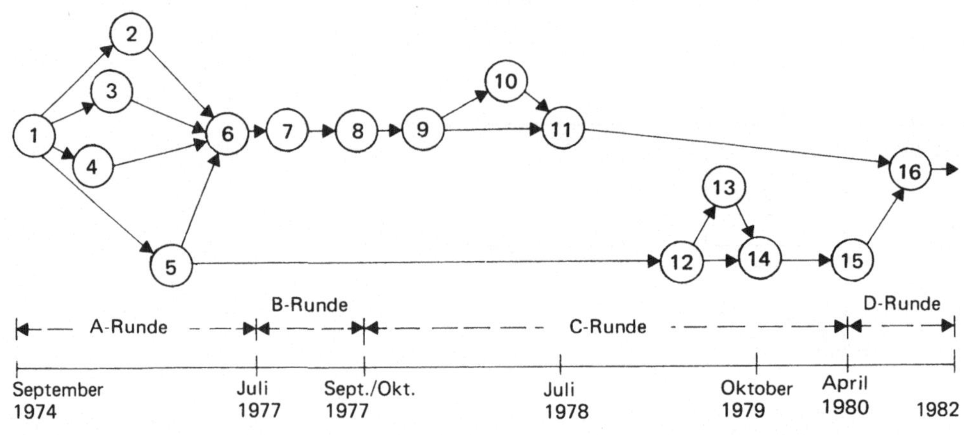

Bild 6.3: Das PERT-Diagramm für den LNG-Entscheidungsprozeß in den USA

Schlüsselereignisse und/oder Entscheidungen

(1) Western beantragt bei der Bundesenergiebehörde (FPC) die Bewilligung dreier Standorte: Point Conception, Oxnard und Los Angeles.

(2) Unter dem Einfluß der Risikoermittlung der SES, in welcher mit Besorgnis auf die möglichen Risiken hingewiesen wird, gibt sich der Stadtrat von Oxnard hinsichtlich der Errichtung eines LNG-Anlandehafens im Bereich von Oxnard unbestimmt.

(3) Der Stadtrat von Los Angeles befürwortet unter Hinweis auf die wirtschaftlichen Vorteile und vorausgesetzt die Zumutbarkeit der Risiken die Errichtung eines LNG-Terminals im Gebiet von Los Angeles.

(4) Die kalifornische Küstenkommission (CCC) legt der Western nahe, ihre Standortsuche mindestens auf einen entlegenen und einen nicht entlegenen Standort zu konzentrieren (1977).

(5) In der FPC spricht man sich wegen der Nähe von Erdbebenfalten gegen Los Angeles aus. Während die Risikoermittlung der FPC Oxnard und Point Conception begünstigt, kommen nach dem nationalen Energieplan des amerikanischen Präsidenten nur entlegene Standorte in Frage (Sommer 1977).

(6) Da die Hauptparteien auf allen drei Verwaltungsebenen jeweils verschiedenen Standorten den Vorzug geben, sieht sich Western in einer Pattsituation und befürchtet, für keinen der drei Orte eine Bewilligung zu bekommen.

(7) Western, die öffentlichen Versorgungs- und andere Unternehmen sowie auch die Gewerkschaften drängen den kalifornischen Gesetzgeber zur Schaffung eines zweckdienlicheren Entscheidungsverfahrens (Juli 1977).

(8) Die kalifornische Gesetzgebung verabschiedet das Gesetz über die Standortbestimmung von LNG-Hafenanlagen 1977, welches nur entlegene Standorte bzw. ein einstufiges Genehmigungsverfahren vorsieht, bei dem die Reihung der Standorte durch die CCC erfolgt und die endgültige Auswahl von der kalifornischen Kommission für die öffentlichen Versorgungsbetriebe (CPUC) getroffen wird (September 1977).

(9) Gemäß dem Standortbestimmungsgesetz stellt Western den Antrag auf Errichtung eines LNG-Terminals bei Point Conception (Oktober 1977).

(10) In der Reihung der CCC erhält Point Conception unter vier Standorten, die dem Kriterium der Entlegenheit entsprechen, den dritten Platz.

(11) Die CPUC gibt unter der Bedingung, daß weitere günstige Erdbebendaten beigebracht werden, Point Conception ihre Zustimmung (Juli 1978).

(12) 1978 wird das Bundesgasgesetz (NGPA) zur Beseitigung von Ungereimtheiten früherer Bestimmungen hinsichtlich des (durch den Bund) nicht geregelten einzelstaatlichen und des geregelten zwischenstaatlichen Marktes verabschiedet. Die Hauptverantwortung für die Durchführung des Gesetzes, das auch einige verbindliche Bestimmungen für die Entscheidungstätigkeit der FERC und der ERA (der Bundeswirtschaftsbehörde) enthält, fällt der FERC zu.

(13) Die ERA bewilligt die Einfuhr von LNG unter Anerkennung des Bedarfs an Erdgas und bei gleichzeitiger Feststellung eines zumutbar geringen Risikos von Störungen der Lieferungen aus den Ursprungsländern (Bewilligung mit Vorbehalt Dezember 1977, endgültige Bewilligung September 1979).

(14) Die FERC bewilligt den Alaska betreffenden Projektteil. In der FERC wird Oxnard der Vorzug gegeben, aber dennoch – um eine Konfrontation mit dem staatlichen Gesetzgeber, der das nicht entlegene Oxnard bereits gestrichen hat, zu vermeiden – Point Conception die Bewilligung erteilt (Oktober 1979).

(15) Das Berufungsgericht in Washington, D.C., fällt eine positive Entscheidung über die Eingabe auf neuerliche Prüfung der Befürwortung von Point Conception durch die FERC im Lichte zusätzlicher Daten zum Erdbebenrisiko (April 1981).

(16) Die FERC und die CPUC veranstalten gemeinsame Anhörungen zum Erdbebenrisiko.

(17) Pacific Gas and Electric und Pacific Lighting Corporation geben die Verschiebung des Baus der Hafenanlage auf unbestimmte Zeit bekannt und begründen diesen Entschluß mit dem Wegfallen der Notwendigkeit von Erdgasimporten für Kalifornien.

DER NATIONALE RAHMEN

In den USA erfolgt die Energieplanung auf dezentralisierte Weise, indem neue Anlagen zur Bereitstellung bzw. Verteilung von Energie von den privatrechtlich organisierten Energieversorgungsunternehmen (utilities) bei den staatlichen Stellen beantragt werden. Diese Gesellschaften haben auf ihrem Absatzgebiet meistens ein unabhängiges Monopol inne, unterliegen aber den jeweiligen Bestimmungen des Bundes bzw. des betreffenden Bundesstaates und der regionalen Behörden. Anträge auf Standortbewilligung für eine Anlage bedürfen auch der Zustimmung der örtlichen bzw. kommunalen Planungs- und Aufsichtsbehörden. Während die Bundesbehörden allgemein für Angelegenheiten der Energiepolitik des Landes verantwortlich sind, liegen alle Fragen der Raumordnung im Zuständigkeitsbereich des Einzelstaates bzw. der Kommunalverwaltung. Die Zuständigkeit für die Genehmigung zur Errichtung von Energieanlagen ist also nicht klar abgegrenzt. Während die Bundesstaaten jenen Projekten, die im nationalen Interesse liegen, kein Hindernis in den Weg legen dürfen, wird die Bundesregierung (und ihre Verwaltungsstellen) ein solches Vorhaben wohl kaum gegen den Willen eines Bundesstaates durchsetzen.

Wichtige Entscheidungen der staatlichen wie auch der nationalen Aufsichtsbehörden erfolgen auf dem Weg quasijudizieller Verfahren. Die interessierten Parteien (Antragsteller, Gegner, betroffene Interessensgruppen wie z.B. die Gewerkschaften u.s.w.), aber auch die Vertreter der jeweiligen staatlichen Behörde oder Kommission (z.B. der California Public Utilities Commission oder der Federal Energy Regulatory Commission, der zuständigen staatlichen bzw. nationalen Energiekommission) tragen im Rahmen mehrerer Anhörungen ihren Standpunkt vor einem Verwaltungsrichter vor. Der Richter stellt sodann die Meinung des Gerichts vor dem endgültigen Entscheidungsträger, dem Leiter bzw. der kollektiven Leitung der betreffenden Behörde oder Kommission dar, welche ihrerseits diese Meinung annehmen oder - falls sie ihren eigenen (abweichenden) Standpunkt vertretbar zu begründen imstande ist - diese ablehnen kann. Die Vertreter der Behörden vor dem Richter sind Personen mit entsprechender fachlicher oder rechtlicher Orientierung, während ihre obersten Vorgesetzten eher politischen Erwägungen gegenüber zugänglich sind[1].

1974 wurden bei der Bundesenergiebehörde, der damaligen Federal Power Commission (FPC) drei entsprechende Anträge gestellt[2] (1). Da mit diesem Schritt der Entscheidungsprozeß formell Bestandteil des Geschehens im politisch-administrativen System wurde, wird mit ihm auch der Beginn der A-Runde festgelegt. Als erstes gab die Western angesichts der dichten Besiedelung des Ballungsraumes Los Angeles und von Oxnard zwei Risikostudien in Auftrag (SAI 1975a,b), denen zufolge das zu erwartende Sicherheitsrisiko als "extrem gering" anzusehen war. Die Untersuchungen umfaßten auch Schätzungen über die Wahrscheinlichkeit von Todesfällen in der Bevölkerung innerhalb eines Betriebsjahres, die aufgrund der Wahrscheinlichkeit von LNG-Unfällen zur See und zu Lande bzw. von witterungsbedingten Unfällen ermittelt worden war. Diese Risiken wurden auch in üblicher Weise mit anderen möglichen Todesursachen (gesundheitlicher Natur oder arbeitsplatzbedingte Ursachen zum Beispiel) verglichen, und man schloß aus diesen Vergleichen, daß die mit dem LNG-Vorhaben zusammenhängenden Risiken "extrem gering" seien. Gemäß dem Bundesumweltschutzgesetz überprüfte daraufhin die Bundesenergiebehörde die Umwelteinwirkungen der geplanten Anlagen und erstellte für jeden der beiden Standorte ein "environmental impact statement". Der Stadtrat von Oxnard gab von sich aus eine Studie über die Umwelteinwirkungen von Flüssigerdgas in Auftrag (SES 1976). Darin wurden die Risiken außer mit Hilfe verschiedener wahr-

1. Eine Ausnahme bildet die aus einem Kollegium von zwölf teilzeitverpflichteten Mitgliedern bestehende kalifornische Küstenkommission, welche in nicht gerichtlichen Anhörungsverfahren den Vorsitz führen.

2. Die Ziffern in den Kreisen entsprechen den jeweiligen Knoten im PERT-Diagramm in Bild 6.2.

scheinlichkeitstheoretischer Meßgrößen anhand von Störfallszenarien dargestellt, nach denen im Katastrophenfall mit bis zu 70.000 Toten zu rechnen war - ein Ergebnis, an dem sich die Opposition des Vorhabens buchstäblich entzündete (Ahern 1980).

In Ermangelung relevanter bundesweiter Bestimmungen fiel den in LNG-Angelegenheiten unerfahrenen Kommunalbehörden die schwierige Aufgabe zu, für den sicheren Betrieb der Hafenanlagen Vorsorge zu treffen, weswegen auch ein Gutteil der Schuld an den Unsicherheiten und Problemen rund um die Standortfrage den Bundesbehörden zugerechnet wurde (Ahern 1978).

- A-Runde

In den späten sechziger Jahren begann das kalifornische Energieunternehmen Pacific Lighting Corporation, die Möglichkeit von Erdgasimporten aus Indonesien und aus Cook Inlet in Alaska zu prüfen. 1972 wurde von Pertamina, der verstaatlichten indonesischen Öl- und Gasgesellschaft, eine Absichtserklärung zum Kauf von ca. 46 x 10^6 m^3 Flüssigerdgas pro Tag (16,3 x 10^9 m^3 jährlich) unterzeichnet. Nach dreijährigen Preisverhandlungen stimmte die indonesische Regierung dem Erdgasvertrag zu.

In der Zwischenzeit war zum Zweck der Planung und Errichtung zweier Import-Anlandehäfen die Western LNG Terminal Company (im folgenden kurz als Western bezeichnet) als Tochter der Pacific Lighting Corporation und der Pacific Gas and Electric geschaffen worden. Es kam zu einer etwas oberflächlichen Prüfung der Standortmöglichkeiten und dabei wurde entschieden, daß das Gas aus Cook Inlet über den Hafen von Los Angeles und das aus Indonesien über Oxnard umgeschlagen werden sollte.

1972 wurde der Auftrag der Western um den Bau und Betrieb eines LNG-Terminals für die El Paso Natural Gas Company, die ein solches Vorhaben für die Übernahme von Erdgas aus North Slope in Alaska im Auge hatte, erweitert. Als Standort wurde, da die Firmenpolitik dieses Unternehmens die Errichtung der Anlage in einem Umkreis von zehn Meilen bewohnten Gebietes ausschloß, das fernab gelegene Point Conception (Little Cojo Bay) ausersehen.

Auch auf der bundesstaatlichen Ebene gab es Schwierigkeiten. Hier erschien es unwahrscheinlich, daß die CCC, die auf die Frage der öffentlichen Sicherheit besonderes Schwergewicht legte, von der ausreichenden Sicherheit eines LNG-Terminals, ob er nun in Oxnard oder Los

Angeles zu errichten war, überzeugt werden konnte. Die Kommission hatte aber auch mit der Standortbewilligung für das weiter weg gelegene Point Conception Probleme, da es dort eine Meeresfauna, Tangpflanzenbeete, Brandungswellen und eine Reihe herrlicher Ausblicke gibt, die zu schützen ihre ureigenste Aufgabe war (4). Außerdem sprach sich noch die Bixby and Hollister Ranch Association, ein Zusammenschluß der anliegenden Farmgrundbesitzer, vehement gegen letzteren Standort aus. Die schon sehr schwierige Situation wurde weiters durch den Widerstand des Sierra Club an mehreren Fronten noch komplizierter. Seiner Meinung nach bestand in Kalifornien kein Bedarf an zusätzlichem Erdgas, und wenn die Einfuhr von Erdgas schon unvermeidlich war, so sollte sie, da Los Angeles als Terminalstandort zu unsicher schien, über Oxnard erfolgen; Point Conception war nach Meinung des Sierra Club von einer solchen Anlage unbedingt freizuhalten. Als der Sierra Club 1977 seinen Standpunkt änderte und wegen des Risikos für die Bevölkerung auch gegen den Standort Oxnard auftrat, hatte er schließlich gegen alle drei Orte Stellung bezogen.

Kurz gesagt sah sich der Antragsteller der realistischen Möglichkeit gegenüber, gar keinen Standort bewilligt zu bekommen, weil die wichtigsten Parteien auf allen Entscheidungsebenen für jeweils einen anderen Standort eintraten (6).

- <u>B-Runde</u>

Angesichts der drohenden Pattsituation wandten sich die öffentlichen Energieversorgungsunternehmen an den kalifornischen Gesetzgeber in dem Bestreben, daß nicht mehr die zahlreichen örtlichen Behörden und die CCC, sondern die dem Vorhaben gegenüber positiver eingestellte Aufsichtsbehörde für die öffentlichen Versorgungsbetriebe Kaliforniens, die California Public Utilities Commission (CPUC) für die Standortbewilligung zuständig sein sollte. Diese vorrangige staatliche Behörde für alle Kraftwerksangelegenheiten ist vornehmlich für die Festsetzung der Energiepreise verantwortlich.

Während es in der A-Runde noch als notwendig erachtet worden war, daß die Bundes- und Kommunalbehörden die Standortbewilligung erteilten[3], wurde die endgültige Entscheidung danach der im Jahre 1976 ge-

3. Durch eine eher undeutliche Formulierung des Rechtsverhältnisses zwischen dem Bund und den einzelstaatlichen Behörden, die für die Bewilligung von LNG-Anlagen bzw. deren Standorte zuständig sind, verzichtet der Bund ausdrücklich auf die Infragestellung einzelstaatlicher Befugnisse.

gründeten California Coastal Commission (CCC) übertragen. Die für den Schutz der kalifornischen Küstenlandschaft verantwortliche Kommission besteht aus 12 Mitgliedern verschiedenster beruflicher Herkunft, welche ihrer Kommissionstätigkeit als Teilzeitverpflichtung nachgehen. Die CCC entschied nach zahlreichen Beratungen, daß es bezüglich der Risiken eines LNG-Anlandehafens so viele Unsicherheiten gäbe, daß sie sich zum gegebenen Zeitpunkt nur für einen "entlegenen" (remote) Standort aussprechen könne und erst dann, wenn sich diese Risiken als zumutbar herausstellten, einem nicht entlegenen Standort ihre Zustimmung geben könnte. Dementsprechend gab sie im März 1977 der Western gegenüber die Empfehlung ab, zumindest die Möglichkeit zweier Standorte, eines entlegenen und eines nichtentlegenen, zu prüfen.

Auf Bundesebene wurde von der Federal Power Commission (die damalige Bundesenergiebehörde wurde später in die Federal Energy Regulatory Commission, FERC, umgewandelt) Oxnard den anderen Standorten vorgezogen. obwohl nach dem nationalen Energieplan des amerikanischen Präsidenten für die Errichtung von LNG-Hafenanlagen nur ein von bewohntem Gebiet weit entfernter Ort in Frage kam. Auch wurde angenommen, daß die Bundesenergiebehörde dem Hafen von Los Angeles wegen der dort durchgehenden Erdbebenfalte trotz der positiven Haltung der Behörden der Metropole ihre Zustimmung verweigern würde. Daß die Kommunalbehörden von Oxnard dem Vorhaben der Western zustimmen würde, wurde dagegen immer unwahrscheinlicher (2), und darüber hinaus stand ihr bei den Behörden von Santa Barbara County, die für den Standort von Point Conception zuständig waren, ein schwieriges und langwieriges Genehmigungsverfahren bevor.

- C-Runde

Gemäß dem Standortbestimmungsgesetz 1977 stellte die Western einen Antrag auf Errichtung eines Terminals an dem entlegenen Point Conception (9). Von den 82 Standorten, die die CCC daraufhin zu prüfen hatte, waren 18 Vorschläge aus der Bevölkerung. Die CCC war zur Einstufung der vom Antragsteller vorgeschlagenen Standorte gesetzlich verpflichtet. Ihrer Ansicht nach entsprachen nur vier einschließlich des an dritter Stelle gesetzten Point Conception den gesetzlichen Bestimmungen hinsichtlich der Bevölkerungsdichte[4] und mußten nicht wegen ungünstiger Wind- und Wellenbedingungen, Erdbebenfalten, Bodenbeschaffenheit und anderen Faktoren ausgeschieden werden. Die CCC gab diese Standortrei-

4. Die Standorte wurden wie folgt gereiht: Basis des US Marine Corps in Camp Pendleton, Rattle Snake Canyon, Point Conception und Deer Canyon.

hung der CPUC bekannt, die ihrerseits alle mit Ausnahme von Point Conception mit der Begründung ausschloß, daß die anderen Orte wegen des nahen Durchzugverkehrs und des vorübergehenden Aufenthalts verschiedener Personengruppen (zeltende Urlauber u.s.w.) auf Überlandstraßen und in öffentlichen Naturparks nicht sicher waren und die Bewilligung für diese unzumutbare Verzögerungen mit sich bringen würde.

Damit aber war die Angelegenheit noch lange nicht abgeschlossen. Im Laufe des Ausleseverfahrens legte die Opposition (und zwar die Hollister and Bixby Ranch Association) Beweise für das Vorhandensein von Erdbebenfalten im Gebiet von Point Conception vor. Die CPUC gab eine beschränkte Zustimmung zum Standort ab und hielt in ihrer Entscheidung vom Juli 1978 (dem Auslaufen der im Standortbestimmungsgesetz 1977 genannten Frist) fest, daß sie ihre volle Zustimmung erst dann erteilen werde, wenn der Antragsteller beweisen könne, daß die Erdbebenfalten von Point Conception im Zusammenhang mit dem geplanten Terminal ein zumutbares Risiko darstellten. Außerdem forderte die CPUC weitere Untersuchungen zu den örtlichen Wind- und Wellenverhältnissen, die zu keinen kontroversiellen Ergebnissen führten.

Die damals in Ausarbeitung befindliche und von dem Abgeordneten Goggins eingebrachte Vorlage zur Energiegesetzgebung (California Senate Bill AB 220) war für die Versorgungsunternehmen unanehmbar. In dem Antrag, der die ausschließliche Zuständigkeit der CPUC für die Genehmigung von LNG-Anlagen vorsah, war diese zur Beurteilung der Machbarkeit solcher Projekte sowohl in entlegenen Gegenden wie auch vor der Küste ausdrücklich verpflichtet. Daneben hatten auch die CCC und die kalifornische Energiekommission (hier als California Energy Commission, CEC, bezeichnet; ihr voller Name lautet The California Energy Resources Conservation and Development Commission) Stellungnahmen zur Machbarkeit abzugeben. Die CEC, von der bekannt war, daß sie in der Frage Flüssigerdgas für Kalifornien anderer Meinung war als die CPUC, äußerte in ihrem energiepolitischen Bericht 1977 an die kalifornische Legislative Zweifel über die Sicherheit und Kosten bwz. den Bedarf an Flüssigerdgas. Da nach Ansicht der Western dieser Gesetzesantrag geeignet war, die Errichtung von LNG-Anlagen in Kalifornien mit Erfolg zu vereiteln (Western 1978), sagte sie gemeinsam mit anderen interessierten Gruppen aus Wirtschaft und Gewerkschaft seinen Befürwortern den Kampf an und unterstützte eine alternative Vorlage (SB1081), durch die der CPUC im Rahmen eines einstufigen Verfahrens die alleinige Entscheidungsgewalt über die Bewilligung solcher Anlagen beziehungsweise der CEC keine Möglichkeit zu einem richtigen Störmanöver gegeben werden sollte (7).

Daraus entstand das Gesetz über die Standortbestimmung von LNG-Hafenanlagen aus dem Jahre 1977 (LNG-Terminal Siting Act 1977) - ein Kompromiß zwischen den Umweltschützern, die die Errichtung solcher Anlagen vor der Küste Kaliforniens favorisierten und jenen, in deren Augen das Vorhaben eine Notwendigkeit für die Sicherung der Energieversorgung und von Arbeitsplätzen darstellte. Anstatt der eher umweltschutzorientierten CEC wurde die CPUC als Genehmigungsbehörde für den ganzen Bundesstaat eingesetzt, was eine Einschränkung der Rechte der Kommunalbehörden bedeutete. In einer Art Geste gegenüber den Umweltschützern wurde die CCC beauftragt, mögliche Standorte auszuwählen, sie zu reihen und diese Reihung an die CPUC weiterzuleiten (8). Entgegen den Wünschen einiger Umweltschützer kam man aber überein, solche Anlagen vor der Küste nicht zuzulassen bzw. daß sie auch nicht, wie dies die Gasunternehmen gewünscht hatten, in bewohntem Gebiet gebaut werden dürfen. Die erforderliche Bevölkerungsdichte war streng definiert: Innerhalb einer Meile vom Terminal durfte die Dichte nicht mehr als durchschnittlich 10 Personen pro Quadratmeile und in einem Umkreis von bis zu 4 Meilen nicht mehr als 60 Personen pro Quadratmeile betragen.

PARTEIENINTERESSEN

Die Strukturierung des Prozesses der Standortwahl bedarf eines guten Verständnisses der verschiedenartigen Interessen und Anliegen der Beteiligten. Für die LNG-Problematik sind dabei drei Interessenskategorien von Bedeutung und zwar risikobezogene, ökonomische und umweltorientierte Aspekte. Tabelle 6.2 faßt die Hauptinteressen der betroffenen Parteien über den Achtjahreszeitraum der Untersuchung zusammen.

Die genannten Interessen sind so ausgewählt, daß sie die Besonderheit der LNG-Debatte widerspiegeln - es sind also jene Anliegen oder Interessen aufgezählt, die von den Beteiligten jeweils geäußert worden waren und nicht etwa solche, die sich für eine analytische Darstellung der Standortalternativen besonders gut eignen. So schließt das Bevölkerungsrisiko Gefahren für Leben und Gesundheit der Nachbarschaft des LNG-Anlandehafens als mögliche Folge eines Unglücksfalles, der auch durch ein Erdbeben verursacht sein kann, mit ein. Das Erdbebenrisiko, das sowohl ein Risiko für die Bevölkerung als auch für die Energieversorgung darstellt, wird als eigenes Merkmal behandelt, da es auch als solches im Entscheidungsprozeß angesehen wurde. Das Risiko von Versorgungsstörungen meint unzureichende Erdgasbereitstellung durch eine das Angebot übersteigende Bedarfslage.

Tabelle 6.2: Parteien-/Interessensmatrix

Interessen		PARTEIEN									
		Bewerber	Regierung und Verwaltung							Andere	
			Bund			Staat			Kommunal		
		Western	FERC	ERA	OPSR	Gesetz-geber	CPUC	CCC	Gemeinde	Sierra Club	Anrainer
REGIONAL											
Luftverschmutzung	R_1		x			x	x			x	
LOKAL											
Lebensqualität und Umwelt:											
Landschaftsschutz	L_{11}		x			x	x	x	x	x	x
Meeresfischerei	L_{12}		x				x	x	x	x	x
Fremdenverkehr, Freizeit	L_{13}		x				x	x	x	x	x
Wirtschaftlicher Nutzen:											
Steuern, Geschäftseinnahmen	L_{21}								x		
Arbeitsplätze, kurzfr.	L_{22}					x			x		
Arbeitsplätze, langfr.	L_{23}					x			x		
Prestige	L_{26}								x		
Bevölkerungsrisiko:			x		x	x	x	x	x	x	x
aus Erdbeben	L_{43}		x		x	x					x
Beschäftigtenrisiko	L_5		x		x		x				x
VERBRAUCHER											
Gaspreis	C_2	x	x	x		x	x				
Versorgungsrisiko:											
aus erhöhtem Erdgasbedarf	C_{31}	x	x	x		x	x				
aus Ursprungsland	C_{32}	x		x		x	x				
wetterbedingt	C_{33}	x	x			x	x				
unfallbedingt	C_{34}	x	x			x	x				
aus Erdbeben	C_{35}	x	x			x	x				
BEWERBER											
Finanzieller Nutzen	A_1	x									
Verfügbarkeit der Ressourcen	A_2	x									
Image	A_3	x									

FERC: Bundesenergiekommission
ERA: Bundeswirtschaftsbehörde
OPSR: Bundesamt für die Sicherheit von Rohrleitungen
CPUC: Kalifornische Kommission für die öffentlichen Versorgungsbetriebe
CCC: Kalifornische Küstenkommission

Die in Tabelle 6.2 angekreuzten Interessen sind die Primärinteressen der Beteiligten. Natürlich umfaßte die Entscheidung über den LNG-Hafenstandort auch andere Aspekte, die den Akteuren wichtig waren, hier aber nicht als Hauptinteressen benannt werden. Diese "versteckten Anliegen", die einzelne Parteien zu bestimmten Schritten bewegt haben mögen, werden, wenn sie nicht ausdrücklich als Argumente in den Entscheidungsprozeß eingebracht wurden, hier nicht als vordringliche Interessen betrachtet.

In Übereinstimmung mit den einzelstaatlichen Verfahrensvorschriften hatte Western bei der Bundesregierung um die Einfuhrgenehmigung für Point Conception angesucht. Damals (1978) wurde die bundesweite Erdgaspolitik durch den National Gas Policy Act (NGPA) bestimmt, durch welchen hinderlich gewordene Verkaufsbestimmungen für den Markt zwischen den Bundesstaaten beseitigt, die Preise für den preisgeregelten zwischenstaatlichen Markt und bis zu einem gewissen Grad für die vom Bund nicht preisgeregelten einzelstaatlichen Märkte festgelegt und - während die Verteuerung früher entdeckter Gasvorräte angehalten wurde - Anreize für risikoreiche Versuchsbohrungen geschaffen werden sollten (12). Die erste Verantwortung für die Durchführung und Überwachung des Gesetzes lag bei der (neuen) Bundesenergiebehörde, der Federal Energy Regulatory Commission (FERC), während Einfuhrgenehmigungen auch weiterhin von der Economic Regulatory Administration (ERA), der Bundeswirtschaftsbehörde, zu erteilen waren. Da beide dem neugegründeten Energieministerium (Department of Energy, DOE) zugehörig waren, wurde die Akte PacIndonesia einfach von der ERA, die die kalifornische Einfuhr von Flüssigerdgas genehmigte (13), zur FERC weitergeleitet, welche ihrerseits daraufhin eine umfangreiche Studie über die Umwelteinwirkungen des Vorhabens durchführen ließ. Obwohl man dann in der FERC Oxnard den Vorzug gab, entschied man sich doch für Point Conception, um einer weiteren Konfrontation mit dem kalifornischen Gesetzgeber aus dem Weg zu gehen.

- D-Runde

Mit der Begründung, daß zusätzliche Informationen über die Erdbebengefahr für Point Conception zu prüfen seien und da die Diskussion über den kalifornischen Bedarf an Flüssigerdgas anhielt, erhoben Projektgegner auf Bundesebene Einspruch gegen die Entscheidung der FERC. Das Berufungsgericht in Washington, D.C., berief den Fall zurück an die Bundesenergiebehörde mit der Aufforderung, nach neuerlicher Prüfung der Sache im Lichte der hinzugekommenen seismischen Daten eine Entscheidung zu treffen (15). Die FERC und die CPUC veranstalteten gemeinsam Anhörungen zum Erdbebenrisiko für den Standort Point Conception und letztere entschied daraufhin, daß die Risiken ausreichend gering waren, um den Bau der Anlage zuzulassen (16). Außerdem wollte die CPUC aber allen Anschein nach noch weitere Anhörungen zur Klärung der Notwendigkeit der Anlage für den kalifornischen Flüssigerdgasbedarf veranstalten. Diese werden wohl nicht mehr nötig sein, nachdem die Versorgungsunternehmen ihrerseits bereits angekündigt haben, daß sie den Anlandehafen in nächster Zukunft nicht errichten werden, sich aber für den weiteren Bedarfsfall die Option zum Bau des Terminals - vielleicht in den neunziger Jahren - offenhalten wollen.

Die zwei wichtigsten Entscheidungen der A-Runde sind am Schluß der Tabelle 6.3(*a*) angeführt. Zum ersten ließ die CCC durchblicken, daß sie wahrscheinlich wegen verschiedener Bedenken hinsichtlich des Bevölkerungsrisikos Point Conception vor den anderen, nahe an Ballungszentren gelegenen Standorten den Vorzug geben werde. Diese Entscheidung kam erst nach langen, schwierigen Beratungen innerhalb der Kommission - die für den Schutz der Küstenlandschaft und nicht für die Herabsetzung des Risikos für die Bewohner der verbauten Gebiete verantwortlich war - zustande. An dieser Entscheidung sieht man, wie schwer es ist, Trade-offs zu rechtfertigen, bei welchen Menschen ausdrücklich einem Sicherheitsrisiko ausgesetzt werden. Entgegen ihren eigenen Interessen empfahl die kalifornische Küstenkommission daher dem Antragsteller, mindestens einen weiter entfernt liegenden Standort in Erwägung zu ziehen, da sie allen anderen ihre Zustimmung verweigern würde.

Zum zweiten ließ die Bundesenergiebehörde (FERC) durchblicken, daß sie, da kurz vorher im Bereich von Los Angeles eine Erdbebenfalte festgestellt worden war, die sie als ein nicht zumutbares Risiko betrachtete, der Errichtung eines Terminals an diesem Ort nicht zustimmen würde - ohne aber klarzustellen, was unter einem unzumutbaren Risiko zu verstehen war. Anders als in vielen anderen Standortfragen hielt der Stadtrat von Los Angeles seinerseits, auch nachdem er das seismische Risiko geprüft hatte, seine positive Haltung gegenüber dem Hafenprojekt aufrecht. Diese Umkehrung der Interessen, bei welcher ein Standort auf lokaler Ebene gewünscht, aber auf nationaler Ebene abgelehnt wird, ist bezeichnend für die Bedeutung der politischen und wirtschaftlichen Faktoren im vorliegenden Fall. Den Stadtvätern erschienen die daraus möglicherweise entstehenden ökonomischen Vorteile für den Hafen von Los Angeles, der dringend neuer industrieller Anreize bedurfte, wichtiger - vor allem aus einer kurzfristigen, politischen Sicht, aus der ihre Wiederwahl hauptsächlich von wirtschaftlichen Überlegungen abhängig zu sein schien. Den Bundesbehörden wiederum wäre es angesichts der anderen, weniger risikoreichen Alternativen schwergefallen, Los Angeles als Standort zu befürworten.

In dieser Runde ging es nur um eine begrenzte Anzahl von Themen. Der Entscheidungsprozeß kam durch einen Antrag der kalifornischen Industrie auf Prüfung dreier im voraus ausgewählter Terminalstandorte ins Rollen und nicht etwa durch eine breit angelegte, in Washington angeregte Frage der nationalen Energiepolitik. Die Bedeutung eines Prozesses, in dem die Industrie *als erste* die Initiative ergreift, indem sie die Auswahl der Themen für die Entscheidungsdebatte bestimmte, kann nicht stark genug hervorgehoben werden. In den anfangs vorgetragenen Plänen wurde die Fragestellung so formuliert: Sollen die vorgeschlagenen Standorte bewilligt werden? und *nicht* etwa als Frage, ob Kalifornien angesichts anderer Alternativen, der dabei entstehenden Kosten, der Risiken, etc. überhaupt über einen LNG-Anlandehafen verfügen sollte. In der ersten Formulierung war die Frage der "Notwendigkeit" ebenfalls angeschnitten, doch so, daß sie nur im Zusammenhang mit einem Antrag auf Standortbestimmung betrachtet werden konnte.

Tabelle 6.3 beschreibt weiters die wichtigsten Parteien und ihre Interaktionen in der A-Runde. Die Akteure mit formaler Entscheidungsgewalt sind dabei mit einem Kreuz (+) gekennzeichnet. Zu den Hauptinteressen, die in der folgenden Debatte eine Rolle spielten, gehören die Frage nach dem Bedarf an Flüssigerdgas, das Versorgungsrisiko, die Flächennutzung und die Risiken für die Gesundheit und Sicherheit der örtlichen Bevölkerung. Der Bedarf an LNG bzw. das Versorgungsrisiko (C_{31} - C_{35}) sprachen für die Errichtung eines Importhafens an mindestens einem der drei Orte. Bedingt durch Umweltfaktoren und aus Gründen des Landschaftsschutzes (L_{11}) schien ein nichtentlegener Standort (Los Angeles oder Oxnard) günstiger, während ein entlegener (Point Conception) wegen der geringen Risiken für die Bevölkerung (L_4) eher sinnvoll erschien. Schließlich führte die Sorge über mögliche Erdbeben zum Widerstand gegen den - wie sich herausstellte - auf einer nicht unbedeutenden Erdbebenfalte gelegenen Standort bei Los Angeles.

Tabelle 6.3 geht auch im einzelnen auf die Interessen ein, die die Hauptakteure als *Argumente* in der Interaktionsphase in der A-Runde benützten. Diese Anliegen sind unbedingt von den Attributen in Tabelle 6.2, an welchen den Parteien am meisten gelegen war, zu unterscheiden. So spielten beispielsweise sowohl finanzielle Überlegungen als auch das Versorgungsrisiko für den Antragsteller eine wichtige Rolle, in seiner Argumentation für jeden einzelnen der drei Standorte lag seine Betonung aber *immer* nur auf der Frage des Versorgungsrisikos.

Dazu ein Beispiel. Die FERC, der Gesetzgeber des Staates Kalifornien und die CPUC waren an den Wünschen der Konsumenten sowie an Fragen der Umwelt- und Lebensqualität und des Risikos interessiert. Das Interesse der ERA andererseits war aufgrund des ihr zugewiesenen Aufgabenbereiches auf Preisfragen und fallspezifische Formen des Versorgungsrisikos beschränkt. Das Office of Pipeline Safety Regulation (OPSR) war in seiner Funktion als technische Aufsichtsbehörde auf die Behandlung bestimmter Anlagenplanungsdetails festgelegt, während es ausdrücklich die Aufgabe der CCC war, für den Schutz der Naturschönheit der kalifornischen Küstenlandschaft einzutreten, obwohl sie sich auch in Fragen des Bevölkerungsrisikos angesprochen fühlte. Die Kommunalbehörden und die Western zeigten naturgegebenermaßen für jene Gesichtspunkte, die sie beziehungsweise ihre Wähler und Konsumenten direkt betrafen, besonderes Interesse, obwohl ihnen auch die Versorgungssicherheit ein Anliegen war. Während der Sierra Club sich für Fragen der Umwelt und des Risikos für die Bevölkerung einsetzte, konzentrierten sich die benachbarten Bewohner auf die Qualität der örtlichen Umwelt und auf das Risiko, dem sie als Ortsansässige und Arbeitnehmer im Unglücksfall ausgesetzt wären.

DAS MAMP-RAHMENMODELL

Der folgende Abschnitt setzt sich im Rahmen des mehrdimensionalen Vielgruppenmodells MAMP eingehend mit dem Entscheidungsprozeß und seinen vier Handlungsrunden auseinander. Die Hauptelemente dieser Runden sind in Tabelle 6.3 angeführt.

Der Bewilligungsantrag gab Anstoß zu zwei zentralen Fragen, die den Rahmen für die Fragestellung der A-Runde absteckten: Braucht Kalifornien Flüssigerdgas? Und wenn ja, welcher der vorgeschlagenen Standorte ist für das Hafenprojekt geeignet?

Die C-Runde ist ein beachtenswertes Beispiel für einen demokratischen Prozeß zur Standortbestimmung einer technischen Einrichtung. Die kalifornische Küstenkommission hielt mit den Küstenbewohnern unzählige Versammlungen ab und rief die Bürger des Bundesstaates auf, ihre Vorschläge zu dem Vorhaben zu machen. Wenn auch die Berechtigung der Forderung nach Einbeziehung des vom Antragsteller vorgesehenen Standorts in die Reihung, die dann an die CPUC weitergegeben wurde, in Frage gestellt werden kann, so gibt dieses Vorgehen doch ein gutes Beispiel für ein partizipatorisches Modell der Standortwahl ab.

Tabelle 6.3: Anwendung des MAMP-Rahmenmodells auf den LNG-Entscheidungsprozeß in den USA
(a) A-Runde: September 1974–Juli 1977

I PROBLEMSTELLUNG

Annahmen: Die Einfuhr von Flüssigerdgas aus Indonesien und Alaska nach Kalifornien ist technisch machbar.

Fragen: (1) Braucht Kalifornien LNG?

(2) Wenn ja, welcher der (für die Errichtung eines LNG-Anlandehafens) vorgeschlagenen Standorte ist dafür geeignet?

Einschränkende Verfahrensbestimmungen:

Es gibt ein auf Erfahrungen mit kleineren und/oder weniger neuen Anlagen gegründetes routinemäßiges Standortbestimmungsverfahren.

Einschränkung der Ergebnisse:

Ein bereits unterzeichneter Erdgasvertrag macht eine zeitgerechte Standortwahl erforderlich.

II EINLEITUNG

Western beantragt bei der FPC die Bewilligung für 3 Standorte: Point Conception (PC), Oxnard (OX) und Los Angeles (LA). (1) [a]

III INTERAKTION

Partei	Standpunkt	Begründung
Western	Für PC, OX und LA	Kleinstmögliches Versorgungsrisiko (C_{31}). *Geringes Bevölkerungsrisiko** (L_4).
FPC (FERC)[+]	Für PC und OX, aber gegen LA	Kleinstmögliches Versorgungsrisiko (C_{31}). *Hohes Bevölkerungsrisiko wegen Erdbebenfalte bei LA** (L_{43}).
CEC	Gegen PC, OX und LA	Geringes Versorgungsrisiko (C_{31}).
CCC[+]	Gegen OX und PC, zieht aber PC, OX vor	Hohes Bevölkerungsrisiko (L_4). Umweltqualität, Landschaftsschutz (L_{11}).
Stadtrat von LA[+]	Für LA	Steuern (L_{21}). *Kein Bevölkerungsrisiko* (L_4).
Stadtrat von OX	Für OX (?)	Steuern (L_{21}). *Geringes Bevölkerungsrisiko* (L_4) (?).
Kreis Santa Barbara	Gegen PC (?)	Umweltqualität (L_{11}).
Anrainer in PC	Gegen PC	Umweltqualität (L_{11}).
Bürger von OX	Gegen OX	*Hohes Bevölkerungsrisiko** (L_4).
Anrainer in LA	Gegen LA	*Hohes Bevölkerungsrisiko** (L_4).
Sierra Club	Gegen PC und LA, für OX	Umweltqualität (L_{11}). Umweltqualität, Luftverschmutzung (R_1). *Geringes Bevölkerungsrisiko in OX* (L_4). *Hohes Bevölkerungsrisiko in LA* (L_4).

IV SCHLUSSFOLGERUNGEN

Hauptentscheidungen

(1) CCC gibt PC den Vorzug vor OX und empfiehlt Western, sich auf PC zu konzentrieren. (4)
Verfahren: behördenintern, 12 Präsidialmitglieder der Kommission.
Haupt-Trade-off: Bevölkerungsrisiko geht vor Umweltqualität (Landschaftsschutz).

(2) FPC-intern gegen LA wegen Erdbebenrisiko. (5)
Verfahren: Standpunkt intern ausgearbeitet, aber nicht öffentlich vorgetragen.
Haupt-Trade-off: Erdbebenrisiko für die Bevölkerung geht vor Versorgungsrisiko.

Bewerber sieht sich in einer Pattsituation, daß nämlich keiner der Standorte ohne größere Verzögerungen bewilligt werden kann. (6)

[+]bedeutet Entscheidungsgewalt.
*bedeutet Unterstützung des Arguments durch Risikoanalyse.
(?) Haltung unklar.
Kursiv Gedrucktes hebt Zusammenhang mit Bevölkerungsrisiko hervor.
[a] Ziffern in Kreisen beziehen sich in allen Teilen dieser Tabelle auf das PERT-Diagramm in Bild 6.3.

Tabelle 6.3 (Fortsetzung): Anwendung des MAMP-Rahmenmodells auf den LNG-Entscheidungsprozeß in den USA
(b) B-Runde: Juli 1977–September/Oktober 1977

I PROBLEMSTELLUNG

Annahmen: Es ist für Western schwierig, wenn nicht unmöglich, im Rahmen der derzeit gültigen Verfahren die Bewilligung für einen Standort zu erhalten.

Fragen: (1) Wie soll der Bedarf an LNG ermittelt werden?
(2) Wenn dieser festgestellt wird, welche verfahrensmäßigen Änderungen sind für die Bewilligung der Errichtung eines LNG-Anlandehafens erforderlich?

II EINLEITUNG

Western, die Versorgungsunternehmen, die Wirtschaft und die Gewerkschaften üben auf den staatlichen Gesetzgeber Druck aus, ein Gesetz zu verabschieden, das die Durchführung eines den Erfordernissen der Wahl des Standorts für einen LNG-Terminal besser entsprechenden Bewilligungsverfahrens vorsieht. ⑦

III INTERAKTION

Partei	Standpunkt	Begründung
Senator Alquist	Für OX	Geringstes Versorgungsrisiko (C_{31}).
CPUC, Western, Wirtschaft, Gewerkschaften	Für OX	Geringstes Risiko mangelnder Bedarfsdeckung (C_{31}).
Abgeordneter Goggins	Gegen OX und für Standort vor der Küste	*Hohes Bevölkerungsrisiko** (L_4).
CCC	Gegen OX und für Standort vor der Küste	*Hohes Bevölkerungsrisiko* (L_4). Umweltqualität, Landschaftsschutz (L_{11}).

IV SCHLUSSFOLGERUNGEN

Hauptentscheidungen

(3) Der staatliche Gesetzgeber verabschiedet das Gesetz über die Standortbestimmung von LNG-Hafenanlagen (SB1081). ⑧
Verfahren: Grundsätze in geschlossenen Sitzungen erarbeitet, Entwurf (Sierra Club nicht miteinbezogen). Parlamentarische Abstimmung.
Das Gesetz, aus dem hervorgeht, daß Kalifornien einen LNG-Anlandehafen braucht, erfordert ein beschleunigtes Standortbestimmungsverfahren, bei dem die Reihung der Standorte durch die CCC erfolgt und die CPUC aufgrund dieser Reihung ihre Wahl trifft (einstufiges Verfahren). Weiters darf der Standort nicht vor der Küste liegen, sondern muß entlegen sein.

Merkmale des Gesetzes	*Damit zusammenhängende Trade-offs*
Beschleunigte Standortbestimmung	Wirtschaftliche Gesundheit vor Umweltqualität, kommunaler Autonomie
Einstufenverfahren	Kohärente Politik, Versorgungsrisiko vor kommunaler Autonomie
CPUC ist einzige Genehmigungsbehörde	Versorgungsrisiko vor Umweltqualität.
Kein Standort vor der Küste	Versorgungsrisiko vor Umweltqualität.
Standort muß entlegen sein	Bevölkerungsrisiko vor Umweltqualität.

Tabelle 6.3 (Fortsetzung): Anwendung des MAMP-Rahmenmodells auf den LNG-Entscheidungsprozeß in den USA
(c) C-Runde: September/Oktober 1977–April 1981

I PROBLEMSTELLUNG

Annahmen: (1) Kalifornien braucht einen LNG-Anlandehafen.
(2) Die Standortwahl hat gemäß den in SB1081 genannten Verfahren zu erfolgen.

Frage: Welcher Standort ist geeignet?

Einschränkende Verfahrensbestimmungen:
Laut SB1081 muß die CPUC unter gewissen Bedingungen bis 31. Juli 1978 aus der Reihung der CCC einen Standort wählen.

Einschränkung der Ergebnisse:
Es muß sich um einen entlegenen Standort auf dem Lande handeln.

II EINLEITUNG

Der Bewerber reicht um Bewilligung für den Standort Point Conception ein (formal sind beide Anträge für PC und OX auf Bundesebene aufrecht). (9)

III INTERAKTION

Partei	Standpunkt	Begründung
Western	Für PC	Geringstmögliches Versorgungsrisiko (C_{31}). Kein Erdbebenrisiko (C_{34}).
ERA	Bewilligt Import über PC	Geringstmögliches Versorgungsrisiko (C_{31}). Verbesserung der Luftqualität (R_1). Kein Erdbebenrisiko (L_{43}).
FERC+	Für OX	Verringert Umweltqualität nicht (L_{11}). *Geringes Bevölkerungsrisiko für OX* (L_4).
	Für PC	Konfrontation Bundesstaat-Bund vermeiden.
CCC	Setzt PC an 3. von 4 Stellen	Verringert Umweltqualität von PC (L_{11}).
CPUC+	Für PC	Verringerung des Versorgungsrisikos (C_{31}).
Anrainer von PC	Gegen PC	Hohes Erdbebenrisiko (L_{43}). Verringert Umweltqualität (L_{11}).
Sierra Club	Gegen PC	Hohes Erdbebenrisiko (L_{43}). Verringert Umweltqualität (L_{11}).

IV SCHLUSSFOLGERUNGEN

FERC und CPUC werden weitere Erdbebendaten prüfen. (16)

Hauptentscheidungen

(4) CCC gibt PC von 4 Plätzen die 3. Stelle. (10)
Verfahren: nichtgerichtliche, öffentlich zugängliche Anhörungen. Entscheidende Abstimmung durch zwölfköpfiges Kommissionspräsidium.
Haupt-Trade-off: Umweltqualität und Erdbebenrisiko gehen vor Versorgungsrisiko.

(5) CPUC wählt PC unter der Bedingung zusätzlicher Daten, etc. (11)
Verfahren: quasi-judizielle Anhörung.
Haupt-Trade-off: Versorgungsrisiko geht vor Umweltqualität und Erdbebenrisiko.

(6) ERA bewilligt Einfuhr. (13)
Verfahren: geschlossene Anhörung, Beratung.
Haupt-Trade-off: zumutbares erdbebenbedingtes Versorgungsrisiko.

(7) FERC bewilligt PC. (14)
Verfahren: quasi-judizielle Anhörung.
Haupt-Trade-off: akzeptiert Verlust an Umweltqualität (Landschaftsschutz).

(8) Berufungsgericht Washington D.C. beruft Fall zurück an die FERC zur Prüfung zusätzlicher Erdbebendaten. (15)
Verfahren: gerichtliche Anhörung nach Eingabe.
Haupt-Trade-off: zusätzliche Erdbebendaten vor Verzögerung und bedarfsmäßigem Versorgungsrisiko.

Tabelle 6.3 (Fortsetzung): Anwendung des MAMP-Rahmenmodells auf den LNG-Entscheidungsprozeß in den USA
(d) D-Runde: April 1981–Ende 1982

I PROBLEMSTELLUNG

Annahmen: (1) In Verfahren auf einzelstaatlicher und nationaler Ebene wurde Point Conception unter den Voraussetzungen eines zumutbaren Erdbebenrisikos als Standort gewählt.

(2) Die Entscheidung der FERC zugunsten von PC wird durch die Forderung des Bundesumweltschutzgesetzes (NEPA) nach Wahl der besten Alternative nicht beeinträchtigt.

Frage: Ist Point Conception erdbebensicher? Wenn ja, sollte der Standort angesichts des geringeren Erdgasbedarfs Kaliforniens endgültig bewilligt werden?

Einschränkende Verfahrensbestimmungen:

Wird Point Conception nicht bewilligt, so kann das Verfahren nur unter beträchtlichen Kosten von den Bundesbehörden wiedereröffnet werden.

II EINLEITUNG

Die CPUC und das Bundesgericht verlangen weitere Beratungen zur Prüfung neuer Erdbebendaten. (15)

III SCHLUSSFOLGERUNGEN

Zur Zeit der Berichterstattung wird der Standort vom Untersuchungsausschuß der CPUC für Erdbebenrisiken als erdbebensicher beurteilt, (16) und die CPUC und FERC veranstalten gemeinsame Anhörungen zum Erdbebenrisiko von Point Conception. Dessen ungeachtet geben die Energieversorgungsunternehmen die Verschiebung des Errichtungsvorhabens wegen der anscheinend ausreichenden Erdgasversorgung Kaliforniens bis zu einem unbestimmten Zeitpunkt bekannt. (17)

Die D-Runde war zum Zeitpunkt der Berichterstattung noch nicht abgeschlossen. Wie aus Tabelle 6.3(*d*) ersichtlich, war die einleitende Handlung dieser Runde durch die Ereignisse in der C-Runde vorausbestimmt, sodaß sich ganz einfach nur die Alternative einer positiven bzw. negativen Entscheidung in der Frage der Erdbebensicherheit von Point Conception stellte. Darüber hinaus war den nationalen und staatlichen Behörden durch die Wiedereröffnung des Erörterungsverfahrens von neuem Gelegenheit zur Prüfung der Bedarfsfrage gegeben. Derzeit sind nur zwei Parteien, die Bundesenergiebehörde (FERC) und die kalifornische Kommission für die öffentlichen Versorgungsbetriebe (CPUC) an dem Entscheidungsprozeß aktiv beteiligt. Der von der CPUC neu geschaffene Untersuchungsausschuß zur Prüfung der Erdbebengefahren kam nun zu dem Schluß, daß der sichere Betrieb einer LNG-Hafenanlage am Standort Point Conception möglich ist. Dessenungeachtet ist aber mit der Veranstaltung weiterer Anhörungen in dieser Frage durch die CPUC zu rechnen.

Das Problem wurde in dieser Runde zunächst in die folgenden Fragen umformuliert: Wie ist der Bedarf an Flüssigerdgas festzustellen? Und, sollte tatsächlich Bedarf herrschen, nach welchen Verfahren ist dann ein geeigneter Standort zu ermitteln? Der Beginn dieser Runde wurde demnach durch den Zeitpunkt bestimmt, zu dem die Energieversorgungsunternehmen, die Geschäftswelt und die Gewerkschaften auf den Gesetzgeber in Kalifornien Druck auszuüben begannen, um eine Änderung des

Standortverfahrens zu erreichen. Tabelle 6.3(*b*) beschreibt genau die verschiedenen Möglichkeiten, die der Debatte um die einzelnen Teile der Gesetzesvorlage SB1081 zugrundelagen.

Die B-Runde unterscheidet sich von den anderen Runden vor allem durch den Ort des Geschehens. Während sich hier alles an einem einzigen Ort und zwar im Bereich der staatlichen Gesetzgebung von Kalifornien abspielte, erfolgten die Interaktionen in den anderen drei Runden im Rahmen verschiedenster Anhörungen und Erörterungen, öffentlicher Stellungnahmen, u.s.w. Die Debatte in dieser Runde läßt sich - stark vereinfacht - als (Konflikt) zwischen den Projektbefürwortern bzw. deren Interessen, die durch Senator Alquist vertreten wurden, und den Umweltschützerinteressen in der Person des kalifornischen Parlamentsabgeordneten Goggins darstellen. Der Behandlung der Sache im Senat ging ein beträchtliches Ausmaß an versuchter Einflußnahme durch Lobbies - und untrennbar damit verbunden - das Wirksamwerden einer Reihe von "versteckten Absichten und Plänen" voraus. Beachtenswert an dieser Runde ist unter anderem die Tatsache, daß der Sierra Club, der sich gegen die Errichtung einer solchen Anlage an einem entlegenen Standort zu Lande ausgesprochen hatte, am Zustandekommen des endgültigen Kompromisses nicht teilhatte.

Durch die Verabschiedung des Gesetzes über die Standortbestimmung von LNG-Hafenanlagen (LNG-Terminal Siting Act 1977) waren ein neues Verfahren zur Ermittlung eines zumutbaren Standortes geschaffen und die Bedingungen für eine weitere Diskussionsrunde im Entscheidungsprozeß (siehe Tabelle 6.3*c*) mit der Fragestellung nach dem geeigneten Standort gegeben. Mit der Einreichung für den Standort Point Conception gab Western den Auftakt zur C-Runde.

Ganz anders war es um den Standort Oxnard bestellt, wo die Rechtfertigung der bundesbehördlichen Zustimmung auf einer internen Risikoermittlung, derzufolge die Unfallswahrscheinlichkeit gering und daher vertretbar erschien, basiert. Auch die wirtschaftlichen Vorzeichen waren in diesem Fall völlig andere, da Oxnard einen Anlandehafen weit weniger dringend brauchte als Los Angeles und außerdem sich in der Nähe des vorgesehenen Standorts eine Wohnsiedlung von Bürgern der Mittelschicht befand. Unter diesen Umständen war die Risikoermittlung, die der Stadtrat von Oxnard beauftragt hatte, entscheidend. Die Störfallszenarien, nach denen im Katastrophenfall möglicherweise 70.000 Bürger der Stadt Opfer einer Flüssigerdgaswolke würden, boten der gegnerischen Argumentation reichlich Nahrung. Tatsächlich kam es aber nie zur Abstimmung im Stadtrat für oder gegen das Vorhaben, da sich die staatlichen

Behörden von anderer Seite zu Änderungen des Standortbewilligungsverfahrens gedrängt sahen.

Allen Beteiligten war klar, daß es für den Antragsteller schwierig, wenn nicht überhaupt unmöglich war, im Rahmen der damals in Kalifornien geltenden Bewilligungsverfahren die Zustimmung zu einem Standort zu erhalten, gab es doch - wie sich anhand der diesbezüglichen Reaktionen auf Bundes-, bundesstaatlicher und kommunaler Ebene zeigen läßt - die Möglichkeit der Blockierung jedes Projektes durch die Behörden auf allen drei Ebenen. Unter solchen Umständen versuchen die interessierten Parteien häufig, die Spielregeln zu ändern, anstatt innerhalb der bestehenden Prozeßgrenzen zu operieren (siehe Majone 1979). Somit kann die für die Interaktionen in der A-Runde typische Pattsituation als Wegbereiter für den folgenden, als Interaktionsrunde B bezeichneten Abschnitt im Entscheidungsprozeß verstanden werden.

Dieses Verhalten läßt sich übrigens ganz im Sinne des Prozesses, wie ihn Braybrooke (1978) beschreibt, verstehen, welcher darauf hinweist, daß Entscheidungsfragen oft einem Wandel in der Zeit unterliegen. Die B-Runde ist in der Tat ein gutes Beispiel dafür.

Mit Hilfe des MAMP-Rahmenmodells wurde (vor allem) der sequentielle Charakter des Prozesses zur Standortwahl eines LNG-Terminals in Kalifornien beleuchtet. Die wichtigsten Entscheidungen und die Trade-offs, welche diese explizit oder implizit bedingten, sind jeweils am Ende der Beschreibung der Prozeßrunden in Tabelle 6.3 angeführt. Daraus wird ersichtlich, wie bestimmte vorangegangene Entscheidungen den später vorhandenen Handlungsspielraum einengten. So ging beispielsweise im Laufe des Entscheidungsprozesses der kalifornische Bedarf an importiertem Erdgas beträchtlich zurück, doch waren die Beteiligten, die sich durch bestimmte frühere Entscheidungen festgelegt sahen, nicht in der Lage, dieser Bedarfsänderung Rechnung zu tragen und widmeten sich statt dessen ohne besondere Eile der Untersuchung seismischer Daten. Dieses Vorgehen ist beispielhaft für sogenanntes Nichtentscheidungsverhalten, bei dem bestehende politisch-administrative Institutionen und Verfahren von den interessierten Parteien gezielt zur Einengung des Handlungsspielraumes benützt werden.

Ein zweites Beispiel für unerwünschte Auswirkungen, die sich aus den Zwängen der Entscheidungsabfolge ergeben können, hat mit den geplanten und tatsächlichen Folgewirkungen des Vorhabens auf die über den Terminal umschlagbare Erdgasliefermenge zu tun. Der ursprüngliche Antrag lautete auf drei voneinander unabhängige Standorte mit jeweils großer Lagerkapazität. Im Laufe des Entscheidungsprozesses fiel die Zahl der Standorte von drei auf einen und die der Lagertanks von jeweils vier auf zwei. Durch diese Konzentration des Lagervolumens auf einen kleineren Raum und durch die Möglichkeit wetter- oder unfallbedingter Lieferausfälle wurde die Liefersicherheit noch unter das in dem ersten Antrag der Western vorgesehene Ausmaß gesenkt. Diese Änderung war nicht etwa das Ergebnis einer Systemanalyse des Bewerbers, sondern entstand durch den Abfolgecharakter des Entscheidungsprozesses.

ABSCHLIESSENDE BEMERKUNGEN

Bei der Erörterung von Standortfragen ist es wichtig zu unterscheiden, ob es darum geht, *ob* (überhaupt) eine Anlage da oder dort gebaut werden soll, oder ob zu klären ist, *wo* diese zu errichten ist. Die Anlagenerrichtung an sich wird letztlich von den nationalen (regionalen) Interessen oder Zielsetzungen bestimmt. Dabei werden in der Energiedebatte oft Grenzen gezogen zwischen zwei verschiedenen Zielvorstellungen: einer großtechnologischen Richtung einerseits mit hohen Wirtschaftswachstumsraten und einer zentralisierten Entscheidungsebene und einer kleintechnologischen Richtung andererseits, die soweit wie möglich erneuerbare Ressourcen und Recyclingverfahren einsetzt und durch Nullwachstum und eine dezentralisierte Entscheidungsfindung gekennzeichnet ist. Wie der Konflikt zwischen den beiden Stoßrichtungen beigelegt wird, hängt vom jeweiligen politischen System ab, d.h., von der Art und Weise, auf welche in diesem durch die Interaktionen verschiedener Interessensgruppierungen nationale politische Ziele festgelegt und verwirklicht werden. Im Fall der kalifornischen Kontroverse in Sachen LNG handelte es sich bei diesen interessierten Parteien um die Industrie bzw. die kalifornischen Energieversorgungsunternehmen, die nationale, staatliche und kommunale Verwaltung, organisierte Bürgerbewegungen und nicht organisierte Konsumenten und weiters um diejenigen, die aus einer unberührten Küstenlandschaft Nutzen ziehen und solche, denen ein *generelles* Wirtschaftswachstum Vorteile (oder auch keine Vorteile) bringt. Wie der politisch (-administrative) Entscheidungsprozeß sich in den Augen der Parteien darstellt, ist eine grundsätzliche Frage mit unmittelbarer Bedeutung für den Großteil der nachstehenden Überlegungen.

Ein wesentlicher Aspekt ist die *Ausrichtung* des Entscheidungsprozesses. In den USA wird der Anstoß zu Projekten auf dem Energiesektor meist durch die Industrie gegeben, während Vorhaben auf dem Transportsektor

(Straßenbau, u.s.w.) von der Regierung geplant und nach einem Wettbewerb der Anbieter von privaten Unternehmern realisiert werden. Dabei scheint eine gemischte Unternehmertätigkeit der öffentlichen Hand und der Privatindustrie, in der die Vorteile der Privatwirtschaft und die Vorzüge nationaler Planungsmaßnahmen einander sinnvoll ergänzen, erstrebenswert. Bei der Energieversorgung geht es nicht zuletzt auch um die Frage, ob in Abwesenheit eines kohärenten nationalen Energieplanes breitere nationale Zielsetzungen (überhaupt) erreicht werden können.

Dieses Ergebnis ist im Zusammenhang mit der Funktion von Risikountersuchungen im politischen Prozeß von besonderer Bedeutung. Nicht von ungefähr wurden die im vorliegenden Entscheidungsfall verwendeten Risikoermittlungen, aus denen der Auftraggeber doch über die Sicherheit des jeweiligen Projektes Aufschluß erhalten sollte, zum gegebenen Zeitpunkt fast ausnahmslos zur Festigung des Parteienstandpunkts benützt. Deswegen bestand auch für den Ersteller der Analyse vielfach ein deutlicher Anreiz, seine Ergebnisse so überzeugend und suggestiv wie möglich darzustellen. Das erklärt auch, warum die Analytiker ihrerseits eine Erörterung der Unsicherheit ihrer Untersuchungsergebnisse eher vermieden und zur besseren Verdeutlichung bestimmter Aspekte des LNG-Gefahrenpotentials eine entsprechend geeignete Form der Präsentation wählten.

Außerdem ergibt sich durch den Abfolgecharakter der derzeitigen Entscheidungsverfahren, durch den die Möglichkeiten für umfassende Analysen beschränkt werden, das Fehlen einer breiteren systematischen Risikobewertung, in die die Risikoermittlungen Eingang finden könnten. Letztere setzen sich entweder mit einem eng definierten Teilproblem eines noch schlechter beschriebenen Problemkreises auseinander oder versuchen, nach Einschränkung anderer Variablen durch bestimmte Vorentscheidungen eine eng abgesteckte Frage anzugehen. Im besonderen Fall dienten die Risikoermittlungen nicht als Input für eine breiter angelegte Analyse über Standorte für Energieanlagen in Kalifornien, sondern der Klärung, ob Standort X oder Standort Y bewilligt werden sollte. Da die A-Runde im kalifornischen Entscheidungsprozeß nicht nach diesen einengenden Gesichtspunkten ausgelegt war (damals ging es noch um die Frage, ob für einen LNG-Terminal überhaupt Bedarf bestand), waren die jeweiligen Analysen zur vollständigen, befriedigenden Beantwortung der angerissenen Fragen nur schlecht geeignet. Die Analysen zur Frage der Sicherheit waren zu früh in den Prozeß eingeführt worden, als noch höher einzuordnende Fragen der Energiepolitik einer Lösung harrten. Wenn die Standortfrage durch diese Risikoanalysen auch nicht umfassend geklärt werden konnte (sie waren auch nicht als Allheilmittel gedacht), so bildeten sie doch den Kristallisationspunkt der Sicherheitsdebatte[5]. Im Gegensatz dazu hatten die Untersuchungen zum Erdbebenrisiko in der D-Runde unmittelbar Bezug zur Kernfrage in dieser Runde, aber auch nur nach den vorherigen Beschränkung der meisten anderen Variablen in den Vorrunden, und auch hier fehlte eine umfassende Bewertung des Risikos.

Die Ergebnisse der Ermittlungen sind in höchst unterschiedlicher Form dargestellt. Die SAI-Studie gibt die größten anzunehmenden Unfälle und die dazugehörigen Wahrscheinlichkeiten tabellarisch an. Die Untersuchung der SES wiederum beschreibt Katastrophenszenarien in kartographischer Form unter Ortsangabe des wahrscheinlichen Auftretens von Todesfällen (schattierte Flächen), unterläßt aber die Angabe der Wahrscheinlichkeitswerte. Für die gegnerischen Parteien waren diese Ergebnisse Beweis dafür, daß der Terminal *nicht* als ein zumutbares Sicherheitsrisiko betrachtet werden kann. Der Stadtrat von Oxnard, der dem innerhalb seiner Gemeindegrenzen geplanten Standort ursprünglich positiv gegenübergestanden war, zog wahrscheinlich unter dem Einfluß der anscheinend gegebenen Risikounsicherheit und der Stärke der oppositionellen Gruppen seine Unterstützung des Vorhabens zurück (Ahern 1980). Insgesamt erbrachten die Risikoermittlungen nicht eine einzige umfassende Einschätzung der Akzeptabilität des Risikos eines LNG-Anlandehafens und die Interpretation der Ergebnisse unterlag dem jeweiligen Parteienstandpunkt (Lathrop 1980). Tatsächlich wurden die Studien sowohl zur Unterstützung wie auch zur Ablehnung der Bewilligungsanträge benützt.

Im Rahmen ihrer Untersuchung über die technischen Unterschiede zwischen den einzelnen Risikoermittlungen haben Lathrop und Linnerooth (1981) gezeigt, daß dem ingenieursmäßigen und dem analytischen Urteil darin viele Freiheitsgrade belassen werden hinsichtlich der Charakterisierung des Risikos, der Formate für die Ergebnisdarstellung, der durch Annahmen aufzufüllenden Lücken, der Auswahl unter den gegebenen widersprüchlichen Modellen des physikalischen Verhaltens, der Darstellung des Konfidenzgrades der Ergebnisse bzw. der aus der Analyse auszulassenden Eventualitäten. Aus dieser Freiheit der Analyse heraus, aufgrund derer das Risikomaß in jede Richtung verschoben werden kann, sind auch die Unterschiede zwischen den hier behandelten Ermittlungen zum

5. Es verwundert daher nicht, daß die A-Runde mit einem Patt endete. In der B-Runde, in der die staatliche Gesetzgebung im Mittelpunkt stand, wurde durch die Klärung der Notwendigkeit eines LNG-Hafenstandortes für Kalifornien die Fragestellung eingeengt und somit für wissenschaftliche Risikoermittlungen leichter erfaßbar gemacht.

LNG-Risiko zu verstehen. Unter Einbeziehung sehr konservativer Annahmen kann das Risiko zahlenmäßig vergrößert bzw. bei Außerachtlassen unbequemer Aspekte wie möglicher Sabotage entsprechend verkleinert werden. Eine klare Darstellung der Meinungsunterschiede zwischen Fachleuten kann jedoch das Vertrauen in die Ergebnisse schmälern. Die Endergebnisse können deshalb unter Umständen mit den Vorlieben des Analytikers genauso viel zu tun haben wie mit den physikalischen Meßwerten eines Standorts oder einer Technologie, je nach dem, was Gegenstand der Untersuchung ist.

DIE ROLLE DER RISIKOANALYSEN

Zu den am meisten hervorstechenden Eigenschaften des vorliegenden amerikanischen Entscheidungsprozesses gehört die bestimmende Rolle, die die Besorgnis über das öffentliche Sicherheitsrisiko dabei spielte. Tabelle 6.2 zeigt, daß das Bevölkerungsrisiko allen Hauptparteien - zwei Beteiligte ausgenommen - ein vordringliches Anliegen war, und in 14 von 22 Fällen zwischenparteilicher Kontakte (siehe die Beschreibung von Runde A bis C in Tabelle 6.3) wurde dieses Risiko (einschließlich des Erdbebenrisikos) als Primärargument benützt. In der D-Runde ging es fast ausschließlich um das Erdbebenrisiko.

Im Verlaufe der kalifornischen LNG-Debatte wurden von den Energieversorgungsunternehmen und den kommunalen, staatlichen und nationalen Stellen insgesamt sechs Untersuchungen zur Ermittlung der Sicherheitsrisiken der geplanten Hafenanlagen veranlaßt bzw. durchgeführt, von denen mehrere besonderes Interesse verdienen. Das bauwerbende Unternehmen Western betraute die Beraterfirma Science Applications, Inc. (SAI) mit der Ermittlung des Risikos des jeweiligen Anlagenstandortes, während die Bundesenergiebehörde (FPC bzw. FERC) ihre eigene Risikoanalyse beibrachte. Die in diesen Berichten genannten Zahlen für verschiedene wahrscheinlichkeitstheoretische Risikomaße (erwartete Todesfälle pro Jahr und Einzelwahrscheinlichkeit eines tödlichen Unfalls pro Jahr), die sehr niedrig sind, wurden so verstanden, daß das betreffende Risiko zumutbar sei. Eine von der Beraterfirma Socio-Economic Systems, Inc. (SES) für die Kommunalbehörden von Oxnard erstellte Risikoanalyse für diesen Standort sprach sich für ähnlich niedrige probabilistische Risikowerte aus (auch wenn die erwarteten Unfälle mit tödlichem Ausgang 300mal höher waren als die von SAI ermittelte Zahl). Nach dem Verständnis der SES war die wahrscheinlichkeitstheoretische Unsicherheit in den Sicherheitsaussagen zu groß, als daß man mit ausreichendem Vertrauen von einer geringen Unfallwahrscheinlichkeit der Anlage hätte sprechen können, und die Möglichkeit katastrophaler Konsequenzen eines solchen Unfalls wurde in der Studie aufgezeigt.

Daß man in Kalifornien ein Verfahren mit nur einer Genehmigungsbehörde eingeführt hat, ist das Ergebnis des Abwägens der Vorteile der Beteiligung der Öffentlichkeit bzw. der Zweckmäßigkeit des Genehmigungsverfahrens. Das Standortbestimmungsgesetz von 1977 sollte - unter teilweiser Vernachlässigung der Beteiligung der Öffentlichkeit - die behördliche Entscheidung über einen LNG-Anlandehafen ohne größeren Verzug gewährleisten. Durch die Festlegung beschränkter Siedlungsdichten und die ausschließliche Erfassung von Landanlagen hat dieses Gesetz zugunsten der größtmöglichen Sicherheit für die Allgemeinheit bzw. geringster Verzögerungen eine "effiziente" Erledigung der Standortentscheidungen vielleicht von vornherein unmöglich gemacht. Apropos "Effizienz" stellen wir hier die Frage, ob, wenn es diese einschränkenden Gesetzesbestimmungen nicht gegeben hätte, ein vielleicht in den Augen *aller* Betroffenen wünschenswerterer Standort ermittelt hätte werden können. Eine der anomalen Besonderheiten am kalifornischen Entscheidungsprozeß liegt darin, daß es einmal zur Befürwortung des Standortes Oxnard durch fast alle Parteien (einschließlich der Energieversorgungsunternehmen, des Sierra Clubs[6], der CPUC, der CEC und der FERC) gekommen war, dieser aber vom kalifornischen Gesetzgeber vornehmlich aufgrund (des Ergebnisses) einer Risikoermittlung über die möglichen katastrophalen Folgen eines Unfalls am Anlagenort ausgeschlossen wurde.

Die Dimension der katastrophalen Risiken von Flüssigerdgas kann daher als das entscheidende Moment in der Debatte um den Standort eines LNG-Anlandehafens in Kalifornien angesehen werden. Nach der obigen Hypothese wäre - wie dies von der Bundesenergiebehörde (FPC und FERC) empfohlen worden war - Oxnard als Standort gewählt worden, wenn nicht in dem Katastrophenszenario des Gutachtens der Beraterfirma SES die Möglichkeit der Entzündung einer Flüssigerdgaswolke über der Stadt in Betracht gezogen worden wäre. Nach Veröffentlichung dieses Berichtes nahm die Risikoaversion fast aller in Rede stehenden Verwaltungsstellen sowie auch der Öffentlichkeit erheblich zu. Ein Mitglied der kalifornischen Gesetzgebung soll die Äußerung getan haben, daß ein Terminal, durch den so viele Menschen umkommen können, einfach *nicht* gebaut werden *kann*. Auch schien diese Studie die Öffentlichkeit für die Risiken des LNG weit hellhöriger gemacht zu haben als eine vorher eingetretene Explosion eines Öltankers im Hafen von Los Angeles. Dieser Vor-

6. Im Frühjahr 1977 änderte der Sierra Club seine Haltung und trat nunmehr gegen den Standort Oxnard auf.

fall machte den Betroffenen klar, daß es auch wirklich zu Unfällen kommen kann, während der Bericht ihnen verdeutlichte, daß sogar ein Holocaust möglich ist.

Wird ein Vorhaben von der Industrie ins Auge gefaßt, noch bevor es von den Bundesplanungsbehörden erwogen wurde, so besteht die Gefahr der Beschneidung weiterer Entscheidungen, bis diese nur mehr Variationen des ursprünglichen Vorhabens in Kleinformat darstellen. Im kalifornischen Fall erhebt sich möglicherweise die Frage, ob das tatsächliche Vorgehen vor bzw. nach der Verabschiedung des Standortgesetzes im Jahre 1977 einer schöpferischen Betrachtungsweise aller Möglichkeiten förderlich war. War es beispielsweise notwendig, einen großen Terminal zu bauen oder wären auch mehrere Anlagen mit geringerer Lagerkapazität und einem entsprechend kleinerem Risiko in der Größenordnung einer wie in den Industriegebieten üblichen Spitzenbedarfsanlage möglich gewesen? Wurden aber auch die Möglichkeiten eines Standortes vor der Küste ausreichend geprüft?

Von noch unmittelbarerem Bezug für die Richtung der Entscheidungsprozeduren war das einstufige Genehmigungsverfahren. Vor 1977 mußte die Industrie noch bei vielen kommunalen Verwaltungsstellen Genehmigungen einholen, während nach dem Gesetz über die Standortbestimmung von LNG-Hafenanlagen (1977) eine (einzige) Behörde, nämlich die kalifornische Kommission für die öffentlichen Versorgungsbetriebe (CPUC), für die Standortgenehmigung zuständig war (die Bewilligung der Bundesbehörden war ebenfalls erforderlich, doch zeigten sich diese geneigt, sich der einzelstaatlichen Entscheidung anzuschließen). Eine LNG-Hafenanlage eröffnet der betreffenden Region neue Möglichkeiten wirtschaftlicher Entwicklung und kann zu einem höheren Steueraufkommen der Gemeinde beitragen, bringt aber auch für die Bewohner bestimmte Risiken mit sich. Aus diesem Grund mag sich ein Bewilligungsverfahren auf Ortsebene schwierig erweisen. Mißt man aber der Bürgerbeteiligung einige Bedeutung zu, so ist wahrscheinlich jeder für lokale Präferenzen unempfindliche Prozeß unbefriedigend. In diesem Zusammenhang sollte man möglicherweise nach anderen Mechanismen Ausschau halten, mit denen auf die Wünsche der ansässigen Bevölkerung auf angemessene Weise Rücksicht genommen werden kann. Hier bieten sich verschiedene Formen der "Anbotsauswahl" (bidding schemes) an, bei welchen jenen, die sich durch ein Risiko bedroht sehen, eine entsprechende Kompensation zuerkannt werden kann bzw. im Hinblick auf die Standortentscheidung ein Verhandeln zwischen verschiedenen Gemeinden möglich wäre. Solche Vorschläge sind in Kapitel 9 näher erläutert.

Inwieweit das kalifornische LNG-Standortbestimmungsgesetz und insbesondere die darin verfügte Erfordernis nach Errichtung solcher Anlagen an entlegenen Standorten der SES-Untersuchung zugerechnet werden kann, ist mit Vorsicht zu prüfen. Das Gesetz ist das Ergebnis mehrerer komplexer Faktoren und geht nicht zuletzt auf die jahrelangen Bestrebungen der Industrie nach einem zweckdienlicheren, von den lokalen Gegebenheiten weniger stark abhängigen Prozeß der Standortwahl zurück bzw. auf den Wunsch mindestens eines Mitglieds der kalifornischen Gesetzgebung (des Abgeordneten Goggins) nach Profilierung als Gegner risikoreicher Großanlagen. Beide Bedürfnisse wurden durch das neue Gesetz befriedigt, ohne daß der Industrie daraus (nennenswerte) Kosten entstanden wären. Die Zusatzkosten eines entlegeneren Standortes werden somit vom nicht organisierten und größtenteils uninformierten Verbraucher getragen und nicht von der Industrie. Tatsächlich ergibt sich für die Industrie aus der geltenden Gesetzespraxis, welche ihr einen fixen Prozentsatz der Kapitalkosten als Gewinn erlaubt, mit der durch den entlegenen Standort verursachten Verteuerung ein zusätzlicher finanzieller Vorteil.

Zu einem Vergleich der Kosten, die sich aus einem Entscheidungsprozeß über Landanlagen bzw. der teureren, aber weniger riskanten Errichtung solcher Anlagen vor der Küste ergeben, kam es in diesem Fall nicht Da man den Verzugskosten für die Errichtung einer Meeresanlage einige Bedeutung beimaß, wäre es möglicherweise sowohl für den Antragsteller als auch für die Entscheidungsträger in der öffentlichen Verwaltung höchst angebracht gewesen, folgende Überlegungen anzustellen: Wie vergleichen sich die endgültigen Kosten (nichtentlegener) Landanlagen und (entlegener) Meeresanlagen einschließlich der durch verfahrensmäßige Auflagen und bauliche Schwierigkeiten bedingten Verzugskosten?

Im Verlauf des Entscheidungsprozesses ging der Bedarf an Erdgas in Kalifornien wesentlich zurück, wodurch sich die Energieversorgungsunternehmen schließlich genötigt sahen, die Suche nach einem Terminalstandort zum gegenwärtigen Zeitpunkt auszusetzen. Bevor diese Bedarfsänderung festgestellt wurde, kam es aber noch zu kostspieligen Erdbebenuntersuchungen im Bereich von Point Conception. Hier ist es vor allem dem Abfolgecharakter des Entscheidungsprozesses zuzuschreiben, daß sich das dynamische Entscheidungsumfeld nicht so entfalten konnte, daß es möglich gewesen wäre, Interessen und Bedürfnisse wie z.B. die Erdgasnachfrage auch bei veränderlichen Bedingungen neuerlich in die Diskussion einzubringen und neu anzugehen.

7 LEG-Risikoermittlungen: Uneinigkeit unter den Experten*

Zu den größten Herausforderungen bei der Entscheidung, ob neue Technologien großen Maßstabes eingesetzt werden sollen, gehört die Ermittlung des Risikos für die betroffene Bevölkerung der Umgebung. In bestimmten Fällen, wie z.B. bei Kernreaktoren oder LEG-Anlagen, konzentriert sich der zugehörige politische Prozeß häufig auf eine bestimmte Art von Risiko, nämlich das Risiko, daß durch Unfallkatastrophen das Leben von Menschen gefährdet wird. In diesem Kapitel besprechen wir eine Reihe von Untersuchungen über die Ermittlung dieses Risikos unter Beachtung zweier Schwerpunkte:

1. Vorlage und Vergleich der verschiedenen Verfahren zur Risikoermittlung, die bei der Standortbestimmung von Terminals zur Anwendung kommen sowie, daraus abgeleitet, Abklärung der Grenzen des Wissens und Verstehens von LEG-Risiken;

2. Quantifizierung und Vergleich der Risiken bei vier LEG-Terminal-Standorten:
   - Wilhelmshaven (Brötz 1978; DGWE 1979; Krappinger 1978a,b,c; WSB 1978);
   - Eemshaven (TNO 1978);
   - Mossmorran-Braefoot Bay (Aberdour and Dalgety Bay Joint Action Group 1979, im folgenden als Aberdour bezeichnet; Cremer und Warner 1977; HSE 1978a);
   - Point Conception (ADL 1978; FERC 1978; SAI 1976).

Wie in Kapitel 1 ausgeführt, liegt der Vorteil der LEG-Technologie darin, daß die Temperatur eines Gases bis zu seiner Verflüssigung herabgesetzt wird, wodurch der Transport und die Lagerung in Tanks aufgrund seines hohen Energiegehaltes pro Volumenseinheit effizient durchgeführt werden kann. Während die Lagerung von LNG (hauptsächlich Methan) bei -161,5°C zu einem sehr geringen Druck erfolgt, wird LPG (haupt-

* Dieses Kapitel wurde von Christoph Mandl und John Lathrop verfaßt.

sächlich Propan und Butan) bei einer wesentlich höheren Temperatur und unter höherem Druck gelagert, was zu signifikant anderen Verhaltensweisen bei Ölaustritten führt. Jedoch gelten für alle drei Substanzen im wesentlichen dieselben Unfallszenarien, wenn auch mit verschiedenen Parametern und Entzündungswahrscheinlichkeiten.

Wenn auch die Bestimmung der Vor- und Nachteile eines LEG-Terminals an einem spezifischen Standort viele Aspekte einschließt, so ist doch das Risiko für die lokale Bevölkerung eine der Kernfragen dabei. Da es jedoch keine historischen Daten über Unfälle bei LEG-Terminals gibt, können weder die Häufigkeit solcher Unfälle noch deren Auswirkungen auf die betroffenen Menschen ohne weiteres abgeschätzt werden. In den letzten Jahren wurden daher Versuche unternommen, für eine Reihe von geplanten LEG-Terminals das Risiko für die örtliche Bevölkerung zu quantifizieren, wobei verschiedene Techniken und Modelle eingesetzt und unterschiedliche Ergebnisse erzielt wurden.

In diesem Kapitel wollen wir die in vier Ländern für vier LEG-Terminals durchgeführten Risikountersuchungen detailliert anführen, ihre jeweilige Zuverlässigkeit prüfen, Erklärungen für die Unterschiede zwischen ihnen aufzeigen, ihre jeweiligen Schätzwerte vergleichen und bezüglich ihrer Brauchbarkeit und Grenzen gewisse Schlußfolgerungen ziehen. Soweit notwendig und angemessen, werden wir einige der Berichte im Detail besprechen. Wenn es sich hier auch nicht um den ersten Vergleich von LEG-Risikoermittlungen handelt (siehe z.B. SES 1977), so ist es unseres Wissens doch das erste Mal, daß Risikountersuchungen aus vier Ländern miteinander verglichen wurden.

Nachdem die Technik der Risikoermittlung für LEG-Terminals noch neu ist, konnten die Experten bis jetzt noch keine vollständige Übereinstimmung darüber erzielen, wie das Risiko zu quantifizieren sei, welche Modelle zu verwenden seien, welche Faktoren in eine solche Risikoermittlung einzubeziehen und welche auszuschließen seien. Wir wollen hier nicht behaupten, daß dieses Kapitel vollständige oder endgültige Antworten auf die Probleme des Risikovergleiches oder der Risikoermittlung geben kann; wir wollen nur einige erste Versuche einer Problemlösung auf dem Gebiet der Risikoermittlung beschreiben.

RISIKO UND RISIKOERMITTLUNG

Um ein Risiko zu quantifizieren, müssen wir es erst definieren. Es wird uns in diesem Abschnitt vor Augen geführt, daß verschiedene Leute verschiedenes meinen, wenn sie vom Risiko sprechen. Daher ist unsere Definition (bzw. eigentlich eine Gruppe von Definitionen) nicht so sehr deskriptiv als normativ.

Im Idealfall sollte - akzeptiert man das Axiom der rationalen Entscheidung unter Unsicherheit - eine Evaluierung von Entscheidungsalternativen die Wahrscheinlichkeitsverteilung der Konsequenzen solcher Alternativen miteinbeziehen (siehe z.B. Luce und Raiffa 1957). Das Konzept des Risikos greift jedoch eine Untermenge dieser Konsequenzen zur gesonderten Analyse heraus. Der Begriff wird typisch für bestimmte unsichere Konsequenzen verwendet und lenkt damit die Aufmerksamkeit von anderen Kosten und Nutzen ab, die jedoch für die Bewertung genauso wichtig sein können. So ist z.B. bei der Einfuhr von LEG eine Reihe von Dimensionen für die Standortbestimmung und Anlageplanung maßgebend. Einige dieser Dimensionen betreffen unsichere Kosten wie z.B. finanzielle Verluste für den Eigentümer, wenn Probleme auftreten (Verzögerung bei der Erteilung der Genehmigung, Verlust des Liefervertrages, Schiffsunglück), oder Umweltschäden aufgrund von Unfällen oder normalen Betriebsunterbrechungen, Todesfälle oder Personenschäden bzw. Sachschäden aufgrund von Unfällen sowie negative Auswirkungen auf den Verbraucher durch problembedingte Unterbrechungen der Erdgasversorgung (z.B. Arbeitslosigkeit oder gesundheitliche Schäden in einem extrem kalten Winter). Während alle diese unsicheren Kosten als Risiko bezeichnet werden können und auch so bezeichnet werden, und sie auch alle mit den Methoden der Risikoermittlung analysiert werden können, so bezieht sich doch der Begriff "Risikoermittlung" bei LEG typischerweise nur auf die Berechnung der Todesfälle aufgrund von Unfällen. Alle in diesem Kapitel besprochenen Risikoermittlungen beschränken sich auf diesen Bereich.

Risikodefinitionen

Einführend wollen wir zunächst einige Definitionen aus der Risikoliteratur zitieren:

> Risiko ist die erwartete Anzahl von Todesfällen pro Jahr, die sich aus den Auswirkungen eines Unfalles ergeben (SAI).

> Risiko ist die Wahrscheinlichkeit des Auftretens eines durch einen Störfall verursachten, Verletzung oder Zerstörung bewirkenden Ereignisses innerhalb eines bestimmten Zeitraumes (Cremer und Warner).

> Das Gruppenrisiko wird definiert als die Häufigkeit, mit der eine bestimmte Anzahl von unmittelbaren Todesfällen aus einem einzelnen Unfall zu erwarten ist. Das Risiko für die Gesellschaft insgesamt wird definiert als die erwartete Anzahl der unmittelbaren Todesfälle pro Jahr aufgrund eines Störfalles im System (Battelle).

In den hier besprochenen Risikountersuchungen finden wir zwei Extremdefinitionen: Auf der einen Seite steht die Definition von Cremer und Warner, die sich ausschließlich mit den Wahrscheinlichkeiten von Störfällen befaßt und die Auswirkungen solcher Ereignisse vollkommen ignoriert. Ein solcher Ansatz ist für einen Vergleich oder eine Bewertung nur dann sinnvoll, wenn alle Störfälle gleichwertige Auswirkungen haben und das Risiko als die Wahrscheinlichkeit definiert wird, daß einer dieser Störfälle innerhalb eines gegebenen Zeitraumes eintritt. Es ist aber natürlich unsinnig, zwei Anlagen als gleich riskant einzustufen, wenn sie zwar die gleiche Unfallswahrscheinlichkeit aufweisen, jedoch ein Unfall in der einen Anlage wesentlich schwerwiegendere Auswirkungen hätte als ein Unfall in der anderen Anlage.

Andererseits kann und wird das Risiko manchmal als der größte annehmbare Störfall (mit den gravierendsten Konsequenzen) besprochen. Wieder können wir dem entgegenhalten, daß ein Vergleich einer solchen Risikoart nicht sinnvoll ist, da die Wahrscheinlichkeit eines Ereignisses und damit die Relevanz eines solchen größten annehmbaren Störfalles nicht in Betracht gezogen werden.

Wir betrachten daher die Risikodefinitionen von Keeney *et al.* (1979) als die besten normativen Risikodefinitionen. Sie beziehen sich jeweils auf einen bestimmten Aspekt des Risikos:

- *Risiko gehäufter Todesfälle:* Die Wahrscheinlichkeit, daß eine bestimmte Anzahl von Todesfällen pro Jahr überschritten wird[1].

- *Gesellschaftliches Risiko:* Die gesamte zu erwartende Anzahl der Todesfälle pro Jahr. Diese Definition eignet sich für bestimmte Analysearten wie z.B. die Kosten-Nutzen-Analyse oder die Risiko-Nutzen-Analyse, bei denen die gesellschaftliche Präferenz bezüglich der Anzahl der verlorenen Menschenleben als linear angenommen wird.

---

1. Die Darstellung erfolgt typischerweise als komplementäre kumulierte Wahrscheinlichkeitsverteilung, d.h., als Wahrscheinlichkeit pro Jahr, daß die Anzahl der Todesfälle x übersteigen wird, aufgetragen gegen x. Eine solche Kurve - gelegentlich als Rasmussen-Kurve bezeichnet (siehe NRC 1975) - enthält Informationen, die bei den Individualwahrscheinlichkeiten fehlen, nämlich über die Auswirkung der Korrelation zwischen solchen Wahrscheinlichkeiten. Eine Rasmussen-Kurve bezieht sich auf die Sensitivität gegen Katastrophen, die in der politischen Sicht des Risikoproblems zu finden ist. Betrachten wir z.B. zwei Anlagen, die eine gleiche Anzahl von zu erwartenden Todesfällen pro Jahr verursachen können. Bei der einen Anlage ergibt sich diese Anzahl aus einer Häufung in äußerst seltenen Katastrophen, während sie in der anderen auf normale kleine Unfälle verteilt wird. Bei der ersteren Anlage ist der politische Widerstand aufgrund dieser Katastrophensensitivität möglicherweise stärker als bei der letzteren Anlage.

- *Gruppenrisiko:* Die Wahrscheinlichkeit, daß eine Einzelperson in einer bestimmten einem Risiko ausgesetzten Gruppe innerhalb eines Jahres stirbt Mit dieser Definition könnte man die Sensitivität für das Gleichheitsprinzip, die in einer politischen Risikoperspektive besteht, ansprechen und bis zu einem gewissen Grad bestimmen, wie hoch der Anteil des Risikos ist, den Anrainer, Camper, Bootsfahrer, etc. tragen. Diese Definition erlaubt es auch, das Risiko am und außerhalb des Arbeitsplatzes jeweils separat zu bestimmen, da diese beiden Risiken im politischen und gesellschaftlichen Prozeß häufig sehr unterschiedlich behandelt werden.

- *Individualrisiko:* Die Wahrscheinlichkeit, daß eine dem Risiko ausgesetzte Einzelperson innerhalb eines Jahres daran stirbt. Hier handelt es sich lediglich um einen Durchschnitt aus dem Gruppenrisiko, welches anhand der dritten Definition ermittelt wurde. Dieser Maßstab ist etwas problematisch, da er davon abhängt, wie die dem Risiko ausgesetzte Bevölkerung definiert wird. Legt man "ausgesetzt" so aus, daß die individuelle Wahrscheinlichkeit zu sterben größer ist als 10^{-12} pro Jahr, dann wird das Individualrisiko über einen Bereich der engeren Umgebung der Anlage verteilt. Wird jedoch "ausgesetzt" so definiert, daß die Wahrscheinlichkeit größer ist als 10^{-30}, so verteilt sich das Individualrisiko über einen wesentlich größeren Bereich und ist daher deutlich geringer. Trotz dieser Unzulänglichkeit eignet sich das Individualrisiko als Maßstab für einen praktischen Vergleich zwischen dem gemessenen Risiko und vertrauteren Risiken, denen der einzelne ausgesetzt ist, wie z.B. Risiko durch Rauchen, Autofahren, etc. Wenn sich auch solche Vergleiche nicht für ein Entscheidungs- oder Wahlmodell eignen, so liefern sie doch leicht verständliche Pegelwerte für die Abwägung des Risikos einer Anlage.

Die Risikoermittlung als Entscheidungshilfe

Angesichts der Ausrichtung dieses Kapitels könnte man leicht vergessen, daß die Risikoermittlung nicht einem Selbstzweck dient, sondern in Wirklichkeit nur ein Element des umfassenden Prozesses der Standortbestimmung und Planung von LEG-Anlagen darstellt. Die Risikoermittlung soll speziell eine Entscheidungshilfe für eine oder mehrere der Entscheidungen sein, welche innerhalb dieses Prozesses getroffen werden müssen. Weiß man, welchen Platz die Risikoermittlung im Rahmen eines LEG-Standorbestimmungs- und -Planungsprozesses einnimmt, so versteht man auch die Eignung und den Wert der Risikoermittlung als Entscheidungshilfe.

In Anbetracht der Reihe von Entscheidungen, die getroffen werden müssen und Risikodimensionen enthalten, sollte man annehmen, daß der Risikoermittlung bei der LEG-Standortbestimmung und -Planung verschiedene Rollen zugewiesen wären. Dennoch beschränkt man sich in den von uns untersuchten Prozessen auf eine einzige Rolle: auf eine Dimension - dem Lebens- und Gesundheitsrisiko, und eine Entscheidungsebene - der Standortbestimmung oder der Planung (je nach Land). Diese Einschränkung zeitigt mehrere Auswirkungen: Zunächst wird der analytische Denkprozeß und die politische Aufmerksamkeit von jenen Fragen abgelenkt, die in der Risikountersuchung nicht behandelt werden: So könnte z.B. das Risiko einer Lieferunterbrechung immerhin einen wesentlichen Faktor darstellen. Allerdings ermöglicht es diese Vorgangsweise, daß eine Analyse tatsächlich durchgeführt wird. Eine wirklich umfassende Risikoanalyse würde Jahrzehnte beanspruchen und wäre auch dann noch nicht vollständig.

Eine zweite Auswirkung dieser Einschränkung der Rolle der Risikoermittlung liegt darin, daß die Ebene ihrer Anwendung die Art ihrer Durchführung beeinflußt. Wenn die Risikoermittlung zum Prozeß der Standortbestimmung gehört, wird eine bestimmte Anlagenkonzeption als gegeben angenommen und die Analyse konzentriert sich auf Bereiche wie Schiffsverkehr oder lokale Bevölkerungsdichte als standortspezifische Eingaben bei der Berechnung des Bevölkerungsrisikos. Gehört die Risikoermittlung dagegen zum Prozeß der Anlagenkonzeption, so wird der Standort als gegeben angenommen und die Analyse befaßt sich nur mit dem Umfang, der Anordnung und der technischen Ausführung der Anlagenbestandteile. In diesem Fall werden technische Variationen der Konzeption auf ihre jeweilige Verringerung des Risikos hin analysiert.

Die enge Rolle, die der Risikoermittlung zugewiesen ist, hat noch eine dritte Auswirkung. Sobald ein Standort ausgewählt ist, bedeutet dies bei den gegebenen politischen Realitäten, daß die Frage der grundsätzlichen Zumutbarkeit des Risikos mehr oder weniger geregelt ist. Wird eine Risikoermittlung im Planungsstadium durchgeführt, so kann sie zwar verschiedene Abänderungen zwecks kostengünstigster Verringerung des Risikos miteinbeziehen, wird jedoch aufgrund ihrer Ausrichtung und ihres Auftrages kaum zu dem Schluß kommen, daß der Standort bei dem gegenwärtigen Stand der Technik nicht annehmbar sicher gemacht werden kann, und empfehlen, diesen Standort aufzugeben. Wenn andererseits eine Risikoermittlung im Stadium der Standortwahl durchgeführt wird, so ist es zumindest denkbar, daß keiner der zum gegebenen Zeitpunkt zur Wahl stehenden Standorte als annehmbar empfunden wird.

Die Risikoermittlung steht nicht für sich allein im Raum. Sie ist eine Entscheidungshilfe innerhalb eines wesentlich größeren Prozesses. Um die gegenwärtige Methode der Ermittlung zu verstehen und Verbesserungsvorschläge zu machen, muß man diesen größeren Prozeß verstehen. Wie wir in diesem Abschnitt ausgeführt haben, bestimmt dieser größere Prozeß die Rolle und die Natur der Risikoermittlung auf eine sehr grundlegende und wesentliche Art, selbst wenn die Risikoermittlung an sich als absolut unabhängige Untersuchung durchgeführt wird.

ÜBERBLICK ÜBER DIE RISIKOSTUDIEN

In Tabelle 7.1 geben wir einen umfassenden Überblick über die wichtigsten Risikostudien, welche für die vier Standorte (Wilhelmshaven, Eemshaven, Mossmorran-Braefoot Bay und Point Conception) erstellt wurden. Einige Kommentare zu den Zeilenüberschriften dieser Tabelle mögen von Nutzen sein.

a) *Untersuchte Systembereiche:* Nicht alle Studien berücksichtigen alle Hauptbereiche eines LEG-Terminals, nämlich Tankschiffe, Umschlag und Lagertanks. Im speziellen gibt es für Wilhelmshaven zwei Arten von Studien: Die eine behandelt nur den Schiffsbetrieb und den Umschlag von LEG, während sich die andere nur auf die Lagertanks beschränkt.

b) *Risikobegriff:* Wie wir bereits vorher ausführten, gibt es keine einheitliche Definition des Risikos. Wir bezeichnen daher die Art des jeweils analysierten Risikos.

c) *Abschätzung der Wahrscheinlichkeiten von Ereignissen:* Ein zentraler Teil der Risikoermittlung besteht in der Abschätzung der Wahrscheinlichkeiten, soferne nicht nur die Auswirkungen untersucht werden. Es ist daher festzustellen, wie dieses Problem in den verschiedenen Studien gelöst wurde. Für fertig geplante Anlagen gibt es zwei Methoden, die die Durchführung dieser Aufgabe erleichtern. Die *Ereignisbaumanalyse* ist eine Technik zur Entdeckung einer logischen Folge von Ereignissen (Störfällen), die zu unerwünschten Auswirkungen (Unfällen) führt. Sobald die möglichen Ereignisse (Störfälle) festgelegt sind, bestimmt man mit der *Fehlerbaumanalyse* die Wahrscheinlichkeit eines "top level"-Ereignisses (typischerweise ein spezifischer Unfall), welches das Ergebnis einer Abfolge von grundlegenden Ereignissen (Störfällen) im System ist. Diese Techniken eignen sich jedoch nicht für die Abschätzung der Wahrscheinlichkeiten von Unfällen wie z.B.

Schiffskollisionen. Wir werden später zwei dafür geeignete Methoden diskutieren.

d) *Abschätzung der Ereigniskonsequenzen:* Für die Beschreibung von Auswirkungen sind Begriffe zu verwenden, die dem Entscheidungsträger geläufig sind. Aus diesem Grund, wie auch aufgrund der typischerweise verwendeten Risikodefinitionen erfolgt in den meisten Studien die Abschätzung der Auswirkungen nach der Anzahl der Todesfälle, die ein bestimmtes Ereignis bewirken kann.

e) *Risikoabschätzung:* Je nach der verwendeten Risikodefinition werden verschiedene Werte bzw. in einigen Fällen überhaupt keine Werte angegeben.

f) *Ergebnis:* Unserer Meinung nach wäre das ideale Ergebnis einer Risikostudie die Quantifizierung des Risikos und der Vergleich mit den Risiken aus anderen Ursachen, sodaß in einem Entscheidungsprozeß bestimmt werden kann, ob das LEG-Hafen-bedingte Risiko im Vergleich zu anderen Risiken hoch oder niedrig ist. Ideal ist ein Vergleich mit Risiken von Alternativen, die im Entscheidungsprozeß tatsächlich zur Wahl stehen: Standort A gegen Standort B gegen kein Standort, Risikoreduzierung I gegen Risikoreduzierung II, etc. Ein solcher Vergleich als Ergebnis der Risikoermittlung würde für den Entscheidungsprozeß den größten direkten Nutzen erbringen. Jedenfalls sollte aber bedacht werden, daß Entscheidungen über die Zumutbarkeit des LEG-Hafen-bedingten Risikos ein gegenseitiges Abwägen von gesellschaftlichen Werten mit sich führen, wie auch möglicherweise politische Aspekte in sich bergen, die über die Aufgabe der Risikoermittlung und die Bevollmächtigung der Analyseersteller hinausgehen. Daraus folgt, daß eine Risikoermittlung zwar Informationen an den Entscheidungsträger vermitteln soll, die er als Grundlage für seine Entscheidung verwenden kann, sie ihm jedoch die Entscheidung selbst nicht abnehmen kann.

g) *Unsicherheiten bei den Ergebnissen:* Aufgrund der begrenzten Erfahrung mit LEG-Unfällen bleibt eine starke Unsicherheit darüber bestehen, wie genau die Abschätzung der Wahrscheinlichkeiten und der Auswirkungen solcher Ereignisse ist. Die verschiedenen Studien behandeln dieses Problem auf verschiedene Art und Weise. Einige ignorieren die Unsicherheiten vollständig, andere geben konservative Schätzwerte an, einige führen Sensitivitätsanalysen durch und wieder andere bezeichnen Fehlergrenzen für das quantifizierte Risiko.

Tabelle 7.1: Vergleich der für die vier Standorte erstellten Risikostudien

Probleme		TNO	Aberdour	Cremer und Warner	ADL
a.	Untersuchte Systemteile	Tankschiff, Umschlag, Lagertank	Tankschiff	Tankschiff, Umschlag, Lagertank	Tankschiff, Umschlag, Lagertank
b.	Risikobegriff	Risiko gehäufter Todesfälle und Gruppenrisiko	Gruppen- und Individualrisiko	Wahrscheinlichkeit eines Ereignisses mit Verletzungs- oder Zerstörungsfolgen	Risiko gehäufter Todesfälle
c.	Abschätzung:				
c1	Wahrscheinlichkeiten von Ereignissen	Ja, quantitativ	Ja, quantitativ	nur als gering, sehr gering, usw.	Ja, quantitativ
c2	Ereignisbaumanalyse	Ja	Nein	Nein	Ja
c3	Fehlerbaumanalyse	Nein	Nein	Nein	Ja
d.	Abschätzung der Ereigniskonsequenzen	Ja, quantitativ nach Todesfällen	Ja, quantitativ nach Todesfällen	Ja, aber nur physikalische Konsequenzen (z.B. Austrittsumfang); keine Abschätzung der Todesfälle	Ja, quantitativ nach Todesfällen
e.	Risikoabschätzung	Gesellschaftliches und Individualrisiko gering im Vergleich zu anderen vom Menschen verursachten Risiken	Individualrisiko hoch im Vergleich zu anderen vom Menschen verursachten Risiken	Keine Abschätzung von ausdrücklichen Todesfällen; nur Wahrscheinlichkeit von Ereignissen	Ja, quantitativ
f.	Ergebnis	Gesellschaftliches und Individualrisiko gering im Vergleich zu anderen vom Menschen verursachten Risiken	Individualrisiko hoch im Vergleich zu anderen vom Menschen verursachten Risiken	"Kein Grund zu bezweifeln, daß Anlagen nicht so gebaut und betrieben werden können, daß sie für die Sicherheit der Gemeinde annehmbar sind	Point Conception geeignet bezüglich der Sicherheit des Tankschiffverkehrs. Risiko sehr gering
g.	Unsicherheiten bei den Ergebnissen	Nicht erwähnt	Nicht erwähnt	Nicht erwähnt	Sensitivitätsanalyse
h.	Einzelereignis mit dem größten Risiko	Aufgrundlaufen von LNG-Tankern	Nicht bestimmt	Nicht bestimmt	Nicht bestimmt

ERC	SAI	Brötz	Krappinger	WSB
ankschiff	Tankschiff, Umschlag, Lagertank	Umschlag, Lagertank	Tankschiff	Tankschiff
esellschaftli-:hes, Gruppen- nd Individual- isiko	Risiko gehäufter Todesfälle, Gruppen- und Individualrisiko	Nicht definiert	Nicht definiert	Nicht definiert
a, uantitativ	Ja, quantitativ	Nur als sehr gering	Ja, quantitativ	Nur als sehr gering
a	Ja	Nein	Nein	Nein
ein	Ja	Nein	Nein	Nein
a, quantitativ ach Todesfällen	Ja, quantitativ nach Todesfällen	Ja, aber nur physikalische Konsequenzen (z.B. Austrittsumfang); keine Abschätzung der Todesfälle	Keine Schätzungen angegeben	Einige quantitative Aussagen bezüglich weniger und vieler Todesfälle
a, quantitativ	Ja, quantitativ	Keine Schätzungen angegeben	Keine Schätzungen angegeben	Ja, quantitativ
isiko vergleich- ar mit Risiken us natürlichen reignissen und amit auf annehm- arer Höhe	"Das Risiko ist äußerst gering"	Bezüglich der Konsequenzen und ihrer Wahrscheinlichkeit gibt es keine Gefahr, cf. diesbezügliche Gesetze	Keine Endergebnisse	Risiko ist nicht unbeträchtlich
neinigkeit zwi- schen Experten ird erwähnt	Sensitivitätsanalyse	Nicht erwähnt	Nicht erwähnt	Nicht erwähnt
icht bestimmt	Nicht bestimmt	Nicht bestimmt	Nicht bestimmt	Nicht bestimmt

h) *Einzelereignis mit dem höchsten Risiko:* Wenn Maßnahmen zur Reduzierung des Risikos gesetzt werden, ist es nützlich zu wissen, welches Ereignis das höchste Risiko mit sich führt, da es häufig vorkommt, daß das Ereignis mit dem höchsten Risiko die kostengünstigste Möglichkeit für eine Risikoverminderung bietet.

Bei der Bewertung der Studien sollte man nicht vergessen, daß die Unterschiede zwischen ihnen, die aus Tabelle 7.1 so deutlich hervortreten, zumindest teilweise aus der Tatsache heraus erklärt werden können, daß sie für verschiedene Entscheidungsprozesse durchgeführt und eingesetzt wurden, sodaß daher jede Studie dem jeweiligen Entscheidungsprozeß, für den sie erstellt wurde, angepaßt ist.

ERMITTLUNG UND VERGLEICH VON LEG-TERMINALRISIKEN

In diesem Abschnitt behandeln wir die Wahrscheinlichkeiten und Auswirkungen von verschiedenen Ereignissen (Störfällen). Zuerst besprechen wir die Schätzwerte von Störfallwahrscheinlichkeiten, dann die Schätzwerte für die Dampfwolkengröße und deren Entzündungswahrscheinlichkeit als Folge der Störfälle und schließlich untersuchen wir die Auswirkungen auf die örtliche Bevölkerung. Dabei ist es unsere primäre Aufgabe, Vergleichsmöglichkeiten für die Resultate der Risikostudien herauszuarbeiten und die wesentlichen Unterschiede bei den Schätzungen der Wahrscheinlichkeiten und Auswirkungen anhand der den Modellen zugrundeliegenden Annahmen und deren Zuverlässigkeit aufzuzeigen. Wie wir jedoch bereits gezeigt haben, lassen sich nicht alle Studien ohne weiteres vergleichen. Einige beziehen nur einen Teil der von uns behandelten Ereignisse in ihre Darstellung mit ein, während wieder andere keine Quantifizierung der Wahrscheinlichkeiten oder der Auswirkungen der Ereignisse durchführen. Daher kann und wird in diesem Abschnitt kein vollständiger Vergleich aller Ereignisse möglich sein.

In Tabelle 7.2 geben wir einen kurzen Überblick über die in Wilhelmshaven, Eemshaven, Mossmorran-Braefoot Bay und Point Conception geplanten Terminals. Dabei zeigt sich, daß Mossmorran eine Sonderstellung einnimmt: Der Terminal ist nicht nur ein Exporthafen, sondern es wird auch LPG (hauptsächlich Propan und Butan) ausgeführt, während im Gegensatz dazu LNG überwiegend (zu ca. 90%) aus Methan besteht. So weit sich den zur Verfügung stehenden Risikostudien entnehmen läßt, stimmt die technische Konzeption der vier Terminals ziemlich überein. Die LEG-Tankschiffe sind (abgesehen von der Größe) ähnlich und auch bei den Lagertanks und den Umschlaganlagen bestehen kaum Unterschiede.

Tabelle 7.2: Beschreibung der vier Terminals und ihrer Standorte

	Eemshaven Import	Mossmorran Export	Point Conception Import	Wilhelmshaven Import
Art der umgeschlagenen Stoffe	LNG	Propan/Butan (verflüssigt) und Benzin	LNG	LNG bestehend aus 90% Methan, 5% Äthan, Propan und Butan
Durchschnittlicher Tagesumschlag (in m^3 verflüssigt oder MW)	18.500 m^3 ≈4.900 MW	13.400 m^3	Ursprünglich: 58.500 m^3 ≈15.500 MW Gegenwärtige Planung: 41.000 m^3 ≈10.900 MW	56.500 m^3 15.000 MW
Maximales Tankerladevermögen	125.000 m^3	60.000 m^3 Propan/Butan 10.000 m^3 Benzin	130.000 m^3	125.000 m^3
Anzahl der Schiffe pro Jahr	54	80 für Propan/Butan 9 für Benzin	190	170 Schiffe mit 125.000 m^3 264 Schiffe mit 10.000 m^3
Anzahl und Fassungsvermögen der Lagertanks	2x120.000 m^3	4x60.000 m^3 Propan/Butan 2x31.000 m^3 Benzin	2, später 3 mit je 77.500 m^3	6x80.000 m^3
Bevölkerungszahl im Umkreis von 2 km	50 (12/km^2)	ca. 350 (50/km^2)	Projektion für 1990: 14 (2,2/km^2)	0, aber Erholungsgebiet in der Nähe
Bevölkerungszahl im Umkreis von 5 km	858 (28,9/km^2)	ca. 8.000 (200/km^2)	Projektion für 1990: 98 (2.5/km^2)	5900 (151/km^2)
Bevölkerungszahl im Umkreis von 10 km	9.800 (85/km^2)	ca. 100.000 (470/km^2)	Daten von 1977: 129 (0,9/km^2)	43.000 (275/km^2)

Wahrscheinlichkeiten von LEG-Austritten

Eines der schwierigsten Probleme bei der Risikoermittlung ist die Bestimmung von möglichen Ereignissen oder Störfällen und die Abschätzung ihrer Häufigkeit, d.h., ihre Wahrscheinlichkeit. Per definitionem ist es fast unmöglich, ausreichendes historisches Zahlenmaterial zu finden, um die Wahrscheinlichkeit eines Ereignisses mit geringer Wahrscheinlichkeit abzuschätzen. Man muß statt dessen Modelle erstellen und sich auf Daten stützen, die aus anderen, präsumptiv ähnlichen Systemen stammen. Ein weiterer wichtiger Faktor des Problemes der Risikoermittlung ist die Identifizierung von Ereignissen, die noch nie stattgefunden haben, die jedoch schwerwiegende Konsequenzen nach sich ziehen würden. Dieses Problem wurde in der Lewis-Studie über die Sicherheit der Kernkraft (1978) wie folgt beschrieben:

> Es ist konzeptionell unmöglich, einen im mathematischen Sinne vollständigen Ereignis- und Fehlerbaum zu erstellen; entscheidend ist, auf welche Weise eine Vollständigkeit angestrebt wird, sowie die Fähigkeit, mit einiger Sicherheit zu beweisen, daß nur unbedeutende Faktoren ausgelassen wurden. Diese inhärente Einschränkung bedeutet jedoch, daß jede Berechnung auf der Grundlage dieser Methodik immer Revisionen unterworfen sein wird und immer Zweifel an ihrer Vollständigkeit bestehen werden

Wir können und wollen daher nicht behaupten, daß die hier angeführten Ereignisse alle möglichen Ereignisse einschließen. Wir können jedoch durchaus feststellen, daß wir alle Ereignisse anführen, die in der Risikoliteratur (z.B. TNO, SAI, ADL, Battelle) aufscheinen. Als die zwei meistdiskutierten Störfälle haben sich Tankschiffunfälle und der Bruch von Lagertanks herauskristallisiert.

Philipson (1978) beschreibt zwei typische Methoden für die Berechnung der Wahrscheinlichkeit von Schiffsunfällen:

1. *Statistische Inferenz:* Die Schätzwerte werden aus historischen Daten für eine größere Schiffskategorie, z.B. Öltanker, errechnet und dann entsprechend modifiziert, um die voraussichtlichen Unterschiede für LEG-Tankschiffe und ihre Bewegungen in dem jeweiligen Hafen einzubeziehen. Dies geschieht z.B. durch Heranziehung eines subjektiven Urteils und die Bestimmung der Anzahl der Unfälle, die bei Vorhandensein diverser Schutzmaßnahmen nicht geschehen wäre.

2. *Kinematisches Modell:* SAI analysieren Schiffszusammenstöße mit Hilfe der Annahme, daß die Schiffsbewegungen in der betroffenen Zone zumindest während der kurzen Zeitspanne vor einem Unfall zufällig sind. Auf der Grundlage dieser Annahme ergibt ein kinematisches Modell für

einen Hafen einer bestimmten Anordnung und eines bestimmten Verkehrsaufkommens die erwartete Anzahl von Zusammenstößen pro Jahr. Die Feinabstimmung auf die tatsächlichen Durchschnittsbedingungen von mehreren Häfen erfolgt dann, indem das Modell maßstabgemäß auf die tatsächliche Kollisionshäufigkeit in der Vergangenheit für diese Häfen übertragen wird.

Tabelle 7.3 gibt die Wahrscheinlichkeitswerte für verschiedene Ereignisarten an. Wir weisen darauf hin, daß diese Schätzwerte nicht immer direkt den Studien entnommen wurden. In einigen Fällen haben wir Anpassungen vorgenommen, um zusätzliche Daten zu berücksichtigen. SAI nahmen beispielsweise eine höhere Anzahl von Schiffen mit größeren Tanks an als gegenwärtig geplant ist, sodaß wir die Wahrscheinlichkeiten und Austrittsmengen dementsprechend reduziert haben. FERC behandelten nur Austrittsmengen im Umfang von 25.000 m^3, obwohl sie auch Daten für geringere Austrittsmengen vorlegten. Diese Angaben wurden bei der Erstellung der Tabelle 7.3 einbezogen. Die drei Gutachten von Krappinger (1978a,b, c) kamen durch die Verwendung von Unfallreduzierungsfaktoren zwischen 1,0 und 0,05 zu einer ganzen Reihe von verschiedenen Ergebnissen. Da für den letzteren Faktor keine Argumentation angeführt wurde, zogen wir den Faktor 1,0 heran, der auch bei Krappinger (1978a) verwendet wurde.

Dieser Vergleich der Studien ergab u.a. folgende interessante Ergebnisse:

a) Verglichen mit der Wahrscheinlichkeit von Kollisionen, Aufgrundlaufen und Rammen werden andere Ereignisse kaum erwartet (mit Ausnahme eines internen Störfalles bei Aberdour).

b) Bei den drei Studien für Point Conception ergaben sich wesentliche Unterschiede bei den Austrittswahrscheinlichkeiten (zwischen 10^{-3} und 10^{-6} für Austrittsmengen von 10.000 bis 25.000 m^3).

c) Obwohl Eemshaven, Braefoot Bay und Wilhelmshaven jeweils unterschiedliche Schiffsverkehrsmuster haben, weisen sie dennoch alle eine Gesamtaustrittswahrscheinlichkeit von 10^{-3} auf, während die Austrittsmengen für Eemshaven und Braefoot Bay variieren bzw. für Wilhelmshaven nicht definiert sind.

Das Ereignis, das zu der größten Austrittsmenge führen könnte, ist der Bruch eines Lagertanks aufgrund von Sturm, Absturz eines Flugzeuges oder einer Rakete, Meteoriten, Erdbeben, systemintere Störungen und Unfälle bei Chemiewerken der Umgebung. TNO berechnen ihre Schätz-

Tabelle 7.3: Abschätzung der Wahrscheinlichkeiten von verschiedenen Ereignissen

	TNO	Aberdour	ADL	FERC	SAI	Brötz	Krappinger
1. Wahrscheinlichkeit einer Kollision, die zu einem Austritt führen kann, pro Schiff, das den LEG-Terminal anläuft	$2{,}8x10^{-5}$			$5x10^{-4}$	$1{,}3x10^{-8}$		$4x10^{-5}$
2. Wahrscheinlichkeit eines Aufgrundlaufens, das zu einem Austritt führen kann, pro Schiff, das den LEG-Terminal anläuft	$2{,}5x10^{-4}$	$1{,}5x10^{-5}$ inkl. 2.+3.		$4x10^{-4}$	0		$7x10^{-5}$
3. Wahrscheinlichkeit eines Rammens, daß zu einem Austritt führen kann, pro Schiff, das den LEG-Terminal anläuft			Siehe 14	$3x10^{-4}$	0		$3x10^{-7}$
4. Wahrscheinlichkeit eines Flugzeug- oder Raketenabsturzes, der einen Austritt pro Jahr verursacht					$4x10^{-7}$	$8{,}3x10^{-5}$	
5. Wahrscheinlichkeit pro Jahr, daß ein Meteorit auf eine bestimmte Fläche von 1 m^2 fällt					$3{,}3x10^{-13}$		
6. Wahrscheinlichkeit eines internen Systemausfalls		$3{,}2x10^{-3}$			$1{,}0x10^{-11}$		
7. Anzahl der Schiffe pro Jahr	54	80	190	190	190	432	432
8. Maximale Deckgröße des Schiffs (m^2)	12.000	6.600	12.000	12.000	12.000	12.000	12.000
9. Aufenthaltsdauer des beladenen Schiffes in der Umgebung des Terminals (Jahre)			$2x10^{-3}$	$2x10^{-3}$	$2x10^{-3}$	$2x10^{-3}$	$2x10^{-3}$
10. Maximale Tankgröße (m^3)	25.000	12.000	25.000	25.000	25.000	25.000	25.000

11. Wahrscheinlichkeit von verschiedenen gegebenen Austrittsumfängen (1)						
0 < 1.000 m^3	0	0		0,02	0	
1.000 ≤ 10.000 m^3	0	0		0,026	0	0,05
10.000 ≤ 25.000 m^3	0,56	0,25	Siehe	$2,3x10^{-2}$	0,22	Austrittsumfang
25.000 ≤ 50.000 m^3	0,44	0	14	0	0,025	nicht definiert
50.000 ≤ 75.000 m^3	0	0		0	0	
12. Wahrscheinlichkeit von verschiedenen gegebenen Austrittsumfängen (2)						
0 < 1.000 m^3	0			0,0024		
1.000 ≤ 10.000 m^3	0,33			0,0057		0,009
10.000 ≤ 25.000 m^3	0			$3,9x10^{-3}$		Austrittsumfang
25.000 ≤ 50.000 m^3	0			0		nicht definiert
50.000 ≤ 75.000 m^3	0			0		
13. Wahrscheinlichkeit von verschiedenen gegebenen Austrittsumfängen (3)						
0 < 1.000 m^3				0,0034		
1.000 ≤ 10.000 m^3			Siehe	0,0065		0,1
10.000 ≤ 25.000 m^3			14	0		Austrittsumfang
25.000 ≤ 50.000 m^3				0		nicht definiert
50.000 ≤ 75.000 m^3				0		
14. Gesamtwahrscheinlichkeit von verschiedenen Austrittsumfängen pro Jahr$^{\alpha}$						
0 < 1.000 m^3	0	0	0	$2,3x10^{-3}$	0	
1.000 ≤ 10.000 m^3	$4,5x10^{-3}$	$1,1x10^{-3}$	0	$3,3x10^{-3}$	0	$3,8x10^{-3}$
10.000 ≤ 25.000 m^3	$8x10^{-4}$	0	$7,4x10^{-5}$	$2,5x10^{-3}$	$8,9x10^{-7}$	Austrittsumfang
25.000 ≤ 50.000 m^3	$7x10^{-4}$	0	$3,2x10^{-6}$	0	$9,9x10^{-8}$	nicht definiert
50.000 ≤ 75.000 m^3	0	0	$6,5x10^{-9}$	0	0	

$\alpha = \left[(1)\ (11) + (2)\ (12) + (3)\ (13) + (5)\ (8)\ (9) \right] (7) + (4) + (6)$

werte aus den historischen Daten einer LNG-Anlage für den Spitzenbedarf. Cremer und Warner bezeichnen die Wahrscheinlichkeit als "sehr gering", ohne anzugeben, wie sie zu dieser Qualifikation kommen. ADL und SAI leiten ihre Schätzwerte aus historischen Daten über Wetterbedingungen, Erdbebenhäufigkeit und Häufigkeit von Flugzeugabstürzen ab. Die Wahrscheinlichkeit für systeminterne Störungen aufgrund von Materialproblemen ergab sich aus einer technischen Analyse des verwendeten Materials und der Temperaturschwankungen, die zu Ermüdungserscheinungen oder Deformationen führen können. Brötz schätzt die Wahrscheinlichkeit, daß ein Flugzeug einen der sechs Lagertanks treffen könnte, mit Hilfe von historischen Daten aus Deutschland ab.

Alle Lagertanks befinden sich in Auffangbecken, die den gesamten Inhalt des Tanks (in flüssiger Form) aufnehmen können. Alle glaubwürdigen Störfallszenarien gehen von der Annahme aus, daß diese Auffangbecken nicht brechen werden und daher die gesamte Austrittsmenge in diesen Bekken verbleibt. Bei Störfällen mit gemeinsamer Ursache (z.B. Erdbeben, Flugzeugabsturz) scheint diese Annahme jedoch fragwürdig.

Nur SAI ziehen die Möglichkeit in Betracht, daß aufgrund eines Störfalles mit gemeinsamer Ursache mehr als ein Tank gleichzeitig brechen könnte. Der maximal annehmbare Austritt ist demnach für sie der Bruch aller drei Lagertanks (wobei jeder Tank 77.500 m^3 faßt). SAI beziehen in ihre Wahrscheinlichkeitswerte die Tatsache ein, daß die Tanks ca. 40% der Zeit leer stehen.

Bei der Berechnung der Wahrscheinlichkeiten von Lagertankbrüchen gab es folgende wesentliche Resultate:

1. Die Wahrscheinlichkeit eines Lagertankbruches wird bei allen Standorten auf 10^{-5} pro Jahr eingeschätzt.

2. Als konservative Schätzung wird generell der komplette Inhalt eines Tanks als Mindestaustrittsmenge angenommen. Cremer und Warner nehmen jedoch nur 15% eines Tankinhaltes als Austrittsmenge an.

3. Die Unterschiede zwischen den Schätzwerten sind eher unwesentlich, mit Ausnahme von ADL und SAI. So beträgt z.B. bei SAI die Wahrscheinlichkeit eines Austrittes aufgrund von Objekten, die in den Tank stürzen, 4×10^{-7}, während ADL als Wert 10^{-5} angeben. Elisabeth Drake (von ADL) wies darauf hin, daß dieser Unterschied darauf zurückzuführen ist, daß die Raketenabschußpläne im nahegelegenen Air-Force-

Stützpunkt Vandenburg in dem Zeitraum zwischen der Anfertigung der beiden Studien geändert wurden (persönliche Mitteilung 1981).

4. Unfälle mit gemeinsamer Ursache, bei denen mehr als ein Tank brechen kann, werden nur von SAI in Betracht gezogen.

Auswirkungen eines LEG-Austrittes

Wir haben bisher die Wahrscheinlichkeiten von verschiedenen Austrittsmengen aufgrund von Systemteilausfällen untersucht. Bevor wir nun die Anzahl der Todesfälle bei bestimmten Austrittsmengen quantifizieren können, müssen wir erst untersuchen, was mit dem ausgetretenen LEG geschieht und wodurch es Todesfälle verursachen kann.

Es scheint Übereinstimmung darüber zu herrschen, daß nur die Entzündung und darauffolgende schnelle Verbrennung oder Detonation des ausgetretenen LEG - aufgrund der Wärmestrahlung und der Explosionswirkung - Auswirkungen auf Gesundheit und Leben haben kann. Das LEG verdampft sofort nach dem Austritt, wodurch eine Dampfwolke entsteht, die dann in Windrichtung fortzieht und sich auflöst. Wenn es zu keiner Entzündung kommt, erreichen schließlich alle Teile der Wolke die Konzentrationsgrenze, unter welcher keine Entzündung mehr stattfinden kann. Um die Auswirkungen abzuschätzen, benötigt man daher Schätzwerte bezüglich der Größe der Dampfwolke, der Entfernung in Windrichtung, bis zu der die Konzentration eines Teiles der Wolke über der unteren Entflammbarkeitsgrenze bleibt sowie bezüglich der Wahrscheinlichkeit einer Entzündung.

- *Verdampfung und Dispersion:* Innerhalb des Themenkreises der LEG-Risikoermittlung hat die Frage, wie sich das LEG nach einem Austritt verhält, das größte Interesse der Wissenschaftler auf sich gezogen. Bis jetzt umfaßt das vorhandene empirische Material nur Daten über Austrittsmengen bis zu 50 m^3 für einen LNG-Austritt zu Lande und bis zu 200 m^3 für einen LNG-Austritt zu Wasser. Um das Verhalten von großen Austrittsmengen vorherzusagen, muß man daher auf theoretische Modelle zurückgreifen, welche allerdings nur schwer zu bestätigen sind. Wenn die Vorhersagen für große Austrittsmengen auch variieren, so liefern sie doch gute Schätzwerte über die beobachteten Austritte.

Die in den einzelnen Studien gemachten Vorhersagen über die maximalen Entfernungen entzündbarer Dampfwolken in Windrichtung nach einem Austritt auf See sind in Tabelle 7.4 angeführt. Über rauhem Gelände geht die Dispersion einer Dampfwolke vermutlich schneller vor sich als über Wasser, außer wenn die Wolke aus Propan- oder Butandampf besteht,

Tabelle 7.4: Maximale Entfernung in Windrichtung einer entzündbaren LNG-Dampfwolke nach Momentanaustritten zu Wasser

Bericht	LEG-Austritts-größe (m^3)	Atmosphärische Stabilität[α]	Windgeschwindig-keit (km/h)	Entfernung in Windrichtung (km)
Brötz	20.000	A-F	Alle Windgeschw.	2,3
		Nur bei Nacht	Alle Windgeschw.	3,5
TNO	25.000	D		3,3
		E,F		10,0
ADL	25.000	A	25,0	1,0
		D	21,0	7,0
		E	19,8	10,0
		F	10,8	20,0
FERC	30.000	A	25,0	0,5
			16.0	0,5
			9,0	0,6
		D	25,0	4,2
			16,0	4,9
			9,0	5,9
		E	25,0	7,8
			16,0	9,2
			9,0	11,3
		F	25,0	18,1
			16,0	21,6
			9,0	27,1
SAI	37.500	A,D,F	54,0	6,0
		A,D,F	25,0	3,5
		A,D,F	11,0	2,0
		A,D,F	0,0	1,0
ADL	50.000	A	25,0	1,0
		D	21,0	9,0
		E	19,8	15,0
		F	10,8	25,0
SAI	88.000	A,D,F	11,0	2,5

α Atmosphärische Stabilität: reicht von A, sehr unstabil (rauh) bis F, sehr stabil (ruhig)

welcher sich aufgrund seiner hohen Dichte in niedrig liegenden Gebieten ansammelt. Die Unterschiede zwischen den Studien sind gravierend. Während SAI und Brötz relativ geringe Entfernungen vorhersagen, entsprechen sich ADL und FERC in ihren Vorhersagen von großen Entfernungen. Interessant ist auch, daß bei FERC die Entfernung mit sinkender Windgeschwindigkeit zunimmt, während sie bei SAI abnimmt.

Obwohl Austritte zu Lande möglicherweise umfangreicher sind, werden sie generell als weniger gefährlich eingestuft als Austritte zu Wasser. Ein Grund für diese Annahme ist, daß Austritte zu Lande gewöhnlich begrenzt sind, nachdem die Lagertanks von Dämmen umgeben sind, von denen allgemein angenommen wird, daß sie nicht brechen. Ein zweiter Grund liegt darin, daß das LEG zu Lande langsamer verdampft als zu Wasser.

- *Entzündung der Dampfwolken:* Die Entzündungswahrscheinlichkeit ist in zwei Komponenten unterteilt: Die erste Komponente ist die Direktentzündung durch das Ereignis, welches den Austritt verursacht hat. Wie aus Tabelle 7.5 entnommen werden kann, ist diese Wahrscheinlichkeit je nach Ereignis allgemein hoch angesetzt. Der Grund ist in der Annahme zu finden, daß das Ereignis, welches zu einem Bruch des Lagertanks führen kann, auch genug Reibungshitze erzeugt, um die entstehende Dampfwolke zu entzünden. Die zweite Komponente ist die Wahrscheinlichkeit, daß die Dampfwolke durch eine andere Ursache entzündet wird, vorausgesetzt, daß die Entzündung nicht sofort erfolgt. Dies hängt natürlich von dem Vorhandensein von Entzündungsursachen innerhalb der Entflammbarkeitsdistanz der Dampfwolke ab. Eine verzögerte Entzündung hat für gewöhnlich größere Auswirkungen, da sich die Wolke ausbreitet und in Windrichtung fortzieht. Daher wird bei den meisten Austrittsorten das Gesamtrisiko durch eine hohe Wahrscheinlichkeit einer Sofortentzündung reduziert. In dieser Hinsicht sind TNO und Aberdour in ihren Schätzungen konservativer als die anderen Studien. Die Wahrscheinlichkeit einer sofortigen Entzündung kann natürlich auch von den örtlichen Gegebenheiten abhängen. So weisen z.B. Keeney *et al.* (1979) darauf hin, daß sie die Wahrscheinlichkeit einer Sofortentzündung sehr hoch angesetzt haben, da Kollisionen an dem untersuchten Standort normalerweise größere Schiffe mit gefährlichen Ladungen wie z.B. Chlor betreffen würden. Da die historischen Daten über LNG-Austritte beschränkt sind, können die geschätzten Entzündungswahrscheinlichkeiten kaum bestätigt werden.

Tabelle 7.5: Wahrscheinlichkeiten der sofortigen Entzündung nach einem Schiffstankbruch

Entzündungsursache	TNO	Aberdour	FERC	SAI	Battelle	Keeney et al. (1979)
Kollision	0,65	0,66	0,9	0,9	0,8	0,9-0,99
Aufgrundlaufen	0,1	-	0,0	-	0,3	-
Rammen	-	-	0,9	-	-	-
Rakete/Flugzeug	-	-	-	0,9	0,9	-
Meteorit	-	-	-	0,0	-	-
Interne Störung	-	0,9	-	0,0	-	-

FERC, SAI, Battelle und Keeney *et al.* verwenden das gleiche Modell für die Berechnung der Wahrscheinlichkeit einer verzögerten Entzündung. Sie nehmen an, daß jede Entzündungsursache eine Dampfwolke mit der gleichen Wahrscheinlichkeit p entzünden kann. Daher ergibt sich als Wahrscheinlichkeit p_n, daß die Dampfwolke durch eine von n Ursachen entzündet wird, $p_n = 1 - (1-p)^n$. Zusätzlich nehmen alle Untersuchungen, die dieses Modell verwenden, an, daß jede Person eine Entzündungsursache sein kann, da sie Einrichtungen (z.B. Auto, Ofen, Licht) verwendet, die konkrete Entzündungsquellen sind. Die Unterschiede in den Studien ergeben sich also hauptsächlich aus der subjektiven Einschätzung der Wahrscheinlichkeit p. Tabelle 7.6 führt die verschiedenen Schätzwerte an.

Tabelle 7.6: Entzündungswahrscheinlichkeiten pro Person bei verzögerter Entzündung

	FERC	SAI	Battelle	Keeney et al. (1979)
Wahrscheinlichkeit p, daß jede Person innerhalb der Dampfwolke diese entzündet	0,01	0,1	0.01	0,01-0.1

Jeder der angenommenen Werte für p kann konservativ oder auch nicht konservativ sein, je nachdem, wieviele Menschen (und damit Entzündungsursachen) sich innerhalb der Reichweite der Dampfwolke aufhalten. Für Point Conception ist die Schätzung von FERC beispielsweise weniger konservativ als die Schätzung von SAI, da nicht mehr als 130 Leute im Umkreis von 10 km von der LNG-Anlage wohnen. Daher impliziert die Schätzung von FERC eine definitive Wahrscheinlichkeit, daß sich die Dampfwolke überhaupt nicht entzündet, während SAI zu dem Ergebnis kommen, daß die Wahrscheinlichkeit einer Entzündung sehr hoch ist. Wendet man andererseits das Modell auf Wilhelmshaven an, wo 43.000 Menschen innerhalb eines Umkreises von 10 km vom LNG-Standort leben, so kommt man mit der FERC-Schätzung zu dem Ergebnis, daß sich die Dampfwolke zwar entzündet, jedoch erst, nachdem sie sich über ein dichter bewohntes Gebiet ausgebreitet hat, als bei Verwendung der SAI-Schätzung vorhergesagt wird.

- *Todesfälle, die sich durch die Entzündung von Dampfwolken ergeben:* Entzündete Dampfwolken wirken durch Wärme (z.B. Feuer, Verbrennungen) und durch Explosion (z.B. mechanische Zerstörung, Druckwellen). Über das tatsächliche Vorhandensein von Wärmewirkungen besteht kein Zweifel, während jedoch die Frage offenbleibt, ob es bei Methan überhaupt zu einer Explosionswirkung aufgrund eines raschen Abbrennens oder einer Detonation kommen kann, und falls doch, ob der dadurch erzeugte Spitzenüberdruck stark genug ist, um Schäden zu verursachen. TNO sind der Meinung, daß die Explosionswirkungen die einzige ernsthafte Gefahr darstellen und daß die Wärmewirkungen von vergleichsweise geringer Bedeutung sind. Cremer und Warner berücksichtigen logischerweise sowohl die Wärme- als auch die Explosionswirkungen, nachdem im Terminal von Mossmorran Butan, Propan und Äthylen umgeschlagen werden, welche bekannterweise in einer bestimmten Mischung mit Luft explodieren. ADL untersuchen nur die Wärmewirkungen, da eine Explosion (sowohl rasches Abbrennen wie auch Detonation) des Methans als unwahrscheinlich betrachtet wird. FERC und SAI beschränken sich ebenfalls auf die Wärmewirkungen, während Brötz sowohl die Wärme- als auch die Explosionswirkungen einbezieht. NMAB (1980) folgern, daß die Möglichkeit einer Explosion von LNG-Dampfwolken nicht vollständig ausgeschlossen werden kann, obwohl es keine empirischen Beweise für eine solche Möglichkeit gibt.

Will man den Prozentsatz von Todesfällen innerhalb einer bestimmten Entfernung von einer Dampfwolke schätzen, so muß man als erstes die Höhe der Wärmestrahlung und des Spitzenüberdrucks, ab welcher Todesfälle zu erwarten sind, bestimmen. Dabei ist zwischen primären und sekundären Wirkungen zu unterscheiden. Primärwirkungen sind Todesfälle, die direkt durch die Wärmestrahlung und den Spitzenüberdruck verursacht werden. Sekundärwirkungen sind dagegen Todesfälle, die durch Brände verursacht werden, welche aufgrund der Wärmestrahlung entstehen sowie Todesfälle, die sich durch den Einsturz von Gebäuden aufgrund des Spitzenüberdrucks ergeben.

Alle unsere vorliegenden Studien untersuchen nur die primären Wärmewirkungen und die sekundären Explosionswirkungen. Brötz behauptet, daß primäre Explosionswirkungen ausgeschlossen werden können, da der dafür benötigte Spitzenüberdruck noch nie beobachtet worden ist. Sekundäre Wärmewirkungen, die jedoch sehr schwierig einzuschätzen sind, können dagegen Menschen betreffen, die von einer direkten Wärmestrahlung abgeschirmt sind. Eine Methode, die sekundären Wärmewirkungen in die Schätzungen zu inkludieren, ist die Annahme einer niedrigen Wärmestrahlungsschwelle für Todesfälle. Die Explosionswirkungen spielen in den Risikoberechnungen der meisten von uns untersuchten Risikostudien keine große Rolle. TNO behandelt sie als einzige der Studien. Brötz berücksichtigt sekundäre Explosionswirkungen überhaupt nicht. Die Wärmewirkungen werden in den Risikoermittlungen sehr unterschiedlich behandelt. Bei ADL ist die Entfernung vom Zentrum des Feuers bis zur unteren Todesfallsgrenze etwa doppelt so groß als bei FERC und SAI. Cremer und Warner sowie Brötz geben keine untere Todesfallgrenze an.

Zusammenfassend lassen sich die Hauptresultate unseres Vergleiches der Todesfallberechnungen wie folgt darstellen:

a) Die Studien unterscheiden sich bezüglich ihrer Annahmen über die Hauptursachen von Todesfällen. Während TNO annehmen, daß alle Todesfälle durch Sekundärwirkungen verursacht werden, gehen ADL, FERC und SAI davon aus, daß sie durch Wärmestrahlung hervorgerufen werden. Bei Cremer und Warner sowie Brötz werden Todesfälle als Ergebnis einer Dampfwolkenentzündung nicht untersucht.

b) Es bestehen auch unterschiedliche Auffassungen bezüglich der Strahlungshöhe, ab welcher es zu Todesfällen kommt. ADL legen hier die konservativste Annahme vor.

c) LNG- und LPG-Dampfwolken können sehr unterschiedliche Auswirkungen haben. So ist z.B. bekannt, daß LPG-Dampfwolken explodieren können, während die Möglichkeit einer unbeschränkten LNG-Dampfexplosion noch nicht geklärt wurde.

d) Die Entzündung einer LEG-Dampfwolke kann sich auf die chemischen Anlagen der Umgebung wie auch auf die Menschen, die in der Nähe arbeiten oder leben, auswirken. Mit der Ausnahme von Point Conception befinden sich im Umkreis aller geplanten LEG-Terminals chemische Fabriken. Cremer und Warner sowie Brötz untersuchen diesen Punkt, kommen aber zu dem Schluß, daß die Auswirkungen auf die naheliegenden Chemiewerke das Gesamtrisiko nicht signifikant erhöhen. TNO betonen, daß im Falle einer Detonation ein naheliegender Ammoniaktank einstürzen würde, was verheerende Auswirkungen hätte (Ammoniak würde über eine Distanz von mehreren 10.000 m tödlich wirken).

Ermittlung des Risikos für die Bevölkerung

Die Schätzwerte für das gesellschaftliche Risiko, das Individualrisiko und das Risiko gehäufter Todesfälle sind in Tabelle 7.7 enthalten. Cremer und Warner sowie Brötz geben keine Schätzwerte für diese Risiken an. Es sollte auch beachtet werden, daß die Schätzwerte von SAI für einen LNG-Terminal mit einer höheren Zahl von Lagertanks und größere

Tabelle 7.7: Risikoschätzwerte für die verschiedenen Standorte[α]

	TNO	Aberdour	ADL	FERC	SAI
Gesellschaftliches Risiko (Todesfälle pro Jahr)	$4x10^{-2}$	Nicht geschätzt	$7x10^{-6}$	10^{-5}	10^{-6}
Individualrisiko (Wahrscheinlichkeit eines Todesfalls pro Jahr)	$\leq 7x10^{-6}$	$7x10^{-4}$	$\leq 9x10^{-8}$	$8x10^{-7}$	10^{-8}
Anzahl der dem Risiko ausgesetzten Menschen	≥ 5000	Nicht definiert	≥ 80	15	90
Risiko gehäufter Todesfälle: Wahrscheinlichkeit, daß Anzahl der Todesfälle pro Jahr gleich ist oder größer als					
1	$3x10^{-3}$	Nicht geschätzt	10^{-6}	Nicht geschätzt	$6x10^{-7}$
10	10^{-3}		10^{-8} - $6x10^{-7}$		$3x10^{-11}$
100	$5x10^{-6}$		-		-
1000	$5x10^{-6}$		-		-
5000	$3x10^{-7}$		-		-

α Es ist zu beachten, daß die SAI-Schätzwerte hier nicht - wie an anderen Stellen des Textes - an die ADL- und FERC-Werte angepaßt wurden. Daher wäre die SAI-Schätzung für den jetzt geplanten kleineren LNG-Terminal geringer, sodaß die Unterschiede in den Risikoermittlungen hier und im Text zu einem gewissen Grad untertrieben sind.

Schiffe gelten als gegenwärtig geplant sind. Es überrascht nicht, daß Point Conception das geringste Risiko unter den drei Standorten aufweist. Unterschiede zwischen den Schätzungen der einzelnen Studien sollten jedoch mit Vorsicht interpretiert werden, da die Studien völlig unterschiedliche Ereignisse untersuchen. Es fanden sich sogar für dasselbe Ereignis und selbst für den gleichen Standort Unterschiede zwischen den Studien. Der subtilere Unterschied liegt allerdings darin, daß die Gesamtzahl der exponierten Leute N auf verschiedene Art und Weise definiert wird. Das wird deutlich, wenn man die drei Studien über Point Conception in Tabelle 7.7 vergleicht. Dieser Unterschied kann wichtig sein, da N das Maß des Individualrisikos auf eine Art bestimmt und bis zu einem gewissen Grad auch definiert, wie sie dem Leser einer Risikostudie nicht unbedingt klar sein muß.

Wenn auch die relative Rangordnung von Point Conception nicht sonderlich erstaunlich ist, so überrascht doch die Größenordnung der Unterschiede in den Schätzungen von Tabelle 7.7. Das gesellschaftliche

Risiko, das Individualrisiko und das Risiko eines oder mehrerer Todesfälle variieren um 4 Größenordnungen zwischen den Standorten, das Risiko von zehn oder mehr Todesfällen sogar um 8 Größenordnungen. Man kann sich kaum ein anderes politisches Problem vorstellen, wo bei einem Beurteilungsmaß, das mit solcher Aufmerksamkeit verfolgt wird wie dieses, eine derartige Bandbreite möglich ist. Noch auffälliger sind die Unterschiede zwischen den drei amerikanischen Studien, die alle die Risiken ein und desselben Standortes ermitteln. Es besteht sowohl bei dem gesellschaftlichen Risiko wie auch bei dem Individualrisiko ein Unterschied von einem Faktor 10 zwischen den Studien (jedoch ist dabei zu beachten, daß die Unterschiede im Individualrisiko teilweise durch die verschiedenen Einschätzungen von N erklärt werden können). Bei dem Risiko von 10 oder mehr Todesfällen findet man einen Unterschied von 4 Größenordnungen. Wenn ein Entscheidungsträger mit solchen Unterschieden konfrontiert wird, könnte er zu der Schlußfolgerung kommen, daß alle drei Studien auf einem sehr beschränkten Wissensstand über LEG-bedingte Risiken beruhen.

BEWERTUNG DER LEG-RISIKOERMITTLUNGEN

In den vorherigen Abschnitten haben wir verschiedene Risikostudien verglichen. Dabei ist deutlich zum Ausdruck gekommen, daß die Studien wesentliche Unterschiede sowohl bei den Wahrscheinlichkeiten von Ereignissen als auch bei ihren Auswirkungen, selbst für denselben Standort, aufweisen. Auch zwischen den Standorten zeigen sich Unterschiede, die nicht allein durch die Verschiedenheit der LEG-Terminalsysteme und Standorte erklärt werden können. Diese Erkenntnis ist sicherlich von wesentlicher Bedeutung. Da jedoch die Risikostudien für spezifische entscheidungsorientierte Zwecke erstellt werden, müssen wir uns fragen, ob sie ihren Zweck auch tatsächlich erfüllen. Daher wollen wir nun die Studien nach zwei Aspekten, nämlich der wissenschaftlichen Qualität und ihrem Nutzen, bewerten. Obwohl diese beiden Aspekte natürlich miteinander im Zusammenhang stehen, ergeben sich dennoch für jeden von ihnen spezielle Fragen.

1. Kann bei den gegebenen Risikoermittlungen, so wie sie im vorherigen Abschnitt untersucht wurden, die wissenschaftliche Qualität verbessert werden, und wenn ja, auf welche Art und Weise?

2. Kann eine Risikoermittlung, auch wenn sie wissenschaftlich perfekt ist, zu einer wirksameren Hilfe für die fragliche Entscheidung erweitert oder verbessert werden?

Wissenschaftliche Qualität

Es ist das erklärte Ziel einer Risikostudie, die Risikohöhe für eine geplante LEG-Terminalanlage abzuschätzen. Wir haben drei Fragen bezüglich der wissenschaftlichen Qualität einer Risikoermittlung gestellt: Wird eine vertretbare Risikodefinition verwendet, ist die Abschätzung des Risikos in einem wahrscheinlichkeitstheoretischen Sinne genau und wie kann diese Genauigkeit abgesichert werden? Die Frage nach der Genauigkeit steht im Mittelpunkt der gesamten Risikoanalyse. Sie wurde erstmals durch die Veröffentlichung des Rasmussen Report (NRC 1975) im breiten Rahmen diskutiert und ist seitdem ein wichtiges Diskussionsthema geblieben. Wie wir gezeigt haben, bestehen wesentliche Unterschiede zwischen den Risikoermittlungen in drei Dimensionen der Risikobestimmung, nämlich den untersuchten Ereignissen, der Wahrscheinlichkeit solcher Ereignisse und ihren Auswirkungen. Alle Studien behaupten, daß sie in ihrer Schätzung konservativ sind und nur einige von ihnen erwähnen Unsicherheiten bei den Schätzwerten.

Untersuchen wir die einzelnen Probleme der Genauigkeit im Detail:

- *Untersuchte Ereignisse:* Die Studien unterscheiden sich sogar für die gleiche LEG-Anlage ganz wesentlich bezüglich der untersuchten Ereignisse. Eines der möglichen Ereignisse, nämlich Sabotage, wird in keiner der Studien erwähnt. Es wäre daher vom wissenschaftlichen Standpunkt aus präziser, festzustellen, daß die Ergebnisse der Risikoermittlungen bedingte Schätzungen des Risikos sind, die auf der Annahme basieren, daß bestimmte Ereignisse, wie z.B. Sabotage, nicht eintreten. Man muß sich klar darüber sein, daß dies eine Vereinfachung der Wirklichkeit ist, welcher man bei der Erstellung jedweder wissenschaftlicher Modelle Rechnung tragen muß. Es ist jedoch wichtig, daß die Risikoermittlung die Annahmen anführt, unter welchen die Schätzwerte gelten. Natürlich werden bestimmte Ereignisse aus gutem Grund nicht in Erwägung gezogen, da sie entweder *a priori* als unwichtig betrachtet werden oder weil sie fast nicht zu quantifizieren sind, wie z.B. Sabotage. Dies führt jedoch zu der Vorstellung, daß die Risikoermittlung eine *durch bestimmte Annahmen bedingte* Abschätzung des Risikos ist.

- *Abschätzung der Wahrscheinlichkeiten:* Die Wahrscheinlichkeiten ergeben sich aus Häufigkeitsverteilungen, subjektiven (Fach-)Urteilen sowie Kombinationen dieser beiden. Die Verwendung von historischen Daten eignet sich ausgezeichnet zur Schätzung der Wahrscheinlichkeiten von zukünftigen Ereignissen, sofern nicht wesentliche Änderungen der Ereigniswahrscheinlichkeiten auftreten. Wenn sich zukünftige Ereignisse von solchen vergangener Art unterscheiden oder wenn keine historischen Daten vorliegen, muß man sich für eine Schätzung der Wahrscheinlichkeiten auf das Urteil von Experten stützen. Diese Methode, der Bayessche Wahrscheinlichkeitsansatz, ist von der Konzeption her stark in den Axiomen des rationalen Verhaltens verankert (siehe Lindley 1973, Luce und Raiffa 1957) und wird in der Entscheidungstheorie unter einer einzigen wesentlichen Annahme häufig verwendet: der Annahme nämlich, daß die Analyse einen einzelnen Entscheidungsträger involviert. In einem solchen Fall ist es konzeptionell denkbar, die persönliche Beurteilung des Entscheidungsträgers oder eine einzelne, von dem Entscheidungsträger bezeichnete Erfahrungsquelle zu benützen, um diese Wahrscheinlichkeiten zu erstellen. In unserem Falle ist jedoch die Annahme eines einzelnen Entscheidungsträgers ungeeignet. Wenn die Abschätzung des Risikos stark von einer Expertenbeurteilung der Wahrscheinlichkeiten abhängt, dann können die Ergebnisse durch die jeweils eingesetzten Experten beeinflußt werden. Man kann nicht ohne weiteres eine Gruppe von solchen Ergebnissen als verläßlicher darstellen als eine andere Gruppe von Ergebnissen, zu der ein anderer Experte aufgrund seiner Annahme von anderen Wahrscheinlichkeiten gekommen ist. Jedoch lassen sich bei Analysen von Prozessen, die so wenig verstanden werden wie die LEG-Unfallszenarien, Expertenschätzungen für Wahrscheinlichkeiten nicht vermeiden. Es wäre natürlich wünschenswert, die Rolle solcher Wahrscheinlichkeiten zugunsten objektiverer Wahrscheinlichkeiten zu verringern. Diese erfordern jedoch eine Datensammlung, die sowohl zeitlich als auch finanziell aufwendig und manchmal sogar unmöglich ist. In jedem Entscheidungsprozeß für LEG-Terminalstandorte werden daher Kosten und Entscheidungsqualität dergestalt gegeneinander abgewogen, daß die von Experten geschätzten Wahrscheinlichkeiten eine wichtige Rolle spielen. Daraus folgt, daß bei jeder LEG-Risikoermittlung die Sensitivität der Risikoschätzwerte gegen eine Reihe von unterschiedlichen Fachurteilen klar in der Studie herausgestrichen werden sollte.

- *Abschätzung der Auswirkungen:* Bevor die Auswirkungen eines Ereignisses analysiert werden können, muß feststehen, welche Risikoaspekte behandelt werden sollen - Todesfälle, Personenschäden oder finanzielle Verluste. Um ein solches Risiko abzuschätzen, müssen die Konsequenzen in den gleichen Dimensionen dargestellt werden, d.h. nach der Anzahl der Todesfälle, der Anzahl der Personenschäden oder der Höhe des finanziellen Verlustes. Studien, welche die Auswirkungen nur in Form der Größe des LEG-Austrittes, der Dichte der Wärmestrahlung, etc. beleuchten, können die Risikoabschätzung nicht in Dimensionen darstellen, wie sie der öffentliche oder politische Prozeß bedarf. Viele, wenn auch nicht alle Studien behandeln die Konsequenzen nach der Anzahl der Todesfälle. Keine der Studien befaßt sich jedoch ausdrücklich mit Personenschäden oder finanziellen Verlusten, während einige wenige die Auswirkungen lediglich im Lichte des Austrittsumfanges oder der Wärmestrahlung besprechen. Sogar jene Studien, welche die Anzahl der Todesfälle untersuchen, unterscheiden sich zu einem gewissen Grade bezüglich der Konsequenzen, hauptsächlich aufgrund der mangelnden Erfahrung mit umfangreichen LEG-Austritten und der ungelösten Probleme bei der Modellerstellung für das LEG-Austrittsverhalten. Daher wissen wir nicht mit Sicherheit, wieviele Personen potentiell einem Risiko ausgesetzt sind. Es ist aber möglich, daß diese Unsicherheiten in nächster Zukunft verringert werden können, da gegenwärtig Experimente mit umfangreichen LEG-Austritten im Gange sind.

Nachdem wir die Hauptfragen der LEG-Risikoermittlung dargelegt haben, wenden wir uns nun dem Problem zu, wie die Genauigkeit dieser Ermittlungen bewertet werden kann. Obwohl wir einige Faktoren aufgezählt haben, ist es dennoch sehr schwierig, dasjenige Verfahren der Risikoermittlung zu bestimmen, das die größte Genauigkeit aufweist. Der Grund dafür liegt darin, daß wir es mit äußerst seltenen Ereignissen (Ereignissen mit geringer Eintrittswahrscheinlichkeit) zu tun haben. Dies bedarf einer näheren Erläuterung.

In der Wissenschaft ist es für eine Zunahme des Wissensstandes von entscheidender Bedeutung, ob die Möglichkeit besteht, die Unrichtigkeit einer wissenschaftlichen Aussage oder Theorie zu beweisen. Einige Philosophen wie z.B. Karl Popper argumentieren sogar, daß es absolut unmöglich sei, die Richtigkeit einer wissenschaftlichen Aussage zu beweisen, sondern daß man nur ihre Unrichtigkeit beweisen könne. Ein Beispiel aus der Geschichte der Physik belegt diese Ansicht: Die allgemein akzeptierte Theorie der Newtonschen Bewegungsgesetze wurde erst nach über 200 Jahren als falsch oder genauer gesagt als ein Spezialfall der Einsteinschen Relativitätstheorie erkannt. Man kann aus zwei verschiedenen Gründen nicht bei allen wissenschaftlichen Aussagen deren Unrichtigkeit aufzeigen. Der eine Grund ist, daß eine wissenschaftliche Aussage so präzise sein kann, daß jeder Versuch, ihre Unrichtigkeit zu beweisen, fehlschlägt. Der andere Grund liegt darin, daß eine wissenschaftliche Aussage so vage sein kann oder so unzugängliche Ereignisse (z.B. Ereignisse in der fernen Zukunft) betreffen kann, daß es gegenwärtig nicht möglich ist, ihre Unrichtigkeit zu beweisen. Die zweite Art der wissenschaftlichen Aussage ist jedoch wesentlich weniger stark als die erste. Während die Gesetze der Physik Beispiele der ersten Art sind, gehören die Psychoanalyse oder die Marxsche Vorhersage der wirtschaftlichen Entwicklung in den Industrieländern zu den wissenschaftlichen Theorien der zweiten Art.

Kehren wir zu der LEG-Risikoermittlung zurück. Es ist nicht schwer, Versuchsanordnungen zu erstellen, die beweisen können, daß Vorhersagen bestimmter Auswirkungen falsch sind. Das könnte beispielsweise erreicht werden, indem man mit großen LEG-Austrittsmengen experimentiert. Schwierig wird es dagegen, wenn zu beweisen ist, daß eine LEG-Risikoschätzung falsch ist, weil wichtige Ereignisse nicht einbezogen wurden oder weil die Wahrscheinlichkeiten falsch sind. Der Grund dafür liegt in der Tatsache, daß Ereignisse mit geringer Wahrscheinlichkeit von der Definition her selten und außerdem nicht deterministisch eintreten. Selbst wenn uns die Daten für das Verhalten eines LEG-Terminalsystems über einen Zeitraum von 20 oder 30 Jahren zur Verfügung stünden, so hätten wir doch nur eine geringe Zahl von Informationen, da nur sehr wenige oder überhaupt keine Unfälle stattgefunden hätten. Diese Erfahrungswerte bilden nur eine obere Schranke für die Wahrscheinlichkeit eines Eintretens, die auch nur mit einer bestimmten Unsicherheit angegeben werden kann, und die daher sehr viel höher liegen kann als die sehr geringen Wahrscheinlichkeiten, um die es bei der LEG-Risikoermittlung geht.

Es gibt keine einfache Lösung für das Problem, wie die Schätzwerte von Ereignissen mit geringer Wahrscheinlichkeit zu bestätigen sind. Aus diesem Grund bezeichnet Weinberg (1982) die Risikoermittlung als eine "Kunst", weil in ihr "starke transwissenschaftliche Elemente enthalten sind und immer enthalten sein werden". Es bleibt jedoch die Tatsache bestehen, daß die "Kunst" der Risikoermittlung eine bessere Methode für die Einschätzung des Risikos bietet als jede andere Alternative.

Grenzen der Risikoermittlung

Wir kommen nun zum zweiten Thema dieses Abschnittes. Welches sind die Unzulänglichkeiten einer LEG-Risikoermittlung in ihrer Funktion als Entscheidungshilfe und auf welche Art kann sie verbessert werden? Um diese Fragen zu beantworten, ist es notwendig, die Entscheidungsarten, in denen eine Risikoermittlung eingesetzt wird, zu bestimmen. Im wesentlichen geht es um zwei Arten von Entscheidungsproblemen: Die Entscheidung über die Wahl eines bestimmten Standortes für eine LEG-Terminalanlage und die Entscheidung über die Durchführung von bestimmten Maßnahmen zur Herabsetzung des Risikos. Obwohl es in den verschiedenen Risikostudien nicht deutlich zum Ausdruck kommt, dürften die Studien für die LEG-Terminals in Point Conception und Eemshaven in beiden Entscheidungsarten Verwendung gefunden haben, während die Studien für die Terminals in Mossmorran-Braefoot Bay und Wilhelmshaven hauptsächlich für Entscheidungen über Maßnahmen zur Reduzierung des Risikos herangezogen wurden.

Natürlich geht es bei beiden Entscheidungsproblemen nicht nur um das Risiko. Andere Auswirkungen wie z.B. Kosten, Nutzen, Auswirkungen auf die Umwelt, Versorgungsunterbrechung und das Todesfallsrisiko sind ebenfalls wichtige Dimensionen im Rahmen des Entscheidungsproblems. Aus der Sicht der Entscheidungstheorie sollte man zunächst die Entscheidungsalternativen abklären und dann die Auswirkungen für jede Alternative quantifizieren, wie dies in den Entscheidungsbäumen von Bild 7.1 gezeigt wird. Die Entscheidung über den Standort erfolgt natürlich nicht unabhängig von der Entscheidung darüber, welches technische Niveau der Terminal aufweisen soll, wodurch folglich der Entscheidungsprozeß noch komplizierter wird. Dieser Entscheidungsprozeß kommt jedoch irgendwann zu einem Punkt, an dem die verschiedenen Dimensionen der Auswirkungen der Entscheidungen, wie z.B. Kosten, Nutzen, Risiko, etc. gegeneinander abgewogen werden müssen. Genau hier ist der Punkt, an dem Fragen wie "Wie sicher ist sicher genug?" oder "Welche Risikohöhe ist zumutbar?" aufgeworfen werden. Im Rahmen der Entscheidungstheorie sollte man jedoch statt dessen Fragen stellen wie "Soll man die erwartete Anzahl der Todesfälle verringern und die Planungskonzeption verbessern (verbunden mit zusätzlichen Kosten) oder soll die erwartete Anzahl der Todesfälle weiterhin 10^{-6} pro Jahr betragen und das technische Niveau der LNG-Anlage auf dem geplanten Stand bleiben?" Wir können der Tatsache nicht entkommen, daß eine wissenschaftliche Beantwortung dieser Fragen unmöglich ist. Ja, wir können nicht einmal eine eindeutige Antwort auf diese Frage für die Gesellschaft in ihrer Gesamtheit finden, da wir keine eindeutige Methode kennen, wie aus Einzelpräferenzen eine gesellschaftliche Präferenzenliste erstellt werden kann. Zu welchen Ergebnissen auch immer die Risikoermittlung kommen mag, es werden verschiedene Leute verschiedene Entscheidungen für die Probleme von Bild 7.1 treffen, da jeder einzelne das Risiko und andere Folgen nach subjektiven persönlichen Gesichtspunkten abwägen wird.

In der Vergangenheit wurden Entscheidungen über ein technisches Risiko meist von den Technikern und Planungsfirmen getroffen. Ziviltechniker setzten die Sicherheitswerte bei Dämmen fest, Flugzeugkonstruktionsfirmen und behördliche Kommissionen entschieden über die Sicherheitswerte bei Flugzeugen. Obwohl diese Praxis allgemein akzeptiert wird, muß man sich klar sein, daß solche Entscheidungen auf einem sub-

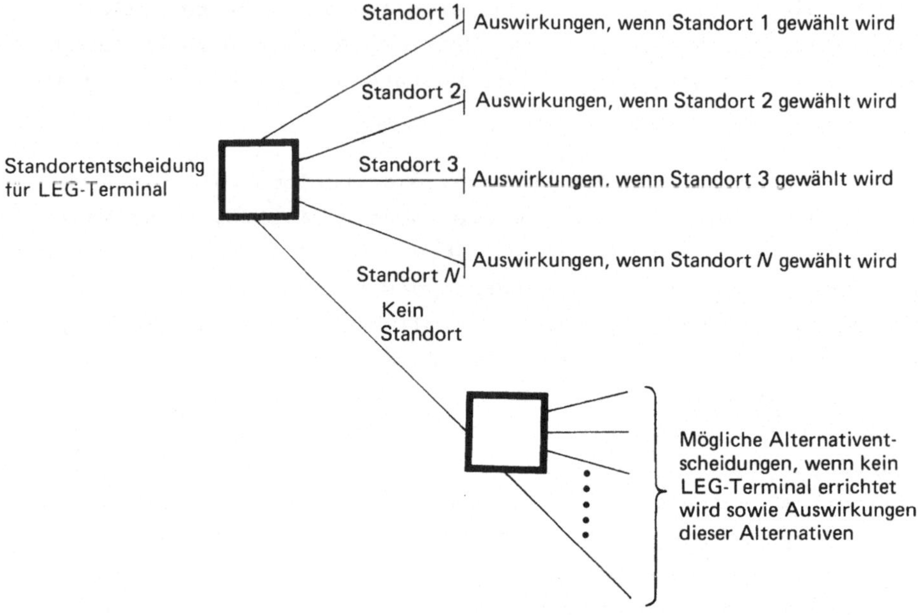

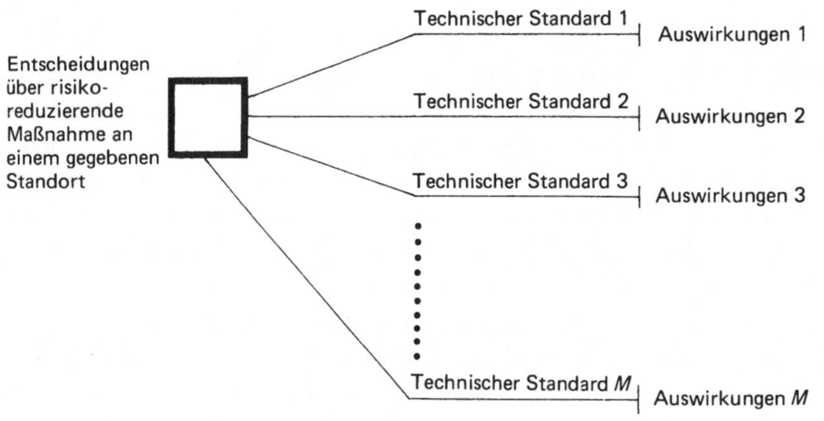

Bild 7.1: Entscheidungsbäume für die wesentlichen LEG-Terminal-Entscheidungen

jektiven Abwägen von Sicherheits- (oder Risiko-)werten und anderen Faktoren beruhen. Wenn Einzelpersonen oder Interessensverbände diese subjektiven Trade-offs der Experten oder Techniker anzweifeln, so gibt es keine wissenschaftliche Methode, zu beweisen, daß diese Experten im Recht sind. Wie in Tabelle 7.1 gezeigt, stellen sowohl Cremer und Warner wie auch Brötz fest, daß die LEG-Risikohöhe zumutbar sei. Diese Feststellung kann jedoch wissenschaftlich nicht bestätigt werden, obwohl dies natürlich nicht bedeutet, daß die Risikohöhe für bestimmte Gruppen von Menschen nicht doch zumutbar wäre.

Wir müssen uns auch darüber im klaren sein, daß die Auswirkungen der Entscheidungen für die verschiedenen Gruppen von Einzelpersonen jeweils sehr unterschiedlich sind. Es sind nicht viele Menschen einer Gesellschaft dem Risiko eines LEG-Terminals ausgesetzt, während jedoch viele daraus Nutzen ziehen, wie z.B. die Verbraucher durch den Bezug von Erdgas zu einem bestimmten Preis. Wenn andererseits kein Mensch dem Risiko ausgesetzt ist, weil kein LEG-Terminal gebaut wird, so muß der Verbraucher möglicherweise einen höheren Preis für Erdgas zahlen oder wird vielleicht überhaupt nicht beliefert. Es besteht also ein Interessenskonflikt zwischen verschiedenen Gruppen in der Gesellschaft, der nicht mit wissenschaftlichen Mitteln gelöst werden kann. Obwohl diese unsere Argumentation nicht neu ist, so scheint man im politischen Prozeß immer noch dem Glauben zuzuneigen, daß eine Risikoermittlung die Entscheidungen objektivieren könnte oder daß die Leute, die eine Risikoermittlung erstellen, auch die Frage beantworten können, ob das sich aus einer bestimmten Entscheidung ergebende Risiko zumutbar ist. Wenn wir auch angeführt haben, daß die Risikoermittlung keine Lösung für das Problem bietet, daß verschiedene Leute die Auswirkungen von Entscheidungen bezüglich der LEG-Terminalanlagen verschieden abwägen, soll das nicht heißen, daß sie nutzlos wäre. Wir werden in Kapitel 8 ihre Verwendungsmöglichkeiten weiter diskutieren.

Hier sollte jedoch eine allgemeinere Feststellung getroffen werden. Jede Risikostudie präsentiert sich als Darstellung des gesamten gegenwärtigen Wissensstandes bezüglich der LEG-Risiken. Nachdem aber dieses Wissen unvollständig ist, stellen es zumindest einige dieser Studien in wahrscheinlichkeitstheoretischen Begriffen oder Fehlergrenzen dar. Dennoch basiert jede Studie auf einem anderen Wissensstand. Es werden unterschiedliche Annahmen gemacht, Modelle verwendet, Wahrscheinlichkeiten geschätzt, etc. In Wirklichkeit vermittelt also keine der Studien eine umfassende Darstellung des gegenwärtigen Wissensstandes. Wenn SAI eine bestimmte Wahrscheinlichkeit als $9{,}9 \times 10^{-7}$ und FERC dieselbe Wahrscheinlichkeit als $8{,}1 \times 10^{-3}$ angeben, so hat der Entscheidungsträger gewisse Schwierigkeiten, welche der Wahrscheinlichkeiten er nun als Grundlage für seine Entscheidungen nehmen soll. Es gibt eine gewisse "subjektive gesellschaftliche Wahrscheinlichkeit", die vermutlich zwischen den beiden Wahrscheinlichkeiten angesiedelt ist, da jede Quelle eine Untermenge des gesamten Wissenstandes darstellt. Dennoch gibt keine der Studien zu, daß eine andere Schätzung vorliegt! Was hier notwendig wäre, ist eine Metaanalyse, die die verschiedenen Schätzungen und Modelle kombiniert, sodaß sie insgesamt einen größeren Anteil des vorhandenen Wissens umfaßt, als ihn die jeweiligen Risikoermittlungen für sich repräsentieren.

Eine Metaanalyse wäre in einem gewissen Sinne objektiver als die einzelnen Studien für sich allein. Der Grund liegt darin, daß, wenn zwei verschiedene Beraterfirmen den Auftrag erhielten, eine solche Metaanalyse durchzuführen, ihre beiden Studien vermutlich stärker übereinstimmen würden als z.B. die Studien von SAI und FERC. Die Metaanalyse hätte auch wesentlich höhere Fehlergrenzen oder breitere Wahrscheinlichkeitsverteilungen als die gegenwärtig vorliegenden Analysen. Wenn auch die Politiker gerne genauere Risikoabschätzungen hätten, so erlaubt doch unser gegenwärtiger Wissensstand keine präziseren Aussagen als solche, die mit den breiten Fehlergrenzen einer Metaanalyse abgesichert sind. Diese Ungenauigkeit unseres Wissens über LEG-Risiken sollte dem Leser von Risikostudien deutlich zum Ausdruck gebracht werden.

Um aufzuzeigen, wie groß die Unterschiede zwischen Unfallswahrscheinlichkeiten sein können, ist es nützlich, die Möglichkeit eines Austritts aufgrund eines Tankerunfalls pro Jahr in Point Conception zu untersuchen (Tabelle 7.3). Diese Wahrscheinlichkeit wurde von SAI als $9{,}9 \times 10^{-7}$, von ADL mit $7{,}7 \times 10^{-5}$ und von FERC als $8{,}1 \times 10^{-3}$ eingeschätzt. Wenn diese Bandbreite in der Größenordnung von 10^4 als möglicher Bereich für die Wahrscheinlichkeit genommen wird, sollte auch der Bereich des gesellschaftlichen Risikos, wie in Tabelle 7.7 angegeben, in der Größenordnung von 10^4 liegen, nachdem die Wahrscheinlichkeit eines Austrittes zu Wasser im wesentlichen in einer multiplikativen Beziehung zu der erwarteten Anzahl der Todesfälle pro Jahr steht. Der Grund, warum der Unterschied in den Schätzwerten in Tabelle 7.7 zwischen FERC und SAI nicht so groß ist, liegt darin, daß FERC für andere Problemkreise weniger konservative Annahmen machen (siehe Tabelle 7.8).

Schon aus diesem kleinen Beispiel einer Sensitivitätsanalyse heraus könnten wir argumentieren, daß der Unsicherheitsbereich, wie er von Battelle und SES in der Größenordnung von mindestens 10^2 angegeben wird, für die meisten der Risikoschätzwerte als Minimalbereich vertretbar ist. Dies ist natürlich nur eine sehr grobe Schätzung. Es ist sicherlich notwendig, tiefgreifende Sensitivitätsanalysen durchzuführen, um genaue Angaben über die Unsicherheitsbereiche machen zu können.

Tabelle 7.8: Reihung der Studien für Point Conception nach der Konservativität der Schätzwerte für bestimmte Problemkreise

	Konservativ 1	Weniger 2	konservativ 3
Vollständigkeit der betrachteten Ereignisse	SAI	ADL	FERC
Austrittswahrscheinlichkeit aufgrund von Schiffskollision	FERC	ADL	SAI
Betrachtete Austrittsumfänge	ADL	SAI	FERC
Austrittswahrscheinlichkeit aufgrund von Lagertankbruch	SAI	ADL	-
Betrachtete Austrittsumfänge	SAI	ADL	-
Maximale Entfernung einer entzündbaren Dampfwolke nach Austritt zu Wasser	ADL	FERC	SAI
Maximale Entfernung einer entzündbaren Dampfwolke nach Austritt zu Land	ADL	SAI	-
Untere Todesfallgrenze für Wärmestrahlung	ADL	FERC	SAI
Wahrscheinlichkeit einer verzögerten Entzündung	SAI	FERC	-
Gesamtrisiko	FERC	ADL	SAI

Unterschiede zwischen Risikoermittlungen

Wie wir oben gesehen haben, gibt es markante Unterschiede zwischen den Risikostudien - besonders zwischen jenen für Wilhelmshaven und Mossmorran-Braefoot Bay einerseits und Point Conception und Eemshaven andererseits. Diese Unterschiede lassen sich auf eine Reihe von Faktoren zurückführen, so z.B. kulturelle Unterschiede, Unterschiede zwischen den Beraterfirmen, die für die Studien verantwortlich zeichnen, Unterschiede in der Ausrichtung der Studien, Unterschiede in den analytischen und finanziellen Ressourcen sowie auch auf andere, unbekannte Faktoren. Die Erwartungen des Auftraggebers wie auch der wissenschaftliche Hintergrund der Analytiker scheinen - wenn es auch nicht belegbar ist - ebenfalls wesentliche Gründe für die Unterschiede zwischen den Studien zu sein.

Wenn also die Gründe für die Unterschiede zwischen den Studien nicht mit Sicherheit angegeben werden können, so zeigt doch das Ausmaß dieser

Unterschiede den großen Spielraum, welcher der subjektiven Analyse gewährt wird. Wie dieses Kapitel verdeutlicht, ist im Rahmen einer Risikoermittlung eine Reihe von Entscheidungen zu treffen, darunter beispielsweise, wie das Risiko zu charakterisieren ist, welches Vorlageformat zu verwenden ist, welche Wissenslücken mit Annahmen gefüllt werden sollen, wie konservativ diese Annahmen sein sollen, welches von verschiedenen, sich gegenseitig widersprechenden Modellen zu verwenden ist, wie der Grad der Sicherheit der Resultate angegeben werden soll und welche Ereignisse nicht in die Analyse aufgenommen werden sollen. Diese Entscheidungen können die Ergebnisse in jede beliebige Richtung lenken. Sehr konservative Annahmen erhöhen die Risikoschätzwerte, eine klare Darstellung der Meinungsverschiedenheiten zwischen den Experten kann das Vertrauen in die Ergebnisse schmälern und bestimmte Formate betonen wiederum bestimmte Aspekte des Risikos. Solche Faktoren können die Ergebnisse so stark verändern, daß das Endresultat schließlich mehr von den Vorlieben und Abneigungen des Analyseerstellers als den tatsächlichen Gegebenheiten des Standortes oder der Technik abhängen kann. Zu diesem Ergebnis kam auch ein Vergleich von drei Risikoermittlungen, die für den vorgeschlagenen Terminal in Oxnard, Kalifornien, durchgeführt wurden (FPC, SAI und SES; siehe Lathrop und Linnerooth 1982).

Betrachtet man die Studien über Point Conception, so findet man keinen Hinweis darauf, daß eine Studie bezüglich der Schätzung des Gesamtrisikos konservativer (oder weniger konservativ) wäre als die beiden anderen (Tabelle 7.8).

Behandlung der Unsicherheiten

Wie wir oben angeführt haben, gibt es große Probleme bei der Bestimmung und Darstellung der Genauigkeit von Risikoschätzungen. Einige der Studien erwähnen nur einige der Unsicherheiten (siehe Tabelle 7.9). Die größten Unsicherheiten werden in der Battelle-Studie zugegeben, wo folgendes angeführt wird:

> Sowohl für die Anzahl der erwarteten Todesfälle pro Ereignis als auch die entsprechenden jährlichen Häufigkeiten sollte die Untergrenze der Konfidenzintervalle als signifikant unter dem 0,1fachen der gegebenen Werte und die Obergrenze über dem 10fachen der gegebenen Werte liegend betrachtet werden. In einigen Fällen wird die Obergrenze als die Gesamtzahl der dem Risiko ausgesetzten Personen angesetzt.

In jenen Studien, die in Tabelle 7.9 nicht angeführt sind, werden die Unsicherheiten in den Risikoschätzungen nicht ausdrücklich diskutiert. Sogar jene Autoren, die Unsicherheiten behandeln, geben unterschiedliche Gründe und unterschiedliche Bandbreiten für bestimmte Un-

Tabelle 7.9: Unsicherheiten bei den Risikoschätzwerten

Bericht	Bandbreite der erwarteten Anzahl von Todesfällen pro Jahr	Gründe für Bandbreite
ADL	4×10^{-6} bis 7×10^{-6}	Bevölkerungsdichte - jetzt und in Zukunft; aktive Zeit der Entzündungsursache
SAI	$1{,}2 \times 10^{-6}$ bis $1{,}201 \times 10^{-6}$	Prozentsatz an Todesfällen unter den Menschen in einer Rauchwolke und andere konservative Annahmen
Battelle	Min. 10^{-6} bis 10^{-4}	Wahrscheinlichkeit eines Tankerunfalls, Wahrscheinlichkeit einer sofortigen und verzögerten Entzündung der LEG-Dampfwolke
Keeney et al. (1979)	$1{,}7 \times 10^{-5}$ bis 2×10^{-5}	Wahrscheinlichkeit der Entzündung pro Ursache, maximale Entfernung einer entzündbaren Dampfwolke
SES (1977)	$1{,}5 \times 10^{-2}$ bis $5{,}7 \times 10^{0}$	Maximale Entfernung einer entzündbaren Dampfwolke, Wahrscheinlichkeit eines LEG-Tankerunfalls

sicherheiten an. Wir betrachten die Wahrscheinlichkeitsschätzungen aus subjektiven Urteilen als besonders unsicher. Daher sollten Sensitivitätsanalysen zumindest die folgenden Parameter aufweisen:

- Die Wahrscheinlichkeit, daß ein Unfall eines LEG-Schiffes zu einem Austritt führt.
- Die Wahrscheinlichkeit, daß sich eine LEG-Dampfwolke sofort oder verzögert entzündet.
- Die Wahrscheinlichkeit, daß eine Störung im Umschlagsystem oder im Lagertank zu einem Austritt führt.

Ein weiterer Punkt, nämlich die maximale Reichweite einer entflammbaren LEG-Dampfwolke, scheint uns weniger kritisch zu sein, da diese primär durch die Wahrscheinlichkeit einer verzögerten Entzündung bestimmt wird. Diese Ansicht wird auch von Battelle geteilt, wo folgendes ausgeführt wird:

Die Unsicherheiten aus der Anwendung von einfachen, experimentell nicht gestützten Modellen, welche die Dynamik des LEG-Dampfes beschreiben, werden für die Ermittlung des Risikos als nicht kritisch angesehen.

RICHTLINIEN FÜR STANDARDISIERTE VERFAHREN ZUR RISIKOERMITTLUNG

In diesem Abschnitt entwickeln wir aus den Ergebnissen unserer Untersuchungen Richtlinien für ein standardisiertes Verfahren zur Risikoermittlung bei LEG-Terminals. Mit diesen Richtlinien sollen nicht nur Verbesserungsvorschläge für die Risikoermittlung gemacht werden, sondern es soll auch dem Leser, der mit dem Verfahren nicht völlig vertraut ist, eine Bewertungsmöglichkeit von Risikostudien in die Hand gegeben werden. Diese Richtlinien sollen sowohl die wissenschaftlichen Aspekte der LEG-Risikoermittlung als auch deren Aspekte der Entscheidungshilfe verbessern. Obwohl vieles von dem, was hier formuliert wird, bereits in diesem Kapitel erwähnt wurde, glauben wir doch, daß es von Nutzen ist, diese Punkte zusammenfassend in Form der folgenden Richtlinien noch einmal darzulegen.

1. *Risikodefinition:* Da es verschiedene Definitionen und Konzepte des Risikos gibt, sollte die jeweils in der Ermittlung verwendete Definition klar bezeichnet werden. Zusätzlich sollten die Gründe für die Verwendung der jeweiligen Risikodefinition erläutert werden.

2. *Vollständigkeit der in Betracht gezogenen Ereignisse:* Es ist konzeptionell unmöglich, sicher zu sein, daß alle möglichen gefährlichen Ereignisse in der Ermittlung aufgeführt sind. Trotzdem sind die in Tabelle 7.3 angeführten Ereignisse sicherlich berücksichtigenswert. Andere Ereignisse, die das Risiko entscheidend vergrößern könnten, jedoch aus irgendwelchen Gründen nicht einbezogen wurden (z.B. Sabotage), sollten entsprechend erwähnt werden. Damit sollte dem Leser einer Risikostudie deutlich vor Augen geführt werden, daß die Gültigkeit der Risikoschätzung von der Berücksichtigung bestimmter, aber nicht aller möglichen Ereignisse abhängt.

3. *Schätzung der Wahrscheinlichkeiten:* Wo immer es möglich ist, sollten die Wahrscheinlichkeiten mit Hilfe von Daten anstelle von subjektiven Urteilen abgeschätzt werden. Wo subjektive Wahrscheinlichkeiten verwendet werden müssen, sollten sie als solche gekennzeichnet werden. Außerdem sollte eine bestimmte Wahrscheinlichkeit von mehr als einem Experten geschätzt werden, sodaß man eine Bandbreite möglicher subjektiver Wahrscheinlichkeiten erhält.

4. *Abschätzung der Auswirkungen:* Die Auswirkungen sollten in Begriffen ausgedrückt werden, mit denen der Entscheidungsträger tatsächlich befaßt ist (z.B. Todesfälle, Personenschaden, finanzielle Verluste), und nicht in physikalischen Begriffen (z.B. Austrittsumfang, Wärme-

strahlung). Mögliche Auswirkungen aufgrund des Dominoeffektes (z.B. zwischen einem LEG-Terminal und naheliegenden Chemiewerken) sollten ebenfalls in Betracht gezogen werden. Wenn möglich, sollten die Auswirkungen mit Hilfe von Daten aus Experimenten und nicht mit theoretischen, nicht abgesicherten physikalischen Modellen geschätzt werden.

5. *Feststellung von Systemteilen, die das größte Risiko darstellen:* Für die Untersuchung von Risikoreduzierungsmaßnahmen und der technischen Konstruktion kann es vorteilhaft sein, den Teil des Systems zu bestimmen, der das größte Risiko darstellt.

6. *Sensitivitätsanalyse:* In jeder Risikostudie sollte eine Sensitivitätsanalyse durchgeführt werden, vor allem bezüglich der verwendeten subjektiven Wahrscheinlichkeiten, um den möglichen Unsicherheitsbereich der Risikoschätzung aufzuzeigen.

7. *Annahmen:* Die Annahmen, auf denen die Analyse begründet ist, sollten klar zum Ausdruck kommen. Zusätzlich sollten, wo immer möglich, die Implikationen der jeweiligen Annahmen dargelegt werden, um einen Vergleich mit anderen Studien zu erleichtern.

8. *Risiko-Nutzen-Analyse:* Obwohl die Abschätzung des Risikos an sich bereits das Verständnis der Implikationen bestimmter Entscheidungen vergrößert, glauben wir doch, daß eine Abschätzung des Risikos und des Nutzens von Alternativen für die Entscheidungsprobleme, die sich aus LEG-Terminals ergeben, geeigneter wäre und dem Entscheidungsträger mehr nützen würde.

9. *Zumutbare Höhe des Risikos:* Es gibt keine wissenschaftliche Methode zu entscheiden, ob eine bestimmte Risikohöhe für die Gesellschaft zumutbar ist oder nicht. Daher sollten es die Risikostudien vermeiden, Aussagen über diese Fragen zu machen.

SCHLUSSBEMERKUNGEN

Die Hauptergebnisse dieses Kapitels können wie folgt zusammengefaßt werden:

a) Die in diesem Kapitel untersuchten Risikostudien verwenden kein durchgehendes Risikokonzept. Viele der Hauptunterschiede zwischen den Studien ergeben sich aus den jeweils verwendeten Risikokonzepten. Einige Studien definieren nicht einmal die Risikokonzepte, auf die sie sich stützen.

b) Die möglichen Systemstörfälle, die Wahrscheinlichkeit solcher Störfälle und die Abschätzung ihrer Auswirkungen auf Gesundheit und Leben sind von Studie zu Studie verschieden. Nicht alle diese Unterschiede können also aus den unterschiedlichen Gegebenheiten der Terminals und Standorte erklärt werden. Bei einigen Unterschieden muß angenommen werden, daß sie durch das begrenzte Wissen und Verständnis des LEG-Risikos entstanden sind. Diesbezüglich wird in den meisten Studien zu wenig auf die verbleibenden Unsicherheiten bei der Abschätzung des Risikos hingewiesen.

c) Angesichts der Unterschiede zwischen den Studien läßt sich dennoch in den jeweiligen Studien selbst keine durchgehende Tendenz einer Über- oder Untertreibung des Risikos feststellen. Sie sind statt dessen jeweils in bestimmten Punkten konservativer und in anderen Punkten weniger konservativ als die anderen Studien.

d) Gemessen an einer relativen Risikoskala kann gesagt werden, daß von den vier Standorten Point Conception das geringste gesellschaftliche Risiko aufweist (aufgrund der sehr geringen Bevölkerungsdichte), Mossmorran-Braefoot Bay und Wilhelmshaven das höchste relative Risiko haben (aufgrund der hohen Bevölkerungsdichte und des dichten Schiffsverkehrs), während Eemshaven in der Mitte liegt.

e) Obwohl das Risiko eine wichtige Dimension bei der Entscheidung über die Einfuhr von LEG und über die Wahl eines spezifischen Standortes für den Hafen darstellt, sollte nicht vergessen werden, daß auch andere Dimensionen wie z.B. die Verläßlichkeit ebenfalls von Bedeutung sind. Jede Entscheidung bezüglich des Imports von LEG und des Terminalstandortes sollte einen Vergleich mit Alternativen einbeziehen. Als Teil dieses Prozesses sollte das LEG-Risiko mit dem Risiko der Alternativen verglichen werden.

f) Trotz der Mängel, die eine LEG-Risikoermittlung aufweisen mag, ist sie dennoch das beste Verfahren zur Auffindung möglicher Schwachstellen im System und zur Vermittlung von Risikowerten an die Entscheidungsträger und zeigt sich damit anderen, weniger systematischen Methoden deutlich überlegen.

8 Die Risikoanalyse im politischen Prozess*

Technische Risiken sind das große Geschäft. Tuller (1978) schätzt, daß im Jahre 1974 der technologisch bedingte Gesamtschaden in den USA ca. 98 bis 180 Milliarden Dollar ausmachte. Laut einer Studie von der Clark University Hazard Assessment Group and Decision Research (1982) haben 17-31% der Todesfälle in den USA technische Ursachen. Es überrascht daher nicht, daß Analysen der technischen Risiken immer populärer werden. So schätzt z.B. das US National Research Council (1981), daß von den von ihr durchgeführten 250 Studien pro Jahr ungefähr die Hälfte Risikofragen behandeln und 20% echte Risikoanalysen sind.

In unseren vier Fallstudien finden wir nicht weniger als 15 Risikountersuchungen für die geplanten LEG-Terminals. Die wichtigsten davon wurden in Kapitel 7 besprochen. Eine unserer Schlußfolgerungen dabei war, daß die Risikoanalytiker durch die Art und Weise, wie sie die Daten selektieren, die Annahmen formulieren und die Ergebnisse vorlegen, zu einer überoptimistischen Darstellung der Genauigkeit ihrer Schätzwerte neigen. Eine zweite Schlußfolgerung war, daß sich die Risikoanalysen sehr stark auf einen einzelnen Aspekt des Standortbestimmungsproblems konzentrieren. Daraus entstand das Bedürfnis nach einer umfassenden entscheidungstheoretischen Analyse der Alternativen (einschließlich der Alternative, keinen Terminal zu bauen), welche die Vielfalt von Gruppen mit ihren verschiedenen Interessen und Anliegen einbezieht.

Während Kapitel 7 die Verbesserungsmöglichkeiten für die Analysen aus der Perspektive des Analytikers betrachtete, untersucht dieses Kapitel die Analysen in ihrem sozialen und politischen Kontext. Zunächst ziehen wir einige allgemeine Vergleiche zwischen den Standortbestimmungsverfahren in den vier Ländern, danach werden wir die sequentielle und interaktive Natur des Standortbestimmungsprozesses untersuchen und die Frage stellen, warum nicht umfassendere Analysen, so wie sie in Ka-

* Dieses Kapitel wurde von Joanne Linnerooth verfaßt.

pitel 7 vorgeschlagen werden, durchgeführt werden. Danach wenden wir uns dem Nutzen und den Verwendungsmöglichkeiten der quantitativen Risikoanalysen im politisch-administrativen Entscheidungsprozeß zu. Schließlich fragen wir uns, ob die Analytiker einen nützlichen Beitrag zur Lösung komplexer politischer Fragen, wie z.B. die Standortbestimmung von Flüssigenergiegasanlandehäfen, leisten können.

GEMEINSAMKEITEN UND UNTERSCHIEDE

Ein Vergleich zwischen den komplexen Standortbestimmungsverfahren von vier verschiedenen Ländern, von denen jedes eine spezifische Kultur, Regierungsstruktur und wirtschaftliche Situation aufweist, ist von vornherein zur Vereinfachung wie auch zur Unvollständigkeit verurteilt. Um die damit verbundenen Schwierigkeiten verständlich zu machen, stellen wir zu Beginn zwei Bemerkungen von Teilnehmern am IIASA Task Force Meeting vom September 1980 gegenüber. William Ahern von der kalifornischen Küstenkommission hatte folgendes zu sagen:

> Es scheint so etwas wie die Technologie des auslaufenden 20. Jahrhunderts zu geben ... Die Fragestellungen, die Beteiligten, die Gesprächsthemen, sogar die Analysen scheinen mir viel gemeinsam zu haben. Wir unterscheiden uns viel stärker darin, was wir zum Frühstück essen oder wie wir unsere Kinder erziehen als wie wir mit Flüssiggas umgehen ... (KLS 1982, S. 550).

Während der Sozialanthropologe Michael Thompson (1980a), Mitglied der IIASA-Risikogruppe, bemerkt, daß

> selbst ein oberflächlicher Vergleich der Art und Weise, wie die gleichen technischen Risiken gehandhabt werden, zeigt, daß die Dinge in den verschiedenen Kulturen tatsächlich verschieden gemacht werden (ob. cit.).

Je nachdem, wie man die Fallstudien ein- oder aufteilt und miteinander vergleicht, zeigen sich überraschende Gemeinsamkeiten, aber auch Unterschiede. Unsere Absicht in diesem Abschnitt ist es, die Frage des Risikos für die Bevölkerung im Gegensatz (oder vielleicht auch nicht) zu anderen Fragen wie z.B. die nationale Energiepolitik oder die Partizipation der Bürger an technischen Fragen herauszudestillieren und diese Risikofrage anhand der vier einzelnen politischen Prozesse durchzubesprechen. Nachdem wir auf diese Weise eine Basis geschaffen haben, können wir uns den Gemeinsamkeiten und Unterschieden bei der jeweiligen Behandlung der Risiken, den verschiedenen Rollen der Akteure wie auch den Ergebnissen bezüglich der Sicherheit der gewählten Standorte zuwenden.

Ein Überblick über die Risikofrage

Die folgende kurze Übersicht zeigt, daß in allen Ländern die Sorge um den Schutz der Bevölkerung vor LEG-Risiken ein wichtiger und manchmal sogar dominierender Faktor in der politischen Debatte war.

Bundesrepublik Deutschland. Die Frage des Sicherheitsrisikos spielte zwar in Wilhelmshaven eine wichtige Rolle im Entscheidungsprozeß, dürfte jedoch etwas weniger umstritten gewesen sein als in den drei anderen Ländern. Der Ansiedlungsvertrag aus dem Jahre 1976, in dem das Land und die Kommunalbehörden zu einer prinzipiellen Einigung mit der Deutschen Flüssigerdgas Terminal Gesellschaft mbH (DFTG) über die Errichtung eines LNG-Importhafens in Wilhelmshaven gelangten, wurde unterzeichnet, ohne daß eine umfassende Analyse der potentiellen Risiken der Anlage durchgeführt worden wäre. Ein Überblick über die Argumente in den ersten zwei Runden der Interaktion, bei denen keine Oppositionsgruppen mitwirkten, zeigt eine Atmosphäre der sorgfältigen Prüfung, aber auch des technischen Optimismus. Die Sicherheit des Terminals war für die beteiligten Parteien hauptsächlich eine technische Frage. In ihrer Sicht *konnte* der Terminal entsprechend den vorhandenen Vorschriften geplant werden und würde damit die Sicherheit der Bevölkerung garantieren. Dieses Bild änderte sich jedoch in der dritten Diskussionsrunde, als Interessensverbände und Bürgergruppen mitzuwirken begannen und in der Wasser- und Schiffahrtsdirektion Nordwest (WSD) die Sorge entstand, daß ein "Restrisiko", speziell für die Einwohner von Hooksiel, bleiben würde, selbst wenn alle geeigneten Maßnahmen ergriffen würden, um die Sicherheit der Bevölkerung zu gewährleisten. Die Debatte auf Bundesebene, an der eine Reihe von Ministerien beteiligt war, entschied schließlich, daß dieses Restrisiko für die örtliche Bevölkerung und die Benutzer des Erholungsgebietes in der Nähe von Hooksiel zumutbar sei.

Niederlande. Aufkeimende Zweifel über die Sicherheit eines LNG-Terminals im Rotterdamer Hafen von seiten der örtlichen Behörden verlagerten das Entscheidungsmomentum von Maasvlakte weg nach Eemshaven. Das wichtige Argument der Zumutbarkeit des Risikos bei dem Terminal von Maasvlakte wurde in den drei Runden der Interaktion von fast allen Teilnehmern vorgebracht. Diese Frage wurde bereits in einem frühen Stadium des Entscheidungsprozesses aufgegriffen, als das Sozialministerium ein von der Regierung gefördertes Forschungsinstitut, das TNO, beauftragte, eine quantitative Risikoermittlung für Maasvlakte und später für Eemshaven durchzuführen (TNO 1976, 1978). Trotzdem scheint das Ergebnis im Gegensatz zu den Verfahren, die zu diesem Ergebnis führten, mehr politischen und wirtschaftlichen Überlegungen, im speziellen der industriellen Entwicklung von Eemshaven, als der Sorge um die Risiken für die Allgemeinheit entsprungen zu sein.

Großbritannien. Die Frage des Sicherheitsrisikos der LEG-Exportanlage Mossmorran-Braefoot Bay spielte in der öffentlichen Standortdebatte eine große Rolle, hauptsächlich aufgrund der Bemühungen einer starken und ausdruckskräftigen Interessensgruppe, die das Projekt vehement ablehnte. Um die Bedeutung der Risikofrage im Standortbestimmungsprozeß abschätzen zu können, muß man klarstellen, daß es bei der in der Fallstudie beschriebenen Debatte um die Gewährung einer *Grundsatzbewilligung* ging, also einer prinzipiellen Genehmigung für den Bau von LEG-Verarbeitungs-, Lagerungs- und Umschlaganlagen an dem geplanten Standort. Erst wenn diese Grundsatzbewilligung erteilt ist, werden die genauen Planungsdetails vorgelegt und es erfolgt eine komplette Überprüfung der Anlage durch die gesetzlich dazu beauftragten Behörden. Daher ist die Sicherheitsfrage zu dem Zeitpunkt, an dem die Grundsatzbewilligung erteilt wird, noch nicht voll geregelt. Als Hauptforum für die Lösung der Bewilligungsfrage diente in diesem Fall das öffentliche Erörterungsverfahren, wenn auch nach Abschluß des Verfahrens ein neues Sicherheitsproblem in Erscheinung trat, als Informationen über Radioübertragungsfunken vorgelegt wurden.

Vereinigte Staaten von Amerika. Im kalifornischen Entscheidungsprozeß war das Sicherheitsrisiko bei den vorgeschlagenen Terminals das vorrangige Problem. Der Standort im Hafen von Los Angeles wurde zwar von den lokalen Behörden unterstützt, aber von der Bundesregierung mit dem Hinweis abgelehnt, daß eine vorhandene seismische Falte ein untragbares Sicherheitsrisiko darstellte. In Oxnard ergab sich eine völlig andere Situation. Die Bundesregierung war bereit, den Standort mit der Begründung zu genehmigen, daß der Terminal ein annehmbares Sicherheitsrisiko für die Allgemeinheit darstellte, während die örtlichen Behörden zurückhaltender waren, da sie einem starken Druck von seiten einer lokalen Bürgerinitiative ausgesetzt waren. Die Argumente dieser Gruppe erhielten durch eine für den Gemeinderat von Oxnard durchgeführte Studie über die Umweltauswirkungen des Terminals (SES 1976) weitgehende Unterstützung. Diese Studie gab einige Katastrophenszenarien mit bis zu 70.000 möglichen Todesfällen (jedoch ohne Nennung von Wahrscheinlichkeiten) an[1]. Diese Situation nahmen die Umweltschützer zum Anlaß, um ein Gesetz durchzubringen, wonach LNG-Terminals nur an entlegenen Standorten errichtet werden dürften. Der Druck der Umweltschützer zusammen mit dem

1. Ein Begleitkapitel zur SES-Studie legte immerhin die Risiken des Terminals als Individualwahrscheinlichkeiten eines Todesfalles dar.

Druck der Industrie und der Gewerkschaften, das Genehmigungsverfahren zu beschleunigen, führte 1977 zur Verabschiedung des kalifornischen Gesetzes über die Standortbestimmung von LNG-Hafenanlagen. Dennoch wurde sogar für das entlegene Gebiet von Point Conception die Sorge geäußert, daß eine unterirdische Erdbebenfalte ein Risiko darstellen könnte. Diese Frage verzögerte das Verfahren wiederum so sehr, daß die Firmen vorläufig beschlossen haben, ihren Antrag zurückzuziehen, mit der Begründung, daß in Kalifornien nicht mehr länger ein Bedarf an LNG herrsche.

Unterschiede und Ähnlichkeiten

Während das Sicherheitsrisiko bei den geplanten Terminals eine Hauptsorge in allen Ländern war, unterschied sich die *Art und Weise*, wie sich die vier politischen Systeme mit diesem Anliegen befaßten, von Land zu Land. Obwohl alle vier Länder vom westlich-kapitalistischen Typ sind, finden wir dennoch Unterschiede im Ausmaß der Zentralisierung der Regierung - von dem stark zentralisierten System in Großbritannien über das konsensorientierte System in den Niederlanden zu den dezentralisierteren bundesstaatlichen Systemen der Bundesrepublik Deutschland und der Vereinigten Staaten von Amerika. In den USA findet man ein eher kontroverselles Konfliktlösungsverhalten im Gegensatz zu Großbritannien und den Niederlanden, wo die Betonung mehr auf der Diskussion zwischen den Konfliktparteien liegt. Interessant ist auch die immer größere Rolle, die die Gerichte, besonders in den USA und in der BR Deutschland, bei der Regelung von technologiepolitischen Streitfragen spielen.

Trotz aller Unterschiede im politischen Stil der einzelnen Länder finden wir, daß die Standpunkte der verschiedenen Personen und Gruppen und deren Rollen im politischen Prozeß bemerkenswerte Ähnlichkeiten aufweisen:

1. Die Gasversorgungsunternehmen, die in den USA stark reguliert sind, in der BR Deutschland und in Großbritannien weniger strikten Vorschriften unterliegen und in den Niederlanden zum Teil nationalisiert sind, lösten in den meisten Fällen das Verfahren aus, indem sie die Auslese und Auswahl der Standorte, die einem Bewilligungsverfahren unterworfen wurden, durchführten. *Abgesehen von den für die allgemeine Planung Verantwortlichen gab es keine regionalen oder nationalen Planungsbehörden, die für die Bestimmung von geeigneten Standorten für einen LNG-Terminal zuständig gewesen wären.*

2. Mit der möglichen Ausnahme des Stadtrates von Oxnard (wo nie eine Abstimmung über diese Frage stattfand), *sprachen sich die örtlichen*

Ratsversammlungen jeweils für einen Terminal in ihrer Gemeinde aus. Im Gegensatz zu vielen Debatten über Kernkraftwerksstandorte finden wir in allen Fallstudien das Argument der Vertreter der örtlichen Behörden, daß eine LEG-Anlage einen Wirtschaftsaufschwung bewirken und Arbeitsplätze in der jeweiligen Gemeinde schaffen würde.

3. *Der Widerstand gegen LEG-Anlagen kam hauptsächlich von den "not-in-my-backyard"-Gruppen ("St. Florianer"*).* Die wichtigsten Vertreter dieser Art von Gruppen waren die Oxnard Citizens' Group und die Bixby and Hollister Ranch Association in den USA, der Initiativausschuß Hooksieler Vereine in der BR Deutschland und die Aberdour and Dalgety Bay Joint Action Group in Großbritannien. Mit der Ausnahme des Sierra Club in Kalifornien und der Conservation Society in Großbritannien waren keine nationalen oder regionalen Umweltschutzvereinigungen aktiv an den Standortdebatten beteiligt. Das Desinteresse dieser Gruppen mit breiter Basis ist zum Teil sicherlich auf ihre oft begrenzten Mittel zurückzuführen, die in vielen Fällen schon für den Widerstand gegen Kernkraftwerke bestimmt sind. Ein anderer Grund mag darin liegen, daß LEG nicht, oder zumindest nicht in dem Maße, jene moralischen Fragen aufwirft wie die Kernkraft. Die Öffentlichkeit schätzt das Ausmaß einer möglichen Katastrophe bei einem Kernreaktor viel höher ein, da ein solcher Unfall langfristige, ja sogar über Generationen anhaltende Auswirkungen hat. Im Gegensatz zu der Kontroverse um die Kernkraft liegt das Problem bei den vorliegenden Fallstudien eher darin, zu erklären, warum der Widerstand so begrenzt war, anstelle weit verbreitet zu sein.

4. *Die nationalen und regionalen Behörden spielten eine wichtige Rolle bei der Entscheidung, ob eine geplante Anlage ein zumutbares Risiko für die Arbeiter und die Allgemeinheit darstellte oder nicht.* In den USA entschieden die Bundesbehörden über das Schicksal des Hafens von Los Angeles, die staatliche Legislative über das Schicksal von Oxnard und sowohl einzelstaatliche als auch Bundesbehörden über das Erdbebenrisiko bei Point Conception. In Großbritannien entschied letzten Endes der Minister für Schottland über die Zumutbarkeit der Risiken der geplanten Anlagen von Mossmorran-Braefoot Bay. In der BR Deutschland wurde diese Frage vom Bundesminister für Verkehr geregelt und in den Niederlanden entschied in letzter Instanz das Kabinett über den Terminalstandort und seine Risiken.

---

* Die Bezeichnung wurde vom bekannten "St. Florians-Prinzip" abgeleitet, um den direkt nicht übersetzbaren Ausdruck "nimby - not in my backyard" nachzubilden.

Während die Akteure und ihre Rollen Ähnlichkeiten aufzuweisen scheinen, ergaben sich bei der Vorgangsweise in den verschiedenen Ländern doch starke Unterschiede. Betrachten wir z.B. Kalifornien, wo nach einem Jahrzehnt politischer Kontroverse noch immer keine Genehmigung für einen LNG-Standort vorliegt. Während dieser Fall eine Ausnahme zu sein scheint, sollte man doch nicht vergessen, daß er nicht ein, sondern zwei getrennte Standortbestimmungsprozesse umfaßt. Der erste war ein erfolgloser Versuch der Versorgungsunternehmen, einen Standort in Los Angeles, Oxnard oder Point Conception bewilligt zu erhalten. Der zweite Versuch, einen Standort bei Point Conception zu bekommen, war ein deutlich anderer Prozeß im Rahmen der Bestimmungen des kalifornischen Standortgesetzes, durch das die örtlichen Behörden dem Staat, vertreten durch die kalifornische Kommission für die öffentlichen Versorgungsbetriebe CPUC, eine Machtbefugnis abtraten. Heute ist das kalifornische Verfahren möglicherweise das schnellste der vier, da die Versorgungsunternehmen nur einmal auf staatlicher und einmal auf Bundesebene "anhalten" müssen und damit die örtlichen Behörden umgehen können. Dieses Gesetz hat damit einen Prozeß, der von der Industrie als umständlich und von bestimmten örtlichen Interessen als wertvoll angesehen wurde, radikal verändert, um die Verzögerungen bei der Standortbestimmung von LNG-Anlagen möglichst gering zu halten.

Was ist sicher genug?

Als letzten Vergleich können wir die *Ergebnisse* der Standortdebatte untersuchen. Warum wurden die Terminals in Wilhelmshaven, Mossmorran-Braefoot Bay und Eemshaven als sicher und die Anlagen in Oxnard oder Rotterdam als unsicher befunden? Die Erklärung mag im Vorhandensein (oder Nichtvorhandensein) von weniger riskanten oder auf andere Weise geeigneteren Standorten liegen. So steht in den Niederlanden und in der BR Deutschland nur eine beschränkte Anzahl von entlegenen Standorten zur Verfügung, obwohl Michael Thompson im Postskriptum darauf hinweist, daß die Bevölkerungsdichte an einigen Stellen der schottischen Küste ähnliche Werte erreicht wie an der kalifornischen Küste.

> [Der] Terminal bei St. Nazaire wurde von Anfang an von allen Leuten in dieser Gegend - der Öffentlichkeit wie auch der Verwaltung - befürwortet. Es herrschte die Meinung, daß eine solche Anlage die Situation der Arbeitslosen in dem Gebiet etwas erleichtern könnte. In Wirklichkeit glaube ich jedoch nicht, daß eine Energieanlage viele Arbeitsplätze schaffen kann, wenn man von der Bauzeit absieht (KLS 1982).

Zweitens wurden die wirtschaftlichen Trade-offs, die sich bei der Anwendung einer gefährlichen Technologie ergeben, nicht deutlich zum Ausdruck gebracht. Statt dessen wurde oft ein absolutes Sicherheitsniveau vorgespiegelt, an dem die Annehmbarkeit des Standortes gemessen werden könne. Dieser Gedanke eines "zumutbaren Risikos" kann jedoch nur das Ergebnis eines Entscheidungsprozesses sein, da es keine "objektiven" Mittel gibt, festzustellen, was zumutbar ist und was nicht. Oder, wie es Volker Ronge ausdrückt:

> Die "Frage" der Sicherheit ist überhaupt keine Frage - und dasselbe könnte man von der "Frage" des annehmbaren oder nicht annehmbaren Risikos sagen - und sie kann daher nicht in einem gewöhnlichen Sinne "beantwortet" werden. Statt dessen ist die Sicherheit - wie auch das zugegebene, tolerierte, akzeptierte Risiko - das *Ergebnis* [eines] äußerst komplexen Systemprozesses (Ronge 1981).

Fassen wir zusammen: Auf einer Ebene finden wir stark kontrastierende Elemente des politischen Stils - die eher konfliktorientierte Atmosphäre in den USA, das stark zentralisierte politische System in Großbritannien, die Betonung des Konsens in dem pluralistischen holländischen System und das legalistische bundesstaatliche System in der Bundesrepublik Deutschland. Auf einer anderen Ebene finden wir dagegen viele Gemeinsamkeiten bei den Verfahren, besonders was die Positionen betrifft, die von den beteiligten Parteien eingenommen wurden. Das Projekt wird von einem Versorgungsunternehmen initiiert, von der betreffenden Gemeinde aufgrund der Aussicht auf eine Wirtschaftsbelebung und auf Arbeitsplätze unterstützt, von den örtlichen Umweltschutz- oder Interessensgruppen abgelehnt und schließlich von den regionalen oder nationalen Behörden entweder genehmigt oder abgelehnt. Diesem Vorgang scheint eine gemeinsame tiefere Gesetzmäßigkeit zugrunde zu liegen, daß nämlich die Zumutbarkeit der Risiken in einem großen Ausmaß von der wirtschaftlichen Lage der jeweiligen Gemeinde abhängt.

Eine andere Erklärung kann in der *wirtschaftlichen Situation* der vorgeschlagenen Standorte liegen. Die Gemeinden Wilhelmshaven, Cowdenbeath (bei Mossmorran) und Eemshaven hatten einen dringenden Bedarf an wirtschaftlichen Investitionen, während Rotterdam und Oxnard wohlhabender und damit eher bereit waren, technische Entwicklungen in Frage zu stellen. Wie wir oben erwähnt haben, oblag die Entscheidung über die Tragbarkeit des Risikos zu einem großen Maß den regionalen oder nationalen Behörden, die jedoch die Unterstützung der Kommunalbehörden und damit eine passende Begründung für ihre Entscheidung benötigten. Zu diesem Zweck, so stellten wir fest, war die Aussicht auf *Arbeitsplätze* ein überzeugendes politisches Argument bei jenen Prozessen, wo die Standorte als "zumutbar sicher" befunden wurden[2].

2. Der Hafen von Los Angeles war zwar ebenfalls ein wirtschaftliches Krisengebiet, wurde aber von der *nationalen* Regierung als zu riskant befunden. Der Stadtrat von Los Angeles stimmte dagegen für den Terminal.

In diesem wirtschaftlichen Zusammenhang gesehen könnte man sagen, daß die Resultate der Debatten einem einfachen und vorhersagbaren Muster folgen. Wenn der Hafen und die Umgebung des Hafens dringend einer wirtschaftlichen Belebung bedürfen, werden die durch den Terminal geschaffenen Arbeitsplätze zu einem überzeugenden Argument und man schätzt die Risiken als zumutbar ein. Wenn die Umgebung wohlhabend ist oder einer wirtschaftlichen Förderung nicht so sehr bedarf und wenn annehmbare Alternativen vorliegen, dann wird das Risiko des geplanten Terminals als bedeutend und damit vermutlich als unannehmbar empfunden. Es gibt also keinen absoluten Wert für ein zumutbares Risiko, sondern statt dessen einen engen Zusammenhang zwischen der Frage der Zumutbarkeit des Risikos und der wirtschaftlichen Situation, in der dieses Risiko auftritt.

Dies ist kein überraschendes oder unerwünschtes Ergebnis, da alle Fragen der Sicherheit und des zumutbaren Risikos, zumindest aus der Sicht des Ökonomen, als relativ im Vergleich zum Nutzen, den jene erzielen, die das Risiko tragen müssen, betrachtet werden sollten. Sieht man sich die Situation jedoch näher an, so reflektieren diese Ergebnisse nicht ein klares und einfaches Abwägen der wirtschaftlichen Nutzen und der Risiken, sondern sie weisen statt dessen auf einen undurchsichtigen und komplexen Prozeß des politischen Bargaining hin. Zunächst einmal wird, wie Robert Vincent von Gaz de France aufzeigt, durch einen LNG-Importterminal keine bedeutende Anzahl von langfristigen Arbeitsplätzen geschaffen:

Die ökonomische Interpretation der Standortwahl, daß nämlich das Risiko für die örtliche Bevölkerung auf irgendeine Art durch den Nutzen, der ihr erwächst, aufgewogen wird, muß jedoch mit Vorsicht und mit wichtigen Einschränkungen vorgetragen werden. Obwohl die Aussicht auf Arbeitsplätze und eine lokale wirtschaftliche Belebung ein überzeugendes Argument für die Errichtung eines Terminals an einem bestimmten Standort darstellte, war dieses Argument doch oft irreführend und die implizite Abwägung der Risiken und Nutzen wurde nie als solche dargestellt. Bis zu einem gewissen Maß setzt diese ökonomische Interpretation voraus, daß die Standortfrage eine "Entscheidung" ist, welche von einer einzigen Person getroffen werden muß, die sich der zugehörigen Trade-offs völlig bewußt ist. Die Frage wird jedoch nicht von einem einzigen "Entscheidungsträger" zu einem einzigen Zeitpunkt getroffen, sondern statt dessen in kleinen sequentiellen Stufen von einer Reihe von konkurrierenden Interessen aufgegriffen, deren Interaktionen durch die Gegebenheiten der politischen und kulturellen Umwelt, in der sie sich befinden, bestimmt werden.

DER POLITISCHE KONTEXT

Das sequentielle Entscheidungsverfahren

Die Standortbestimmung von technischen Anlagen ist eine politische Frage, die nicht als systematisches Problem mit verschiedenen Kosten- und Nutzenfaktoren, sondern als eine Abfolge von Fragen, die jeweils kleinere Abschnitte des Problems behandeln, gelöst wird. Die Art und Weise, wie diese Fragen vom "leitenden Organ" der für die Festlegung der formellen Agenda zuständigen Organisation formuliert werden, bestimmt die in die Debatte eingebrachten Überlegungen und Interessen und damit auch die Art der erstellten wissenschaftlichen Analysen. Wenn z.B. das gegebene Problem als Wahl zwischen Standort *X* und Standort *Y* formuliert wird, konzentriert sich der Inhalt der Debatte, wie auch die Analysen, auf einen engeren Bereich, als es der Fall ist, wenn das Problem allgemeiner als Suche nach einer geeigneten Energiequelle oder einen geeigneten Standort entlang der Küste formuliert wird. Braybrooke (1974) weist darauf hin, daß die letztere Formulierung zwar für den wirtschaftlichen Denkprozeß und für breiter angelegte "System"-Analysen, welche die Kosten und Nutzen verschiedener Alternativen untersuchen, grundsätzlich geeigneter ist, jedoch komplizierte Lösungen verlangt und daher weniger zweckdienlich ist. Die Wahl zwischen zwei Standorten benötigt dagegen nur einfache inkrementelle heuristische Methoden und kann daher auch mit enger gefaßten Analysen unterlegt werden.

Betrachtet man die "Problemformulierung" (zumindest die sichtbare Agenda im Gegensatz zur "verdeckten Agenda der jeweiligen Parteien) in den politischen Diskussionsrunden der Länder, so finden wir fünf Kategorien (Tabelle 8.1). Die Debatte in den jeweiligen Runden konzentrierte sich gewöhnlich auf eine oder mehrere dieser Problemformulierungen, war aber von Land zu Land stark unterschiedlich. Die Diskussionen in den USA und den Niederlanden umfaßten eine Agenda von der Energiepolitik in den früheren Runden bis zur Standortbewilligung in den späteren Runden, während die Runden in der Bundesrepublik Deutschland und in Großbritannien eine etwas enger gezogene Agenda, zu der auch die Bewilligung und Genehmigung des Standortes gehörten, einbezogen. Die Standortfrage wurde daher in den USA und den Niederlanden zumindest in den früheren Runden im Zusammenhang mit der *Energiepolitik* debattiert, während sie andererseits in der BR Deutschland und in Großbritannien hauptsächlich im Zusammenhang mit der *regionalen Entwicklungspolitik* diskutiert wurde. Dies bedeutet nicht, daß die Fragen der Energiepolitik und der Standortauslese in der BR Deutschland und in Großbritannien nicht

Tabelle 8.1:

Problem-formulierung	Frage(n)
Politik	Wäre ein Standort aus der nationalen Perspektive heraus wünschenswert?
Auslese	Welche(r) Standort(e) oder Standortkategorie ist (sind) geeignet?
Auswahl	Wird Standort X dem Standort Y vorgezogen?
Bewilligung	Soll Standort X (oder Standort Y) bewilligt werden?
Genehmigung	Welche Änderungen im Standort oder in der Technologie sind notwendig, bevor der Bau oder der Betrieb fortgesetzt werden kann?

besprochen wurden, sondern nur, daß sie nicht in einem politischen Forum oder im Zusammenhang mit LEG untersucht wurden[3].

In diesem größeren Zusammenhang erhält die Standortfrage eine zusätzliche Bedeutung. Sie wird zu einer *politischen Angelegenheit*, welche sich laut Majone (in Vorbereitung) von der individuellen Entscheidung auf vielfache Art unterscheidet, und zwar hauptsächlich dadurch, daß konkurrierende Institutionen bei politischen Fragen einen Standpunkt beziehen, der ihren langfristigen Überlebenszielen entspricht. Obwohl das Problem so formuliert werden kann, ob ein bestimmter Standort bewilligt werden soll, kann der Standpunkt einer Partei gegenüber dem enger gefaßten Tagesordnungspunkt auch durch andere Interessen

3. Die in den Fallstudien besprochenen Runden beginnen normalerweise zu dem Zeitpunkt, da die Frage eines LEG-Terminalstandortes auf die politische Tagesordnung gesetzt wird. Der Begriff *Agenda* läßt sich hier als eine Gruppe von Fragen oder Kontroversen denken, die als Belange angesehen werden, die es wert sind, die Aufmerksamkeit der politischen Behörden auf sich zu lenken (siehe Cobb und Elder 1972). Sowohl in der BR Deutschland als auch in Großbritannien waren die Stadien der Auslese und Auswahl der Standorte hauptsächlich eine firmeninterne Angelegenheit (Ruhrgas-Gelsenberg und Shell/Esso). Shell/Esso konsultierten zwar informell die lokalen, regionalen und sogar nationalen Behörden, bevor sie einen Planungsantrag einbrachten, dennoch "obliegt es in Großbritannien hauptsächlich der Industrie, ihren eigenen bevorzugten Standort zu wählen ... " (siehe Kapitel 5). Die energiepolitischen Fragen wurden in der BR Deutschland und in Großbritannien von den an der Debatte beteiligten im großen und ganzen als gelöst betrachtet. Der Bedarf für die LNG-Einfuhr in die BR Deutschland und die Zweckmäßigkeit der Förderung von Nordseeöl in Großbritannien wurden in Diskussionsrunden geklärt, die durchgeführt wurden, bevor die LEG-Standortfrage zur Debatte stand.

z.B. im Bereich der Energiepolitik oder Regionalentwicklung determiniert werden.

Die größeren Probleme - ob und wo eine LEG-Anlage errichtet werden soll - werden nicht nur in kleinere Unterprobleme aufgeteilt, sondern diese Unterprobleme werden meist auch noch sequentiell von Behörden mit unterschiedlichen und manchmal gegensätzlichen Verantwortungsbereichen behandelt. Einschränkungen aufgrund von gesetzlichen und rechtlichen Überlegungen können die Reihenfolge, in der bestimmte Handlungen gesetzt werden müssen, bestimmen. Diese Entscheidungen oder Handlungen sind meist hierarchisch, ähnlich dem in Tabelle 8.1 gezeigten Ablauf. Die Lösung der Frage, ob ein LEG-Terminal gebraucht wird, kommt meist vor der Phase der Standortauswahl, welche wiederum gewöhnlich der Phase der Genehmigung vorausgeht. Aufgrund von Zeit- und Kostenüberlegungen ist eine Entscheidung auf einer Ebene oft insofern bindend, als eine politische Diskussion darüber nur sehr schwer wiederaufgenommen werden kann. Dadurch wird der Prozeß eingeengt oder in einen bestimmten Handlungsablauf gedrängt[4]. Die verantwortlichen Stellen haben kaum eine andere Wahl, als immer engere Aspekte des Problems zu behandeln.

Dieses Phänomen des Kanalisierens zeigt sich deutlich in der amerikanischen Fallstudie, wo das kalifornische Standortgesetz den Bundesstaat rechtlich darauf festlegte, daß ein Bedarf für eine LNG-Anlage vorhanden sei und ein entlegener Standort gefunden werden mußte. Dann führte jedoch die Freigabe der Erdgaspreise im Jahre 1978 zu einem Anstieg der Versorgung mit inländischem Gas. Anstatt nun die Bedarfsfrage neu zu überdenken, gingen die Behörden der Frage nach, ob sich unter dem Standort eine gefährliche Erdbebenfalte befinde, worauf die Versorgungsunternehmen schließlich ihren Antrag aufgrund von optimistischeren Prognosen über die Versorgung mit heimischen Erdgas zurückzogen.

Die Formulierung der Unterprobleme wie auch die Reihenfolge, in der sie behandelt werden, kann sich auf das Endergebnis auswirken. Die Rei-

4. In den USA gab z.B. der Antragsteller ursprünglich das Risiko einer Unterbrechung der Erdgasversorgung als Hauptgrund dafür an, das Flüssigerdgas an drei verschiedenen Standorten einzuführen. Im Laufe des Entscheidungsprozesses wurden die drei Standorte zu einem reduziert und die Anzahl der Lagertanks an diesem Standort von vier auf zwei herabgesetzt. Aufgrund dieser Konzentration auf ein kleines Gebiet und der Möglichkeit von Routineabschaltungen oder schlechtwetterbedingten Lieferungsunterbrechungen war das Endergebnis des sequentiellen Entscheidungsprozesses, daß ein Projekt, welches ursprünglich das Risiko einer Lieferunterbrechung verringern sollte, im Laufe der Zeit zu einem Projekt umgestaltet wurde, bei dem dieses Risiko eher erhöht wurde.

henfolge der Vorgänge in Holland macht dies deutlich. In einem frühen Stadium des Prozesses gaben die Behörden der Stadt Rotterdam eine Studie in Auftrag, die ergab, daß die LEG-Einfuhr nur dann kostenmäßig mit anderen Importmöglichkeiten (z.B. Gasrohrleitung) vergleichbar ist, wenn sie im Umfang von 25 Milliarden m^3 pro Jahr durchgeführt wird (Rotterdam 1977). Der Entscheidungsprozeß verlief jedoch so, daß zuerst die Verpflichtung eingegangen wurde, eine Anlage zu bauen, und danach die Dimensionen dieser Anlage bestimmt wurden. Es stellte sich schließlich heraus, daß die Anlage unterdimensioniert worden war. Wäre die Reihenfolge der Entscheidungen umgekehrt gewesen, wäre es denkbar, daß das Projekt nicht in Auftrag gegeben worden wäre.

Wie diese Beispiele zeigen, schließt ein sequentieller Entscheidungsprozeß den Einsatz einer umfassenden Analyse der LEG-Frage, bei der die Kosten und Nutzen der verschiedenen Optionen ermittelt werden können, von vornherein aus. Eine solche Analyse würde eine Reihe von Fragen von der Energiepolitik bis zur Genehmigung *gleichzeitig* behandeln. Politisch gesehen ist es schwer, einen Standort zu bestimmen, ohne sich bezüglich des Bedarfs für den Terminal mehr oder weniger verbindlich zu äußern, aber auch schwierig, genügend Informationen über die technischen Genehmigungsbedingungen zu sammeln, ohne sich nicht zumindest teilweise auf einen Standort festzulegen[5]. Der sequentielle Prozeß trug zu der Tatsache bei, daß die Standorte nicht auf der Basis eines expliziten Abwägens aller Kosten und Nutzen gewählt wurden[6].

Interaktionen der Parteien

Um zu verstehen, *wie* ein Standort bestimmt wird, muß man nicht nur den Abfolgecharakter des Prozesses verstehen, sondern auch die Art und Weise, wie die beteiligten Parteien zu den auftretenden Fragen Stellung

5. In den USA wurde die politische Frage der LNG-Einfuhr vom bundesstaatlichen Gesetzgeber unabhängig davon gelöst, ob ein annehmbarer Standort gefunden werden konnte. Dies war auch in den Niederlanden der Fall, wo den Standortverhandlungen eine offizielle Regierungsstudie über den Bedarf für die Einfuhr von LNG voranging.

6. Natürlich könnten bei einer verstärkten nationalen oder regionalen Planung einige der angeführten sequentiellen Entscheidungen außerhalb der Frage des Standortes einer bestimmten Anlage betrachtet werden. Wie Norbert Dall vom Sierra Club ausführt, kann ein Mehr an staatlicher Planung (wie es die Pläne für die kalifornische Küste und der Industriestandortplan für das Gebiet der San Francisco Bay vorsieht) eine praktische Alternative zu den schwierigen Einzelfallentscheidungen sein (1982, persönliche Mitteilung). Jedoch zeigt eine IIASA-Fallstudie über die Bestimmung einer Gasleitungsroute in der UdSSR (Mechitov 1982), daß in dieser zentral geplanten Wirtschaft ein ähnlicher sequentiell arbeitender Apparat existiert.

beziehen. Ein wesentliches Element in diesem Prozeß ist das Ausmaß, in dem eine Partei mit Status oder Entscheidungsbefugnis eine glaubwürdige und legitimierbare Argumentation für den Standpunkt bieten kann, den einzunehmen sie sich entschlossen hat. Die Rechtfertigung eines LEG-Projektes, bei dem die Regierungsbehörden der Ansicht sind, daß es im nationalen Interesse liegt, schien in allen Fallstudien auf zwei *verschiedenen* Argumenten zu beruhen: Erstens, daß das Projekt der nationalen Wirtschaft nütze und Arbeitsplätze für die Standortgemeinde schaffen würde und zweitens, daß das Projekt kein unzumutbares Risiko für die lokale Bevölkerung darstellen würde. Diese Argumente waren voneinander insofern unabhängig, als das Risiko nicht deshalb als zumutbar niedrig hingestellt wurde, weil der Terminal Arbeitsplätze schaffen würde, sondern daß es aufgrund eines anderen Kriteriums als annehmbar betrachtet wurde. Risiko-Nutzen-Vergleiche schienen für die legitime Rechtfertigung des Standpunktes einer Partei bezüglich der Sicherheit des Terminals nicht geeignet zu sein. Die Frage des "zumutbaren" Risikos wurde daher zu einem eigenen Fragenkomplex.

Wie unsere Fallstudien ergeben haben, ist die Frage, ob eine geplante LEG-Anlage zumutbar sicher ist, keinesfalls einfach und mit präzise definierten Kriterien für ihre Lösung versehen. Sie ist im Gegenteil mit anderen Anliegen und Interessen verwoben und wird in einem komplexen Prozeß der Interaktion entschieden. Im Laufe eines solchen Prozesses beziehen die beteiligten Parteien Standpunkte oder argumentieren für oder gegen die Sicherheit des geplanten Betriebes. Die Brillianz und Feinheit dieser Argumente hängt von der Art und Weise ab, wie solche Fragen normalerweise in dem betroffenen Land geklärt werden: In unseren Fallstudien reichten die Argumente von der Feststellung, daß die Anlage nach bestem Wissen der Techiker sicher war, bis zu dem Vergleich von quantitativen Schätzwerten des Risikos mit Schätzwerten anderer Risiken oder mit einem Kriterium des zumutbaren Risikos. Wir untersuchen im folgenden diese Argumentationen.

- *Urteil nach bestem technischen Wissen (der Terminal ist sicher)*

Viele Parteien stützten ihre Einstellung zur Sicherheit des geplanten Terminals *nicht* auf quantitative Risikoanalysen. Aussagen dahingehend, daß das Flüssigenergiegas an den diskutierten Standorten sicher umgeschlagen und gelagert werden könne, wurden typischerweise vom Antragsteller, der sich um die Bewilligung für den von ihm bevorzugten Standort bemühte, in einer frühen Diskussionsrunde gemacht. Oft basierten diese Aussagen nur auf den Beurteilungen der firmen- oder behördeneigenen Techniker, die Kenntnisse über den Betrieb des geplanten Projektes besaßen. So argumentierte z.B. in der BR Deutschland die DFTG bei der Beantragung und Bewilligung der Planungserlaubnis (Ansiedlungsvertrag), daß es *keine* Gefahr für die Allgemeinheit gebe. In Großbritannien führten Shell/Esso bei dem öffentlichen Erörterungsverfahren erfolgreich aus, daß die Sicherheit des Werkes gewährleistet sei. Diese Aussagen basierten auf einem "Urteil nach bestem technischen Wissen", das durch den Namen des Antragstellers und seine frühere sichere Betriebsführung Gewicht erhielt[7].

Die von den örtlichen Behörden in Schottland in Auftrag gegebene Studie von Cremer und Warner zur Ermittlung der Sicherheit des geplanten Terminals von Mossmorran-Braefoot Bay wurde so ziemlich in diesem Geiste ausgeführt. Obwohl das Sicherheitsrisiko als ein probabilistisches Phänomen anerkannt wurde, unternahm man keinen Versuch, entsprechende Zahlen auf quantitative Art und Weise zu berechnen. Die Möglichkeit eines Störfalles mit schwerwiegenden Auswirkungen wurde als gering, sehr gering oder extrem gering angegeben und die Konsequenzen wurden nicht in Todesfällen oder ähnlichen Kriterien dargestellt. Immerhin führte die Studie die möglichen Ereignisse, die zu einem LEG-Austritt in Mossmorran-Braefoot Bay führen könnten, an und lieferte damit wenigstens einige detaillierte Informationen anstelle von unqualifizierten Sicherheitsaussagen[8].

In dem Ausmaß, als sich die technische Problemlösung in die politische Arena verlagert, werden auch die Schwierigkeiten deutlicher, die entstehen, wenn man sich auf die Prinzipien des "Urteils nach bestem technischen Wissen" oder den "Hausverstand" beruft. Lave (1981) bezeichnet diese Praxis als "intellektuellen Bankrott" und Rowe (1980) nennt sie einen "Altherren-Entscheidungsprozeß". Die Kritiker dieses Ansatzes weisen auf die Alternative der formalen Analyse hin, wie sie z.B. in Kapitel 7 diskutiert werden. Die Risikoanalyse ist jedoch nicht so sehr eine Alternative zum Urteil nach bestem technischen Wissen der Experten als eine Methode, diese Beurteilung offen und transparent darzulegen.

7. Weder in der BR Deutschland noch in Großbritannien wurde jedoch diese Bewilligung endgültig erteilt; sie war abhängig von einer späteren Überprüfung durch die staatlichen Behörden - der Bezirksregierung in der BR Deutschland und dem Amt für Gesundheit und Sicherheit in Großbritannien.

8. Wie oben angeführt, kann der Mangel an Exaktheit von seiten der Analytiker der Tatsache zugeschrieben werden, daß sie keinen Zugang zu detaillierten Plänen hatten, die erst in einem späteren Stadium anläßlich einer kompletten Sicherheitsüberprüfung zur Verfügung gestellt worden wären.

Der erfahrene Techniker, der die Sicherheit eines Betriebes beurteilen soll, wird sich bei seiner Beurteilung der Wahrscheinlichkeit eines Unfalles und der Gefährlichkeit der Auswirkungen auf seine Erfahrungen mit ähnlichen Technologien oder Technologiekomponenten stützen. Im Gegensatz zu der formalen Risikoanalyse sind jedoch die kognitiven Prozesse des urteilenden Experten demjenigen, der sich auf ihn verlassen muß, nicht zugänglich.

- *Risikobeurteilung (die Risiken sind gering)*

Wenn wir uns den Argumenten zuwenden, die auf einer Risikoabschätzung basieren, d.h., einer quantitativen oder qualitativen Schätzung der Wahrscheinlichkeit eines Unfalls und seiner Auswirkungen, so finden wir verschiedene Möglichkeiten, wie Werturteile in die Darstellung dieser Argumente eingeschleust werden. Die subtilste Methode ist einfach die Wahl der Worte. Aussagen wie "die Risiken sind vernachlässigbar" oder "die Risiken sind hoch" führen durch die Art, wie diese Worte interpretiert werden, bereits Werte ein. So befand z.B. die WSD in der Bundesrepublik die Risiken als "nicht unerheblich", was Anlaß zur Besorgnis gab, während die SAI-Berater in den USA die Risiken für Oxnard als "extrem gering" bezeichneten, was bedeutete, daß kein Anlaß zur Besorgnis vorhanden war.

Wenn es um Ereignisse mit geringer Wahrscheinlichkeit und folgenschweren Konsequenzen geht, werden bei der Darstellung von Risikozahlen unweigerlich Werte eingeführt, indem die Betonung entweder auf der Wahrscheinlichkeit des Auftretens eines Ereignisses oder auf dessen Auswirkungen gelegt wird. Der Initiativausschuß Hooksieler Vereine in der BR Deutschland argumentierte, daß die Risiken des geplanten Terminals in Wilhelmshaven aufgrund der signifikanten Wahrscheinlichkeit von Schiffsunfällen unannehmbar hoch seien, während die Bezirksregierung wie auch das Gutachten von Brötz ausführten, daß keine Gefahr bestünde, da auch der größte denkbare Unfall keine schwerwiegenden Auswirkungen hätte. Die Cremer und Warner-Studie für die örtlichen Behörden in Großbritannien untersuchte nur die Wahrscheinlichkeit von Störfällen und nicht deren Auswirkungen. In Kalifornien betonten die Abgeordneten der bundesstaatlichen Legislative, die für einen entlegenen Standort eintraten, die Auswirkungen und argumentierten, daß ein Terminal nicht im Stadtgebeit errichtet werden könne, wo die Möglichkeit einer Unfallkatastrophe, so gering sie auch sein möge, bestünde. Im allgemeinen stellten wir fest, daß bei den Ereignissen mit geringer Wahrscheinlichkeit und schwerwiegenden Auswirkungen die Gegner eines Projektes eher die potentiellen katastrophalen Konsequenzen betonen, während die Befürworter eher die sehr geringen Wahrscheinlichkeiten unterstreichen[9].

- *Risikovergleiche (die Risiken sind geringer als ...)*

In den Debatten über neue Technologien werden die geschätzten Risiken häufig mit anderen Risiken aus natürlichen oder technischen Gefahrenquellen verglichen. In den amerikanischen Risikoanalysen findet der Leser beispielsweise, daß die Individualwahrscheinlichkeit eines Todesfalles mit jener durch Blitzschlag oder Tornadoeinwirkung verglichen wird. Obwohl Vergleiche dieser Art ein Risiko nur in Relation setzen, ohne ausdrücklich seine Zumutbarkeit zu beurteilen, liegt ihre Botschaft darin, daß, wenn die Öffentlichkeit die Möglichkeit von Blitzschlägen ohne weiteres hinnimmt, auch ein LNG-Terminal als zumutbar bezeichnet werden kann.

Eine Form dieses "Konzeptes manifester Präferenzen" für das Problem findet sich in jeder LEG-Standortdebatte. In den Niederlanden stand sie jedoch am stärksten im Vordergrund. Die TNO-Studie verglich die quantitativen Risikoschätzwerte für Maasvlakte (und später für Eemshaven) mit anderen industriebedingten Risiken in diesem Gebiet und kam zu dem Schluß, daß die LNG-Anlage keinen signifikanten Beitrag zu der bestehenden kumulativen Risikolast für die Bevölkerung darstellen würde. Diese Schlußfolgerung wurde sowohl vom Lenkungsausschuß für das Nordseeinsel-/Terminalprojekt (STUNET) als auch von den Behörden der Stadt Rotterdam bei ihrer Befürwortung des Terminals zitiert[10].

Es wird immer deutlicher, daß dieses "Konzept manifester Präferenzen" zwar praktisch sein kann, jedoch auf keinen Fall genügt, um die Zumutbarkeit einer Großtechnologie festzustellen. Viele der Anliegen in der Debatte können nicht nur in Form eines Vergleiches der quantifizierten Risiken, in Form der Wahrscheinlichkeit eines Störfalles und der daraus folgenden Todesfälle behandelt werden. Die Wahrscheinlichkeit von Todesfällen genügt nicht als Risikobeschreibung. Der Risikobegriff ist ein multidimensionales Konzept, das gesellschaftliche, psychologische und

9. Mary Douglas (1982, persönliche Mitteilung) vertritt die Ansicht, daß ein drittes Merkmal bei dieser Art von Debatten die Tendenz der Opposition ist, sich auf die Zulänglichkeit der Entscheidungsverfahren zu konzentrieren.

10. Die Entscheidung des Kabinetts zugunsten von Eemshaven enthielt jedoch keine Aussagen über die Vergleichbarkeit des Risikos zur Unterstützung der Argumentation, daß das Risiko in Eemshaven annehmbar sei. Das Argument des "zumutbaren Risikos" wurde vom Kabinett eigentlich nicht ausdrücklich legitimiert.

kulturelle Aspekte der Zukunft einer hochtechnisierten Gesellschaft einbezieht. Diese Probleme werden im nächsten Abschnitt eingehender diskutiert.

- *Kriterien des annehmbaren Risikos (1 zu 1 Million ist sicher)*

Ein scheinbar ehrlicherer Weg, die Zumutbarkeit oder Nichtzumutbarkeit eines Risikos zu legitimieren, liegt darin, es mit einem Kriterium des annehmbaren Risikos zu vergleichen, wobei anerkannt wird, daß ein solches Kriterium im wesentlichen willkürlich ist. Eine in der Literatur häufig genannte Zahl (z.B. Keeney 1980) ist die jährliche Wahrscheinlichkeit eines Todesfalles von 1 zu 1 Million, d.h., eine jährliche Wahrscheinlichkeit, daß ein Mensch stirbt, von 10^{-6} oder darunter ist annehmbar, darüber jedoch unannehmbar. Diese sehr bequeme Zahl läßt sich auf eine frühe Arbeit von Starr (1969) zurückführen, in der er aufzeigte, daß das Individualrisiko aus natürlichen Gefahren weltweit zwischen 10^{-6} und 10^{-7} liegt. Daher könnte dieses Maß als ein von der Natur vorgegebenes *de minimus*-Niveau angesehen werden. Die Bundesdrogenbehörde in den USA übernahm beispielsweise diese Zahl als zumutbare Wahrscheinlichkeit, daß ein Mensch durch eine krebserregende Substanz im Laufe seines Lebens sterben kann, mit dem Hinweis, daß sie im Interesse des Schutzes der menschlichen Gesundheit konservativ handle (siehe Vaupel 1981b). Vor kurzem machte auch die amerikanische Atomkontrollkommission bezüglich einer zumutbaren Risikohöhe für Kernkraftwerke den Vorschlag, daß Kernreaktoren sicher genug seien, wenn sie die Chance, aus anderen Gründen zu sterben, um nicht mehr als 1:500 erhöhen (*New Scientist* 1982).

In den Fallstudien fand sich nur einmal ein Hinweis auf ein derartiges Kriterium. Die Aberdour and Dalgety Bay Joint Action Group führte eine Risikoanalyse durch, in welcher die jährliche Wahrscheinlichkeit eines Todesfalles für die Menschen der näheren Umgebung des Braefoot Bay-Terminals mit 10^{-4} angegeben wurde und schlug vor, daß die Behörden ein Kriterium des zumutbaren Risikos festsetzen sollten. Die Gruppe gab an, daß sie 10^{-6} als ein nützliches und faires Maß dafür ansehen würde.

Zusammengefaßt läßt sich sagen, daß die beteiligten Parteien ihre Standpunkte bezüglich der Sicherheit der geplanten LEG-Terminals auf das Urteil der Techniker oder auf quantitative oder qualitative Schätzungen der Risiken stützten. Im letzteren Falle wurden die Risiken als hoch oder niedrig, signifikant oder vernachlässigbar dargestellt oder mit Risiken aus natürlichen Ursachen, aus anderen technischen Gefahrenquellen oder mit einem willkürlichen Kriterium des zumutbaren Risikos verglichen. Eines der interessantesten Ergebnisse der Fallstudie war es, daß in keinem Fall die Risiken eines geplanten Terminals ausdrücklich mit den Nutzen verglichen wurden. Da die Wirtschaftswissenschaftler argumentieren würden, daß der einzig relevante Vergleich aus der Perspektive des sozialen Wohlergehens ein Risiko-Nutzen-Vergleich sei, ist es bemerkenswert, daß kein solcher Vergleich als legitimes politisches Argument herangezogen wurde.

Dies erstaunt vor allem jene, die die politische Aktivität in anderen Risikobereichen miterlebt haben, wie z.B. die Entscheidung in den USA, krebserregende Lebensmittelzusätze zu verbieten, bei der die Risiko-Nutzen-Berechnungen eine bedeutende Rolle spielten. Doch finden wir sogar in den USA und in Großbritannien, wo die Kosten-Nutzen-Rechnungen bei politischen Entscheidungen eher akzeptiert werden als in der Bundesrepublik Deutschland oder in Holland, daß die Abwägung der Risiken gegen die Nutzen zu einer immer problematischeren Praxis wird. Eine solche Praxis bedeutet nämlich unweigerlich, daß man einen impliziten oder expliziten Wert für das menschliche Leben festlegen muß, was mit großen Gefahren und Schwierigkeiten verbunden ist (Linnerooth 1975, 1979, 1982). Es stehen kaum jemals verläßliche quantitative Ermittlungen der Kosten, Risiken und Nutzen zur Verfügung und viel zu häufig sind diese Faktoren zeitlich getrennt oder beziehen sich auf verschiedene Bevölkerungsgruppen und scheinen ganz allgemein nicht vergleichbar zu sein.

Wir haben im letzten Abschnitt festgestellt, daß aufgrund der sequentiellen Natur der Entscheidungen über den Standort eines LEG-Terminals umfassende Analysen der Kosten und Nutzen verschiedener Alternativen nicht zweckdienlich sind. Eine enger oder präziser gefaßte Risiko-Nutzen-Analyse hätte, abgesehen von der analytischen Schwierigkeit, den Wert des Menschenlebens einzuschätzen, etc., ein nützliches politisches *Argument* ergeben, wenn man die unbequeme Tatsache außer acht läßt, daß die Risiken von einer kleinen Gruppe von Leuten im Umkreis der Anlage getragen würden und die Nutzen einem größeren Bevölkerungsteil zugute kommen würden. Im Gegensatz zum Verbot von krebserregenden Lebensmittelzusätzen ist das Standortproblem grundsätzlich ein Problem der *Verteilungsgerechtigkeit*, bei dem die Methoden der Risiko-Nutzen-Analyse nicht zielführend sind, zumindest, solange es keine Mechanismen für eine Umverteilung der Nutzen gibt.

Es überrascht daher nicht, daß die beteiligten Parteien *nicht* die Gesamtverteilung der Risiken und Nutzen als politisches Argument zitierten, sondern nur jene Nutzen anführten, die sie oder die von ihnen vertretenen Menschen direkt betrafen[11]. Für den Lokalpolitiker war der Nutzen einer sicheren Gasversorgung für die Region oder Nation im allgemeinen weniger wichtig als der Nutzen der Arbeitsplatzschaffung und der wirtschaftlichen Belebung der Gemeinde. Kapitel 9 befaßt sich mit der analytischen Herausforderung, eine Lösung des Problems zu finden, daß die Kosten und Nutzen jeweils anderen Gruppen erwachsen.

VERWENDUNGSMÖGLICHKEITEN FÜR QUANTITATIVE RISIKOANALYSEN

Allgemein teilt man den Prozeß der *Risikoermittlung* in zwei verschiedene Tätigkeiten ein: Die Risikoabschätzung und die Risikobewertung (Otway *et al.* 1975, Lowrance 1976, Rowe 1977, Jennergren und Keeney 1979). Die *Risikoabschätzung* beschäftigt sich mit der Identifizierung von möglichen negativen Auswirkungen eines Projektes oder eines Betriebes und der Bestimmung von Wahrscheinlichkeiten für diese Auswirkungen. Diese Tätigkeit wird gewöhnlich als der wissenschaftliche Teil einer Risikoermittlung betrachtet. Die *quantitativen Risikoanalysen*, wie sie in Kapitel 7 besprochen werden, sollen zu dieser Tätigkeit beitragen, ohne daß jedoch der Analytiker Werturteile bezüglich der Zumutbarkeit der geschätzten Risiken einbringen soll. Die Risikobewertung untersucht, ob die Risiken in irgendeinem Sinn "zumutbar" sind. Sie wird gewöhnlich als der subjektive, wertbelastete Teil der Risikoermittlung betrachtet. Im vorhergegangenen Abschnitt haben wir untersucht, wie die Risiken von den verschiedenen Parteien bei der Legitimierung ihrer Einstellungen zu den geplanten Standorten bewertet wurden. In diesem Abschnitt gehen wir einen Schritt zurück und untersuchen, wie die quantitativen Risikoanalysen bei der Abschätzung dieser Risiken eingesetzt werden.

Die Verbreitung der quantitativen Risikoanalysen begann in den USA und ihre Beliebtheit hat sich bereits auf viele europäische Staaten übertragen. Mazur (1980) verfolgt ihre Ursprünge bis zu der Entwicklung der systemanalytischen Methoden, im speziellen dem operations research-Verfahren und der Kosten-Nutzen-Analyse im und kurz nach dem

---

11. O'Riordan (1981) argumentiert, daß ein Großteil der Analysen über die Umweltbeeinflussung im Zusammenhang mit den Entwicklungen auf dem Energiesektor institutionalisiert, ja sogar ritualisiert wurde, ohne daß sich die Entscheidungen der Energiepolitiker grundlegend geändert hätten. Er glaubt ferner, daß ein Motiv, warum die quantitativen Risikoanalysen den Umweltanalysen bevorzugt werden, darin liegt, daß die Gefahren für die Gesundheit der Menschen als stärkeres Argument angesehen wurden als die Gefahren für die natürliche Umgebung.

Zweiten Weltkrieg zurück. In den USA verlangt das nationale Umweltgesetz aus dem Jahre 1969 (National Environmental Policy Act) für alle vom Bund finanzierten Projekte eine Legitimierung durch Analysen zur Umweltbeeinflussung, in denen die verschiedenen Kosten und Nutzen, vorzugsweise in quantitativer Form, aufgezählt werden sollen. Nach dem Aufflammen der Kernenergiedebatte erarbeitete die Nuklearindustrie den Rasmussen-Report (NRC 1975), welcher im Geiste eines frühen Artikels von Starr (1969) betonte, daß die Kernkraft ein sehr geringes - und zumutbares - Sicherheitsrisiko für die Öffentlichkeit darstelle. Angesichts des Fehlens von historischen Daten über Reaktorunfälle[12] dienten hypothetische Schätzwerte in Form von Fehlerbaum- oder Ereignisbaumanalysen als Grundlage für die Studie. Diese Methode diente als Vorlage für viele nachfolgende Risikoanalysen über die Verläßlichkeit von Technologien, für die es keine historischen Daten gibt.

- *Wer bestellt und wer erstellt Risikoanalysen?*

Die Antwort auf diese Frage ist von Fall zu Fall verschieden. Dies geht deutlich aus Tabelle 8.2 hervor, in der die wichtigsten Risikoanalysen, die bei den Standortdebatten in den vier Ländern eine Rolle spielten, aufgezählt werden. In Großbritannien und in den USA zahlen kommunale Behörden und Interessensverbände aus eigener Tasche für *private Berater*. Im krassen Gegensatz zu der Anzahl der Studien, die in den USA und in Großbritannien erstellt wurden, scheint man in den Niederlanden größeres Vertrauen zu der Autorität der Experten zu haben: Es wurde nur eine einzige umfassendere Risikoanalyse für Maasvlakte und Eemshaven von einem staatlich gestützten Forschungsinstitut erstellt. Dieser Bericht wurde von fast allen am Standortbestimmungsprozeß beteiligten Parteien gelesen und häufig zitiert. Eine andere Methode, den Rat von Experten einzuholen, findet man in der Bundesrepublik Deutschland, wo das traditionelle Vertrauen in das wissenschaftliche Gutachten dadurch illustriert wird, daß *beeidete Sachverständige* beauftragt werden, die Risiken einer Anlage abzuschätzen.

- *In welchem Stadium des Standortverfahrens wurden diese Risikoanalysen bestellt?*

Bei dem zeitlichen Auftreten der Analysen ergaben sich wesentliche Unterschiede zwischen den vier Ländern. Nur in den Niederlanden wurde eine quantitative Risikoermittlung während der Auswahlverfahren durchgeführt, bevor noch ein definitiver Standort festgelegt und den zustän-

12. Selbst wenn begrenzte Erfahrungen vorliegen, weist Fairley (1981) darauf hin, daß Angaben über das bisherige Nichteintreten einer Katastrophe nicht sonderlich dabei helfen, Unfallkatastrophen auszuschließen zu können.

Tabelle 8.2: Überblick über die hauptsächlichen Risikoanalysen

	USA (Oxnard)			Niederlande
	SAI	SES	FPC	TNO
Erstellt für	Antragsteller	Stadtrat	Bundesenergiebehörde	Sozialministerium
Erstellt von	Privatberater	Privatberater	intern	Regierungsinstitut
Zeitpunkt	A-Runde (Politik und Bewilligung)	A-Runde (Politik und Bewilligung)	A-Runde (Politik und Bewilligung)	A-Runde (Politik und Auslese)
Verwendung	Unterstützung des Antragstellers bei Anhörung	Information des Stadtrates	Unterstützung der Beamten bei Anhörung	Information der Kabinettsmitglieder und anderer Parteien
Umfang	Tankschiff, Umschlag und Lagerung	Tankschiff, Umschlag und Lagerung	Nur Schiffsunglücke als relevant gesehen	Tankschiff, Umschlag und Lagerung
Methodologie und Format	Ereignis- und Fehlerbaum; quantitative Wahrscheinlichkeiten	Zusammenstellung mehrerer Studien; Szenario des schlimmsten Störfalls	Fehlerbaum; quantitative Wahrscheinlichkeiten	Ereignisbaum; quantitative Wahrscheinlichkeiten
Schlußfolgerung	.... Risiken ... sind äußerst gering	Es ist gegenwärtig nicht möglich festzustellen, daß (er) eine geringe Wahrscheinlichkeit eines Ereignisses mit schwerwiegenden Auswirkungen aufweist.	... Risiken ... sind vernachlässigbar ... ein annehmbares Risiko für die Öffentlichkeit	Gesellschaftliches und Individualrisiko ist gering im Vergleich zu anderen vom Menschen verursachten Risiken
Einfluß	Bundesenergiebehörde wurde überzeugt, Bewilligung zu erteilen	Verstärkte Opposition	Bundesenergiebehörde wurde überzeugt, Bewilligung zu erteilen	Kabinett wurde überzeugt, daß beide Standorte annehmbare Risiken darstellen

	Großbritannien		Bundesrepublik Deutschland	
	Cremer und Warner	Action Group	Brötz	Krappinger
Erstellt für	Örtliche Behörden	Mitglieder der Action Group	Wasser- und Schiffahrtsdirektion Nordwest WSB	Wasser- und Schiffahrtsdirektion Nordwest WSB
Erstellt von	Private Berater	Privatberater	beeideter Sachverständiger	beeideter Sachverständiger
Zeitpunkt	A-Runde (Bewilligung)	C-Runde (Bewilligung)	C-Runde (Bewilligung)	C-Runde (Bewilligung)
Verwendung	Material für öffentliches Erörterungsverfahren	Zu spät erstellt, um offiziell verwendet zu werden	Beratung von WSB	Beratung von WSB
Umfang	Tankschiff, Umschlag und Lagerung	Hauptsächlich Anlegerbetrieb	Tankschiff, Umschlag und Lagerung	Tankschiff, Umschlag und Lagerung
Methodologie und Format	Qualitative Wahrscheinlichkeiten; keine Abschätzung der Todesfälle	Historische Daten und quantitative Wahrscheinlichkeiten	Qualitative Wahrscheinlichkeiten; keine Abschätzung der Todesfälle	Historische Daten und Computermodell; quantitative Wahrscheinlichkeiten
Schlußfolgerungen	Kein Grund zu bezweifeln, daß Anlagen nicht so gebaut und betrieben werden können, daß sie für die Sicherheit der Gemeinde annehmbar sind.	Individualrisiko ist hoch im Vergleich zu anderen vom Menschen verursachten Risiken	Bezüglich der Auswirkungen und ihrer Wahrscheinlichkeiten besteht keine Gefahr bei Beachtung der relevanten Gesetze.	Wahrscheinlichkeiten von Schiffsunglücken geschätzt
Einfluß	Minister für Schottland von Sicherheit überzeugt	Verstärkte die Ansicht der Action Group, daß die Risiken unzumutbar seien	Überzeugte die WSB nicht vollständig von der Sicherheit der Anlage	Informierte die WSB von der Wahrscheinlichkeit von Schiffsunglücken - als hoch angesehen

digen Behörden zur Genehmigung unterbreitet wurde. Im Gegensatz dazu wurde in Schottland bei dem öffentlichen Erörterungsverfahren nur ein allgemeiner qualitativer Bericht (Cremer und Warner 1977) vorgelegt. Ein anderes Beispiel: Die Studie der britischen Bürgerinitiative wurde von den gesetzlich beauftragten Behörden nicht formell überprüft, da sie erst nach dem öffentlichen Erörterungsverfahren erstellt wurde und daher im Rahmen der gesetzlichen Verfahren nicht mehr berücksichtigt werden konnte.

- *Warum waren die Risikoanalysen in den USA und den Niederlanden quantitativer als jene in Großbritannien und der BR Deutschland?*

Der qualitative Ansatz von Cremer und Warner in Großbritannien wurde damit erklärt, daß zu dem Zeitpunkt keine detaillierten Pläne für die Anlage vorhanden waren. Ein zweiter bestimmender Faktor in Großbritannien ist zweifellos eine Änderung der *Philosophie*. Früher wurden Entscheidungen über die Sicherheit von Anlagen den verantwortlichen Ingenieuren und Technikern überlassen. Erst seit kurzer Zeit verlangen die zuständigen Behörden detaillierte quantitative Beweise für die Verläßlichkeit von technischen Systemen.

In der BR Deutschland obliegt den Kontrollbehörden die Aufgabe, sicherzustellen, daß bei den Anlagen die gesetzlichen Vorschriften über den Brandschutz, die Sicherheit der baulichen Einrichtungen, etc. eingehalten werden. Beeidete Sachverständige müssen oft Berichte erstellen, die derartige rechtliche Fragen behandeln. Es war nicht ganz selbstverständlich, daß sich die Planfeststellungsbehörde WSD nicht nur darüber Gedanken machte, ob die Anlage den geltenden Sicherheitsbestimmungen entsprach, sondern auch, ob sie keine potentielle Gefahr eines größeren Unfalls in sich barg - besonders angesichts der synergistischen Möglichkeiten, die durch benachbarte industrielle Anlagen bestanden - und ob von ihr auch keine schwerwiegende Lebensgefahr für die örtliche Bevölkerung ausging. Die WSD hatte jedoch kein Interesse an der numerischen Wahrscheinlichkeit, daß ein Bewohner der Umgebung sterben könnte, und verlangte daher von Brötz eine qualitative Ermittlung, wie weit Ereignisse, die zu einer Unfallkatastrophe führen könnten, wahrscheinlich sind (ausgedrückt als gering, sehr gering, etc.).

Einige andere Faktoren trugen ebenfalls zu dem Fehlen einer umfassenden quantitativen Analyse der Risiken aus dem LNG-Terminal in Wilhelmshaven bei. Zunächst liegt die Verantwortung für die öffentliche Sicherheit bei einer ganzen Reihe von Bundes-, Landes- und Kommunalbehörden. Die WSD war für die Sicherheit eines LNG-Schiffsbetriebes im Jadebusen zuständig und dieser Teil des Problems wurde auch ausführlich analysiert. Im Gegensatz dazu wurde der Möglichkeit, daß ein Lagertank brechen und die daraus entstehende Dampfwolke die Bevölkerung der Umgebung gefährden köönte, etwas weniger Aufmerksamkeit gewidmet. Ein Grund dafür lag wohl darin, daß die WSD Zugang zu der TNO-Studie für den Terminal in Maasvlakte hatte, in der angegeben wurde, daß die Risiken aus dem Schiffsbetrieb im Hafen von Rotterdam wesentlich schwerwiegender wären als die von den Lagertanks an Land ausgehenden Risiken. Dieses Ergebnis schien auch für die Situation in Wilhelmshaven zuzutreffen.

Zweitens gab es angesichts der Atmosphäre des Enthusiasmus für die wirtschaftliche Entwicklung des Gebietes von seiten der Stadt Wilhelmshaven kaum ein Motiv für die Stadt- oder Landesbehörden, die Pläne unabhängig und kritisch zu überprüfen und eine umfassende Risikoanalyse durchzuführen. Im Gegensatz dazu herrschte in Maasvlakte eine etwas skeptischere Einstellung bei den Überlegungen über den Standort. Maasvlakte war wirtschaftlich besser gestellt und machte sich daher mehr Gedanken über die potentiellen negativen Auswirkungen auf die Umwelt. Schließlich gab es anders als in Mossmorran-Braefoot Bay und Point Conception in Wilhelmshaven keinen starken Interessensverband, der genügend finanzielle Mittel gehabt hätte, um eine eigene Risikoanalyse durchzuführen.

- *Wozu wurden die Risikoanalysen verwendet?*

Bei der Beantwortung dieser Frage finden wir im Gegensatz zu den oben gestellten Fragen viele Ähnlichkeiten in den vier untersuchten Ländern. Die Risikoanalysen wurden häufig in Auftrag gegeben, um den Standpunkt einer Partei bezüglich der Sicherheit des Terminals zu untermauern. In den USA bestellte beispielsweise das Versorgungsunternehmen die SAI-Studie, um seine Position gegenüber der Bundesenergiebehörde, daß der Terminal in Oxnard sicher betrieben werden könne, besser vertreten zu können. Ein zweites Beispiel: In Großbritannien wurde die Studie von Cremer und Warner von den örtlichen Behörden bei dem öffentlichen Erörterungsverfahren als Beweis dafür vorgelegt, daß die Anlage zumutbar sicher wäre.

Majone (in Vorbereitung) unterscheidet zwischen der prospektiven Analyse (vor der Entscheidung) und der retrospektiven Analyse (nach der Entscheidung) und betont, daß die Politiker letztere genauso brauchen wie erstere. In unseren Fallstudien finden wir, daß die Analysen oft eine doppelte Funktion hatten. So wurde z.B. die SES-Studie für den Gemeinderat von Oxnard zuerst zur *Information* der Gemeinderäte und später zur *Rechtfertigung* ihrer Position der Wählerschaft gegenüber verwendet. Dieselbe doppelte Funktion hatten auch die TNO-Analyse in Holland und die Studien von Brötz und Krappinger in der Bundesrepublik Deutschland.

Die Analysen werden somit für verschiedene Zwecke und verschiedene Leser angefertigt. Sie sind jedoch letzten Endes fast immer dazu gedacht, jene zu überzeugen, die für die Gestaltung der jeweiligen Politik verantwortlich sind. Für Majone (1978, S. 213) ist daher der Analytiker "ein Produzent von politischen Argumenten ... eher einem Juristen vergleichbar ... als einem Problemlöser". Andere betrachten jedoch die Verwendung von analytischen Gutachten als Waffe in der politischen Auseinandersetzung als einen Mißbrauch des Fachwissens (siehe z.B. Behn 1979)[13].

Wenn die Risikoanalysen bestellt werden, um die Position eines Klienten zu stärken und zu legitimieren (und dies scheint mehr die Regel als die Ausnahme zu sein), ist es kaum erstaunlich, daß sie so überzeugend wie möglich verfaßt werden. In Kapitel 7 stellten wir fest, daß Annahmen weggelassen, Fehlergrenzen nicht berechnet, Daten sorgfältig ausgewählt und die Vorlageformate so aufgebaut werden, daß die Aufmerksamkeit des Lesers auf einen bestimmten Aspekt der Betriebssicherheit gelenkt wird. Auf diese Art können die Wertvorstellungen des Klienten oder des Analytikers in die Schätzwerte einfließen und den Unterschied zwischen Risikoabschätzung und Risikobewertung verwischen.

- *Wer überprüft die Analysen?*

Ein beunruhigendes Ergebnis der Fallstudien war, daß es in den einzelnen Ländern kein adäquates Überprüfungsverfahren gibt. Dies bedeutet jedoch nicht, daß die Analyen nicht überprüft worden wären. In den USA gab es Mehrfachanstrengungen in diese Richtung, die viele, wenn auch nicht alle Mängel der Analysen an den Tag brachten. In Holland bestand die Überprüfung darin, daß die einzige vorhandene Großanalyse von fast allen beteiligten Parteien durchgelesen wurde. Jedoch waren nicht alle qualifiziert, diese Studie kritisch zu betrachten. In Großbritannien hatten die Oppositionsgruppen vor dem öffentlichen Erörterungsverfahren Zugang zu der von den örtlichen Behörden in Auftrag gegebenen Ri-

---

13. Vaupel (1981b) unterscheidet bei der Diskussion von Verfahren für die Festlegung von Umweltnormen deutlich zwischen den Risikoevaluierungs*prozessen*, aus denen Normen für Gesundheit, Sicherheit und Umweltschutz hervorgehen, und den Risikoevaluierungs*legitimationen*, die verwendet werden, um die erstellten Normen zu erklären, zu verteidigen und zu befürworten (S. 95).

sikoanalyse. Es ist jedoch für eine solche Gruppe schwierig, sich teure Berater zur Überprüfung solcher Studien zu leisten. Dennoch spielten die Projektgegner eine wichtige und manchmal sogar entscheidende Rolle bei der Offenlegung möglicher Schwachstellen in der Anlage und im Betrieb des Terminals. In der BR Deutschland wurden die Analysen von den Beamten der Regierungsbehörde, die die Studien in Auftrag gegeben hatte, überprüft. Da jedoch die Studien im allgemeinen nicht verbreitet wurden, hing die Zulänglichkeit dieser Vorgangsweise im großen Maße von dem Vorhandensein eines qualifizierten Beamtenstabes ab. Außerdem haben die Beamten möglicherweise kaum ein Motiv, die Vorzüge von Fremdgutachten, welche in Auftrag gegeben wurden, um die Politik der Behörde zu unterstützen, kritisch zu beurteilen. Vorschläge für Verfahrensreformen, die auf eine adäquate Überprüfung von wissenschaftlichen Analysen abzielen, werden in Kapitel 9 gemacht.

NUTZEN DER QUANTITATIVEN RISIKOANALYSE

Nachdem wir die *Verwendungsmöglichkeiten* der quantitativen Risikoanalysen untersucht haben, wenden wir uns nun ihrem *Nutzen* zu. Machen die Risikoanalysen eine Anlage sicherer, geben sie den Menschen das Gefühl, daß die Anlage sicherer ist, erwecken sie in ihnen das Vertrauen, daß ihre Institutionen für die öffentliche Sicherheit sorgen oder verbessern sie die Qualität der politischen Debatte? Oder anders ausgedrückt: Tragen die Risikoanalysen nur wenig zur Verbesserung der technischen Konstruktion bei, vernebeln sie die Diskussionen über die Sicherheit durch mathematische Komplexität, täuschen sie ein Faktenwissen nur vor oder stellen sie einfach die falschen Fragen? Je mehr Risikoanalysen es gibt, desto intensiver werden diese Fragen aufgegriffen und diskutiert (siehe z.B. Conrad 1982). Im folgenden untersuchen wir zuerst das Für und dann das Wider der Verwendung von quantitativen Risikoanalysen, wobei wir uns auf die in den Fallstudien gewonnenen Erfahrungen stützen. Danach ziehen wir einige provisorische Schlußfolgerungen darüber, welchen Nutzen die quantitativen Risikoanalysen bei der Behandlung von Sicherheitsfragen bei Großtechnologien haben können.

Für die quantitative Risikoanalyse

Viele Analytiker argumentieren, daß die Risikoanalysen nützliche und wertvolle Werkzeuge sein können, wenn man den gesunden Menschenverstand einsetzt, über gründliche Kenntnisse der Technik verfügt und ihre inhärenten Unsicherheiten anerkennt (Farmer 1976, Ramsay

1981, Drake und Kalelkar 1981, Stoto 1982). Eine intelligente Analyse kann Unzulänglichkeiten in der Konzeption einer Technologie aufzeigen, Entscheidungen, die die öffentliche Sicherheit betreffen, transparenter und die Beamten zugänglicher machen und somit die Basis für eine informiertere Debatte ergeben.

Die Verwendung von Fehler- oder Ereignisbaumanalysen erfordert eine genaue Aufzählung der Ketten von möglichen Ereignissen. Selbst wenn keine Wahrscheinlichkeiten angegeben sind, lassen sich mit einer derartigen Übung dennoch intuitiv nicht erkennbare unfallträchtige Ereignisketten aufspüren. Ob nun diese Information den Analytiker dazu bewegt, seine Ansichten oder seine Beurteilung der Gesamtsicherheit der Technologie zu ändern oder nicht, so kann sie doch einen Beitrag zur Bestimmung der häufigsten Störfälle leisten und Möglichkeiten aufzeigen, wie das Risiko zu vermindern wäre. Einige Konstruktionsprobleme können dadurch schon zu einem frühen Zeitpunkt im Planungsprozeß eliminiert werden.

Dieser präventive Wert einer quantitativen Risikoanalyse zeigte sich deutlich, als die deutsche Schiffahrtsbehörde WSD mit Hilfe der TNO-Risikostudie (die in den Niederlanden für den Terminal von Maasvlakte erstellt worden war) die Schiffsunfälle als besondere Schwachstelle bei der Verläßlichkeit des Betriebes identifizierte, was letztlich zu der Entscheidung führte, eine bauliche Veränderung der Fahrrinne durchzuführen. Es ist natürlich lobenswert, wenn die Planung schon beim ersten Versuch richtig ist, obwohl Flint (1981) darauf hinweist, daß nur relativ wenige der festgestellten Störfälle das Ergebnis von Planungsirrtümern sind; die meisten Störfälle sind auf menschliches Versagen zurückzuführen.

Eine andere, bescheidenere Rolle der Risikoanalyse besteht darin, daß sie den Planern ein allgemeines Bild der auftretenden Risiken gibt, wie es Robert Vincent von Gaz de France ausdrückt:

> Für unsere Risikoanalyse adaptierten unsere Techniker einfach die Zahlen aus anderen Analysen, die für die Ölindustrie erstellt worden waren, obwohl diese Zahlen für die Anlagen, die bei LNG verwendet werden, überhaupt nicht zutreffen können. Aber wir konnten die Ergebnisse unserer Risikoanalyse tatsächlich verwenden. Eine Zahl wie 10^{-15} bedeutet vielleicht 10^{-10} oder 10^{-18}, aber sie bedeutet, daß das Risiko in Wirklichkeit sehr gering ist und nicht mit einem Wert von 10^{-5} verglichen werden kann. Es scheint dies eine gute Methode zu sein, die schwächsten Stellen des überprüften Systems aufzufinden. Wir verwenden die Risikoanalysen eher für diesen Zweck und nicht so sehr, um zu zeigen, daß es kein oder nur ein geringfügiges Risiko gibt (KLS 1982).

Eine wichtige Funktion der quantitativen Risikoanalyse ist die schriftliche Dokumentierung der Überlegungen, auf denen die Sicherheitsurteile beruhen, wie z.B. die Annahmen, die verfügbaren Daten und die "besten Vermutungen" der Experten. Eine Risikoanalyse stellt daher den Personen, die zu der Studie Zugang haben, Informationen zur Verfügung und kann damit zu besser fundierten Entscheidungen führen. Solche Informationen sind notwendig, da das Expertenurteil immer mehr als unzulängliche Art, über die Zumutbarkeit von Großtechnologien zu entscheiden, betrachtet wird. O'Riordan (1981) stellt fest:

> Die Risikoermittlung wird nicht nur zu einem Weg, das politische Machtgleichgewicht zu verlagern, sondern auch zu einem Mittel, die Geheimhaltungstendenz der Regierung und die Transparenz der Verwaltung zu reformieren. Keine dieser zwei vitalen Funktionen wird in einer politischen Demokratie schnell oder leicht verändert werden können, da viele Traditionen und hart verteidigte Positionen auf dem Spiel stehen. Aber der Kampf ist ausgebrochen und die Art, wie die Risikoermittlung besonders von den Ökozentristen verwendet wird, erweist sich bereits als wichtige strategische Waffe in dem Streben nach Veränderungen.

In Schottland hätte eine umfassende Risikoanalyse, wenn sie von den örtlichen Behörden in einem früheren Stadium des Verfahrens durchgeführt worden wäre, dieses Verfahren für die Aktionsgruppe vielleicht durchsichtiger gemacht. Macgill und Snowball (1982) spekulieren jedoch, daß eine solche verstärkte Transparenz keine Auswirkung auf das Ergebnis der Entscheidung oder die Sicherheit einer gegebenen Anlage hätte, sondern daß der PR-Wert einer - adäquaten - Risikoanalyse wichtiger wäre. Das Amt für Gesundheit und Sicherheit reagiert auf Beobachtungen dieser Art damit, daß es der Öffentlichkeit mehr Informationen zukommen läßt. Jedoch ist oft ein Teil des Materials aus Gründen der Wahrung von Geschäftsinteressen vertraulich zu behandeln und kann daher nicht voll veröffentlicht werden (Barrell, in KLS 1982, S. 320).

Wenn es innerhalb der Expertengemeinde verschiedene Meinungen über die Verläßlichkeit von Sicherheitssystemen gibt, kann eine quantitative Risikoanalyse vielleicht die Ursache eines Konfliktes aufhellen. So ergab sich z.B. aus den quantitativen Risikoanalysen in den untersuchten Ländern eine Konfliktursache aus der maximalen Entfernung in Windrichtung, die eine entflammbare Dampfwolke nach einem Momentanaustritt von LNG erreichen kann. Die Schätzwerte dafür, die zur Bestimmung der Gefahr für die angrenzenden Bevölkerungsgebiete möglicherweise wesentlich sind (oder auch nicht), reichten von 2,3 km (Brötz, BR Deutschland) bis zu 27 km (FERC, USA) unter verschiedenen atmosphärischen Bedingungen. Nachdem die physikalischen Eigenschaften der Dispersion von

Dampfwolken nicht genau bekannt sind, können diese Unterschiede bei dem gegenwärtigen Stand der Wissenschaft nicht geklärt werden.

Informationen dieser Art können auf verschiedene Weise umgesetzt werden. Industrie wie Aufsichtsbehörde lassen vielleicht weitere Experimente durchführen, um die unbekannten Faktoren zu bestimmen. Das amerikanische Energieministerium finanzierte beispielsweise Experimente mit großen LNG-Austritten. Bei Kontroversen, wo aktive Gegnergruppen engagiert sind, können solche Informationen einen konstruktiveren Dialog zwischen der Öffentlichkeit und den Experten fördern und den Blick auf Annahmen und Daten lenken. In einigen Fällen können auch Oppositionsgruppen einen Beitrag zum Verständnis der Sicherheit der Technologie leisten, indem sie ihre eigenen unabhängigen Studien durchführen lassen, wie es z.B. die betroffenen Bürger in der Umgebung von Point Conception (Hollister and Bixby Ranch Association) und in Aberdour und Dalgety Bay taten.

Wider die quantitative Risikoanalyse

Es ist noch lange nicht bewiesen, ob die Risikoanalysen oder die Analysen im allgemeinen zur Reduzierung von politischen Konflikten beitragen. Mulkay (1979) berichtet über einige Studien (z.B. Nelkins Studie über die Kontroverse um den Cayuga Lake, 1971, 1975), bei denen untersucht wurde, welchen Gebrauch man im Rahmen der politischen Debatte von dem naturwissenschaftlichen und technischen Wissen machte. Die Hauptschlußfolgerung dieser Studien war, daß dieses Wissen nur wenig zur Reduzierung der Konflikte beiträgt, sondern statt dessen zu einem Mittel wird, um politische Zielsetzungen zu fördern. Wie wir in den Fallstudien gesehen haben, können bei Disputen über technische Fragen die gegnerischen Parteien meist von anerkannten Wissenschaftlern Analysen erhalten, die ihre Standpunkte unterlegen. Wir wissen bereits, warum dies möglich ist - eine Analyse kann, je nach der Auswahl der Annahmen und der Formulierung der Ergebnisse in viele Richtungen gedreht und gewendet werden.

Vergleicht man die Risikoanalysen der vier Länder (siehe Kapitel 7), so erstaunen die großen Diskrepanzen in den Ergebnissen. Dies zeigt sich besonders deutlich im Falle von Oxnard, wo für den selben Standort mehrere quantitative Risikoanalysen durchgeführt wurden (siehe Tabelle 8.2). Die SES-Studie kam zu der Schlußfolgerung, daß "es gegenwärtig nicht möglich ist, auszusagen, daß (die Anlage) eine geringe Wahrscheinlichkeit für Störfälle mit schwerwiegenden Auswirkungen aufweist". Diese Schlußfolgerung unterscheidet sich beträchtlich von den

Resultaten der SAI- und der FPC-Studie, in denen die Risiken als "extrem gering" bzw. "vernachläßigbar" befunden wurden. Die SAI-Studie schätzte die Risiken ausgedrückt als Wahrscheinlichkeit eines Individualtodesfalles mit 10^{-7} bis 10^{-10} ein, während bei der SES-Studie die Ergebnisse zwischen 10^{-4} und 10^{-7} lagen.

Die Kritiker von formalen Risikoanalysen sind schnell mit dem Hinweis bei der Hand, daß die Resultate nicht objektiv sind, daß verschiedene Analytiker unweigerlich verschiedene Ergebnisse produzieren werden. Es liegt in der Natur des Problems, daß es viele kompetente und anerkannte Methoden gibt, wie die Risiken abgeschätzt werden können. Kein Kranz von Annahmen ist der absolut beste, keine Analyse kann vollständig sein und keine Einschätzung kann völlig "frei" von subjektiven Urteilen sein. Die Analyse ist ein sozialer Prozeß, der von menschlichen Gefühlen, Wertvorstellungen und Meinungen beeinflußt wird (Meltsner 1980, Mazur 1980).

Eine ganze Reihe von Autoren haben die möglichen "Fallstricke" der Analyse diskutiert (siehe z.B. Quade 1975, Majone 1980), daß die Wertvorstellungen des Analytikers dessen Methodik und Ergebnisse beeinflussen und daß durch heuristische Annahmen Fehleinschätzungen in seine Arbeit einfließen. Brian Wynne (1982, S. 127) schlägt dagegen vor, daß diese "Fehleinschätzungen" als integraler Bestandteil der Wissenschaft akzeptiert werden und nicht als Abfall von der rationalen wissenschaftlichen Analyse angesehen werden sollten.

Es gibt einen universellen Mythos über die Natur der Wissenschaft, der diesen falschen Ansatz zur Frage der "analytischen Wertlastigkeit" unterstützt. Die Tendenz in der Literatur geht dahin, die Wertlastigkeiten oder Fehler als in ihrem Ursprung individuell und isoliert zu betrachten, was bedeuten würde, daß der ideale objektive wissenschaftliche Wissensstand in der beruflichen Praxis und als Beitrag zu politischen Fragen erreicht werden kann ... Dies ergibt ein grundlegend irreführendes und politisch schädliches Bild der Rolle der Expertise.

Der Mythos der wissenschaftlichen Objektivität hat, besonders bezüglich der Politwissenschaften, zu einer dualen Perspektive der Risikoanalysen geführt. Einerseits scheinen sie aufgrund ihrer quantitativen Natur real und objektiv zu sein. Andererseits drängen die mit ihr verbundenen starken Unsicherheiten notwendigerweise die Beweise aus dem Bereich der Tatsachen in das Gebiet der "Transwissenschaft", wie es Weinberg (1972) formulierte. Diese *duale Natur* der formalen Risikostudie hat die Diskussion über ihre Funktion im politischen Prozeß verwirrt. Die Zahlen einer Risikoanalyse sind keine exakten oder "harten" Tatsachen. Sie beinhalten eine Reihe von subjektiven Urteilen, jedoch ist, wie Ravetz ausführt, kaum jemand in unserer Kultur imstande, mit ungenauen Größen oder "weichen" Zahlen umzugehen (siehe KLS 1982, S. 402).

Nachdem die Schätzwerte der Risikoanalysen nicht vollkommen objektiv sein können, wenden die Kritiker der Risikoanalysen weiters ein, daß die probabilistischen Resultate selbst wiederum einer Reihe von manchmal gegensätzlichen Interpretationen Tür und Tor öffnen (siehe Vaupel 1981a). Es wurde bereits erwähnt, daß bei Ereignissen mit geringer Wahrscheinlichkeit und schwerwiegenden Auswirkungen die Gegner eines Projektes häufig die Auswirkungen betonen, während die Befürworter die Wahrscheinlichkeiten unterstreichen. In Oxnard kam dies von allen Kontroversen am deutlichsten zum Ausdruck. Die SAI-Studie (die von dem Versorgungsunternehmen in Auftrag gegeben wurde) formulierte die Ergebnisse als Wahrscheinlichkeiten von Individualtodesfällen oder katastrophalen Auswirkungen und verglich diese Wahrscheinlichkeiten mit jenen von anderen, von Mensch oder Natur stammenden Katastrophen. Nachdem diese Wahrscheinlichkeiten im allgemeinen höher waren als jene, die für Atomkraftwerke errechnet wurden (NRC 1975), vermieden es die Autoren der Studie sorgsam, diesen Vergleich einzubeziehen[14]. Im Gegensatz dazu präsentierte die SES-Studie (die vom Gemeinderat von Oxnard in Auftrag gegeben wurde) Szenarien über Dampfwolken/Bevölkerungsrisiken mit einer graphischen Darstellung einer tödlichen Methanwolke, die über einen Teil von Oxnard schwebt, ohne jedoch Wahrscheinlichkeiten anzuführen. Während die SAI-Studie die Bundesbehörden dazu bewegte, den Standort von Oxnard zu bewilligen, hatte die SES-Studie die gegenteilige Wirkung und erwies sich als maßgebend für die Entscheidung des staatlichen Gesetzgebers, mit Hilfe der Bestimmung über entlegene Standorte im LNG-Standortgesetz Oxnard als möglichen Bauplatz auszuschließen.

In den Niederlanden finden wir ein Beispiel, wie eine einzige Studie verschiedene Bedeutungen erhielt, je nachdem, zu welchem Zweck sie verwendet wurde. Die TNO-Risikoanalyse unterstützte die Argumente der Befürworter des Standortes von Maasvlakte, wonach der Terminal nicht wesentlich zu der kumulativen Risikobelastung der örtlichen Bevölkerung beitragen würde. Die Analyse wurde jedoch auch zur Verteidigung des Arguments der Rijnmond-Behörde herangezogen, daß der vorgeschlagene Terminal *sehr wohl* die Sicherheitsrisiken für die örtliche Bevölkerung erhöhen würde. Der Großteil der Diskussionen von seiten der ört-

14. Die SAI-Studie übernahm jedoch den anderen Vergleich des Rasmussen-Reports (NRC 1975).

lichen Behörden konzentrierte sich nicht auf die Wahrscheinlichkeit eines Unfalls, sondern auf seine möglichen Auswirkungen, die im schlimmsten Falle über 17.000 Menschenleben im Bereich von Rotterdam fordern würden. Nachdem die TNO-Studie sowohl Material für die Befürworter als auch für die Gegner des Projektes enthielt, bestand für beide Teile kaum eine Notwendigkeit, ein Gegengutachten zu erstellen.

Die Mehrdeutigkeit der Ergebnisse von Risikoanalysen fand auch O'Riordan (1981, S. 160). Er beobachtete "das seltsame Schauspiel, daß nicht nur die 'Weltuntergangs'-Extremisten, sondern auch die Mitglieder der 'Schule der harten wirtschaftlichen Tatsachen' dieselben objektiven Daten einer Risikoanalyse verwenden, um damit ihren jeweiligen Standpunkt zu begründen ...". Zu einem gewissen Grad übernimmt jede wissenschaftliche Erkenntnis die Bedeutung, die ihrem sozialen Kontext entspricht (Conrad 1982), jedoch geht Johnston (1980) mit seinem Argument weiter, daß die Risikoforschung eine unreife Wissenschaft ist, bzw. eine, in der noch kaum ein Konsens darüber herrscht, in welche Richtung eine Untersuchung sinnvoll ist oder welche Forschungsart als kompetent gilt. Wenn eine unreife Wissenschaft als Basis dafür genommen wird, um ein praktisches Problem zu lösen, besteht die Tendenz, daß das Ergebnis die Ansichten der Auftraggeber widerspiegelt. Jedoch beginnt laut Jerry Ravetz die Wissenschaft der Risikoanalyse reif zu werden:

> Natürlich war es so, daß früher, als das Thema in einer sehr undisziplinierten Art und Weise ohne viel kollegiale Kritik entwickelt wurde, die Leute einfach ein paar Unfallstatistiken nahmen und Zahlen mit Exponenten versahen. Damals war das ein Spiel, das jeder spielen konnte und jede Zahl hätte verwendet werden können ... Ich glaube, heute ... spielen wir dieses Spiel nicht mehr ... Es wird jetzt als Teil einer Verhandlung und nicht so sehr als Teil von Propagandafeldzügen verwendet. Man kann immer noch abweichender Meinung sein. Man kann es immer noch zum Vernebeln verwenden, wenn man nicht dabei erwischt wird. Aber es ist nicht mehr länger Valiumverabreichung von dem einen und Amphetaminverabreichung von dem anderen. Die Sache ist reifer, sie hat ihren Charakter verändert (KLS 1982, S. 404).

Ravetz bezieht sich hier auf die "Valium-" und "Amphetamin-"Analysen von Reijnders (1982), Begriffe, die dieser verwendet, um die Geschicklichkeit und Wendigkeit der Analytiker, aus den vorhandenen Daten radikal entgegengesetzte Bilder zu malen, zu reflektieren. Dies läßt sich gut an dem Beispiel von Vaupel *et al.* (1982, S. 5) demonstrieren, das zeigt, daß man mit Statistiken nicht nur *lügen*, sondern auch *Anspielungen machen* kann:

> Der höchste Schätzwert für die Wahrscheinlichkeit eines größeren Unfalls an dem geplanten LNG-Standort in Point Conception, Kalifornien, war die Möglichkeit von 10^{-4}, daß 10 oder mehr Leute sterben

würden. Wenn man dieses Risiko als gering darstellen möchte, kann man behaupten, daß es dem Risiko eines Todesfalls in 1.000 Jahren entspricht. Will man aber andererseits das Risiko höher ansetzen, kann man wie folgt vorgehen: Der Analytiker, der die Möglichkeit von 10 oder mehr Todesfällen mit 1:10.000 pro Jahr abschätzte, war bei dieser Schätzung unsicher - er dachte, daß die Möglichkeit von 1:100 besteht, daß der wahre Wert sogar bei 1:100 liegt. In zehn Jahren häuft sich das Risiko von 1% pro Jahr auf ca. 10% an und 10% muß bereits als "signifikante Wahrscheinlichkeit" bezeichnet werden. Der Verlust von 10 oder mehr Menschenleben wurde in der Risikostudie als "Katastrophe" bezeichnet, sodaß die Überschrift wie folgt lauten kann: "Analytiker stellt signifikante Wahrscheinlichkeit einer Katastrophe in Point Conception innerhalb der nächsten zehn Jahre fest."

Anspielungen lassen sich eigentlich kaum vermeiden, da praktisch alle politisch relevanten Statistiken, je nachdem wie sie formuliert und in welchem Zusammenhang sie präsentiert werden, jeweils unterschiedliche Wertfärbungen annehmen und verschiedene politische Stoßrichtungen ausdrücken (Vaupel 1981a).

Trotz der vielfältigen Interpretationsmöglichkeiten hat die Risikoanalyse oft den Beigeschmack, daß sie einen rationalen Ansatz für den politischen Entscheidungsprozeß bietet (Moss und Lubin 1980). Die exakten Zahlenresultate können beruhigend wirken, indem sie über die inhärenten und fundamentalen Unsicherheiten hinwegtäuschen, wie. z.B. der millionenfache Unterschied zwischen den Risikoschätzwerten für Sacharin und auch die Inhaber-Holdren-Debatte (Inhaber 1979, Holdren *et al.* 1979) über die Risiken von Atomkraftwerken. Dieser Sorge verlieh vor kurzem ein Bericht des US National Research Council über die Methoden der Risikoanalyseerstellung Ausdruck:

> Die Wissenschaft hat eine starke Affinität zu Zahlen, denn wenn Zahlen rechtmäßig verwendet werden können, bedeuten sie Autorität und ein genaues Verständnis für Zusammenhänge. Aufgrund dieser Tatsache besteht eine ebenso wichtige Verpflichtung, keine Zahlen zu verwenden, die den Eindruck von Genauigkeit vermitteln, wenn das Verständnis für Zusammenhänge weniger gesichert ist. Wenn die quantitative Risikoermittlung auch einen Vergleich erleichtert, kann ein solcher Vergleich doch illusorisch oder irreführend sein, wenn die Verwendung von exakten Zahlen nicht gerechtfertigt ist (NRC Governing Board Committee on the Assessment of Risk 1981, S. 15).

Wie wir in Kapitel 7 ausgeführt haben, sind die LEG-Risikoanalysen nicht gefeit gegen diese Kritik. So wurde z.B. die Wahrscheinlichkeit eines Austritts aufgrund eines Tankerunfalls in Point Conception von SAI mit $9{,}9 \times 10^{-7}$ und von ADL mit $8{,}1 \times 10^{-3}$ angegeben, ohne daß die beiden Studien die zugehörigen Konfidenzintervalle oder Unsicherheiten diskutiert hätten. Ein anderes bezeichnendes Beispiel findet sich in der SAI-Studie für das Versorgungsunternehmen, in der die Wahrscheinlichkeit einer Unfallkatastrophe in Oxnard mit 10^{-57} oder einer Chance von 1:710 Septendezillionen einer maximalen Katastrophe von 113.000 Todesfällen angegeben wurde! Man kann sich eine so geringe Wahrscheinlichkeit wohl nur schwer vorstellen, besonders da sie als Punktschätzung ohne Bezeichnung des Konfidenzintervals ausgedrückt wurde. Dennoch wurde diese Zahl von der Bundesenergiekommission zur Legitimierung ihrer Unterstützung des Standortes von Oxnard zitiert[15].

Eine Gefahr der auftraggeberorientierten Forschung liegt darin, daß die Auftraggeber möglicherweise nur ungern Forschungsarbeiten finanzieren, bei denen neue Unsicherheiten zutage treten können, welche ihrer Meinung nach die Entscheidung nur noch komplizierter machen würden. Die Klienten werden Experten, die willig sind, exakte und unqualifizierte Risikoschätzwerte abzugeben, wenn der Fall ziemlich klar liegt, suchen und belohnen. Oder sie werden die Analytiker dazu ermutigen, die konservativsten oder ärgsten Annahmen zu benutzen - eine Praxis, die von Raiffa (1980) kritisiert wurde. Wie Stoto (1982) ausführt, ist es für die Analytiker leichter, Resultate, die ihre Klienten wünschen, zu rechtfertigen. Eine übermäßig zuversichtliche Darstellung von Ergebnissen ist besonders besorgniserregend, da die zugehörigen Unsicherheiten wichtiger sein können als die genauen Risikoschätzwerte. Laut Holling (1981b, S. 1) "liegt das wirkliche Problem darin, wie man regulieren und vorhersagen soll und wie man innerhalb der Grenzen, die uns aufgrund unserer Unwissenheit gesetzt sind, leben kann".

Die möglicherweise vernichtendste Kritik, die den Analyseerstellern entgegenschlägt, ist, daß das Problem einer Konsenserzielung zwischen gegensätzlichen Interessen in der Gesellschaft, wie z.B. über den Standort einer neuen Großtechnologie, durch die Expertenberechnungen der Sicherheitsrisiken nicht gelöst, ja nicht einmal verringert werden kann. Die Analysen behandeln einfach das falsche Problem. Indem das Risiko als eine Kombination von Wahrscheinlichkeit und Konsequenzen (gewöhnlich Todesfälle) definiert wird, werden andere gesellschaftliche Bedenken gegen die Technologie, für die das Risiko nur stellvertretend eingesetzt wird, einfach ignoriert. In anderen Worten, das Risiko ist oft nur ein Symbol für die Ängste und Sorgen der Öffentlichkeit über diese Technologie. Diese Ängste werden durch die "Todesfallzahlen" in den Risikoanalysen nicht adäquat ausgedrückt.

15. Die Unsicherheitsfrage wird nur einmal angesprochen, nämlich in der SES-Risikoanalyse, welche sich durch Bezugnahme auf die Palette der Schätzwerte aus anderen Studien ausdrücklich mit den inhärenten Unsicherheiten befaßt.

Der Psychologe betrachtet diese Ängste im Lichte der Wahrnehmungsmuster, die der Einschätzung der Ernsthaftigkeit eines Risikos durch die Öffentlichkeit zugrunde liegen. Viele Forschungsergebnisse weisen darauf hin, daß die Menschen nicht nur die Wahrscheinlichkeit eines Todesfalls, sondern auch die Vielschichtigkeit der Auswirkungen oder Eigenschaften einer gefährlichen Tätigkeit empfinden (siehe im besonderen Lichtenstein *et al.* 1978, Slovic *et al.* 1979, 1983, Fischoff *et al.* 1981a, Otway und von Winterfeldt 1981, Stallen 1981, Clark University Hazard Assessment Group and Decision Research 1982, Humphreys 1982), ob z.B. das Risiko freiwillig oder unfreiwillig ist, ob es potentiell katastrophale Auswirkungen gibt, ob man das Ergebnis individuell beeinflussen kann, ob das Risiko beobachtbar, neu, fair verteilt ist, etc. Alle diese Faktoren bestimmen, wie ernst der einzelne das Risiko einschätzt. Stallen und Tomas (1981, S. 39) kamen zu dem Schluß, "daß die Einschätzung der technischen Sicherheit durch die Menschen (psycho)logisch in keinem Zusammenhang mit den beobachteten relativen Häufigkeiten oder statistisch berechneten Wahrscheinlichkeiten der negativen Auswirkungen der betreffenden Technologie steht (oder daraus vorhergesagt werden kann)".

Im Gegensatz dazu ist für den Soziologen das Problem der persönlichen Risikoeinschätzung nicht so extrem abhängig von der Wahrnehmung der Ernsthaftigkeit des Risikos, sondern eher abhängig von gesellschaftlichen und politischen Werten, einschließlich Leitbildern für die Zukunft der Gesellschaft, der Bewertung von politischen Entscheidungsprozessen, der Glaubwürdigkeit von Institutionen und der Weitergabe von Informationen (Nowotny 1982). Laut Otway und von Winterfeldt (1981) hat das Risiko in den gegenwärtigen Debatten über die Zumutbarkeit von Technologien einen derartigen Stellenwert erreicht, daß das komplexe Problem der gesellschaftlichen Verträglichkeit viel zu oft auf ein mathematisches Problem der Definition und Messung des Risikos reduziert wird.

Wenn die Ablehnung eines LEG-Terminals auf solche vage Befürchtungen über die Zukunft einer technologischen Gesellschaft begründet wird, so entmutigen die Entscheidungsverfahren in den vier Fallstudien eine Debatte auf dieser Basis. Der Grund liegt in der je nach den untersuchten Ländern verschieden dringlichen Notwendigkeit, die Argumente wissenschaftlich (was oft als quantitativ ausgelegt wird) rechtfertigen zu müssen. Ein Überblick über die Argumente, die in die Debatte eingeflossen sind, zeigt, daß die meisten, wie z.B. der Erdgasbedarf, die Schaffung von Arbeitsplätzen und der wirtschaftliche Nutzen, bis zu einem gewissen Grad quantifizierbar sind.

Für eine weitere, anthropologische Gedankenschule wiederum sind die Probleme der Technik und des technischen Risikos in die verschiedenen kulturellen Prägungen (oder politischen Kulturen), aus denen die Gesellschaft besteht, eingebettet. Für Douglas (1972, 1978a) ist z.B. die Verschmutzung oder das Risiko eine Bedrohung für einen Teil der Menschen, deren "Reinheits"standard durch die Verschmutzung oder das Risiko beeinträchtigt wird. Die Vorschriften zur Kontrolle der Verschmutzung oder des Risikos sind daher als Verteidigung einer spezifischen "moralischen" Ordnung oder eines Gesellschaftszustandes, der als erhaltungswürdig befunden wird, zu verstehen. Thompson (1980a,b,c) hat diese Gedanken zu einer sozialanthropologischen Risikotheorie verarbeitet, die er im Postskriptum zu diesem Buch vorlegt. Nach Thompson ist der einzelne keine isolierte Einheit, sondern ein soziales Wesen und dieser soziale Kontext formt seine Interpretation der technischen Risiken wie auch sein Verhalten ihnen gegenüber. Thompson entwickelt fünf kulturelle Kategorien je nach dem Ausmaß, in dem eine Person durch soziale Gruppen umgrenzt ist, und dem Ausmaß, in dem sie den gesellschaftlich auferlegten Normen unterliegt. Obwohl Stephen Cotgrove (1981) nur von zwei alternativen Paradigmen spricht, an die sich ein einzelner hält, paßt seine Interpretation der technologischen Konflikte sehr gut zu der von Thompson. Cotgrove interpretiert die Kernenergiedebatte wie folgt:

> Was aus einer Perspektive rational und vernünftig ist, ist aus einer anderen irrational. Wenn es das Ziel ist, die Produktion zu maximieren, dann sind die Nuklearrisiken nicht nur gerechtfertigt, sondern es wäre unvernünftig, sie nicht einzugehen. Aus einer anderen Perspektive, vom Standpunkt einer ganz anderen Überzeugung, wie die Welt funktioniert, und ganz anderer Ziele in Richtung auf eine Art von konvivialer Gesellschaft, löst das Eingehen selbst der möglicherweise geringen, aber praktisch nicht berechenbaren Risiken für künftige Generationen eine moralische Indignation aus, die unorthodoxe politische Aktionen, die die Schwelle der Legalität überschreiten, rechtfertigt (S. 128).

Für Ronge (1982) ist dieses zweite Paradigma eine direkte und unmittelbare Bedrohung der Gesellschaft der Bundesrepublik Deutschland wie auch anderer Länder, in denen die soziale Bewegung der sogenannten Alternativkultur auftritt. Ronge bezweifelt, daß in einer solchen Umgebung Risikoanalysen, die von traditionellen politischen Institutionen in Auftrag gegeben werden, von Nutzen sein können. "Risikoforscher sind Akteure - und Opfer - eines Spieles, das von den neuen sozialen Bewegungen prinzipiell abgelehnt wird."

Ein bemerkenswerter Aspekt der LEG-Debatten in unseren Fallstudien ist die auffällige Abwesenheit dieser "Alternativkultur", besonders jener kulturellen Kategorie, die Thompson als *Sektisten* bezeichnet, die zwar stark an soziale Gruppen gebunden, jedoch relativ frei von sozial auferlegten Bestimmungen ist. Die Abwesenheit von Sektistengruppen wie z.B. die Friends of the Earth[16] kann teilweise durch die LEG-spezifische Risikoart erklärt werden. Es gibt in den Fallstudien Hinweise darauf, daß das LEG-Risiko als weniger schwerwiegend betrachtet wird als die Risiken aus der Kernkraft. In den Niederlanden erwies sich sogar das Argument, daß die Genehmigung eines LNG-Terminals den Bau eines Kernkraftwerkes in diesem Gebiet für alle Zukunft verhindern würde, als wirkungsvoll, um den Widerstand der Umweltschützer gegen den Standort Maasvlakte einzubremsen. Die von der TNO-Studie geschätzten Individualrisiken eines LNG-Terminals sind jedoch höher als die Schätzungen der Individualrisiken aus der Kernkraft im Rasmussen-Report (NRC 1975). Wenn also LEG nicht die gleiche moralische Empörung wie die Kernkraft entfacht, erklärt dies zu einem gewissen Ausmaß, warum die Kontroversen um die LEG-Anlagen relativ gedämpft verliefen.

Der Psychologe (u.a.) sieht also die Reaktion des Einzelmenschen auf das Risiko entlang einer multidimensionalen Skala der Eigenschaften dieses Risikos, während der Soziologe wie der Anthropologe (wieder u.a.) das Risiko in seinem breiteren politischen und kulturellen Kontext betrachtet. Jungermann *et al.* (1981) beschreiben die Entwicklung von zwei "Lagern" von Disziplinen, die sich mit Risikoforschung befassen. Das eine Lager betrachtet die technischen Fragen der Risikoanalyse als untergeordnete Fragen, welche die wertmäßigen und kulturellen Differenzen, die einer technologischen Debatte zugrunde liegen, zudecken. Das andere Lager akzeptiert diese Ansicht für einige technologische Fragen, im speziellen die Kernkraft, glaubt jedoch, daß es kleinere Probleme gibt, bei denen die technischen Fragen von größerer Bedeutung sind. Das erstere Lager ist analytischen Methoden, die den politischen Prozeß umgehen können, gegenüber skeptisch, während das zweite Lager glaubt, daß die Analyse lediglich eine Hilfe für diese politischen Prozesse ist und daß sie die Kommunikation zwischen den gegnerischen Gruppen fördern und die Transparenz und Verantwortlichkeit der politischen Entscheidungsprozesse verbessern kann[17].

16. Die Friends of the Earth waren jedoch bei anderen LEG-Kontroversen nicht abwesend. Der umstrittene Terminal auf Staten Island bildete die Basis für einige Aktionen. Siehe z.B. das sehr kritische Buch zu diesem Thema von R.N. Davis (*Frozen Fire*, 1979), herausgegeben von den FoE.

17. Trotz dieser Unterschiede wird vom Internationalen Institut für Umwelt und Gesellschaft, Wissenschaftszentrum Berlin, ein umfassendes Forschungsprogramm mit Forschern beider Lager durchgeführt.

SCHLUSSBEMERKUNGEN

Trotz aller Vorteile von detaillierten quantitativen Risikoanalysen für die Verbesserung der Konzeption von gefährlichen Technologien ist ihre Nützlichkeit für die Klärung der Fragen, ob und wo solche Technologien eingesetzt werden sollen, noch nicht offenkundig. Die Resultate der Fallstudien weisen darauf hin, daß die technischen Risikoanalysen wenig zur Schaffung eines Konsens über die Sicherheit eines geplanten LEG-Terminals beitragen. Die Ergebnisse der Untersuchungen werden zwar generell sehr selbstbewußt vorgebracht, ließen aber dennoch gegensätzliche Interpretationen zu. Es bestand daher die Tendenz, daß die Analyse(n) die politische Kontroverse noch stärker polarisierte(n).

Als Reaktion auf die augenscheinlichen Mängel in der "Wissenschaft" der Risikoanalyse wurde dem US-Kongreß ein Gesetzesentwurf über die Risikoanalyseforschung und -demonstration (HP8303, Risk Analysis Research and Demonstration Bill) vorgelegt in der Absicht, ein Programm für die Verbesserung und Förderung des Einsatzes von Risikoanalysen zu erstellen. Wenn die Wissenschaft keine Antworten geben kann, scheint es die einzige Abhilfe zu sein, diese Wissenschaft zu verbessern, wie dieser Gesetzesvorschlag zeigt. Aber eine Risikoanalyse kann, egal wie hoch entwickelt und ausgefeilt die Methodik auch werden mag, dennoch keine unzweideutigen Schätzwerte der Risiken vorlegen. Die Zahlen werden spekulativ bleiben. Solche Analysen können auch kein Licht auf die wertbeladene Frage werfen, ob die Risiken zumutbar sind. Moss und Lubin (1980, S. 29) meinen:

> Wir können nicht die Uhr der politischen Stimmung zurückdrehen. Wir können dem Gesetzesgeber nicht sagen, daß er auf eine bessere Wissenschaft oder eine bessere Methodik der Risikoermittlung oder bessere risikoausgleichende Institutionen (Mechanismen), die aus der besseren Wissenschaft entstehen, warten muß. Andererseits können wir nicht vorgeben, daß wir eine voll entwickelte Technologie vor uns haben, die für alle Probleme, die die Gesellschaft aufwirft, zugeschnitten ist.

Wenn die Antwort nicht in der Verbesserung der Wissenschaft liegt, dann vielleicht in der Verbesserung der Verfahren, nach denen diese Entscheidungen getroffen werden. Wir müssen den Einsatz der wissenschaftlichen Expertise mit ihren inhärenten Unsicherheiten in politischen Prozessen, die für die Behandlung dieser Unsicherheiten nicht gut ausgerüstet sind, sorgfältig untersuchen. Ohne die Rolle des Analytikers als Politikberater anzweifeln zu wollen, müssen wir doch fragen, welche Änderungen in unseren Institutionen notwendig sind, um eine ehrlichere Berichterstattung über die Grenzen des analytischen Fachwissens zu ermutigen.

Wir müssen aber auch erkennen, daß die Konflikte über die Zukunft der technischen Gesellschaft nicht von den Wissenschaftlern allein gelöst werden können. Trotzdem besteht die Hoffnung, daß die Analytiker einen nützlichen Beitrag zur Lösung komplexer politischer Fragen, wie es z.B. LEG-Standortentscheidungen sind, leisten können. Der Analytiker stellt nicht nur das nötige technische Fachwissen zur Verfügung, sondern hat auch noch eine neue und vielversprechende Funktion im Bereich der Konfliktvermittlung erhalten. Diese und andere Empfehlungen für die Verbesserung der Standortbestimmungsverfahren werden in Kapitel 9 besprochen.

9 Verbesserung des Standortbestimmungsverfahrens*

Das deskriptive Material der vier Fallstudien illustriert, wie die verschiedenen Parteien und Gruppen Strategien bilden und Argumente vorbringen, um ihre Positionen zur Standortbestimmung von technischen Anlagen zu verteidigen. Dieses Kapitel hat einen präskriptiven Einschlag durch seine Konzentration auf Verbesserungsmöglichkeiten für das Entscheidungsverfahren und die sich daraus ergebenden Resultate.

In Kapitel 1 haben wir festgestellt, daß es zwei breitgefaßte Zielvorstellungen gibt, die die endgültige Wahl beeinflussen: Das Wohlfahrts- und das Verteilungsziel. Jede Partei hat eine andere Anschauung von der relativen Bedeutung dieser beiden Zielvorstellungen, da sie das Problem jeweils aus ihrer speziellen Warte betrachtet. Daraus ergeben sich potentielle Konflikte und die institutionellen Vorgangsweisen in dem jeweiligen Land bestimmen, ob und wie diese Differenzen für ein gegebenes Problem gelöst werden.

Um aufzuzeigen, warum das Auftreten dieser Konflikte wahrscheinlich ist, betrachten wir zunächst das Wohlfahrtsziel. Der Antragsteller wird argumentieren, daß eine neue LEG-Anlage vom Standpunkt des gesellschaftlichen Wohlergehens insofern gerechtfertigt werden kann, als sie einen Anstoß für die regionale Entwicklung eines Gebietes zu geben verspricht und die zukünftige Energieversorgung in einer - verglichen mit anderen Möglichkeiten - kostengünstigen Art und Weise sicherstellen wird. Die Kriterien des Antragstellers zur Rechtfertigung der endgültigen Entscheidung werden hauptsächlich wirtschaftlicher Art sein, vorausgesetzt, daß die Anlage den vorgegebenen Umweltschutz- und Sicherheitsnormen entspricht. Andererseits werden Interessensverbände wie der Sierra Club argumentieren, daß der Nettonutzen für die Gesellschaft hauptsächlich davon abhängt, welche Auswirkungen die Anlage auf die Qualität der Umwelt für künftige Generationen haben wird und sie werden damit vielleicht zu

* Dieses Kapitel wurde von Howard Kunreuther verfaßt.

der gegenteiligen Schlußfolgerung darüber kommen, wie wünschbar die Errichtung der Anlage sei.

Das Verteilungsziel wird ähnliche Probleme aufwerfen. Manche Bewohner der Umgebung werden sich dem Projekt entgegenstellen, weil sie die Folgen eines Unfalls fürchten, selbst wenn sie anerkennen, daß ein Terminal nutzbringend für die Gesellschaft wäre. Sie werden so lange für das Projekt sein, als es "nicht in meinem Hinterhof" ist. Andererseits werden die örtlichen Behörden die Anlage befürworten, weil sie glauben, daß sie sich positiv auf die wirtschaftliche Situation in ihrem Gebiet auswirken wird. Ob die Anlage diese Zielvorstellungen tatsächlich erfüllt, ist noch nicht geklärt, wie wir in Kapitel 8 ausgeführt haben.

Ein Ausgleich zwischen solchen unterschiedlichen Standpunkten ist nicht gerade leicht. Louis Clarenburg von der Rijnmond-Behörde in den Niederlanden zeigte die Schwierigkeiten auf, denen die Politiker begegnen, wenn sie explizite Regeln für die Behandlung von Wohlfahrts- und Verteilungsinteressen aufstellen:

> Wie kann man eine Gleichung über die Verteilungsgerechtigkeit aufstellen? Wie kann man letztlich Äpfel und Gewehre in einer Analyse vergleichen und eine Computerlösung herausbekommen? Für politische Entscheidungen kann ich den Computer überhaupt nicht verwenden, denn worum es wirklich geht, ist das Abwägen von Werten, Nutzen, Kosten, wer leidet, wer gewinnt. Ich glaube, daß kein Computer diese Antwort geben kann und wenn er es doch kann, dann setzen wir unsere Demokratie aufs Spiel (KLS 1982, S. 370).

Wenn auch der Computer das Problem der Verteilungsgerechtigkeit nicht lösen kann, so erhält der Entscheidungsträger bei der Behandlung von Konflikten, die sich aus der Standortbestimmung von gefährlichen Anlagen ergeben, doch eine Hilfestellung in Form der Politikanalyse, die sowohl die Risikoanalyse wie auch andere Ansätze für die Verbesserung des Standortbestimmungsverfahrens und des letztlich dabei entstehenden Resultates umfaßt[1]. Ihr tatsächlicher Nutzen hängt teilweise von der Natur des gegebenen Entscheidungsprozesses ab. Bedingt durch die Unterschiede im Verfügungsrecht, dem Status und den Verantwortungsbereichen der beteiligten Parteien und Gruppen in jedem Land[2] gibt es keine Handlungsweise, die die einzig richtige in

1. Eine detaillierte Diskussion des Begriffes "Politikanalyse" findet sich bei Vaupel (1980).

2. Kapitel 2 enthält eine ausführliche Besprechung dieser Begriffe.

der Welt wäre. Man muß die landesüblichen Gepflogenheiten in Betracht ziehen, wenn man Verbesserungsvorschläge macht[3].

EIN VERGLEICH VON INSTITUTIONEN

Die institutionellen Rahmenbedingungen, die die Entscheidungsverfahren für die Standortbestimmung kontrollieren, beeinflussen auch, welche Analysearten verwendet werden. Es lassen sich zwei Arten von Verfahrensmodellen gegenüberstellen (Pauly 1982).

- Das *Schiedsspruchmodell* involviert einen einzigen Entscheidungsträger in der Form eines Richters, eines Ausschusses oder einer Regierungsbehörde, der nach Anhörung von Aussagen und Beweisführungen der Parteien, die Status besitzen, über das Ergebnis entscheidet.

- Das *Kompromißmodell* umfaßt die direkte Interaktion zwischen den verschiedenen Beteiligten, das Handeln und Verhandeln zwischen ihnen. Implizit gilt dabei, daß die letztliche Entscheidung einstimmig getroffen wird. In der Praxis wird dies nur selten erreicht, wenn es auch Methoden wie z.B. die Kompensation gibt, die einen Teil der Gewinne von den potentiellen "Gewinnern" zu den "Verlierern" transferieren. Die vier Fallstudien reflektieren Variationen dieser beiden breitgefaßten Ansätze für die Lösung von Standortkonflikten.

- *Bundesrepublik Deutschland*

In der BR Deutschland muß ein geplanter LNG-Terminal das gleiche Genehmigungsverfahren durchlaufen wie jedes andere große Industrieprojekt auch. Der Antragsteller muß einen Plan für einen bestimmten Standort erstellen, der dann den zuständigen Behörden vorgelegt wird (gewöhnlich den Landesbehörden eines der zehn autonomen Bundesländer). Im Falle der Anlage von Wilhelmshaven spielte Niedersachsen eine Hauptrolle, da das Land nicht nur für wichtige Genehmigungsverfahren zuständig war, sondern auch noch ein direktes Interesse an den Auswirkungen des Projektes auf

---

3. Dieses Thema wird von Michael Thompson ausführlich im Postskriptum diskutiert. Auf ähnliche Weise stellt James Douglas (1982) verschiedene politische Systeme, die entstanden sind, um die gegensätzlichen Präferenzen innerhalb der Wählerschaft zu koordinieren, einander gegenüber. Er zeigt, wie die verschiedenen institutionellen Rahmen die Zwänge umgehen, die in den vier Arrowschen Rationalitätsbedingungen (1963) enthalten sind, gemäß denen es unmöglich ist, soziale Präferenzen von individuellen Präferenzen abzuleiten.

die regionale Entwicklung hatte. Außerdem müssen alle Anlagen den Raumordnungsbestimmungen der Gemeinden, in deren Zuständigkeitsbereich die Bewilligung der Pläne fällt (in diesem Fall die Stadt Wilhelmshaven) entsprechen.

Alle Einzelpersonen oder Institutionen haben Status, indem sie bei den Gerichten direkt Berufung gegen eine bestimmte Entscheidung einlegen können, wobei die Gerichte dann über deren Berechtigung entscheiden. Im Falle von Wilhelmshaven führte die Drohung eines gerichtlichen Verfahrens von seiten der Gemeinde Wangerland und der Bürger von Hooksiel zu Verhandlungen, bei denen es zu der Entschädigungsvereinbarung kam, wonach Niedersachsen seine Subventionen für ein geplantes Erholungszentrum erhöhte. Es gab also einen Versuch, einen Kompromiß zwischen den betroffenen Parteien zu erzielen, obwohl die Entscheidungsstruktur ihrem Charakter nach dem Schiedsspruchmodell entsprach.

- *Die Niederlande*

Das Standortbestimmungsverfahren in den Niederlanden ist nur so weit zentralisiert, als die nationale Regierung als Koordinator für größere Entscheidungen auftritt. Der vorhandene institutionelle Rahmen fördert eine Mischung von konfliktorientierten Debatten und konsensorientierter Entscheidung. Eine große Zahl von beteiligten Parteien hatte Status und war an der LNG-Debatte aktiv beteiligt, sodaß Reibungspunkte auftraten und öffentlich diskutiert wurden; in diesem Sinne entspricht das holländische Standortbestimmungsverfahren dem Kompromißmodell. Gleichzeitig drückte sich der Wunsch nach einem Konsens formell durch die zentrale Position aus, die der Interministeriellen Kommission zur Koordinierung von Nordseefragen (ICONA) zuerkannt wurde, welche aus Vertretern aller beteiligten Ministerien zusammengesetzt war.

Nachdem die Gasunie eine halb verstaatlichte Gesellschaft ist, entsprach ihr Ansuchen um einen LNG-Terminalstandort der offiziellen niederländischen Energiepolitik. Die formale Zuständigkeit für die Bewilligung von Industrieanlagen obliegt normalerweise den Provinz- oder Gemeindebehörden. Der Widerstand gegen die geplanten Standorte in Maasvlakte kam hauptsächlich von der Rijnmond-Behörde, einem Zusammenschluß von 16 Gemeinden im Umkreis des Rotterdamer Hafens, deren Hauptsorge das LNG-bedingte Sicherheitsrisiko war. Die Gemeindebehörden von Groningen begrüßten im Gegensatz dazu die Aussicht auf einen Terminal in Eemshaven, da er eine Belebung der Industrie und die Schaffung von Arbeitsplätzen in diesem Gebiet versprach. Umweltschutzgruppen bekämpften die Errichtung von LNG-Anlagen in beiden Gebieten, waren jedoch in ihren Bemühungen, Einfluß auf den Prozeß zu erlangen, erfolglos. Es wurden keine Bürgerinitiativen zum Protest gegen die Anlage gebildet, obwohl sich einige Bewohner der betroffenen Gemeinden mit den Umweltschutzgruppen zusammenschlossen. Das holländische Kabinett als letzte Instanz für die Standortfrage wählte Eemshaven in dem Wissen, daß die offiziellen Stellen auf Provinz- und Gemeindeebene diesen Terminal befürworten würden. In diesem Sinne entsprach das Verfahren eher dem Schiedsspruchmodell.

- *Großbritannien*

Großbritannien hat eine stark ausgebildete hierarchische Entscheidungsstruktur. Wenn eine Firma eine Anlage errichten will, so reicht sie normalerweise einen Planungsantrag bei der Gemeinde ein. Dieser Vorschlag wird dann auf die regionale oder nationale Ebene weitergegeben, wenn anzunehmen ist, daß das Projekt Auswirkungen auf ein größeres Gebiet haben dürfte. Die geplante LEG-Anlage in Mossmorran-Braefoot Bay wurde als von nationaler Bedeutung für die Energiepolitik und die industrielle Entwicklung betrachtet, sodaß der Minister für Schottland zum zuständigen Entscheidungsträger wurde. Das Entscheidungsverfahren entsprach daher eher dem Schiedsspruch- als dem Kompromißmodell. Der Gemeinderat übernahm die Funktion der Koordination, indem er den Antrag publik machte, sodaß die betroffenen Parteien ihre Standpunkte schriftlich darlegen konnten, bevor es zu einer offiziellen Entscheidung kam. Aufgrund des starken Widerstands gegen die Anträge von Shell und Esso entschied sich der Minister für die Abhaltung eines öffentlichen Erörterungsverfahrens, welches sich auf lokale Fragen konzentrieren sollte. Die örtlichen Behörden waren einhellig für den Antrag, da sie sich positive Auswirkungen auf die Arbeitsplatzsituation in dem Gebiet erhofften. Nach dem öffentlichen Erörterungsverfahren bewilligte der Minister das Projekt trotz ernster Einwände von seiten der Conservation Society und der Bürgerinitiative, die sich aus den Bewohnern der Dörfer im Umkreis der Anlage gebildet hatte.

- *Vereinigte Staaten von Amerika*

In den letzten Jahren hat sich das Entscheidungsverfahren für die Standortbestimmung von gefährlichen Anlagen von einem technischen Kontrollprozeß mit Kooperation der Parteien in ein konfliktorientiertes System umgewandelt (Allison 1981). Diese Änderung ergab sich daraus, daß die Gerichte eine aktivere Rolle übernommen haben, was allen Parteien das Bewußtsein vermittelt, daß sie die Gelegenheit haben, ihren Standpunkt vor einem Verwaltungsrichter, der Anhörungen durchführt, vorbringen zu können.

Die kalifornische Fallstudie illustriert die Änderung des institutionellen Rahmens, die für die LNG-Standortentscheidungen durchgeführt wurde. Als die Western LNG Terminal Company im September 1974 einen Antrag bei der Bundesenergiebehörde einbrachte, mußte sie für jeden der vorgeschlagenen Standorte von einer Reihe von verschiedenen Stellen Bewilligungen einholen: Die Bundesenergiebehörde war für die Beurteilung der Umwelt- und Sicherheitsrisiken zuständig, die kalifornische Küstenkommission war verantwortlich für die Erhaltung der Küstenlandschaft und eine Reihe von lokalen Behörden hatte die Befugnis, Baubewilligungen auszustellen. Da der Bewilligungsprozeß für Oxnard, Los Angeles und Point Conception in eine Sackgasse zu geraten drohte, bemühte sich der Antragsteller um ein neues Gesetz. Das Ergebnis war das kalifornische Gesetz über die Standortbestimmung von LNG-Hafenanlagen aus dem Jahre 1977, in welchem ein Genehmigungsverfahren mit nur einer Instanz in Kraft gesetzt wurde, sodaß sich Western nur mehr um die Bewilligung von seiten der kalifornischen Kommission für die öffentlichen Versorgungsbetriebe (CPUC) und nicht mehr länger auch von seiten der Küstenkommission und der örtlichen Behörden bemühen mußte. Der Sierra Club sprach sich zusammen mit Bürgerinitiativen in Oxnard für einen entlegenen Standort, vorzugsweise in küstennahen Gewässern, aus. Diese Ansicht spiegelte sich teilweise in dem Gesetz durch die Einführung von Einschränkungen bezüglich der maximalen Bevölkerungsdichte innerhalb bestimmter vorgeschriebener Entfernungen vom Terminal wider. Diese gesetzlichen Änderungen reflektierten die Kompromisse zwischen einigen der beteiligten Parteien, drängten jedoch den Standortbestimmungsprozeß in das Schiedsspruchlager, da nun die CPUC die einzige Entscheidungsinstanz war.

DIE ROLLE DER POLITIKANALYSE

Wir wenden uns jetzt der Frage zu, wie eine Politikanalyse den Entscheidungsprozeß fördern kann. Es werden drei Perspektiven untersucht: Mit Hilfe der Politikanalyse lassen sich erstens Fakten über die potentiellen Auswirkungen einer geplanten Anlage feststellen, zweitens die Präferenzen jener Parteien aufzeigen, die in einer Standortdebatte Status haben, sodaß die Entscheidungsträger Einsichten darüber erlangen, welche Aspekte konfliktträchtig sind, und drittens Vorschläge zur Klärung der rechtlichen Ansprüche von Gruppen und Einzelpersonen, die von einer Standortentscheidung betroffen sind, erstellen. Diese Möglichkeiten der Politikberatung leisten vielleicht einen Beitrag zur Lösung von Konflikten, die sich zwischen dem Wohlfahrts- und dem Verteilungsziel ergeben.

Erste Perspektive: Feststellung der Auswirkungen

Eine Analyse kann auf verschiedene Art dazu beitragen, die potentiellen Auswirkungen einer geplanten Anlage festzustellen (Vaupel 1982). Auf der einen Ebene können die Experten die Kosten und Nutzen einer bestimmten Technologie analysieren, wie z.B. die Auswirkungen der Einfuhr von LNG auf die künftige Energiepreisgestaltung. Auf der anderen Ebene können sie Daten über die Folgen der Errichtung einer Anlage an einem bestimmten Standort vorlegen, so beispielsweise die Konsequenzen für die Einwohner von Mossmorran-Braefoot Bay im Falle einer Dampfwolkenexplosion nach einem Lagertankbruch oder die Transportkosten für LNG, wenn Point Conception als kalifornischer Standort gewählt würde. Wir haben die Unterschiede in den Risikoanalysen, die die verschiedenen Experten für die LEG-Standortbestimmung vorgelegt haben, in den Kapiteln 7 und 8 ausführlich besprochen. Wie wir in Kapitel 8 ausgeführt haben, gab es in keinem der Länder ein wirklich adäquates fachliches Überprüfungsverfahren. Dazu kam noch, daß gegnerische Gruppen eine wichtige und manchmal entscheidende Rolle bei der Aufdeckung von möglichen Schwachstellen in der Anlagen- und Betriebssicherheit der Terminals spielten. Diese Rolle war zwar durch die finanziellen Mittel dieser Gruppe eingeschränkt, könnte jedoch ausgebaut werden, indem ihnen beispielsweise staatliche Subventionen zuerkannt würden, damit sie vorhandene Analysen überprüfen oder eigene durchführen könnten. Eine Schwierigkeit bei diesem Verfahren liegt jedoch darin, zu entscheiden, welche Gruppen Subventionen erhalten sollen. Eine Alternative dazu wäre deshalb vielleicht die Subventionierung von sogenannten Wissenschaftsläden[4] oder Universitätsvereinigungen, welche den Bürgerinitiativen mit Rat und Hilfe bei technischen Fragen beistehen. Beide Methoden wären ein Schritt in Richtung einer Ermutigung, die von der Industrie oder den Regierungsbehörden durchgeführten Risikoanalysen einer kritischeren Prüfung zu unterziehen.

Ein Problem bei dem obigen Verfahren liegt auch in den Meinungsverschiedenheiten, welche sich unvermeidlicherweise aus gleichzeitig durchgeführten Studien ergeben. Ackerman *et al.* (1974) weisen darauf hin, daß die traditionellen Ansätze wie z.B. rechtliche Schritte, behördliche Anhörungen und gerichtliche Überprüfungen bei der Evaluierung von wider-

4. Wissenschaftsläden sind Zentren, die in Hollland eingerichtet wurden, um jenen kostenlos Expertisen zukommen zu lassen, die normalerweise keinen Zugang zu ihnen haben. Sie beschäftigen Fakultätsmitglieder von Universitäten auf einer freiwilligen Basis. Diese stellen Informationen zur Verfügung und führen Untersuchungen und Analysen für Verbände, Umweltschützer und Nachbarschaftsgruppen, etc. durch (siehe Kunreuther und Ley 1982).

sprüchlichen Risikoermittlungen inhärenten Beschränkungen unterworfen sind. Sie befürworten die Notwendigkeit der Erstellung von Beweisregeln für wissenschaftliche Studien, die in den Rechtsverfahren verwendet werden. Diese Regeln würden zu ähnlicher gearteten Analysen führen, sodaß sich die Debatte eher auf die Alternativen selbst als auf die jeweilige Untersuchung oder Darstellung, die von einer beteiligten Partei vorgelegt wird, konzentrieren könnte. Lathrop und Linnerooth (1982) schlagen Richtlinien für die Erstellung von Beweisregeln vor und unterstreichen die Notwendigkeit einer Definition des zu bestimmenden Risikos, der Klärung der Annahmen und Fehlergrenzen sowie des Aufzeigens der bedingten Natur der jeweils durchgeführten Analysen.

In den jeweiligen Ländern müssen auch Entscheidungen darüber getroffen werden, zu welchem Zeitpunkt spezielle Analysen der potentiellen negativen Auswirkungen durchgeführt werden sollen. Es gab diesbezüglich klare institutionelle Unterschiede zwischen den vier Ländern. In Großbritannien erteilte der Minister für Schottland die prinzipielle Planungserlaubnis mit der Auflage, daß vor der Inbetriebnahme der Anlage eine komplette technische Sicherheitsüberprüfung durchzuführen sei. Die Zeitprobleme, die sich in diesem Fall ergaben, führten jedoch zu Änderungen der Vorgangsweise für zukünftige Planungsanträge, sodaß jetzt ein Antragsteller bereits zu einem früheren Zeitpunkt im Prozeß detaillierte Anlagenpläne einreichen muß. In den USA wurden etliche unterschiedliche Analysen, bald nachdem drei Standorte für Kalifornien vorgeschlagen worden waren, durchgeführt. Sowohl in der BR Deutschland als auch in den Niederlanden wurden Analysen vor der Bewilligung des Projektes durchgeführt, jedoch spielten diese Studien keine zentrale Rolle für das Endergebnis.

Es gibt keine einfache Antwort auf die Frage, wann Analysen durchgeführt werden sollen. Bei dem LEG-Arbeitsgruppentreffen im September 1980 äußerten Ralph Keeney, ein Entscheidungstheoretiker von Woodward Clyde Consultants in Kalifornien, und Robert Norton, ein Manager von Distrigas in Boston, Mass., die folgenden gegensätzlichen Ansichten zu diesem Punkt:

Keeney: Verantwortungsbewußt wäre es, eine Standortanalyse durchzuführen, bevor die Entscheidungen über den Standort getroffen werden, und das ist der Zeitpunkt, zu dem ich persönlich es gerne sehen würde, daß die Analysen durchgeführt werden (KLS 1982, S. 369).

Norton: Ich glaube, sie kann für vorhandene Terminals nützlich sein, denke aber nicht, daß sie sich für Standortbestimmungszwecke als brauchbar erweisen wird ... Eine Risikoanalyse ist dann wirklich von Nutzen, wenn sie relativ begrenzt ist, wenn man innerhalb des Systems, also einer existierenden Anlage, arbeiten kann (KLS 1982, S. 289-290).

Zweite Perspektive: Aufzeigen der Präferenzen

Von seiten der Analytiker gibt es einige Vorschläge für Techniken, mit denen die Präferenzen und Werte von Einzelpersonen mit Status festgestellt werden können, bevor es zu einer Entscheidung kommt[5]. Wynne (1982) vertritt hiezu die Auffassung, daß es für Einzelpersonen schwer sein kann, ihre Präferenzen zu artikulieren, da ihre Wertstrukturen offen und provisorisch sind. Die nachfolgend beschriebenen Ansätze für die Feststellung von Werten müssen mit diesem potentiellen Vorbehalt interpretiert werden.

Die bekannteste Methode ist die *mehrdimensionale Nutzenanalyse* (multi-attribute utility analysis), eine formale Technik zur Feststellung verschiedener Merkmale oder Attribute und Bestimmung ihrer relativen Bedeutung im Rahmen eines bestimmten Problems[6]. Sie wird normalerweise in Verbindung mit einer einzigen beteiligten Partei eingesetzt, wenn auch diese Partei Informationen und Anstöße von anderen Gruppen, die am Endergebnis interessiert sind, erhalten mag. Das mexikanische Bautenministerium erhielt beispielsweise von drei Analytikern (de Neufville, Keeney und Raiffa) Unterstützung bei der Auswahl einer geeigneten Vorgangsweise zur Errichtung von Flughafenanlagen für das Stadtgebiet von Mexico City. Mit Hilfe dieser Analytiker schätzte das Ministerium den Nutzen aller relevanten Merkmale sowie das Gewicht, das ihnen zugemessen würde, ab. Bei der Durchführung dieser Ermittlungen wurde der Versuch unternommen, die Anliegen aller beteiligten Parteien (z.B. Flughafenanrainer, Verkehrsministerium) zu erfassen, indem auch Informationen aus früher in Auftrag gegebenen Studien über das Flughafenproblem herangezogen wurden[7].

5. McFadden (1975) entwickelte ein Konzept manifester Präferenzen zur Ableitung des jeweiligen Gewichtes, das den verschiedenen Merkmalen wie auch den Einzelpersonen und Gruppen zugewiesen wird, nachdem die tatsächlichen Entscheidungen von der Regierungsbürokratie getroffen werden. Er verwendete zusammen mit Phoebe Cottingham diesen Ansatz zur Analyse der Auswahl von Straßenprojekten von seiten der kalifornischen Straßenbauabteilung.

6. Eine ausgezeichnete und umfassende Diskussion dieser Methode zur Feststellung von Präferenzen und Trade-offs von Werten findet sich bei Keeney und Raiffa (1976).

7. Zwei Gruppen - das Bautenministerium und das Verkehrsministerium - fanden zu keinem Ausgleich. Dieser Konflikt hatte negative Auswirkungen auf den Durchführungsprozeß: Obwohl für den neuen Flughafen Land aufgekauft wurde, hat der Bau selbst noch nicht begonnen.

Seit kurzem gibt es zwei weitere vielversprechende Ansätze, die es dem Analytiker ermöglichen könnten, quantitative Daten über die Präferenzen der beteiligten Parteien zu erhalten. Einer davon ist die *Wertbaumanalyse* (value tree analysis), die von Winterfeldt und Edwards (1981) entwickelten und bei der den Einzelpersonen oder Gruppen alternative Szenarien der Wahl zwischen mehreren technologischen Optionen vorgelegt werden. Auf der Basis dieser Szenarien versucht der Analytiker, einen Wertbaum aufzustellen, in dem alle zur Sprache gekommenen relevanten Anlagen enthalten sind. Die prototypische Wertbaumanalyse besteht aus einem Bündel von Risiko-Nutzen-Dimensionen, welche dann mit Hilfe einer Reihe von meßbaren Variablen operationalisiert werden. Durch die Verwendung der traditionellen Techniken der mehrdimensionalen Nutzenanalyse wird dann den verschiedenen Merkmalen, aus denen der Wertbaum besteht, ihr jeweiliges Gewicht zugewiesen.

Eine andere systematische Vorgangsweise ist Saatys *analytisch-hierarchisches Verfahren* (analytic hierarchy process) (1980), welches die Elemente eines Problems in einer hierarchischen Struktur präsentiert. Bild 9.1 illustriert die Elemente dieses Ansatzes im Zusammenhang mit der Standortbestimmung von LEG-Anlagen. Die erste Ebene der Hierarchie ist ein übergeordnetes Gesamtziel: Welcher LEG-Standort soll (wenn überhaupt) gewählt werden? In unseren Fallstudien wurde (mit Ausnahme der USA) diese Frage von der Industrie entschieden und erreichte nicht die politische Arena. Die zweite Ebene bezeichnet die fünf beteiligten Parteien und zählt dann die Merkmale auf, die für diese Gruppen wichtig sind (Ebene 3). Die niedrigste Ebene besteht aus den Alternativen, die zu einem gegebenen Zeitpunkt zur Verfügung stehen. Innerhalb der einzelnen Ebenen werden Prioritäten festgelegt, indem die relative Bedeutung eines Elementes gegenüber einem anderen in einem paarweisen Vergleich mit Bezug auf das Kriterium der nächsthöheren Ebene festgestellt wird. Beispielsweise wird die Bedeutung einer beteiligten Partei im Vergleich zu den anderen (Ebene 2) mit Bezugnahme auf die Frage der Standortbestimmung einer Anlage (Ebene 1) festgelegt.

Es ist schwer zu sagen, wie weit diese Techniken in den vier LEG-Fallstudien innerhalb des gegebenen institutionellen Rahmens nützlich gewesen wären. Alle beteiligten Parteien hätten das Gefühl haben müssen, daß ein Abwägen der Merkmale der Entscheidungsvarianten möglich und die Durchführung solcher Vergleiche wünschenswert sei. Selbst wenn die Parteien ihre Wertstruktur gekannt hätten, hätten sie diese vielleicht nur zögernd manifestiert, in der Angst, daß ihre Handlungs- und Verhandlungsbasis geschmälert worden wäre. Der Analytiker Ward Edwards begegnete diesem Problem, als er die dem Schulrat von Los Angeles vor-

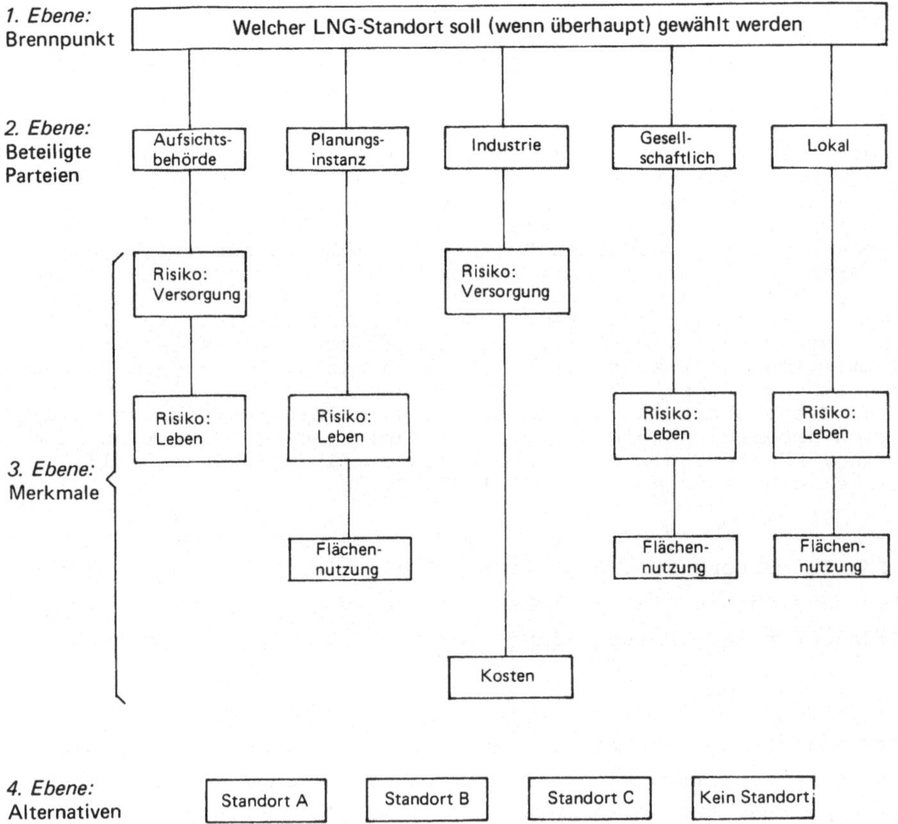

Bild 9.1: Hierarchische Struktur für die Standortbestimmung einer LEG-Anlage

gelegten Schulintegrationspläne bewertete. Er bemerkte, daß die an einem gesellschaftlichen Entscheidungsproblem beteiligten Parteien kaum ihre Wertstruktur aufdecken, da sie fürchten, bei Bekanntwerden dieser Informationen für ihre Urteile zur Rechenschaft gezogen zu werden (Edwards 1981).

Diese Sorge wurde auch von William Ahern von der kalifornischen Küstenkommission bei dem LEG-Arbeitsgruppentreffen ausgedrückt, als er seine eigene rhetorische Frage "Welche Rolle spielte die Analyse ...?" wie folgt beantwortete:

Dies ist ein perfektes Projekt für eine mehrdimensionale Nutzenanalyse: Fünf perfekte Standorte. Man kann sie nach Umweltrisiken, Sicherheitsproblemen, den Kosten der Standorte, den technischen Problemen vergleichen. Es war klassisch. Tatsache ist, daß ich das, was ich jetzt sage, nicht einmal Ralph Keeney erzählt habe.

> Ralph arbeitet ein paar Häuser weiter und er kam zu uns ins Büro, wie mir gesagt wurde, und redete mit einigen meiner Leute und fragte: "Wärt ihr nicht interessiert an einer netten kleinen mehrdimensionalen Analyse dieser verschiedenen Standorte?" Naja, meine Leute kamen zu mir und sagten: "Bill, dieser Mann ist von Woodward-Clyde und er klingt wirklich nicht schlecht. Sollten wir ihn nicht anheuern, daß er uns dabei hilft?" Und ich sagte: "Untersteht euch!" Und das war nicht, weil er nicht ein ausgezeichneter Analytiker wäre, sondern weil er nicht für mich arbeitet und daher auf vielerlei Art und Weise nicht unter meiner Kontrolle wäre, weil Ralph mit Leuten, wie Sie es sind, redet. Er muß seine eigenen Prinzipien bewahren und einen Bericht von ihm könnten wir nicht schubladisieren, weil Norbert Dall wissen würde, daß wir mit Ralph Keeney vereinbart hätten, daß er den Bericht macht, und er würde ihn sehen wollen - egal, was dabei herauskäme, und genau das wollten wir nicht.
>
> Nicht nur wir Mitarbeiter wollten es nicht, sondern unsere vorgesetzten Kommissionsmitglieder wollten es auch nicht. Genaugenommen habe ich die Ausbildung, diese Arbeit selbst zu machen und ich habe auch versucht, meine Mitarbeiter zu überreden, sie durchzuführen, da sie zumindest für mich arbeiten. Und wenn sie eine Zahl hineingeben würden, die ich nicht mag, könnte ich ein bißchen herumfummeln. Sie waren völlig verblüfft über eine solche Idee (KLS 1982, S. 284).

Ahern führte weiters aus, daß die Mitglieder der kalifornischen Küstenkommission nicht an einer solchen Analyse interessiert waren, weil sie die Gründe für ihre Entscheidung nicht ausdrücklich darlegen wollten.

Wenn der Analytiker die Präferenzen bereits zu einem früheren Stadium des Standortbestimmungsprozesses klarstellt, kann er jene Konflikte herausfinden, bei denen eine Einigung schwierig sein dürfte, wie auch jene, wo Handeln und Verhandeln denkbar ist. Wenn z.B. Uneinigkeit über soziale Werte herrscht, wenn also eine Gruppe glaubt: "Klein ist schön", während die andere der Meinung ist: "Groß ist notwendig", dann weist dies darauf hin, daß neue, politisch annehmbare Alternativen gebraucht werden (von Winterfeldt und Edwards 1981). Wenn andererseits eine Gruppe glaubt, daß sie die Risiken eines Projektes trägt, ohne einen ausreichenden Nutzen daraus zu ziehen, so kann diese Information dazu beitragen, einen Ausgleich zwischen den Gruppen zu erleichtern. Einige der dafür in Betracht kommenden politischen Vorgangsweisen werden bei der dritten Perspektive diskutiert.

Schließlich muß man sich klar darüber sein, daß die Präferenzen der verschiedenen Personen und Gruppen im Laufe der Zeit eine Änderung erfahren können. Im Rahmen des MAMP-Modells gab es von einer Runde zur nächsten deutlich sichtbare Änderungen. In der Bundesrepublik Deutschland brachten z.B. die Umweltschützer und Bürgerinitiativen erst dann massive Einwände gegen den LNG-Terminal in Wilhelmshaven vor, als sie erfuhren, daß Imperial Chemical Industries ein neues petrochemisches Werk in dem Gebiet bauen wollte. In den USA war der Sierra Club ursprünglich für Oxnard als potentiellen Standort, änderte jedoch später seinen Standpunkt.

Dies bedeutet nicht, daß die Analyse nicht brauchbar wäre, um die Präferenzen zu beleuchten, sondern nur, daß das, was heute als wünschenswert angesehen wird, einige Jahre später nicht unbedingt als angebracht erachtet werden muß. Michael Thompson illustriert dies mit einem interessanten Bericht über ein Wohnprojekt an einer britischen Universität:

> Wenn man individuelle Werte oder Präferenzen in Betracht zieht, so besteht eines der Probleme darin, daß die Leute nicht immer am gleichen Platz bleiben. Die Universität von Sussex gab sich außerordentlich viel Mühe, herauszufinden, was die Studenten mögen würden, speziell, welche Art von Gebäuden sie mögen würden. Es dauerte einige Jahre, bis die Gebäude standen und nachdem die Studenten nur zirka drei Jahre dort blieben, lebte keiner der Studenten, deren Präferenzen in Betracht gezogen worden waren, mehr dort. Es gab eine ganze Reihe von neuen Studenten, die die Gebäude haßten. Außerdem ändern die gleichen Leute ihre Meinungen, ihre Präferenzen, sodaß man, selbst wenn man keine neue Ladung von Leuten hat, trotzdem oft findet, daß sich ihre Werte geändert haben - in einigen Fällen dramatisch, wie sich in den USA z.B. bei der Änderung der Einstellung gegenüber der Kernkraft zeigt (KLS 1982, S. 365).

Dritte Perspektive: Erstellung von Vorschlägen

Die politische Analyse kann auch nützlich sein, um Vorschläge für die Auswahl von Standorten neuer Anlagen zu erstellen, und auch, um Modelle für die Aufteilung von potentiellen Gewinnen und Verlusten, die sich aus den letztlichen Entscheidungen ergeben, zu formulieren.

- *Auswahl des Ortes*

Die vier Fallstudien zeigen verschiedene Vorgangsweisen für die Auswahl eines Standortes für eine gefährliche Anlage. In allen vier Ländern wurde die Diskussion über einen möglichen LEG-Terminal von einem Versorgungsunternehmen ausgelöst, das der Meinung war, daß eine neue Anlage ökonomisch vertretbar sei und im Interesse der nationalen Energieversorgung liegen würde. In der BR Deutschland schlugen Ruhrgas und Gelsenberg Wilhelmshaven vor, weil die niedersächsischen Landesbehörden die Förderung der industriellen Entwicklung bereits in die Wege geleitet hatten, indem sie die Schiffahrtsrinne vertieft und einen großen Landstrich dem Meer abgewonnen hatten, welcher als Industriegebiet deklariert wurde. Schon 1972 errichteten die zwei Gasfirmen eine Tochtergesellschaft mit Sitz in Wilhelmshaven, um anzuzeigen, wie ernst es ihnen mit diesem Standort war. In Großbritannien gab es einen ähnlichen Auswahlprozeß. Shell und Esso untersuchten die Möglichkeit der Errichtung einer LEG-

Anlage im Bereich Mossmorran-Braefoot Bay in dem Wissen, daß in diesem Gebiet u.a. eine große Sorge um die hohe Arbeitslosigkeit herrschte. Diese zwei Beispiele illustrieren eine mögliche Art des Standortbestimmungsverfahrens: Die Firma verhandelt direkt mit den Vertretern einer Gemeinde und versucht, eine Einigung zu erzielen.

In den Niederlanden versuchte Gasunie diesselbe Vorgangsweise bezüglich des Standortes von Maasvlakte, begegnete jedoch dem starken Widerstand der lokalen Behörden von Rotterdam, die Sicherheitsgründe dafür anführten. Die Firma wandte sich daher an die örtlichen Behörden von Groningen um einen Standort in Eemshaven, nachdem sie eine breite politische Unterstützung für das Ziel der Belebung der Industrie an diesem Ort aufgebaut hatte.

In Kalifornien schlug die Western LNG-Terminal Company drei Standorte vor und versuchte dann, die Bewilligung für sie zu erhalten. Sie wurde in ihren Bemühungen von den örtlichen Behörden von Oxnard und Los Angeles unterstützt, traf jedoch auf starken Widerstand von Bürgerinitiativen und Umweltschützern. Dieses Verfahren zeigt den Fall, wo verschiedene beteiligte Parteien auf mehrere von einer Firma vorgelegte Optionen reagierten.

Bei der Beurteilung der relativen Vorzüge dieser drei Vorgangsweisen ist ein wichtiger Faktor der Aufwand an Zeit und Geld, der nötig ist, um Pläne für einen Terminal auszuarbeiten und vertragliche Vereinbarungen mit der zuständigen Gemeinde auszuhandeln. Wenn eine Firma nicht abschätzen kann, wie lange dieser Prozeß dauern wird, wird sie zögern, überhaupt einen Standort vorzuschlagen. Diesem Problem sieht sich momentan die Nuklearindustrie gegenüber: Die Versorgungsunternehmen sind angesichts der Unsicherheiten bei den Genehmigungsverfahren nicht geneigt, neue Vorschläge für Anlagen vorzulegen. Ein zweiter Faktor ist die Bedeutung solcher Projekte für den nationalen Energiebedarf. Wenn ein LEG-Terminal als für das Land unbedingt notwendig angesehen wird, dann ist es wahrscheinlich, daß die Regierungsbehörden darauf drängen, einen Standort ausfindig zu machen.

Eine andere Vorgangsweise findet sich im Gesetz über die Lagerung von gefährlichem Abfall, das im Jahre 1980 in Massachusetts verabschiedet wurde (Massachusetts Siting Hazardous Facility Waste Act) (O'Hare *et al.* 1982). Danach hat die Gemeinde ein Verfügungsrecht über das Land und der Antragsteller ist verpflichtet, eine befriedigende Einigung zu erzielen. Die Einwohner der Gemeinde sind durch einen lokalen Ermittlungsausschuß vertreten[8], die Gemeinden der Umgebung können mit Hilfe eines Standortbeirates erreichen, daß dem Antragsteller bestimmte Kosten als Kompensation für potentielle Verluste auferlegt werden. Der Standortbeirat kann auch den Verhandlungsprozeß zu einem verbindlichen Schiedsgerichtsverfahren zwingen, wenn die beteiligten Parteien nicht aufeinander eingehen.

Im Lichte der Erfahrungen in Massachusetts könnte man das folgende sequentielle Verfahren für die Auswahl eines LEG-Terminalstandortes in Betracht ziehen: Zunächst werden einige annehmbare Standorte ausgewählt und die Bedingungen festgelegt, wie die Gewinne und Verluste zwischen den beteiligten Parteien aufgeteilt werden sollen. Danach könnte eine Lotterie bestimmen, welcher Standort genommen wird. Eine Gemeinde, die nicht in der Lotterie gezogen wird, kann dann der Firma ein attraktiveres Angebot unterbreiten in der Hoffnung, dem zufällig gewählten Standort vorgezogen zu werden. Ein Verfahrenstypus, der für dieses zweite Stadium in Frage kommen kann, wurde von O'Hare (1977) vorgeschlagen, der meint, daß eine Gemeinde, die an einem Terminal in ihrem Hinterhof interessiert ist, ein Kompensationsminimum bestimmen kann, für welches sie bereit wäre, das Projekt rechtsverbindlich zu akzeptieren. Die Kompensation wäre in finanzieller Form (z.B. Steuern) oder in Sachleistungen (indem z.B. die Firma einen Teil dieses Landes für einen Park zur Verfügung stellt). Wenn keine Gemeinde ein Angebot macht, wird der in der Lotterie gezogene Standort zum "Gewinner" erklärt.

- *Aufteilung von Gewinn und Verlust*

Die Wahl zwischen den Alternativen kann durch die Entwicklung von Richtlinien, nach denen die Gewinne und Verluste aus dem geplanten Projekt aufzuteilen sind, erleichtert werden. Auf der deskriptiven Ebene kann die Politikanalyse aufzeigen, was bei einem bestimmten Handlungsablauf wahrscheinlich passieren wird. Auf der präskripiven Ebene kann sie empfehlen, was zur Erreichung bestimmter Ziele getan werden soll.

Zur Illustration dieser beiden Aspekte betrachten wir die Geschichte der Kernkraft in den USA. Auf der deskriptiven Ebene zeigten die Risikoanalysen der Industrie, daß die Wahrscheinlichkeit eines größeren Nuklearunfalls sehr gering war, daß jedoch, wenn ein Unfall auftreten sollte,

---

8. Dieser Ausschuß besteht aus dem Vorstand, dem Vorsitzenden des örtlichen Naturschutzvereins, dem örtlichen Bauplanungsgremium, der Brandschutzabteilung, vier Bewohnern, die durch Mehrheitsbeschluß des örtlichen Gemeinderates ernannt werden, und maximal vier Mitgliedern, die vom Büro des Vorstands nominiert und durch Mehrheitsbeschluß des Gemeinderates bestätigt werden.

die Auswirkungen sehr schwerwiegend sein würden. Privatfirmen waren der Meinung, daß selbst die entfernte Möglichkeit einer Katastrophe ein wesentliches Hindernis für ihre Beteiligung an der Entwicklung der nuklearen Technologie wäre. Die Festlegung von hohen Haftungsgrenzen für die Firmen hat auch das Bewußtsein der Öffentlichkeit für potentielle Verluste verstärkt. Wenn ein Interesse an der Entwicklung der Kernkraft vorhanden sei, dann, so glaubte die Regierung, wäre ihre Mitwirkung notwendig, um die Firmen zu einer Teilnahme zu ermutigen. Wenn außerdem der Wille bestehe, die Öffentlichkeit für Schadensfälle aus Unfallkatastrophen zu kompensieren, dann wäre Bundeshilfe notwendig (Chevarley 1975). Diese Analysen führten zu der Verabschiedung des Price-Anderson-Gesetzes im Jahre 1975, welches ein komplexes Programm für einen privaten Haftschutz im Rahmen eines Kernkraft-Haftversicherungsverbandes und Regierungsgarantien für Gesamtansprüche bis zu maximal $ 560 Mio. im Fall eines Nuklearunfalls vorsah.

Für LEG hat jedoch keines der vier untersuchten Länder den Versuch unternommen, spezifische Versicherungsprogramme zu erarbeiten, um die Industrie bei der Entwicklung dieser Anlagen zu unterstützen. Von seiten der Energieversorgungsunternehmen gab es keine übermäßige Sorge über ihre potentielle Haftpflicht im Falle eines großen Unfalls. Die Antragsteller und die Versicherungsbranche scheinen sogar der Meinung zu sein, daß die Aussichten, mit den Folgen eines Unfalls konfrontiert zu werden, entfernt genug sind, daß sie diese Frage lieber nicht aufwerfen. Es sind nur die Bürger in jüngster Zeit besorgt geworden, in deren Hinterhof eine Anlage vorgeschlagen wurde.

Die Vorschläge in diesem Abschnitt betreffen die Möglichkeiten der Kompensation von Personen und Gruppen. Wir unterscheiden zwischen der *ex-ante*-Kompensation, d.h. Zahlungen in Geld oder Sachleistungen zum Zeitpunkt der Bewilligung oder Errichtung des Baues, und der *ex-post*-Kompensation, der Entschädigung für Einzelpersonen oder Gruppen, welche bei einem Unfall einen Schaden erlitten haben.

- *Ex-ante-Kompensation:* Wenn die *ex-ante*-Kompensation aus sozialen und politischen Gründen angebracht erscheint, so sollte sie jedoch nur jenen Parteien zugesprochen werden, die überzeugend vertreten können, daß sie aufgrund einer Entscheidung über den Standort einer neuen Anlage einen Verlust erleiden. Diese Personen, die ein Verfügungsrecht über das Land haben, werden eine bestimmte Summe Geldes verlangen, bevor sie ihre Eigentumsrechte aufgeben. Wenn jedoch die Regierung dieses Land mit Hilfe einer Sonderbevollmächtigung erwirbt, dann werden diese Personen nicht immer mit der Regelung zufrieden sein. Die Situation ist sogar noch schwieriger für jene Bewohner der Umgebung eines Standortes, die kein formales Verfügungsrecht über das Land haben, auf welchem die Anlage errichtet wird. Eine Möglichkeit, sie zu entschädigen, wäre es, ihre Steuersätze zu verringern.

Potentielle Vorzüge hat auch der Vorschlag, daß der Antragsteller für die Bewohner eines bestimmten Umkreises von gefährlichen Anlagen die Strompreise herabsetzt, um diese für das erhöhte Risiko oder die entstandenen Unannehmlichkeiten zu entschädigen. Ein solches System wurde vor kurzem in Frankreich für Kernkraftwerke eingeführt. Die Leute, die im Umkreis von 15 km von einer Anlage wohnen und sich benachteiligt fühlen, können bei der örtlichen Behörde um eine Reduzierung bis zu 15-20% des Strompreises ansuchen. Diese Kompensation gilt sowohl für Geschäfte als auch für Privathaushalte[9].

Das schwierigste Problem bei der Festlegung einer *ex-ante*-Kompensation ist die Unterscheidung zwischen jenen, die direkte Verluste haben werden, und jenen, die die Entwicklung aus allgemeineren Gründen, die Zukunft der Gesellschaft insgesamt betreffend, ablehnen. Diese Unterscheidung ist sehr subtil, besonders wenn es um Fragen der Sicherheit und der Auswirkungen auf die Umwelt geht, welche die einzelnen Mitglieder der Gemeinschaft genauso wie auch künftige Generationen betreffen. Linnerooth (1982) schlägt vor, daß die Politiker die Möglichkeit in Betracht ziehen sollten, daß die Allgemeinheit vielleicht die Kosten und Risiken der Industriegesellschaft gleichmäßig verteilen möchte. Doch können Geldzahlungen an Gruppen, die ein Projekt bekämpfen, aber nicht direkt davon betroffen sind, andere dazu ermutigen, ebenfalls einen Anteil vom Kuchen zu verlangen. Außerdem möchte die Gesellschaft den Glauben bewahren, daß das Leben etwas besonderes ist; Geld kann es abwerten und Geld stellt die reichtumsbedingten Ungleichheiten bloß. Calabresi und Bobbit (1977) unterstreichen dies mit ihrer Bemerkung, daß "die Bereitschaft eines armen, mit einer tragischen Situation konfrontierten Mannes, eher Geld anzunehmen als die so tragisch seltene Ressource [Leben] zu schonen, immer ein bezeichnendes Licht auf die Vermögensverteilung in einer Gesellschaft wirft". Calabresi glaubt, daß eine demokratische Gesellschaft solche Tauschgeschäfte nicht tolerieren sollte, selbst wenn sie sowohl von den Reichen als auch von den Armen gewünscht werden.

Aus diesen Gründen wurde eine finanzielle Entschädigung für gegnerische Gruppen nur selten durchgeführt. Wir haben ein Beispiel in der BR

9. Gaz de France (persönliche Mitteilung, September 1982).

Deutschland gefunden, wo die Steinkohle-Elektrizitätswerke AG 1976 Pläne veröffentlichte, ein 1400 MW-Kohlekraftwerk in Bergkamen im Ruhrgebiet zu errichten. Eine Bürgerinitiative protestierte gegen das Projekt und drohte, das Genehmigungsverfahren zu verzögern. Im März 1977 wurde ein Vertrag zwischen dem Versorgungsunternehmen und drei Vertretern der Bürgerinitiative unterzeichnet, wonach die Gruppe eine Entschädigung von DM 1,5 Mio. erhalten würde, wenn sie zustimmte, das Projekt nicht mehr weiter zu bekämpfen. Es kam jedoch zu einem Gerichtsverfahren, als sich die Stadt Bergkamen weigerte, das Geld auszuschütten. Das Bundesgericht entschied, daß der Vertrag gültig sei, da die Bürgergruppe für legitime Rechte entschädigt werden sollte. Diese Entscheidung wurde aber von der deutschen Öffentlichkeit äußerst negativ aufgenommen. Es wurden in den Medien Bedenken geäußert, daß die Gesundheit und Sicherheit unveräußerliche Rechte der Bürger wären, die nicht mit Geld abgegolten werden könnten.

Eine Kompensation in Form von Sachleistungen oder als Beitrag zu bestimmten Anliegen scheint eine akzeptablere Methode zur Aufteilung des Kuchens zu sein als direkte Geldzahlungen an Einzelpersonen. In diesem Geiste schlug Resnikof (1982) vor, daß die Gemeinden spezielle Einrichtungen wie z.B. ein Krankenhaus erhalten sollten, mit denen die Risiken in anderen Bereichen des täglichen Lebens verringert würden. In der BR Deutschland ist die erhöhte Subvention des Landes Niedersachsen für das Erholungsgebiet Hooksiel ein gutes Beispiel, wie diese Art von Entschädigung in den von uns untersuchten Fällen gewährt wurde.

Ein weiteres Beispiel dieser Art von Kompensation finden wir bei der Errichtung eines 1500 MW-Kohlekraftwerkes in Wyoming. Ein Gericht untersagte dort die Errichtung des Werkes aufgrund seines potentiellen Schadens für die Umgebung. Die Klage wurde schließlich zurückgezogen, als sich die Versorgungsunternehmen verpflichteten, einen Fonds von $ 7,5 Mio. speziell für den Schutz eines 60 Meilen langen Gebietes entlang des Platt River einzurichten, welches ein Habitat für Zugvögel wie z.B. den nordamerikanischen Kranich bildet. Das Kohlekraftwerk wurde 1981 fertiggestellt und steht heute voll in Betrieb[10].

- *Ex-post-Kompensation:* Diese Vorschläge erfordern eine Reihe von *Haftungsregeln*, welche bei einem Unfall die rechtlichen Ansprüche von einer Partei auf eine andere übertragen. Bei gefährlichen Anlagen, wie es LEG-Terminals sind, lautet die prinzipielle Frage bei dieser Art von Kompen-

10. Persönliches Gespräch mit Patrick Pateneau, Vizepräsident, Resource Conservation, National Wildlife Federation, September 1982).

sation, wer für Verluste haftet, wenn ein Unfall eintreten sollte. Pfennigsdorf (1979) weist darauf hin, daß bei extrem oder außergewöhnlich gefährlichen Tätigkeiten die Doktrin der strikten Haftung als politische Richtlinie befürwortet wird, wonach der Betreiber der Anlage unbeschadet der Schuldfrage für Schadenersatz haftet. Unfälle im Zusammenhang mit LEG-Tankern und Terminals fallen in allen vier der von uns studierten Länder unter diese Kategorie[11].

Sowohl der Antragsteller als auch die potentiellen Opfer interessieren sich natürlich dafür, wie es ihnen nach einem LEG-Unfall ergehen wird. Vom Standpunkt des Antragstellers kann eine große Katastrophe zum Konkurs führen, wenn die Firma gezwungen ist, für den gesamten Verlust aufzukommen, weshalb er sich vielleicht dazu entscheiden wird, die Anlage nicht zu bauen. Die Bewohner der Umgebung werden nicht wissen, wieviel sie als Kompensation für einen Schaden an ihrem Eigentum erhalten. Manche werden der Meinung sein, daß kein Geldbetrag sie oder ihre überlebenden Angehörigen für den Verlust des Lebens oder für schwere Verletzungen entschädigen kann und sie werden daher die Anlage ablehnen.

Wenn die Gesellschaft glaubt, daß die *ex-post*-Kompensation für Unfallschäden zur Gänze Sache der Betreiber von neuen technischen Anlagen sein soll, dann scheint die private oder öffentliche Versicherung ein gangbarer Weg zu sein. Eine Versicherung hätte den Vorteil, daß sie Anreize für die Firmen schaffen würde, ihre Anlagen sicherer zu machen. Wenn die Prämien nach dem Risiko einer gegebenen Konstruktion berechnet werden, dann wird der Antragsteller zusätzliche Mittel ausgeben wollen, um die Möglichkeit eines Unfalls zu reduzieren und damit die jährliche Prämie für einen gegebenen Deckungsbetrag entsprechend zu verringern. Der Antragsteller hat damit auch einen Ansporn, Experten zur Abschätzung des Anlagenrisikos heranzuziehen, wobei die dadurch erhaltenen Informationen auch für die Verhandlungen verwendet werden können.

Das schwierigste Problem bei der Erstellung eines sinnvollen Versicherungskonzeptes ist die Unsicherheit des Risikos einer Unfallkatastro-

11. In den USA führte der Tod eines Arbeiters an einem LNG-Standort zu dem Gerichtsurteil, daß die Lagerung von Erdgas in einem bewohnten Gebiet aufgrund ihres inhärenten Risikos außergewöhnlich gefährlich ist (McLane v. Northwest Natural Gas Co., 467 P.2d 655 Oregon 1970). 1976 verabschiedete New York ein Gesetz über Flüssigerdgas und Flüssigölgas, wonach die Lagerung, der Transport und die Umwandlung von LNG und LPG innerhalb des Staates als gefährlich zu betrachten sind und damit der unbedingten Haftung von seiten aller Personen, die eine solche Tätigkeit durchführen, unterliegen (US General Accounting Office 1978).

phe. Private Versicherungs- und Rückversicherungsfirmen sind besorgt über die Größenordnung der Verluste aus Ereignissen mit sehr geringer Wahrscheinlichkeit, sodaß sie zögern, diesen Markt zu betreten. Wir konnten in keiner der vier Fallstudien feststellen, welcher Teil eines Unfallschadens von den Firmen gedeckt würde, wieviel die Regierung zahlen würde oder welcher Teil von den Opfern selbst getragen werden müßte. Diese Verteilungsfragen sollten ausdrücklich während des Standortentscheidungsprozesses betrachtet werden und nicht erst, nachdem ein Unfall passiert ist.

Eine andere Form der *ex-post*-Kompensation sind Gegenleistungen an Gruppen, die durch einen Unglücksfall Schaden erlitten haben. Ein Markstein dafür war der Fall der Allied Chemical in Virginia, die für schuldig befunden worden war, den James River mit dem Unkrautvertilgungsmittel Kepone verpestet zu haben. Anstatt eine Strafe von $ 23,2 Mio. zu zahlen, schlug die Firma vor, $ 5,2 Mio. zu zahlen und einen Treuhandfonds von $ 8 Mio. einzurichten, der für Umweltschutzstipendien in Virginia verwendet werden sollte[12]. Im wesentlichen bedeutet dies, daß die Firma eine *ex-post*-Kompensation leistet, um Forschungsarbeiten zur Verhinderung von zukünftigen Umweltschäden zu finanzieren.

Die andere Extremsituation liegt dann vor, wenn die Gesellschaft der Meinung ist, daß die *ex-post*-Kompensation für Schäden primär eine öffentliche Angelegenheit ist. In diesem Fall könnte die Regierung Katastrophenhilfe in Form von niedrig verzinsten Krediten oder Beihilfen leisten. Oder alternativ dazu könnte eine Art von Schadenvergütungsfonds zur Hilfe für die Opfer eingerichtet werden. So könnte z.B. die Regierung eine Steuer für Antragsteller einführen, um Geldmittel für die Durchführung eines solchen Programmes zu erhalten. Die öffentliche Hand hätte damit Anteil am Betrieb der Anlage und könnte mit Hilfe der Besteuerung bestimmte Betriebsarten fördern oder erschweren (Okrent 1982, persönliche Mitteilung).

Zusammenfassung

Diese Vorschläge für die Aufteilung von Gewinnen und Verlusten sind dazu gedacht, den Prozeß des Handelns und Verhandelns zwischen den Parteien mit Status in der Standortdebatte zu erleichtern. Wenn bestimmte Einzelpersonen Rechte haben, mit denen sie die Bewilligung einer Anlage, die das allgemeine soziale Wohl zu verbessern verspricht, abblocken können, dann wird die Gesellschaft wohl einige dieser Vorschläge als Mög-

---

12. Virginia Environmental Endowment, 1982 Annual Report, Richmond, VA.

lichkeit einer gerechteren Verteilung der Nutzen in Betracht ziehen. Es ist noch ein großes Maß an empirischer Forschung notwendig, um festzustellen, wie gut diese Vorschläge in der Praxis funktionieren.

Wie schwierig wird es sein, spezifische Pläne bei einer zunehmend heterogenen Bevölkerung in die Tat umzusetzen? Was sind die Kosten der Durchführung und Durchsetzung bestimmter Eigentums- und Haftungsregeln? Wie annehmbar werden bestimmte Vorschläge innerhalb eines konsens- wie eines konfliktorientieren Standortprozesses sein? Diese Fragen überschreiten den Umfang dieses Buches, weisen jedoch auf Pfade für eine künftige Forschungstätigkeit hin.

NORMATIVE KRITERIEN FÜR EIN ZWECKMÄSSIGES STANDORTBESTIMMUNGSVERFAHREN

In diesem Abschnitt empfehlen wir ausgewählte normative Kriterien, die bei der Festlegung eines Standortbestimmungsverfahrens in jedem beliebigen Land ausdrücklich in Betracht gezogen werden können. Diese Kriterien werden eher relativ denn absolut formuliert, nachdem jede Gesellschaft die ihr jeweils angebracht erscheinenden Ziele festsetzt. Der Status quo dient häufig als Lattenpunkt für die Spezifizierung dieser Kriterien und es mag nicht immer als wünschenswert angesehen werden, sich zu weit von existierenden Verfahren zu entfernen. Beispielsweise ist Niall Campbell von der Sektion für Raumordnung und Regionalplanung im Scottish Office aufgrund der Erfahrungen mit Mossmorran-Bracfoot Bay der eher konservativen Ansicht, daß im öffentlichen Erörterungsverfahren Großbritanniens nur graduelle Änderungen durchgeführt werden sollten:

> Das Erörterungssystem kann verbessert werden, indem man kleine Teile davon ändert. Ich weiß, daß dies keine sehr aufregende Schlußfolgerung ist. Man kann die Zeitfristen untersuchen, man kann sich den Umfang der Vorbereitungsarbeiten anschauen, wie weit vorher und wie umfangreich sie sind. Es ist eher eine Sache des Grades als der fundamentalen Änderungen (KLS 1982, S. 236).

Wenn man diese Kriterien festsetzt, kann man danach eine Reihe von Regeln zu ihrer Erfüllung aufstellen. So kommt es z.B. bei der Erstellung von Verkehrsregeln zu Trade-offs zwischen der Möglichkeit für die Autofahrer, ihr Ziel so schnell wie möglich zu erreichen, und der Sorge der Gesellschaft um die Sicherheit auf den Straßen[13]. Die unten be-

---

13. Wittman (1982) erstellte eine sehr interessante Analyse darüber, wie die Straßenverkehrs- und Sportregeln bestimmte Kriterien reflektieren.

schriebenen Kriterien beziehen sich auf das Entscheidungsverfahren selbst, wie auch auf die Ergebnisse der Interaktion der Parteien. Die Kriterien befassen sich daher mit Fragen von verfahrensmäßiger wie auch substantieller Rationalität. Die letztliche Entscheidung wird von jeder Gesellschaft auf der Basis des vorhandenen und gewünschten institutionellen Rahmens getroffen.

Erstes Kriterium: Der Grad der Offenheit

Wie offen sollte das Standortbestimmungsverfahren eigentlich sein? Welcher Grad von Beteiligung sollte den verschiedenen Standpunkten in der Standortdebatte eingeräumt werden? An dem einen Extrem steht die Philosophie, daß es von Nutzen ist, die größtmögliche Palette von Standpunkten anzuhören, bevor man zu einer endgültigen Entscheidung kommt, während am anderen Ende des Spektrums die Ansicht vertreten wird, daß das Verfahren innerhalb der Regierungsbürokratie stark zentralisiert sein sollte.

Die erste Position läßt sich anhand der Berger-Untersuchung darstellen, in welcher die technischen, sozialen, wirtschaftlichen und Umweltschutzfragen bei der Errichtung einer Rohrleitung in Nordkanada erörtert wurden. Der Leiter der Untersuchung, Richter T.R. Berger, reiste mehrere Jahre lang insgesamt 17.000 Meilen im Nordwest- und Yukonterritorium umher, um in Städten und Dörfern Aussagen aufzunehmen. Die Untersuchung finanzierte viele einheimische und regionale Organisationen, um es den verschiedenen Gruppen zu ermöglichen, ihre Aussagen zu machen. Es wurden Organisationen finanziert, die ein klar erkennbares Interesse an der Angelegenheit hatten, das von Berger als anhörungswürdig erachtet wurde, die es sich jedoch nicht leisten konnten, ihren Standpunkt auf eigene Kosten zu vertreten. Alle Gruppen mußten deutliche Vorstellungen davon haben, wie sie beabsichtigten, mit den Geldmitteln umzugehen. Die Regierung und die Industrie gaben für diesen Prozeß Millionenbeträge aus (Gamble 1979), um schließlich zu entscheiden, daß die Rohrleitung nicht gebaut würde.

Das andere Extrem, die Zentralisierung, läßt sich durch das französische System illustrieren. Louis Vincent von Gaz de France zeigte auf, daß Diskussionen über die Standortbestimmung hauptsächlich in den Pariser Ministerien stattfinden. Für die Errichtung von LEG-Terminals gibt es nur eine Regierungsstelle in Frankreich, an die sich Gaz de France wenden muß, und es wurden von keinem öffentlichen Interessensverband Bedenken gegen die geplanten Projekte geäußert (siehe KLS 1982).

In den vier von uns studierten Ländern bestehen deutliche Unterschiede im Grad der Offenheit des Standortbestimmungsverfahrens. Die Systeme in den Niederlanden und den USA lassen der Debatte und Diskussion zwischen den beteiligten Parteien breiten Raum, während die beiden anderen Länder strukturiertere Einrichtungen haben: In Großbritannien werden die verschiedenen Standpunkte in öffentlichen Erörterungsverfahren zum Ausdruck gebracht, während dies in der Bundesrepublik Deutschland durch Diskussionen zwischen den Versorungsunternehmen und den Genehmigungsbehörden der Fall ist.

Es spricht viel für und viel gegen einen offeneren Prozeß der Beteiligung an Standortentscheidungen. Die Darlegung einer breiten Palette von Standpunkten gibt allen Parteien das Gefühl, daß sie ein wichtiger Bestandteil des Prozesses sind. Neue Informationen können die Problemsicht mancher Gruppen ändern und darauf hinweisen, daß eine größere Anzahl von Alternativen zur Verfügung steht als vorher in Betracht gezogen worden waren. Ein offener Prozeß kann daher Möglichkeiten für Vereinbarungen zwischen den Parteien schaffen, indem er Wege aufzeigt, wie einige der Vorteile von den Gewinnern zu den Verlierern umverteilt werden können (Orr 1977). Andererseits nimmt ein solcher offener Prozeß viel Zeit und Geld in Anspruch und kann zu zusätzlichen Konflikten zwischen den Parteien führen, wenn bestimmte Fragen in der Debatte ausdrücklich aufgegriffen werden.

Im Endeffekt werden auch die Kosten den Grad der Offenheit beeinflussen. Es können sich nur die wohlhabenden Länder einen solchen zeitraubenden Entscheidungsprozeß wie die Berger-Untersuchung leisten, welche damals bezüglich ihres Grades der öffentlichen Beteiligung als Meilenstein betrachtet wurde. Es ist zweifelhaft, ob Regierung und Industrie in irgendeinem Land in der nächsten Zukunft solche Geldsummen investieren würden, um den Standortentscheidungsprozeß offener zu machen.

Zweites Kriterium: Die Art der Fristen

Wie starr sollten Zeitpläne für die verschiedenen Phasen des Standortverfahrens sein? Sollte es eine hohe Flexibilität geben oder sollten Fristen vorher festgelegt und nur dann revidiert werden, wenn eine beteiligte Partei ein überzeugendes Argument zur Verzögerung des Prozesses vorlegen kann? Die Berger-Untersuchung in Kanada ist ein Beispiel für einen Prozeß, dem zu einem gewissen Grad keine Frist gesetzt war. Richter Berger fand, daß die Anhörungen fortgesetzt werden sollten, bis alle Parteien die Gelegenheit gehabt hatten, Informationen vorzulegen, die ihrer Meinung nach für die Entscheidung über den Bau der

Rohrleitung relevant waren. Infolgedessen dauerte die Untersuchung drei Jahre, vom März 1974 bis zum März 1977 (Gamble 1979).

Im Gegensatz dazu dauerte die Windscale-Erörterung in Großbritannien nur 100 Tage. Sie war sogar die erste technologische Debatte in der politischen Geschichte Großbritanniens, die eine rigorose Struktur aufwies. Richter Parker empfahl schließlich, daß der British Nuclear Fuels ohne Verzögerung die Planungsgenehmigung zu erteilen sei, obwohl Interessensgruppen ernste Bedenken über die Weisheit dieser Entscheidung erhoben hatten (Wynne 1976).

Die Fristen bildeten in allen vier Fallstudien einen wichtigen Bestandteil des LEG-Standortprozesses. Sowohl in der BRD wie auch in den Niederlanden sah der Vertrag mit der algerischen Firma Sonatrach vor, daß die genauen Standorte für einen LNG-Terminal bis Oktober 1978 feststehen mußten, was den Entscheidungsprozeß in beiden Ländern beschleunigte. In Großbritannien war die Hauptfrist die Beendigung des öffentlichen Erörterungsverfahrens, wonach zusätzliches Beweismaterial nur dann in Betracht gezogen werden konnte, wenn es der Minister für Schottland für relevant befand. In den USA legte das kalifornische LNG-Gesetz aus dem Jahre 1977 fest, daß eine endgültige Entscheidung über einen Standort bis Juli 1978 getroffen werden mußte, zu welchem Zeitpunkt dann auch die bedingte Bewilligung für Point Conception erteilt wurde.

Eines der Hauptargumente für die Festsetzung von starren Fristen lautet, daß der Antragsteller seine Investitionsstrategien mit größerer Sicherheit planen kann. Fixe Zeitpläne reduzieren auch für andere beteiligte Parteien den Anreiz, Informationen als Verzögerungstaktik zu verwenden (O'Hare 1981). Bei Flüssigenergiegas gibt es außerdem wichtige internationale Folgen, wenn vereinbarte Fristen nicht eingehalten werden, wie der folgende Kommentar von Philippe Cruchon vom französischen Industrieministerium zeigt:

> Allgemein gilt, daß, wenn ein Vertrag mit einem Einfuhrland unterzeichnet wird, dieser Vertrag einen Zeitplan für seine Erfüllung vorsieht. Und es gibt einen Zusammenhang in dem Vertrag zwischen dem Bau der Aufnahmeanlage in dem Einfuhrland und dem Bau der Verflüssigungsanlage in dem Ausfuhrland. Vom Standpunkt des Einfuhrlandes ist der Vertrag nicht nur eine private Geschäftssache, sondern auch eine Frage der internationalen Glaubwürdigkeit des Verbraucherlandes (KLS 1982, S. 435).

Es hat auch Vorteile, wenn man keine speziellen Fristen setzt, da dadurch die Parteien nicht auf eine bestimmte Technologie oder einen spezifischen Standort festgelegt werden und daher bei der Behandlung von neuen Informationen weniger gebunden sind. Norbert Dall, der Projektmanager des Sierra Club zwischen 1976 und 1980, reflektierte diesen Standpunkt bei seinem Kommentar zum Standortbestimmungsprozeß in Kalifornien:

> Schon die Annahmen des Projektes wurden von den Regierungsbehörden und den beteiligten Parteien, die teilweise den Standpunkt des Antragstellers nicht teilten, kritisch überprüft. Dieser Prozeß wird, was den Sierra Club betrifft, solange andauern, als sich das Gleichgewicht zwischen Versorgung und Bedarf an Gas in Kalifornien im Wandel befindet. So gesehen ist der Überprüfungsprozeß ein deutlicher Ausdruck der pluralistischen Politik Amerikas ... Wir betrachten daher die laufenden Ausgaben für die Überprüfung des Projektes als vernünftige Investition, die vielleicht Kalifornien davon abhält, einen für die Wirtschaft und die Umwelt schrecklichen Fehler zu begehen (KLS 1982).

Man kann also daraus schließen, daß die Parteien oder Organisationen, die die wirtschaftliche Entwicklung unterstützen oder von ihr abhängig sind, gut definierte Fristen befürworten, während jene, die über ihre technologische Zukunft nachdenken wollen, auf einen offeneren und flexibleren Prozeß bestehen.

Drittes Kriterium: Die Detailliertheit der vertraglichen Vereinbarungen

Wie genau und detailliert sollten die vertraglichen Standortvereinbarungen sein? Ist es wünschenswert, schriftlich genau festzulegen, wer für Schäden aus bestimmten Unfällen verantwortlich ist, oder sollten diese Dispositionen bewußt vage gehalten werden? Diese Fragen ergaben sich nach dem Unfall auf Three Mile Island, als das Problem auftrat, wer die tatsächliche finanzielle Haftung für Schäden trug: die Versorgungsunternehmen, die Versicherungen oder die Bundesregierung? Ähnliche Fragen sind zu erwarten, wenn es eine LEG-Unfallkatastrophe geben sollte.

Zusätzlich zu den Fragen der Unfallhaftung gibt es noch andere Auswirkungen der Standortentscheidung für die Bewohner der Umgebung. Was passiert, wenn die Grundstückpreise fallen, weil eine gefährliche Anlage in dem Gebiet errichtet wird? Werden diese Personen für ihren Verlust netto entschädigt? Nehmen wir an, daß eine Anlage unerwartete negative Auswirkungen auf die Umwelt hat. Haben die Ortseinwohner einen Regreßanspruch? Der Widerstand gegen eine geplante Anlage von seiten der Bürger kann sich daraus ergeben, daß die Menschen keine Informationen über ihre Regreßansprüche zur Entschädigung für ihre Verluste haben.

Die vertraglichen Vereinbarungen sollten ausdrücklich detailliert festgelegt werden, sodaß alle Parteien, wenn sie einem bestimmten Standortvorschlag zustimmen, klare Vorstellungen über ihre Rechte und die Rechte der anderen haben. Damit erhält man auch eine solide Basis für Verhandlungen zwischen den Gruppen der Standortdebatte, da die potentiellen Gewinne und Verluste deutlicher angeführt wären. In einigen Fällen mögen weniger ausdrückliche Vereinbarungen den Standortbestimmungsprozeß erleichtern, indem sie die Anliegen diverser Parteien nicht aufgreifen. Wenn z.B. für eine schwere Verletzung oder einen Todesfall aufgrund eines Unfalles ein tatsächlicher Geldbetrag festgelegt würde, dann würden die Leute über die Summe streiten und eine Menge Zeit damit verbringen, diesen Punkt zu diskutieren. Insgesamt ist jedoch wichtig, daß alle Parteien wissen, wer die Eigentumsrechte für den fraglichen Standort hat und wer für den Schaden haftbar ist, wenn ein Unfall nach der Errichtung einer Anlage auftreten sollte.

Viertes Kriterium: Die Art der Kompensation

Welche Arten von Kompensationsschemata sollten, wenn überhaupt, zur Verteilung der Kosten und Nutzen unter den betroffenen Parteien in die politische Arena eingebracht werden? Soll ausdrücklich festgelegt werden, wer die wahrscheinlichen Gewinner und Verlierer sind oder ist dies eine Frage, die die Gesellschaft lieber nicht diskutiert?

Der philosophische Unterbau für die Entscheidungen der Gesellschaft wird mitbestimmen, welche Rolle die Kompensation im Standortbestimmungsverfahren spielt. So betont beispielsweise das liberalistische System, das die Grundlage für das Funktionieren des Systems der freien Marktwirtschaft bildet, die Bedeutung der individuellen Freiheit, solange nicht andere durch bestimmte Handlungen geschädigt werden. Das Pareto-Kriterium wird als Richtlinie für die Beurteilung zukünftiger Handlungen verwendet. Wenn der Status quo die Basis ist, von der aus zukünftige Handlungen beurteilt werden, dann wird ein Projekt, das möglicherweise auch nur einen einzigen Menschen schädigt, nicht bewilligt werden, außer wenn diese Person so weit entschädigt wird, daß es ihr nach der Entscheidung mindestens gleich gut geht wie vorher. Das utilitaristische System beruht andererseits auf dem Ziel, das Wohl der Gesellschaft als ganzes zu maximieren. In diesem ethischen System würden Projekte auch dann bewilligt, wenn es einigen Parteien danach schlechter ergehen würde als bei dem status quo[14].

14. Schulze und Kneese (1981) bieten eine detaillierte Diskussion der Implikationen verschiedener ethischer Systeme bezüglich der Auswahl von Projekten und der Fragen der öffentlichen Sicherheit.

Das Problem der Kompensation von potentiellen Verlierern hängt eng mit der Frage des Rechtes von Einzelpersonen und Gruppen auf Sicherheit und Lebensqualität zusammen. Wenn Einzelpersonen das Recht haben, ein Projekt abzulehnen, weil es ihnen Umwelt- und Sicherheitsrisiken auferlegt, dann wird die Kompensationsfrage wahrscheinlich eine zentrale Rolle bei der Behandlung dieser Risikoprobleme spielen. Wenn den Einzelpersonen bestimmte Risiken ohne ihre Zustimmung auferlegt werden, dann werden die Fragen der Kompensation von geringerer Bedeutung sein.

Die vier Fallstudien illustrieren verschiedene philosophische Standpunkte bezüglich der Fragen des Rechtes und der Rolle der Kompensation. In allen drei europäischen Systemen wurde ein Standort bewilligt, weil unter den lokalen und regionalen Gruppen in genügendem Ausmaß das positive Gefühl herrschte, daß das Projekt zusätzliche Arbeitsplätze und Steuereinnahmen für das Gebiet bringen würde - Sachleistungen anstelle von Barleistungen. In den USA befürworteten die Stadträte von Los Angeles und Oxnard die jeweiligen Standorte aus denselben Gründen, jedoch hatte die Bürgerinitiative von Oxnard so viel Status, daß ihre Sorge um das Sicherheitsrisiko wesentlich dazu beitrug, potentielle Standorte auf weniger dicht besiedelte Stellen, als es Oxnard ist, zu verlegen. Die Joint Action Group aus Aberdour und Dalgety Bay in Schottland war ebenfalls über die Frage des Sicherheitsrisikos besorgt, hatte jedoch das Gefühl, daß die britischen Behörden ihrem Anliegen kein Gehör schenkten. In der BR Deutschland werden die Rechte der Bürger von den Gerichten wahrgenommen und die Bewohner von Hooksiel konnten aufgrund ihrer Sorge, daß die LNG-Anlage zusammen mit einem benachbarten petrochemischen Werk negative Auswirkungen auf den Fremdenverkehr in ihrem Gebiet haben könnte, zusätzliche Subventionen für ein geplantes Erholungszentrum erlangen.

Wenn man den Parteien die Möglichkeit zum Handeln und Verhandeln gibt, so kann dies zu einer Reduzierung der Konflikte führen, indem Einzelpersonen und Gruppen, die ansonsten ein Projekt ablehnen würden, beschwichtigt werden. Die Kompensation kann jedoch viel Zeit in Anspruch nehmen und es mag auch schwierig sein, ein System auszuarbeiten, in dem vermieden wird, daß eine Gruppe durch ihr strategisches Verhalten mehr zu erhalten versucht, als sie in Wirklichkeit benötigt oder verdient. Außerdem können Personen desselben politischen Hoheitsbereiches (z.B. einer lokalen Gemeinde) unterschiedliche Präferenzen haben. In diesem Fall werden einige Personen mit einem vorgeschlagenen Kompensationsschema außerordentlich zufrieden sein, während andere das Gefühl haben, daß ihnen nicht genug geboten wird, um das Projekt attraktiv zu machen. Es kann auch die Sorge entstehen, daß die Einführung des Geschmackskriteriums in die Wahl der Standorte unangebracht sein mag.

Trotz der Verfahrensschwierigkeiten kann die Kompensation jener, die von einer Entscheidung für einen neuen Anlagenstandort negativ betroffen sind, wünschenswert sein, wenn dies auch das soziale Wohl hebt. In diesem Fall entspräche die Kompensation dem Pareto-Kriterium: Wenn es allen besser geht, indem einige Vorteile von den Gewinnern zu den Verlierern umverteilt werden, dann ist dies eine wünschenswerte Handlungsweise. Die Kompensation wird sich für jene Länder am besten eignen, wo das Entscheidungsverfahren auf einem Kompromißmodell beruht. Bei dem Schiedsspruchmodell, wo eine Reihe von Politikern die letztliche Verantwortung für eine Entscheidung trägt, ist es nicht notwendig, bestimmte Gruppen zu belohnen, um eine endgültige Entscheidung zu erzielen. In diesem Fall müssen die zuständigen Parteien die relative Bedeutung des Wohlfahrts- und des Verteilungszieles gegeneinander abwägen, wenn sie ihre endgültige Entscheidung treffen.

Louis Clarenburg wies auf das Dilemma hin, mit dem die Holländer bei dieser Frage konfrontiert waren:

> Ein Hauptproblem, dem wir jetzt gegenüberstehen, liegt darin, wie die Stimme eines kleinen Bevölkerungsteiles gegen die Gesamtbevölkerung abgewogen werden soll, wenn man über Projekte von nationalem Interesse spricht - das Problem der Verteilungsgerechtigkeit. Auf welcher Ebene sollen in diesen Fällen Entscheidungen getroffen werden - auf der Ebene der Gemeinde, die alle Interessen ihrer eigenen Einwohner in Betracht ziehen muß, oder auf der provinziellen oder nationalen Ebene? Mit dieser Frage beschäftige ich mich seit geraumer Zeit und ich habe keine Lösung dafür (KLS 1982, S. 264).

Wir haben auch keine Lösung für dieses Problem. Eine Entscheidung über den Standort stellt einen Ausgleich von politischen und wirtschaftlichen Überlegungen dar. Um den politischen Prozeß zu verbessern, ist es notwendig, daß die Politiker und Analytiker einen fruchtbaren Dialog führen.

SCHLUSSBEMERKUNGEN

Einen Standort für einen LEG-Terminal zu finden oder zu entscheiden, den Terminal nicht zu bauen, ist nicht nur eine Frage der Verbesserung der wirtschaftlichen Wohlfahrt, sondern auch genausosehr ein Problem der Aufteilung von Gewinnen und Verlusten einer technologischen Gesellschaft. Wie diese Trade-offs durchgeführt wurden, hing von den jeweiligen institutionellen Rahmen der vier Länder ab, welche bei ihrer Standortbestimmung mehr oder weniger dem Schiedsspruch- oder dem Kompromißmodell entsprachen. Eine wichtige Schlußfolgerung dieses Kapitels ist es, daß der Analytiker sehr wohl einen Beitrag leisten *kann*, indem er den Entscheidungsträgern bei Problemen *sowohl* der Wohlfahrts- (oder Effizienz-)Fragen *wie auch* der Verteilungsfragen helfen kann.

Der Analytiker kann in seiner traditionelleren Rolle die potentiellen Auswirkungen einer geplanten Anlage verdeutlichen. Indem er die Präferenzen der sich gegenüberstehenden Parteien feststellt, kann er jene Konflikte herausfinden, bei denen die Möglichkeit des Handelns und Verhandelns besteht. Schließlich kann die politische Analyse nützlich sein, um Vorschläge für die Auswahl von Standorten auszuarbeiten und Möglichkeiten, wie die potentiellen Gewinne und Verluste unter den Betroffenen aufgeteilt werden können, zu formulieren.

Das Problem der Standortbestimmung für einen LEG-Terminal besteht jedoch nicht nur in der Erfüllung der Wohlfahrts- und Verteilungsziele, sondern es umfaßt auch ebenso komplexe Fragen über das *Verfahren*, in dem die Entscheidungen getroffen werden. Es wurden hier vier mögliche Kriterien für die Bestimmung eines Standortverfahrens vorgeschlagen: Der Grad der Offenheit, die Art der Fristen, die Detailliertheit der vertraglichen Vereinbarungen und die Art der Kompensation. Ein offener Prozeß ist auf vielerlei Weise wünschenswert, aber teuer. Fristen beschleunigen den Entscheidungsprozeß, kosten jedoch wiederum insofern, als sie die Zeit für Überlegungen über die Zukunft der technologischen Gesellschaft einschränken. Im Gegensatz zu den Kosten für einen offenen Prozeß mit flexiblen Fristen scheint es ökonomisch oder sozial weniger zu kosten, sicherzustellen, daß die vertraglichen Vereinbarungen detailliert angeführt werden, sodaß jede Partei eine klare Vorstellung von ihren Rechten und den Rechten der anderen hat, wenn sie einem bestimmten Standortvorschlag zustimmt. Ähnlich scheint die Kompensation für jene, die unvermeidlicherweise die Risiken von technologischen Entwicklungen tragen müssen, eine attraktive politische Empfehlung zu sein, muß jedoch innerhalb des politischen und institutionellen Rahmens des betreffenden Landes gesehen werden.

Postskriptum: Eine kulturelle Vergleichsbasis

von Michael Thompson

Kalifornien und Großbritannien haben eines gemeinsam - bewilligte Standorte für LEG-Terminals. Nach einem langen und ausgedehnten Prozeß, in dem es sich als unmöglich erwiesen hatte, irgendeinen der vorgeschlagenen Standorte zu bewilligen, konnte Kalifornien schließlich mit Hilfe eines neuen Gesetzes, welches ausdrücklich zu diesem Zweck verabschiedet worden war, den entlegendsten Standort aller zur Wahl stehenden Möglichkeiten genehmigen - Point Conception[1]. Das kalifornische LNG-Standortbestimmungsgesetz sieht vor, daß innerhalb eines Umkreises von einer Meile die Bevölkerung 10 Personen pro Quadratmeile nicht überschreiten darf und daß innerhalb von vier Meilen vom Standort die Dichte 60 Personen pro Quadratmeile nicht übersteigen soll. Diese Bestimmungen gelten auch für Tanker mit Flüssigerdgasladungen, welche man sich als mobile Standorte denken kann, die ihre Zonen mit sich führen, wenn sie den Terminal anlaufen oder in Küstengewässern warten, bis sich das Wetter beruhigt, bevor sie andocken.

Schottland hat eine längere Küstenlinie als Kalifornien und der größte Teil des Landes ist sehr dünn besiedelt (weniger als 25 Personen pro Quadratmeile) - und dennoch liegt der bewilligte Standort bei Mossmorran-Braefoot Bay am Firth of Forth in dem am dichtesten besiedelten Teil des gesamten Landes (mit einer Bevölkerungsdichte von 250-500 Menschen pro Quadratmeile). Noch dazu werden die beladenen Tankschiffe in einer Entfernung von ca. einer Meile von Burntisland (einer Industriestadt) vorbeifahren und manchmal Edinburgh - die Hauptstadt Schottlands - in einem Abstand von nicht einmal vier Meilen passieren. Hätten die kalifornischen Standortkriterien (explizit im Gesetz aus dem Jahre 1977) für den schottischen Fall gegolten, wäre eine Bewilligung des Standortes Mossmorran-Braefoot Bay absolut unmöglich gewesen, und wären die britischen Kriterien (implizit durch die Bewilligung von Mossmorran-Braefoot Bay) an den kalifornischen Fall angelegt worden,

1. Vorbehaltlich der Freigabe nach Klärung des seismischen Risikos - eine fixe Idee in Kalifornien, die in der britischen Debatte nicht in Erscheinung trat (die Freigabe wurde schließlich 1982 erteilt).

dann wäre jeder der vorgeschlagenen Standorte angenommen worden, d.h., daß der Terminal an dem ersten der vorgeschlagenen Standorte gebaut worden wäre - dem Hafen von Los Angeles.

Ein so eklatanter Kontrast kann nur eines bedeuten: daß (zumindest) eines der beiden Länder im Umgang mit den LEG-Risiken auf dem falschen Weg ist. Dieser Ansatz einer "Einzelantwort" geht jedoch von einer eher dubiosen Annahme aus - daß die Kalifornier und die Schotten gleich sind (oder zumindest, daß eventuell doch vorhandene Unterschiede zwischen ihnen keine Auswirkung auf den sicheren Umgang mit diesen technischen Risiken haben). Wenn wir diese Annahme zurückweisen, dann können wir die Möglichkeit in Betracht ziehen, daß die Risikohandhabung (und der Umgang mit der Technologie im allgemeinen) je nach dem "Volkscharakter", wie es im 18. Jahrhundert ausgedrückt worden wäre, verschieden ist.

Wenn dies der Fall ist, dann können wir nicht einfach und voreilig den "Einzelantwort"-Schluß ziehen. Wir müssen die Möglichkeit bedenken, daß die Standortentscheidungen für Point Conception und Mossmorran-Braefoot Bay, so unterschiedlich sie auch sind, dennoch in ihren jeweiligen *Kontext hineinpassen*. Dieser Ansatz verlangt von uns, daß wir uns nicht nur auf die Risiken konzentrieren, sondern die Zusammenhänge zwischen den Risiken und ihrem sozialen Rahmen betrachten sollten.

DAS PROBLEM

Wenn wir unsere Umwelt betrachten, sehen wir sie nicht mit bloßem Auge. Wir sehen sie durch einen kulturellen Raster gefiltert - nämlich unserer *Idee von der Natur*. Wie jedoch die Theorie der umweltbedingten Wahrnehmung sehr richtig feststellt, ist nicht das wichtig, was in unseren Köpfen ist, sondern das, worin unsere Köpfe sind. Was passiert, wenn wir diese Konzepte vermischen und den kontextuellen Ansatz mit der Idee eines kulturellen Rasters verschmelzen? Anstelle einer direkten Beziehung zwischen einem Organismus und seiner Umwelt haben wir eine indirekte Beziehung, in der es das Dazwischentreten der Kultur unmöglich macht, die Umwelt direkt aufzunehmen. Unweigerlich sehen wir die Natur in einem kulturellen Spiegel und immer nur undeutliche Bilder[2]. Bei Tieren, die wenig oder gar keine Kultur haben, ist dies kaum von Bedeutung, aber bei Menschen, die eine Menge Kultur haben, ist dies praktisch ein und alles. Die Kultur eröffnet einen riesigen interpretativen Raum zwischen dem menschlichen Organismus und seiner

2. Eine Anleihe bei 1 Kor 13, 12.

natürlichen Umgebung, und es ist dieser Raum, der unser Ökosystem in etwas verwandelt, was Kenneth Boulding als unser "Echosystem" bezeichnet[3].

Unser kultureller Raster bietet uns eine Sehmethode und - was wichtiger ist - eine Nichtseh-Methode. Wir agieren in der Welt auf der Grundlage dessen, was wir sehen, und unser kultureller Raster filtert fast alles an Feedback heraus, was uns helfen würde, unsere Sehweise zu korrigieren und läßt gleichzeitig fast alles durch, was unsere Sehweise bestätigt. Damit ist eine unbewußte Verzerrung der Wahrnehmung unvermeidlich und ebenso unvermeidlich wird diese Fehlwahrnehmung auch noch durch die Erziehung bestätigt[4]. Das soll nicht heißen, daß es keine Grenzen für die Fehlwahrnehmung gäbe - daß es keine Einschränkungen der Dimensionen und der Gestalt der Echokammer gäbe - sondern nur, daß eine gewisse Prägung vorhanden ist und daß sie nicht eliminiert werden kann. Wenn man dies akzeptiert, errichtet man gewaltige Hindernisse gegen das Ziehen von Vergleichen. Wenn zwei Fälle gleich sind, sind sie es, weil sie in ihrer Natur gleich sind oder weil eine zufällige Konvergenz durch den kulturellen Raster vorliegt? Und umgekehrt, wenn zwei Fälle ungleich sind, sind sie es, weil sie in ihrer Natur ungleich sind oder weil eine zufällige Divergenz durch den kulturellen Raster vorliegt? Reflektieren die Fallstudien Ähnlichkeiten und Unterschiede zwischen den untersuchten Fällen oder reflektieren sie Ähnlichkeiten und Unterschiede zwischen jenen, die die Fälle untersucht haben?

EINE MÖGLICHE LÖSUNG

Wenn man akzeptiert, daß die Risikowahrnehmung gesellschaftlich geprägt ist, bedeutet das nicht, daß man behauptet, die Risiken seien nur eingebildet. Risiken, so kann man einräumen, sind ein Bestandteil des Universums, sie werden nur unweigerlich durch einen Raster wahrgenommen, und je nach der kulturellen Einfärbung dieses Rasters erlangen einige Risiken Prominenz in der Wahrnehmung, während andere herausgefiltert werden. Die Theorie der kultur- und umweltbedingten Wahrnehmung besagt einfach, daß die *Risiken selektiert werden* und daß daher eine Fehlwahrnehmung unvermeidlich ist[5].

---

3. Kenneth Boulding, *National Defense Through Stable Peace*. Vorträge bei IIASA, Laxenburg, Österreich, Juni/Juli 1981.

4. Eine detaillierte Diskussion dieses Arguments findet sich in meiner *Theorie des Abfalls* (Thompson 1981).

5. Siehe Douglas und Wildavsky (1982).

Aber es scheint, daß die Verzerrungen der Risikowahrnehmung nicht unbegrenzt sind und auch nicht in alle denkbaren Richtungen davonrennen; sie scheinen statt dessen stark gemustert und eher gering in ihrer Zahl zu sein. Wenn dies tatsächlich der Fall ist, dann sollte es möglich sein, die universalistische Stellung aufzugeben, welche darauf bestehen muß, daß die Echokammer nicht existiert, ohne deswegen sofort zu der komplett relativistischen Stellung überzulaufen, welche damit endet, daß sie jeder vorstellbaren Prägung dieselbe Plausibilität und Legimität gewährt[6]. Wir haben eine Theorie, die Theorie der kulturellen Prägung[7], welche zugunsten dieses Gedankens eines *beschränkten Relativismus* argumentiert und ausführt, daß nur jene Wahrnehmungsmuster, die sozial lebensfähig sind, eine Überlebenschance haben; anstatt aber die ganze Theorie hier abzuhandeln, mächte ich dem eher empirischen Pfad folgen, der bereits von dem Politwissenschaftler David W. Orr gebahnt wurde[8].

Bei dem Versuch, der amerikanischen Energiedebatte einen Sinn abzugewinnen, identifizierte Orr drei deutlich ausgeprägte Perspektiven[9], die jeweils für eine bestimmte Gruppe von Hauptdarstellern passen und zu denen jeweils ein bevorzugter Herrschaftsstil und klar umrissene hervorstechende Risiken gehören. Außerdem erhält jede Perspektive ihre bestimmte Ausrichtung durch die jeweils unterschiedliche Art, wie das Problem definiert wird (hier, bei den glaubhaften Problemdefinitionen, kommen auch die verschiedenen Ansichten über die Natur ins Spiel, aber mehr darüber in Kürze).

Aus der *Angebotsperspektive* (Orr) liegt das Problem in dem unzulänglichen Energieangebot, sind die Hauptdarsteller die Energiefirmen, ist der bevorzugte Herrschaftsstil Laissez-faire (ein Minimum an Regierungsintervention) und sind die herausragenden Risiken jene, die eine Störung der Wirtschaftstätigkeit mit sich führen. Aus der *Konservierungsperspektive* liegt das Problem in der Energieverschwendung, ist der Hauptdarsteller die Regierung, der bevorzugte Herrschaftsstil der leviathanische

6. Die universalistische Stellung führt zu der unhaltbaren Behauptung eines "kosmischen Exils", die komplett relativistische Stellung führt zu der ernsthaften Einbeziehung aller "sogenannten möglichen Wesenheiten". Einen philosophischen Zugang dazu bietet Quine (1953).

7. Douglas (1978b).

8. Orr (1977).

9. Diese Perspektiven haben eindeutig viel mit jenen gemeinsam, die von Harold Linstone und anderen unabhängig von ihm erkannt wurden (Linstone *et al.* 1981; siehe auch Thompson 1982).

(eine Hauptrolle für die Regierung) und sind die herausragenden Risiken jene in Verbindung mit der Zahlungsbilanz, der Abhängigkeit von Überseeländern und der Energiekriege. Aus der *Energieversorgungsperspektive* ist das Problem ein soziales und kulturelles, ist der Hauptdarsteller die Öffentlichkeit (ich würde lieber sagen, die Interessensgruppen), ist der bevorzugte Herrschaftsstil der Jeffersonsche (bei dem einc partizipierende Bürgerschaft der Regierung auf die Finger schaut) und sind die herausragenden Risiken technische Unfälle, Erschöpfung der Ressourcen und Änderungen im Klima.

Selbst in dieser Skelettform bietet das dreisäulige Schema Orrs ein mächtiges Korrektiv für einen Teil der kulturellen Fehlwahrnehmungen, die in unsere LEG-Studie eingebaut sind. Zum Beispiel lag eine der "Schwierigkeiten" in der US-Fallstudie darin, daß die leitenden Angestellten der Energiefirmen bei der Befragung über das Risiko immer wieder vom Thema abwichen und über Dinge wie Versorgungsunterbrechungen und vertragliche Unsicherheiten redeten - die möglichen wirtschaftlichen Verluste durch Schlechtwetter oder Störfälle, welche die planmäßige Be- oder Entladung der Tanker behindern könnten, und die noch schlimmeren Verluste, die auftreten würden, wenn gasproduzierende Länder wie Indonesien oder Algerien ihre Verträge brechen würden. Als die Manager schließlich zu dem Thema der Risiken für Leib und Leben zurückgelotst wurden, verloren sie bald das Interesse. "Ach, *die* Risiken", sagten sie meist, "Schätze, es wäre das beste, wenn Sie mit unserem Sicherheits/PR-Mann darüber sprechen würden."

Das Interessante an dieser kleinen Anekdote ist, daß sie zeigt, wie die Bezugspunkte für die LEG-Studie erstellt wurden - nämlich so, daß die durchaus legitimen (und nach dem Orrschen Modell durchaus angebrachten) Risikoanliegen der Energiefirmen zu Anomalitäten wurden. Diese Bezugspunkte entstammen eigentlich den Risikoanliegen der Energieversorgungsperspektive (oder vielleicht der Sorge der Regierung, wie sie mit den ständig wachsenden Ansprüchen, die von der Energieversorgungsperspektive an sie gestellt werden, fertig werden soll). Und wenn wir diese Prägung nicht klarstellen, dann würde die ganze Studie, obwohl sie sich als interpretativ und deskriptiv bezeichnet, unweigerlich stark normativ und eng präskriptiv. Die tatsächlichen Präskriptionen würden unter der Bezeichnung "Deskription" unbemerkt durchschlüpfen und das offen präskriptive letzte Kapitel würde dem Ganzen noch ein paar Endschnörksel aufsetzen[10]. Wie können wir das vermeiden?

10. Diese normative/interpretative Falle war lange Zeit ein Anliegen in der Anthropologie und hat zu einer wichtigen Unterscheidung zwischen zwei Arten von Ansätzen geführt: der *etische* Ansatz, in dem

Einfach- und Mehrfachproblemanalysen

Wenn der Analytiker selbst "entscheidet"[11], welches die relevanten Risiken sind (oder wenn es seine Klienten mit ihren Bezugspunkten für ihn tun), dann wird er auf den Einfachproblemansatz festgelegt. Genau das war der Trend in der US-Fallstudie und genau das passiert in den Risikofragebögen, die von den Psychometrikern verabreicht werden - die Risiken sind durch das Format der Fragebögen vorgegeben und der Interviewte darf sagen, wie ernst oder trivial er sie findet. Bei einem Mehrfachproblemansatz würde der Analytiker (durch offene Interviews oder teilnehmende Beobachtung) herauszufinden suchen, welche Arten von Tätigkeiten und Handlungsträgern die beobachtete Person als riskant betrachtet (und auch, ob das Risikokonzept des Analytikers einen entsprechenden Widerpart in dem Konzeptschema der beobachteten Person hat). Erst wenn er das "hausgemachte" Risikomodell herausgefunden hat, würde er sich berechtigt fühlen, Fragen über die Vergleichbarkeit und die relative Bedeutung der verschiedenen Risiken, die in dem Leben der beobachteten Person eine ernste Rolle spielen, zu stellen. Auch könnte er sich nicht dazu überwinden, eine Methode zu verwenden, die von der beobachteten Person verlangt, dem Lexikon der Risiken, die er (der Ana-

---

der Analytiker die relevanten Kategorien definiert und dann seine exotische Gesellschaft in diesen Rahmen hineinpreßt, ähnlich wie der arme Prokrustes in sein Bett gepreßt wurde; und der *emische* Ansatz, in dem der Analytiker die Kategorien der Leute, die er studiert, zu finden sucht und dann diese Gesellschaft nach jenen Kategorien interpretiert. Der etische Ansatz ist meist stark normativ und sehr ethnozentrisch und führt zu dem sogenannten *Anthropologenmodell*; der emische Ansatz, der in seinem Bemühen, diese beiden Übel zu vermeiden, Saltos schlägt, führt zu dem sogenannten *hausgemachten Modell*. Sobald natürlich eine Reihe von solchen hausgemachten Modellen vorliegen, ist es durchaus legitim (vom emischen Standpunkt), sie nebeneinander zu stellen und zu versuchen, sozusagen ein Metamodell zu konstruieren, um ihre Abweichungen zu erklären. Vom emischen Standpunkt ist das Anthropologenmodell *nur* auf dieser Metaebene gültig (wo es natürlich gegen die rivalisierenden Modelle anderer Anthropologen antreten muß). Nachdem ich dies gesagt habe, bleibt mir nur noch hinzuzufügen, daß ich Anthropologe bin und daß sich heutzutage kein Anthropologe mit Selbstrespekt zu einem etischen Ansatz überwinden kann. (Zumindest nicht bewußt! Nur weil man versucht, die kulturelle Prägung zu kompensieren, folgt daraus nicht, daß man völlig frei davon ist.) Das Problem für mich als Mitglied eines interdisziplinären Teams ist es, einen emischen Weg zur Behandlung dieser Fallstudien zu finden; das Problem für das Team als ganzes ist es, eine nicht-willkürliche Basis zu finden, auf der sie sie vergleichen können. Ich möchte behaupten, daß die Lösung für das erstere Problem auch die Lösung für das zweite ist.

11. Oft wird ihm die Entscheidung durch die nicht in Frage gestellten Annahmen, die in den sozialen Kontext der Analyse eingebaut sind, bereits vorweggenommen. Die "technischen Macher" sehen beispielsweise die Natur als im wesentlichen machbar an und für sie liegen alle Risiken innerhalb dieser Natur.

lytiker) identifiziert hat, ein festgelegtes Gesamtgewicht beizumessen, ohne nicht zuerst sicherzustellen, daß keiner der bedrohten Werte als unantastbar (und damit als infinit gewichtet) betrachtet wird.

Aus all dem könnte man meinen, daß der Mehrfachproblemanalytiker so gewissenhaft und anspruchsvoll ist, daß er ganz unmöglich jemals die Auf gabe in den Griff bekommen wird und daß es daher - vielleicht bedauerlicherweise - keine andere Wahl gibt, als mit der Risikoanalyse in ihrer gegenwärtigen Einfachproblemform weiterzumachen. Aber ist das wirklich der Fall? Wir haben einen Einfachproblemansatz, wenn der Analytiker das Risiko für alle seine Testpersonen definiert, und einen Mehrfachproblemansatz, wenn er jeder Testperson erlaubt, das Risiko zu definieren. Letzteres hat Orr gemacht. Weit davon entfernt, Energierisiken zu definieren, nahm Orr an, daß Risiken ausgewählt werden und er erlaubte es jedem seiner Hauptdarsteller, jene Risiken zu definieren, die aus seiner jeweiligen Perspektive heraus Prominenz erlangen. Wenn das schiere Vorhandensein der verschiedenen Stellungen innerhalb der Energiedebatte davon abhängt, daß das Risiko auf diese Art plural ist, wird dann gemäß Ashbys Gesetz der erforderlichen Varietät jeder Ansatz, der annimmt, daß das Risiko einförmig ist, in Schwierigkeiten geraten? Sind wir in Schwierigkeiten?

Die Fallstudien

Alle unsere Fallstudien fingen damit an, daß sie die "beteiligten Parteien" identifizierten und die verschiedenen "Parteienperspektiven" skizzierten. Sie begannen also sicherlich mit den besten Mehrfachproblemabsichten. Aber es kann keinen Zweifel darüber geben, daß, was auch immer am Anfang ihrer Genesis stand, sie alle zu dem Zeitpunkt, als sie durch das MAMP-Modell passiert wurden, eines Großteils ihrer Vielfalt entkleidet wurden. Ein wohlwollender Kritiker unserer Studie bezeichnete das MAMP-Modell als eines, das "alles in eine Schablone preßt", und ein anderer äußerte sich über das gleiche Thema ausführlicher wie folgt:

> ... Sie scheinen von dem Gedanken gefangen zu sein, daß sich alle die verschiedenen Parteigänger bei der Problemlösung in jeder Runde auf eine Definition des Problems einigen. Sie vermerken das Fortschreiten von einer Runde zur nächsten durch den Wechsel (immer einstimmig?) von einer Problemdefinition zur nächsten. Aber es ist ein häufiges Merkmal der interaktiven Problemlösung, daß viele, vielleicht die meisten der Mitwirkenden eine klare und unterschiedliche Vorstellung davon haben, was ihrer Meinung nach das "Problem" ist ... Sie arbeiten nicht an einem einzigen gegebenen Problem und glauben auch nicht, daß sie es tun.

Daher sehen wir bei dieser Mehrfachproblemhypothese das MAMP-Modell - unsere Leserhilfe - als repressives Mittel, das, indem es hier ein bißchen etwas von der klaren Problemdefinition abzwickt und dort eine Planke aus der Parteigängerplattform herauszieht, alles in die einförmige Einfachproblemschablone zwängt[12]. Orrs pluralistischer Rahmen würde im Gegensatz dazu jeder Perspektive die Freiheit gewähren, ihr Problem selbst zu definieren.

Trotzdem gibt es sicherlich eine Bedeutung, bei der wir mit Recht - wie in Kapitel 8 - sagen können, daß jede "Runde" durch eine bestimmte "Problemformulierung" eingerahmt wird, wobei diese Formulierung die Agenda ist, die von der "konstituierenden Versammlung" für den Standortbestimmungsprozeß festgelegt wird. Die "konstituierende Versammlung" hat natürlich nur selten wirklich freie Hand bei der Festlegung der Agenda für den Prozeß; doch kann die Tatsache, daß die anderen beteiligten Parteien an diesem Prozeß teilnehmen, so ausgelegt werden, daß dies anzeigt, daß sie zu einem gewissen Grad diese bestimmte Problemdefinition akzeptiert haben. Aber, so würden die Protagonisten des Mehrfachproblemansatzes argumentieren, nur *zu einem gewissen Grad*. Wenn sie sich auch alle zu der einen sichtbaren Agenda zusammensetzen, so bringen sie doch alle ihre eigenen versteckten Programme mit[13].

So hat der Konflikt zwischen der Einfach- und der Mehrfachproblemhypothese etwas mit der Inklusivität zu tun. Beide können mit der sichtbaren Agenda umgehen (der Es-ist-überall-auf-der-Welt-das-gleiche-Teil der Geschichte), während aber nur die Mehrfachproblemhypothese darüberhinaus auch die versteckten Agendas einbeziehen kann (der Die-Dinge-werden-in-den-verschiedenen-Ländern-verschieden-gehandhabt-Teil der Geschichte). Die Mehrfachproblemhypothese räumt ein, daß ein gewisses

12. Wie Brian Wynne mir gegenüber ausführte, sollte das MAMP-Modell auch dafür kritisiert werden, daß es die Interessensgruppen gehirnamputierte - daß es *sie* entsprechend *seinem* eigenen Rahmen definierte, anstatt ein Gespür für ihre Anliegen und Interessen "in der Runde" zu bekommen und dann die LEG-Standortfrage in diesen sozialen und pluralen Rahmen einzupassen.

13. Eine Parallele zur Organisationstheorie hilft vielleicht dabei, diese wesentliche Unterscheidung zu beleuchten. Eine hierarchische Organisation wird kraft ihrer Struktur ein *manifestes* Ziel für sich selbst definieren; aber nur in den kleinsten Organisationen wird dies das *einzige* Ziel sein, das verfolgt wird. In dem Maße, indem sich verschiedene Informationskulturen in den verschiedenen Sektoren und Ebenen innerhalb der Organisation herauskristallisieren, schaffen sie sich *latente* Ziele, die häufig miteinander und mit dem manifesten Ziel im Widerspruch stehen. Dies bedeutet, daß eine Analyse lediglich gemäß dem manifesten Ziel hoffnungslos unzulänglich sein wird, da das Verhalten der Organisation nur im Rahmen der komplexen Muster von Kämpfen zwischen den Protagonisten der manifesten und der latenten Ziele wie auch zwischen den Protagonisten der verschiedenen latenten Ziele verständlich wird.

Ordnungsprinzip notwendig sein wird, wenn die Fallstudien verglichen werden sollen und sie gesteht zu, daß das MAMP-Modell ein durchaus wirkungsvolles Ordnungsmittel ist, aber es ist nun einmal eine Tatsache, daß die Ordnung zu einem gewissen Preis erkauft werden muß, und dieser Preis ist die Zustimmung zu einem repressiven Einfachproblemansatz. Aber das bedeutet noch nicht, daß alles verloren ist. Wenn der Einfachproblemansatz unzulänglich ist, dann sollten wir erwarten, daß in den Fallstudien ernstliche Anomalien und Paradoxa auftreten. Treten sie tatsächlich auf, so können wir den Mehrfachproblemansatz wiedereinführen und auf die Probe stellen, indem wir diese Anomalien und Paradoxa aufzählen und uns dann an die Kulturhypothese um eine Lösung dafür wenden.

Die Kulturhypothese

Bild 1 zeigt die wesentlichen Elemente des Orrschen Schemas. Jede dieser Perspektiven ist ein Gesamtpaket, bei dem jeder Teil seine Rolle spielt. Ich habe den *Langzeitenergiequellen* eine eigene Spalte zugewiesen, um zu betonen, daß jedes Paket so zusammengestellt wird, daß es unweigerlich zu der gewünschten Zukunft führt. Eine Folge davon ist, daß das Risiko niemals nur ein Risiko, sondern immer ein "Risiko für jemanden" ist (so wie die Geschichte immer eine "Geschichte für jemanden" ist[14]). Die Risiken für jemanden sind die Peitschen (die Sanktionen), mit denen die Gesellschaft in die gewünschte Energiezukunft, in das ge-

Perspektive / *Variablen*	*Angebot*	*Konservierung*	*Energieversorgung*
Das Problem	Unzulängliches Angebot	Energieverschwendung	Kulturell und sozial
Hauptdarsteller	Energiefirmen	Regierungsbehörden	Die Öffentlichkeit (Interessensgruppen)
Energieziele	Unerschöpfliche, billige Energie	Kurzfristig: Effizienz Langfristig: unerschöpfliche (aber nicht billige) Energie	Dezentralisierte Gesellschaft auf der Grundlage der Sonnenenergie
Bevorzugter Herrschaftsstil	Laissez-faire	Leviathanisch	Jeffersonisch
Wertsystemänderungen verlangt	Keine Änderungen	Kleine (oder allmähliche Änderungen)	Große (und plötzliche) Änderungen
Herausragende Risiken	Wirtschaftliche Störungen	Zahlungsbilanz Abhängigkeit von Übersee Energiekriege	Technische Unfälle Erschöpfung der Ressourcen Klimaänderungen
Langzeitenergiequellen	Brüter/Fusion	Erhaltung, führt zu Brüter/Fusion	Dezentralisierte Sonnen-, Wind- und Biomassenergie

Bild 1: Das Orrsche Schema

14. Levi-Strauss (1966).

wünschte Muster der sozialen Beziehungen getrieben wird, die als mit dieser Zukunft einhergehend betrachtet wird. Anders ausgedrückt: Die Risiken sind also vorgeschobene Gründe für die bevorzugten Muster der sozialen Beziehungen. Dies ist, angesichts der Unvermeidbarkeit des "Risikos für jemanden", die kulturelle Definition des Risikos.

Wenn die Risiken die Peitschen sind, was ist dann das Zuckerbrot - was sind die positiven Anreize für die Gesellschaft, in die gewünschte Richtung zu gehen? Die Antwort lautet: die Ressourcen. Aus der Angebotsperspektive gesehen leben wir in einer Welt des *Ressourcenüberflusses*, aus der Konservierungsperspektive gesehen in einer Welt der *Ressourcenknappheit*, aus der Energieversorgungsperspektive gesehen in einer Welt der *Ressourcenerschöpfung*[15]. Wie entstehen aber nun diese gegensätzlichen Überzeugungen über die Natur der Ressourcen und wie kommt es, daß diese gegensätzlichen Überzeugungen in der einen Welt nach wie vor weiterleben können? Um diese Frage zu beantworten, müssen wir auf die Theorie der kulturellen Prägung zurückgreifen und für das Orrsche Schema, welches im wesentlichen eine Erklärung im Rahmen der Zielsuche ist (wobei die Ziele durch das offensichtliche Eigeninteresse der Hauptdarsteller festgelegt werden) auf der viel niedrigeren Ebene der Zielsetzung (auf der man fragt, wie es kommt, daß die Darsteller herausfinden können, worin dieses Eigeninteresse, nach dem sie handeln, besteht) eine Stützmauer aufbauen.

Zuerst lassen Sie mich die Orrschen Hauptdarsteller zu drei unterschiedlichen sozialen Typen generalisieren: die *Unternehmer*, die *Hierarchisten* und die *Sektisten*. Sie erhalten alle ihre jeweilige soziale Identität aus dem sozialen Kontext, in dem sie sich befinden und den sie zu erhalten suchen. Jeder Kontext wird durch eine bestimmte Organisationsart geprägt: das *egozentrierte Netz* für den Unternehmer, die *hierarchisch-verschachtelte Gruppe* für den Hierarchisten und die *abgegrenzte egalitäre Gruppe* für den Sektisten. Ich stelle in den Raum, daß diese Typologie der Organisationen erschöpfend ist - daß dies die einzigen Arten von Organisationen sind, die sozial lebensfähig sind[16].

15. Der taktische Einsatz des Ressourcenarguments kann sich jedoch von diesen ihm zugrundeliegenden strategischen Kategorien unterscheiden. Die Unternehmer werden z.B. sagen, daß es in einem Sektor (Kohlenwasserstoffe oder sogar Uran) eine Ressourcenerschöpfung gibt und in einem anderen (Schnelle Brüter) eine Ressourcenüberfülle, um den "ungestörten Geschäftsgang" zu rechtfertigen. Eine Diskussion des Zusammenhangs zwischen dem strategischen und dem taktischen Gebrauch bietet meine Studie *Among the Energy Tribes* (Thompson 1982).

16. Ich sollte betonen, daß ich hier der Definition einer Organisation als *konzeptuelles Schema* folge. Ich möchte damit nicht behaupten,

Aber es gibt zwei Vorbehalte. Zunächst ist der Aufbau von egozentrierten Netzen ein Konkurrenzkampf, und wenn die Gelegenheit für economies of scale vorhanden ist, dann werden sich einige Netze (die der energischen, gewandten und erfolgreichen Personen) auf Kosten der anderen (jene der schüchternen, ungewandten und erfolglosen Individuen) ausdehnen. Das Ergebnis ist eine Aufspaltung in zwei soziale Typen: der *Unternehmer*, der vom Zentrum seines ausgedehnten Netzes aus seine Geschäfte abwickelt, und der *Arme Teufel*, der durch die Inbeschlagnahme seiner Geschäftsmöglichkeiten von seiten der wuchernden Netze des Unternehmers sehr stark eingeschränkt ist. Zweitens kann die bewußte Vermeidung aller drei organisatorischen Formen ebenfalls unter gewissen Umständen (einer davon ist das Fehlen von Möglichkeiten für economies of scale) eine sozial lebensfähige Strategie sein. Die Personen, die diese Strategie erfolgreich anwenden, bilden einen fünften sozialen Typus: den *Einsiedler*.

Obwohl es also nur drei organisatorische Typen gibt, führt ihre dynamische Natur zu insgesamt fünf sozialen Typen. Diese fünf können bequem auf zwei Achsen des sozialen Kontextes aufgetragen werden: die Dimension der *Gruppe*, bei der es um das Ausmaß geht, in dem eine Person in abgegrenzte soziale Gruppen eingebunden oder von ihnen frei ist, und die Dimension des *Gitters*, bei dem es um das Ausmaß geht, in dem sich ein Mensch als den sozial auferlegten Normen unterworfen oder frei davon findet (in welchem Fall der Grund dafür, wie bei unserem Unternehmer, darin liegen kann, daß er zufällig gerade eifrig damit beschäftigt ist, anderen Personen in anderen sozialen Zusammenhängen Normen aufzuerlegen). Zu diesen sozialen Typen gehört jeweils eine spezielle sozial induzierte Lebensstrategie, die mit Hilfe einer deutlichen kulturellen Prägung jederzeit gerechtfertigt und aufrechterhalten wird. In anderen Worten: Die sozialen Typen sind nicht nur *vorhanden*, sie stehen andauernd im Wettstreit miteinander und die ganze Stoßrichtung dieser Kulturtheorie geht dahin, daß die politischen Debatten (wie z.B. über LEG) am besten als besonders sichtbare und konzentrierte Beispiele dieses andauernden Wettstreites zu sehen sind (siehe Bild 2).

---

daß sich die konkrete Wirklichkeit - der Prozeß des sozialen Lebens - so glatt herauskristallisiert. Im allgemeinen ist dieser Prozeß komplex und schlampig genug, daß alle darin Verwickelten imstande sind, ihn sich in jeder dieser drei Arten vorzustellen und eine plausible Darstellung davon abzugeben. Die Musterungen und Transformationen dieser "konkreten Wirklichkeit" müssen als die Resultante dieser widersprüchlichen Konzepte verstanden werden, wie sie durch jene zur Wirkung kommen, die dafür eintreten.

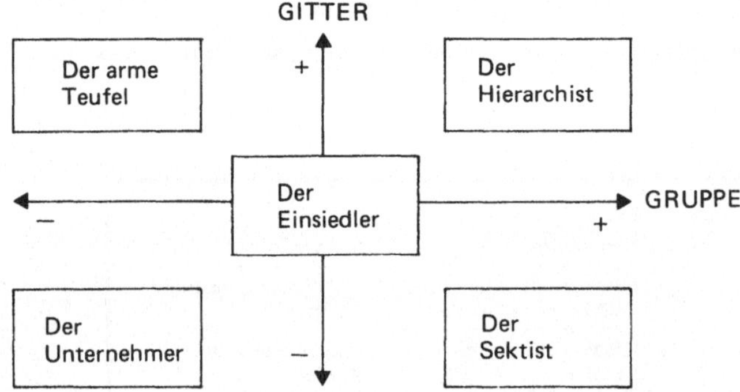

Bild 2: Soziale Typen und ihre sozialen Kontexte

Die sektistischen, hierarchistischen und unternehmerischen Prägungen sind in unseren vier Fallstudien deutlich zu erkennen (wenn auch mit einigen kennzeichnenden Abweichungen zwischen den Ländern bezüglich ihrer relativen Stärke, ihres Einflusses und Status), während zwei soziale Typen - der Arme Teufel und der Einsiedler - überhaupt nicht auftreten. Der Grund dafür ist ganz einfach, daß der Arme Teufel keinen Zugang zu der Debatte erhalten würde, selbst wenn er es wollte, während die ganze Strategie des Einsiedlers darauf abzielt, einen weiten Bogen um alle Arten von zwangsweiser Involvierung zu machen. Einsiedler steigen aus, Arme Teufel werden hinausgedrängt. Aber nur weil sie nicht in der Debatte mitmachen, folgt daraus nicht, daß sie für sie bedeutungslos wären. Viele Interessensverbände behaupten beispielsweise glaubwürdig, daß sie im Namen der Armen, Hilflosen und Unbeachteten sprechen. Damit bringen sie die Armen Teufel nicht etwa in die Debatte ein. Statt dessen eignen sie sich diese Leute an als moralischen Knüppel, mit dem das Establishment bearbeitet wird - die Unternehmer und die Hierarchisten, welche zusammen die andere Diagonale des Sozialkontextschemas bilden[17]. Aber mehr über diese komplexe Dynamik - diesen ewigen Wettstreit - demnächst. Zuerst möchte ich die wesentlichen Merkmale der drei sozialen Typen, die tatsächlich an der Debatte teilnehmen, darstellen und daraufhin eine Reihe von Anoma-

17. Die Armen Teufel bilden sozusagen ein Reservoir an sozialem Kapital, das die anderen sozialen Kontexte (mit Ausnahme des Einsiedlers) sich einzuverleiben und dann mit Hilfe ihrer kulturellen Prägung umzuwandeln versuchen. Die Sektisten brauchen sie als moralischen Knüppel, die Unternehmer als Arbeitskraftreserven und friedliche Konsumquelle und die Hierarchisten brauchen sie unter sich als ungezogene Kinder oder Kanonenfutter, je nach den Umständen.

lien und Paradoxa innerhalb der Fallstudien durchgehen, um zu sehen, ob ich sie mit Hilfe dieses pluralistischen Modells lösen kann (siehe Bild 3).

Soziale Typen / *Variablen*	*Unternehmer*	*Hierarchist*	*Sektist*
Organisation (konzeptuelles Schema)	Egozentriertes Netz	Hierarchisch verschachtelte Gruppe	Abgegrenzte egalitäre Gruppe
Kulturelle Prägung	Pragmatischer Materialismus	Ritualismus und Opfer	Millenarianismus/ Fundamentalismus
Sozial induzierte persönliche Strategie	Individualistisch manipulativ	Kollektivistisch manipulativ	Überleben der Gruppe/ zwangsutopisch
Naturbild	Durch Können gesteuertes Füllhorn	Isomorphisch (Füllhorn mit Rechenschaftspflicht)	Absolute Rechenschaftspflicht
"Zuckerbrot" durch Naturbild gerechtfertigt	Ressourcenüberfluß (von der Kultur verliehen)	Ressourcenknappheit (von der Kultur verliehen innerhalb des natürlichen Rahmens)	Ressourcenerschöpfung (von der Natur verliehen)
"Peitsche" durch Naturbild gerechtfertigt	Herausragende Risiken wie bei Orr (Bild 1)	Herausragende Risiken wie bei Orr (Bild 1)	Herausragende Risiken wie bei Orr (Bild 1)
Szenario, zu dem Zuckerbrot und Peitsche hinlenken	"Normale Geschäftstätigkeit"	"neutral"	"Radikale Änderungen jetzt"

Bild 3: Die kulturelle Untermauerung des Orrschen Schemas

ANOMALIEN UND PARADOXA

Runden und Schlachten

Die Planungsverfahren (in den Marktwirtschaften) schaffen eine asymmetrische Arena, innerhalb welcher die Planungsbehörden nur dann handeln, wenn ein Antragsteller etwas unternimmt. Die Planung ist defensiv, die Antragstellung offensiv, und in Großbritannien liegt die Initiative ganz und gar beim Antragsteller. Das Ziel des Shell/Esso-Konsortiums ist es, die Planungsbewilligung für einen Standort *ihrer* Wahl zu erhalten. Ohne Zweifel schenken sie wirtschaftlichen Faktoren wie den Rohrleitungskosten, Umweltfaktoren wie den Küstenformen und den vorherrschenden Wetterbedingungen sowie dem Strategischen Plan, der die Gebiete bezeichnet, wo eine Entwicklung gefördert oder gedämpft wird, größte Beachtung. Wenn sie klug sind, werden sie auch einige soziale Faktoren wie die mögliche Stärke der Opposition an den Orten, wo sie ihre Anlage aufstellen möchten, in Erwägung ziehen. Und wenn sie nicht auf Anhieb Erfolg haben, können sie es immer wieder und wieder versuchen.

In anderen Worten, der Kampf beginnt, wenn der Initiator beschließt, daß er eine Anlage errichten möchte, und endet, wenn er die Erlaubnis dafür erhält (oder wenn er aufgibt). Aus dieser Perspektive war der Vorschlag für Mossmorran-Braefoot Bay nur eine Runde innerhalb einer Schlacht, die mit dem früheren, fehlgeschlagenen Versuch von Shell/Esso begonnen hatte, ihre Anlage bei Petershead aufzuziehen. Aber die Verteidigung sieht die Lage nicht so. Sie handelt nur, wenn ein Vorschlag eingebracht wird, und für sie beginnt jede Schlacht mit einem Vorschlag und endet mit einer Bewilligung oder Ablehnung dieses Vorschlages. Nachdem es keine Möglichkeit gibt, diese zwei Anschauungen innerhalb einer einzigen Formulierung zu versöhnen, brauchen wir eigentlich zwei MAMP-Modelle - eines für den Antragsteller und eines für die Planungsbehörde - aber wir haben nur eines! Schauen wir uns diese Anomalie kurz daraufhin an, was passieren würde, wenn wir auf Mehrfachproblem umstiegen und plurale MAMPire erlaubten.

Bei dem britischen Fall wäre die Diskrepanz zwischen den beiden MAMP-Modellen ziemlich groß, bei dem amerikanischen ist dagegen der Unterschied nicht so kraß. Der Grund dafür liegt darin, daß in den USA zuerst der Bedarf diskutiert wird und dann, wenn die Entscheidung auf "Ja" lautet, eine Liste von möglichen Standorten aufgestellt wird, worauf sich dann der Antragsteller durch diese "öffentliche" Liste durcharbeiten muß[18]. In Großbritannien bekommt die Frage des Bedarfs keine solche öffentliche Anhörung und es gibt auch keine öffentliche Liste von Standorten (obwohl die Antragsteller zweifellos ihre eigene private Liste haben, die durchzuarbeiten sie bereit sind). Ein Vergleich der Diskrepanzen zwischen diesen pluralen MAMPiren ist äußerst instruktiv.

1. Separate MAMPire für Angreifer und Verteidiger erlauben es uns, die fundamentale Asymmetrie innerhalb der Planungsarena zu erkennen. Der Angreifer-MAMP reflektiert die kulturelle Prägung des Unternehmers, während der Verteidiger-MAMP die kulturelle Prägung des Hierarchisten widerspiegelt. Daher bringt der pragmatische Materialismus seines Denkmusters den Angreifer dazu, die unverrückbaren Vorbedingungen des Verteidigers (wie sie im Strategischen Plan angeführt sind) einfach als einen Teil der Natur zu behandeln, während die Denkweise des Verteidigers zugunsten der Klarheit und Ordnung ihn dazu führt, einzelne Teile aus dem Entscheidungskontinuum

18. Tatsächlich wurde bei LEG die Bedarfsfrage immer wieder diskutiert und debattiert, selbst nachdem man angenommen hatte, daß der Bedarf für einen Terminal feststehe - ein gutes Beispiel für einen Konflikt zwischen der sichtbaren und der verdeckten Agenda.

an jenen Stellen herauszuhacken, wo er beginnt und aufhört, auf das Auf- und Abtreten des Angreifers zu reagieren.

2. Die Musterung der Diskrepanzen zwischen diesen MAMPiren in den USA und in Großbritannien enthüllt deutlich, daß in Britannien alles viel stärker "zerhackt" ist und daß die Beteiligung der Öffentlichheit in den USA viel höher ist. Dies deutet auf eine starke Tendenz zur Hierarchie in Großbritannien und von der Hierarchie weg in Richtung der Jeffersonschen Forderungen, wie sie für die sektistische Prägung üblich sind, in den USA.

3. Diese Gegensätze zwischen Großbritannien und den USA werden oft in Form einer Unterscheidung zwischen einer *konsensorientierten* und einer *konfliktorientierten* Kultur verallgemeinert, und die Vergleiche zwischen pluralen MAMPiren erlauben es uns, eine plausible kulturelle Basis für die sehr verschiedenen politischen Regimes, auf denen diese Unterscheidung beruht, vorzuschlagen.

Ein repräsentativer, aber nicht partizipativer Stil der Demokratie bedarf eines untertänigen Volkes, das bereit ist, einen ziemlich hohen Grad an Geheimhaltung zu ertragen, das das Fachwissen respektiert und das in ein System Vertrauen setzt, welches die Fragenkomplexe in kleine Happen aufteilt, die zur Einverleibung auf den verschiedenen Ebenen seiner hierarchischen Struktur geeignet sind. Ein partizipativer Stil der Demokratie erfordert ein widerspenstiges Volk, das beim ersten Zeichen von Geheimhaltungstendenzen laut aufschreit, das das Fachwissen verdächtigt und das allen hierarchischen Tendenzen mißtraut, wann immer es ihnen begegnet[19].

Daher eröffnet sich mit dem Vergleich von pluralen MAMPiren ein Weg zur Erkenntnis der verschiedenen politischen Regimes und durch sie ein Weg zur Erfassung der damit verbundenen institutionalisierten Stile der Risikohandhabung. In einem *untertänigen* Regime muß die Regierung einen Ausgleich zwischen den Forderungen der unternehmerischen und der hierarchistischen kulturellen Denkweisen finden. In einem *widerspenstigen* Regime ist die Lage komplizierter und die Regierung muß einen dreisei-

19. Innerhalb eines untertänigen Volkes können die Sekten nur wenig Status erlangen, da es die Hierarchien geschafft haben, einen imponierenden Reifegrad zu erlangen und zu erhalten. Aber innerhalb eines widerspenstigen Volkes haben die Sekten durchaus Status und als Folge ihres dauernden Geschreis unterliegen alle Hierarchien, die sich trotzdem formen (z.B. Regierungsbürokratien), einer permanenten Unreife.

tigen Ausgleich finden, der auch die Forderungen der sektistischen Denkweise einbezieht.

Eine plausible Prognose aus dieser Hypothese ist es, daß ein Regime, das die Partizipation der Öffentlichkeit verlangt und Geheimhaltung ablehnt, wesentlich mehr Literatur (Berichte, Transkriptionen von Anhörungen, etc.) erzeugen wird als eines, das die Teilnahme der Öffentlichkeit begrenzt und die Geheimhaltung fördert. Einen solchen Vergleich zwischen den Fallstudien kann man ohne weiters anstellen. Durch das einfache Kriterium des Abwiegens der "Massen" von bedrucktem Papier, das sich im Laufe der Fallstudien angesammelt hat, scheint es, daß alle drei europäischen Länder eine konsensorientierte Kultur gemeinsam haben, während eine konfliktorientierte Kultur nur in den USA besteht[20]. Bei der Untersuchung der verbleibenden Anomalien werde ich zunächst prüfen, ob diese vorläufige Unterscheidung aufrechterhalten werden kann und einige der besonderen Eigenschaften der europäischen Fälle zu verstehen suchen, mit welchen dem einen Kulturstil, den sie gemeinsam haben, verschiedene Aromen beigemengt werden.

Ein Vergleich der Standortbestimmungskriterien

Die Kriterien der Standortbestimmung werden nur im kalifornischen Fall mit seinem LNG-Standortbestimmungsgesetz ausdrücklich dargelegt. In den anderen drei Fällen müssen sie aus den jeweiligen Umständen der Bewilligung oder Ablehnung abgeleitet werden. Natürlich hätten solche *abgeleitete* Standortkriterien für zukünftige Entscheidungen nie die gleiche Gesetzeskraft wie die kalifornischen Kriterien. Man könnte bestenfalls damit den Anspruch erheben, daß sie einen *Präzedenzfall* darstellen. Hierarchistische Regimes lieben Präzedenzfälle, die ihnen einen unverrückbaren Rahmen und gleichzeitig eine Menge Manövrierraum bieten[21]. Egalitäre Regimes mißtrauen den unfairen Trade-offs zwischen den Repräsentanten der hierarchistischen und der unternehmerischen Prägung, die innerhalb dieses Manövrierraums vor sich gehen könnten und bevorzugen es statt dessen, daß alles klar und deutlich schwarz auf weiß niedergeschrieben ist.

---

20. Tatsächlich wurden zwei Länder, die den Ruf der ausgeprägtesten Hierarchie haben - Frankreich und Japan - in einem frühen Stadium aus unserer Studie eliminiert, weil ihre "Massen" so außerordentlich *gering* waren.

21. Aber das soll nicht heißen, daß sie *alle* Präzedenzfälle lieben. Wir werden demnächst die bemerkenswerten Gymnastikübungen betrachten, die das holländische Kabinett vollführen mußte, um einen Präzedenzfall zu vermeiden, der seinen Manövrierraum eingeschränkt hätte.

Die gleichen krassen Anomalien, die auftreten, wenn die kalifornischen Standortkriterien auf den britischen Fall angewendet werden, ergeben sich auch, wenn sie auf den niederländischen oder den deutschen Fall übertragen werden - beide verletzen die kalifornischen Vorschriften über die Bevölkerungsdichte ganz erheblich. Andererseits treten solche krasse Anomalien nicht auf (obwohl es auch hier Unterschiede gibt), wenn die britischen, holländischen und deutschen Standortentscheidungen aufeinandergelegt werden. Alle drei Standorte liegen nicht weit entfernt von besiedelten Gebieten und die Zufahrt zu allen dreien erfordert ein ziemlich kompliziertes Navigieren durch beengte und vielbefahrene Schiffahrtsrinnen. Das geographische Argument, daß diese Ähnlichkeiten und Unterschiede durch den Unterschied zwischen dem kleinen und engen Europa und dem weiträumigen und offenen Kalifornien bedingt sind, gilt für Schottland ganz bestimmt nicht und steht auch durchaus nicht im Einklang mit der Ablehnung des Projektes einer künstlichen Insel in Holland, welches sogar die kalifornischen Kriterien erfüllt hätte.

Nein, wir müssen ernsthaft in Erwägung ziehen, daß diese europäischen Länder, ähnlich wie die Duponts, die ihren Familiensitz mitten in ihre Schwarzpulverfabrik stellten, es tatsächlich vorziehen, daß die Risiken, die sie zum Nutzen aller eingehen, auch von allen getragen werden sollen. Anstatt das Ziel des Nullrisikos zu verfolgen, was durch die sektistischen Argumente für soziale Gerechtigkeit legitimiert würde, bemühen sie sich um eine Prise *noblesse oblige* - einem hierarchischen Code, in dem die korrekten Beziehungen zwischen den Teilen durch die Opfer ausgedrückt werden, die jeder bereit sein muß, für die Gesamtheit zu bringen - was sie durch die Konvergenz zweier Argumente rechtfertigen: das unternehmerische Argument der wirtschaftlichen Effizienz und das hierarchische Argument der logischen, ordentlichen und sichtbaren (aber nicht notwendigerweise partizipativen) Verfahrensweisen.

Eine wachsende Besorgnis, die nicht wächst

Die deutsche Fallstudie empfiehlt mehr Beteiligung der Öffentlichkeit und weniger Geheimhaltung im Entscheidungsprozeß, damit "die wachsende Besorgnis über das Risiko und die negativen Auswirkungen der technologischen Entwicklung" besser einbezogen werden kann. Das Argument lautet, daß das gegenwärtige repräsentative System, indem es eine öffentliche Debatte über Sicherheitsfragen ausschließt, sich diesem Anliegen gegenüber verschließt. Dennoch ist es eines der interessantesten Ergebnisse dieser Fallstudie, daß diese "wachsende Besorgnis" kaum zu finden ist. "Der Widerstand", so sagt man uns, "war in Wilhelmshaven nicht sehr stark", es gab "keine Partizipation von nationalen oder regionalen Umweltschutzgruppen", und was es an Widerstand gab, blieb auf lokale Fragen beschränkt.

Die wachsende Besorgnis über das Risiko und die negativen Auswirkungen der technologischen Entwicklung hat, wie sich herausstellt, ihren Ursprung in der Kernkraft, und die Tatsache, daß sie *nicht* auf Flüssigenergiegas überläuft, sollte uns dazu bringen, diese allgemeine und verallgemeinerte Annahme in Frage zu stellen. Vielleicht wird verkehrt herum verallgemeinert? Vielleicht ist das LEG mit seiner minimalen öffentlichen Partizipation die deutsche Regel und die Kernkraft die deutsche Ausnahme? Vielleicht ist es nicht die wachsende Besorgnis über das Risiko, welche einen Bedarf für die Beteiligung der Öffentlichkeit erzeugt, sondern eher ein Mehr an öffentlicher Beteiligung, das die wachsende Besorgnis erzeugt?

Im Falle der Kernkraft bot der Übergang von der Bundespolitik zur Länderausführung die Gelegenheit für eine verstärkte Bürgerbeteiligung. Auf der Länderebene wird den lokalen Bürgerinitiativen der Zugang zu einem ansonsten eher unzugänglichen Prozeß garantiert (durch eine konstitutionelle Eigenart, die etwas im Widerspruch zu der normalen deutschen Vorgangsweise steht und die von den Alliierten eingefügt wurde in der Hoffnung, daß damit der Entwicklung eines extremen Staatsautoritarismus ein Riegel vorgeschoben würde). Diese Gelegenheiten für die Partizipation der Öffentlichkeit ergeben sich bei anderen Technologien wie z.B. LEG nicht, da der Übergang von Bund auf Land nicht derselbe ist[22]. Aber warum sollte die Partizipation zu einer wachsenden Besorgnis über das Risiko und die negativen Aspekte der Technologie im allgemeinen führen? Die Kulturtheorie bietet dafür eine plausible Antwort.

Wenn die lokalen Bürgerinitiativen sektistisch sind (und nachdem sie (a) Gruppen und (b) außerhalb des hierarchistischen Systems sind, scheint dies sehr wahrscheinlich), dann verfolgen sie eine entsprechend widerspenstige Strategie, die den Kompromiß ablehnt, vor Verhandlungen zurückschreckt, dem Fachwissen mißtraut, der sozialen Gerechtigkeit eine absolute Vorrangstellung gewährt und Effizienzargumente praktisch als Verschwörung ansieht. Aus dieser Perspektive wird das Risiko (das unfreiwillige, katastrophale und irreversible) dazu verwendet, sich von den zwei Säulen des Establishments - den Unternehmern und den Hierarchisten

22. Und vermutlich auch aus anderen Gründen. Diese haben mit der sozialen Bestimmung eines Überlaufens und Eindämmens zu tun und werden später besprochen.

- zu distanzieren. Kein Wunder also, daß eine verstärkte Partizipation der Sektisten im Entscheidungsprozeß zu einer wachsenden Besorgnis über das Risiko und die negativen Auswirkungen der technologischen Entwicklung führt!

Der kulturelle Ansatz besagt, daß die verstärkte Partizipation der Öffentlichkeit innerhalb einer konfliktorientierten Kultur eine durchaus passende Empfehlung sein kann, jedoch innerhalb einer konsensorientierten Kultur eher nicht angebracht ist (außer wenn man darauf abzielt, das Hinscheiden des Untertanenregimes, zu dem eine solche Kultur gehört, zu beschleunigen). Aber das soll nicht heißen, daß es keine Reaktion auf diese Besorgnis über die Risiken (und die Technologie im allgemeinen), die in der sektistischen Denkweise an Prominenz gewinnen, geben sollte, sondern nur, daß die Reaktion angemessen sein sollte - verständnisvoll, aber auf Armeslänge. Dies ist natürlich eine hastige und vermessene Aussage darüber, wie die Kulturtheorie Empfehlungen hervorbringen kann, die den Gedanken der Angemessenheit berücksichtigen. Sie ist mehr als eine Korrekturmaßnahme für Empfehlungen, wie sie von den Einfachproblemansätzen hervorgebracht werden, denn als Musterbeispiel für die Erzeugung von Empfehlungen in der pluralen Art und Weise gedacht.

Die holländischen Anomalien

1. Die Zentralregierung wies sich selbst eine zentrale Position zu, wurde jedoch mit Neuentwicklungen und Dynamiken konfrontiert, die anscheinend außerhalb ihres direkten Einflusses lagen - wie beispielsweise die Initiative der Gasunie, die örtlichen Behörden von Groningen zu kontaktieren.

2. Die letztliche Verantwortung für ein erfolgreiches Resultat oblag dem Kabinett. In dieser Situation wird ein "Erfolg" erzielt, indem überzeugende Rechtfertigungen für die Entscheidung aufgeboten werden, und dennoch zog es die Regierung vor, keinen Gebrauch von der absolut phantastischen Rechtfertigung zu machen, die nur so herumlag und darum bettelte, verwendet zu werden - die der Unfallrisiken an den beiden Standorten. Das holländische Kabinett schloß sich der Ansicht der örtlichen Behörden von Groningen, daß die Risiken in Eemshaven zumutbar wären, nicht an, und sie ließ sich auch nicht mit den Gegnern des Standortes von Maasvlakte ein, die behaupteten, daß die Risiken unannehmbar hoch wären. Aber obwohl es diese Legitimierungsgrundlage zurückwies, ging das Kabinett bei der Wahl von Eemshaven mit vielen seiner Berater nicht konform (die Berater waren eher mit nationalen als lokalen Entscheidungen befaßt und be-

vorzugten Maasvlakte aus energiepolitischen und wirtschaftlichen Gründen). Nachdem es also eine ausgezeichnete Rechtfertigung verschmäht hatte und mit seinen Beratern über zwei andere Rechtfertigungsargumente uneinig war, weil sie in die andere Richtung wiesen, setzte es nun alles auf das wischi-waschi-sozioökonomische Argument. Kein Wunder, daß angesichts der fragilen und fließenden Koalitionen im holländischen Verhältniswahlsystem die LNG-Entscheidung fast zu einer Entscheidung über das Überleben der Regierung wurde[23].

Die erste Anomalie (daß eine Behörde behauptet, alles unter Kontrolle zu haben und dann andauernd über ihren Mangel an Kontrolle überrascht ist) ist ein durchaus vertrautes Phänomen, das aus der Asymmetrie einer Arena, in der die Initiative beim Antragsteller liegt, heraus leicht verständlich ist. Die Überraschung ist schließlich eines der Prinzipien des Krieges und ein immobiler Verteidiger hat es nicht leicht, eine sehr überraschende Handlung zu setzen.

Aber wenn wir genauer schauen, so sehen wir, daß die Gasunie nicht gerade eine der reißenden Bestien des Kapitalismus ist; sie ist eine halbstaatliche Gesellschaft, die von der Regierung im Rahmen einer deutlich deklarierten und abgestimmten Energiepolitik den Auftrag erhalten hat, Flüssigerdgas einzuführen. Der Balanceakt und die gegenseitigen Verständigungen zwischen der unternehmerischen und der hierarchischen Denkweise sind hier so fortgeschritten, daß der ganze Prozeß eher ein gemütlicher kleiner Sandkastenkrieg als harte Wirklichkeit ist. Die Asymmetrie der Arena ist so ausgewaschen und die zwei Akteure in ihr sind so friedlich vereint, daß man sich kaum vorstellen kann, wie einer den anderen überraschen könnte. Vielleicht liegt die echte Quelle für eine Überraschung *außerhalb* der Arena? Vielleicht war es ein sektistischer Angriff auf diese gemütliche Verständigung, der die überraschenden Ereignisse auslöste?

Schauen wir nochmals und wir sehen, daß der Grund, warum die Gasunie zu ihrer unabhängigen Handlung getrieben wurde, die örtliche Besorgnis über die Sicherheit eines LNG-Terminals bei Maasvlakte war, die es zunehmend schwieriger gemacht hätte, die offizielle Genehmigung innerhalb der verfügbaren Zeitspanne zu erhalten. Dies würde bedeuten, daß die wirkliche Überraschungsquelle in einer unerwarteten Verlage-

23. Die Entscheidung über LNG *hätte* die Regierung gefährden können, indem sie eine Mißtrauensabstimmung im Parlament heraufbeschwören hätte können. Parlamentarische Quellen spielen jedoch die Wahrscheinlichkeit dieser Möglichkeit herunter.

rung der dominierenden kulturellen Prägung (in Richtung Sektismus) beim Übergang von der nationalen zur lokalen Regierungsebene lag.

Ockhams Prinzip (wenn weniger genug ist, ist mehr zu viel) eilt der Kulturtheorie an dieser Stelle zu Hilfe, da sich herausstellt, daß diese Erklärung auch das viel wichtigere Problem der zweiten Anomalie löst - daß die niederländische Fallstudie außerhalb des Rahmens liegt, der zu ihrer Erklärung erstellt wurde.

> ... das Ergebnis ... kann nicht nur nach den verschiedenen offiziellen Parteiperspektiven und dimensionalen Parteiinteraktionen, wie sie in dem MAMP-Modell dargestellt sind, interpretiert werden. Im speziellen beschränkt der deutliche Unterschied zwischen der letztlichen Ansicht des Kabinetts und der Meinung vieler seiner Berater ... das Ausmaß, zu welchem die endgültige Entscheidung des Kabinetts anhand der ihm unterbreiteten offiziellen Ratschläge verstanden werden kann[24].

Wenn schon der offizielle Rahmen nicht erklären kann, was passiert ist, dann kann es vielleicht der inoffizielle. Um aber zu dem inoffiziellen Rahmen zu gelangen, müssen wir direkt zu der sozialen Dynamik vorstoßen, welche die verschiedenen Gegnergruppen - im speziellen jene auf der lokalen Ebene in Rotterdam, Rijnmond und Groningen - hervorbringt und ernährt, aber die holländische Fallstudie versagt uns leider ausreichende Informationen über diese Gruppen. Da wir jedoch im britischen Zusammenhang Informationen über diese Art von Gruppen besitzen, werde ich die Sache schräg angehen, indem ich zuerst eine kulturelle Skizze der britischen Fallstudie verfasse und diese dann für eine plausible Erklärung dieser ernsten holländischen Anomalie verwende.

Ein kultureller Ansatz für die zentrale und lokale Regierung

Die lokale Regierung ist, wie schon ihr Name besagt, in etwas anderes eingebettet: der nationalen oder zentralen Regierung. Sie ist ihrer Natur nach hierarchisch und in dem Tauziehen mit der anderen Säule des Establishments - den Unternehmern - ist diese hierarchische Konstitution ihre Stärke. Doch was passiert, wenn auch die Sektisten das Kampffeld betreten? Die ganze Geschichte gerät aus dem Gleichgewicht. Die Sektisten sind vor allem einmal *prolokal* und sie fordern, daß die lokale Regierung noch lokaler wird. Sie verlangen "Dezentralisierung im Namen von 'Klein ist schön'" und "Umverteilung im Namen der Verteilungsgerechtigkeit". Aber die Dezentralisierung braucht weniger hierarchisch

24. Der genaue Wortlaut wurde der kompletten IIASA-Fallstudie entnommen (Schwarz 1982).

organisierte Interventionen, während die Umverteilung mehr benötigt. Das ist der Haken an der Sache der Sektisten!

Die lokale Regierung ist aufgrund der Tatsache, daß sie lokal ist, viel anfälliger für sektistische Forderungen als die zentrale Regierung. Aber bevor es sektistische Forderungen geben kann, muß es erst einmal Sektisten geben, die sie stellen können und dies bedeutet, daß die potentielle kulturelle Diskrepanz zwischen der zentralen und der lokalen Regierung nur dann aktiviert wird, wenn auf der lokalen Ebene tatsächlich sektistische Forderungen vorhanden sind. In Schottland hielten sich z.B. die örtlichen Gegner - die Aberdour and Dalgety Bay Joint Action Group (ADBJAG) - an die Richtlinien des Establishments. Sie kannten sich bei dem öffentlichen Erörterungsverfahren aus, sie verstanden die Regeln und hielten sich daran, sie respektierten die Wissenschaft und das Fachwissen, sie bereinigten ihre Differenzen mit anderen Oppositionsgruppen (wie z.B. die Conservation Society) vorher, damit sie bei der Debatte eine feste und einige Front bilden würden, und sie setzten sich sogar mit dem Feind zum Essen an einen Tisch. Sie waren ehrenwerte Rebellen[25]. Wie auch bei den St. Floriansgruppen anderswo in Großbritannien sind ihre Mitglieder ziemlich konservativ, relativ alt und größtenteils aus der Mittelschicht, und dies läßt in uns den Verdacht aufsteigen, daß vielleicht nicht alle St. Florianer gleich sind; daß die St. Florianer, die aus einem reich mit ausdrucksstarken Mitgliedern der höheren Stände geschmückten sozialen Gewebe geschneidert werden (z.B. Aberdour und Dalgety Bay), viel gewaltigere Gegner sein können als die aus Arbeiterstoff gemachten (z.B. Canvey Island) und daß es einige fadenscheinige soziale Gewebe geben mag, denen es so sehr an der Fähigkeit der Manipulation und Informationsverarbeitung mangelt, daß sie überhaupt keine St. Floriansgruppe organisieren können (z.B. Cowdenbeath[26]). Folglich enden die Planungsvor-

25. King und Nugent (1979).

26. Cowdenbeath ist ein wirtschaftliches Krisengebiet, eine frühere Bergbaustadt mit einer hohen Arbeitslosenrate. Es liegt in der Nähe von Mossmorran und Braefoot Bay und seine Bewohner sind (in Fernsehinterviews) fast einstimmig für das Projekt, von dem sie glauben (fälschlicherweise nach Ansicht vieler Experten), daß es ihnen die Arbeitsplätze bringen würde, nach denen sie sich so sehnen. Sie schätzen die Risiken der LEG-Technologie gering ein - nicht so sehr, weil sie wüßten, daß diese Risiken geringer wären als die Fragesteller ihnen einreden wollen, sondern weil sie Arbeit brauchen und bereit sind, ein hohes Risiko einzugehen, um sie zu bekommen. In jenen glücklichen Tagen, als sie noch Arbeit hatten, war dies in den jetzt geschlossenen Kohlengruben und sie behaupten durchaus mit Stolz, daß sie gewohnt sind, mit einem hohen Risiko zu leben. Daher entsprechen ihre Risikowahrnehmungen den Vorhersagen für den sozialen Kontext der Armen Teufel ebenso

schläge damit, daß sie elegant und zierlich durch die St. Florianer hindurchtänzeln - einen weiten Bogen um die gewaltigen machen, die schwächeren wo möglich vermeiden und dann, wenn alle anderen Faktoren gleich sind, ihre Schritte dorthin lenken, wo es überhaupt keine St. Florianer gibt. Jeder Zivilingenieur mit Erfahrung im Bau von Autobahnen kann Ihnen sagen, daß sich die besten Bodenverhältnisse immer in den Arbeitervierteln finden.

Im Falle von Braefoot Bay waren die anderen Faktoren nicht gleich. Man konnte seine Schritte nirgends sonstwohin lenken (abgesehen von Petershead, was bereits ausprobiert worden war, und einigen wesentlich teureren Alternativen im Norden und Westen). Mortimer's Deep war praktisch der einzige wirtschaftlich annehmbare Ort, der dem kolossalen Fuß von Shell/Esso Platz bot und so hatten sie wirklich keine andere Wahl, als es mit den St. Florianern aufzunehmen.

Aber in den Niederlanden gab es zwei andere Faktoren. Erstens ermöglichten es die vorhandenen Alternativen den Anträgen, den ganzen Weg durch die St. Florianer hindurchzutänzeln, bis sie zu einem unumstrittenen Standort gelangten. Zweitens war die Opposition im Laufe dieses Weges (meiner Meinung nach) viel sektistischer als in Schottland, und es war diese sektistische kulturelle Ausprägung, die, indem sie zu der Diskrepanz zwischen der zentralen und der lokalen Regierungsebene Anlaß gab, die holländischen Anomalien produzierte.

Widersprüche um die moralische Legitimierung

Eine Methode, die lokale Regierung zu verstehen, ist es, sie zu ändern. Glücklicherweise gibt es gerade eine Menge solcher Änderungen. In Schweden wurde beispielsweise die massive Umstrukturierung der lokalen Regierung in den 70er Jahren mit einer Reihe von Ansprüchen gerechtfertigt:

1. Die economies of scale, die durch Fusionierung erzielt würden;
2. Die Rationalisierungseffekte, die durch eine Fusionierung erzielt würden, indem alle neuen kommunalen Behörden von vergleichbarer Größe sein würden;

---

wie ihr offensichtlicher Mangel an Kontrolle über ihr Schicksal. Sie haben absolut genausoviele Gründe, sich zu einer Pro-Gruppe zu formieren wie die wortgewaltigen höheren Stände in Braefoot Bay ein Motiv haben, sich zu einer Anti-Gruppe zusammenzuschließen, und dennoch bildet sich keine Pro-Gruppe, während die Anti-Gruppe sehr wohl vorhanden ist. Bei der Erörterung über den Edinburgher Flughafen in den frühen 70er Jahren bewies Newhouse - eine sozial ähnliche Gemeinde wie Cowdenbeath - genau denselben Mangel an Engagement.

3. Eine gerechtere Verteilung der Leistungen. So können sich kleinere Gemeinden beispielsweise nicht einmal den kleinsten Swimmingpool leisten. Werden sie aber zusammengelegt, dann hat jeder Zugang zu einem Schwimmbad.

Letzteres ist eine Rechtfertigung im Sinne einer besseren Verteilungsgerechtigkeit, und die schwedische Annahme war es, daß eine gerechtere soziale Verteilung in dem Effizienzargument, das sich durch die beiden ersten Rechtfertigungen durchzieht, subsumiert werden könne. Effizienz und Verteilungsgerechtigkeit verlaufen, so geht die Annahme (und es ist nicht nur eine schwedische Annahme), vielleicht nicht genau parallel, aber sie gehen mehr oder minder in dieselbe Richtung. Ich werde dies die *selbstzufriedene Annahme* nennen und sie in Frage stellen, indem ich eine unbequeme Hypothese vorschlage, daß nämlich die Verteilungsgerechtigkeit und die Effizienz, anstatt mehr oder weniger in dieselbe Richtung zu gehen, im Gegenteil ganz wesentlich voneinander abweichen und möglicherweise sogar in die entgegengesetzte Richtung streben.

Es haben bereits einige Lokalregierungsforscher (die die Umstrukturierung zu evaluieren versuchten) die Behauptung aufgestellt, daß die Effizienzargumente eine eingebaute technokratische Ausrichtung haben und antidemokratisch sind, während die Argumente der Verteilungsgerechtigkeit eine eingebaute Basisorientierung haben und demokratisch sind. Übersetzt in die Kulturtheorie bedeutet dies, daß das Streben nach der Effizienz zu einer Verstärkung der Hierarchie führt, während das Streben nach der Verteilungsgerechtigkeit eine Verbreiterung der Basis ergibt[27]. Was passiert aber dann, wenn man auf beidem besteht? Man vergrößert die Höhe der Regierungspyramide und verstärkt ihre Basis: Damit erhöht man ihr Volumen. Wenn man andererseits ihr Volumen nicht erhöhen kann (z.B. wegen einer weltweiten Rezession), dann muß man eine Wahl zwischen den beiden treffen. Die zentrale Regierung wird gewöhnlich die Effizienz wählen, während die lokale Regierung - in einer stark sektistischen Umgebung - gezwungen wird, in die andere Richtung zu kippen. Schauen wir uns diesen Umschaltmechanismus etwas genauer an, denn er ist der Schlüssel des ganzen Argumentes.

---

27. Während das Streben nach Effizienz eine Verstärkung der Hierarchie ergibt, führt diese nicht immer zu einer verstärkten Effizienz. Das Verhältnis ist krummlinig - eine Hierarchie, die in kleinen Dosen verabreicht wird, verstärkt oft tatsächlich die Effizienz, aber ab einem gewissen Grad führt die Verstärkung der Hierarchie (der Aufbau eines Imperiums) zur Ineffizienz. Dasselbe gilt vermutlich auch für das Streben nach der Verteilungsgerechtigkeit.

Der Kompromiß zwischen Unternehmern und Hierarchisten wird aus Effizienzüberlegungen modelliert und durch zwei gegensätzliche Anliegen temperiert:

1. Der unternehmerische Wunsch nach uneingeschränkten Wettbewerbsbedingungen, der normalerweise durch das Konzept der *Chancengleichheit* legitimiert wird, und der durch die freie Marktwirtschaft in die Tat umgesetzt werden soll[28].
2. Der hierarchische Wunsch nach Ordnung, der normalerweise durch das Konzept der *Gleichheit vor dem Gesetz* gerechtfertigt wird, und der durch genau berechnete Interventionen, die darauf abzielen, die schlimmsten Auswüchse des Marktes abzuschwächen, erfüllt werden soll.

Wenn wir die Vermittlungsinstitutionen, die für die Erzielung dieses Kompromisses zuständig sind, *Regierung* nennen, dann bietet dieser Balanceakt zwischen den zwei mächtigen kulturellen Prägungen eine ganz gute Beschreibung dessen, was die Regierung, im Kontext einer konsensorientierten Kultur, tun muß, um spezifische Debatten so zu moderieren, daß der allgemeine Konsens nicht verloren geht. Aber was passiert in einer konfliktorientierten Kultur, wo die Sekten (oder besser gesagt die Sektenanführer) ebenfalls mitmischen?

Für die Sektisten ist ein Kompromiß entlang der *positiven Diagonale*[29] - zwischen den Hierarchisten und den Unternehmern - ein unannehmbarer und schändlich ungerechter Akt gegenseitigen Rückenkratzens. Ihre typisch schrille und unbeugsame Forderung lautet, daß der Kompromiß radikal um 90° von der positiven Diagonale weg in Richtung einer verstärkten sozialen Gerechtigkeit gedreht werden muß. Einzelfragen, irreversible Risiken, unverletzliche Rechte, Reinheit des Engagements, Ablehnung von Kompromissen, Umverteilung als Trumpfkarte gegen die "zweckdienlichen" Argumente zugunsten der Effizienz, sowie die *Gleichheit*, nicht der Chancen, sondern der *Resultate* - das sind die Kennzeichen der sektistischen Stellung. Ihre Strategie wird durch die *Rationalität der Widerspenstigkeit* geformt und ihre kompromißlose moralische Haltung ergibt sich durch das Engagement für die *negative Diagonale*[30], die ihren

---

28. Ihre tatsächlichen Handlungen stimmen allerdings nicht immer mit dieser moralischen Rechtfertigung überein. Sie sind vielleicht ganz froh darüber, keine Konkurrenten (Monopol) oder hohe Zutrittsbarrieren (Oligopol) zu haben, solange sie am Gewinnen sind!

29. So genannt, weil sie die zwei machtausübenden Kontexte verbindet.

30. So genannt, weil sie durch ihre Opposition zur positiven Diagonale getragen wird.

sozialen Kontext mit jenen isolierten und impotenten Individuen - den Armen Teufeln - verbindet, in deren Namen zu sprechen sie glaubwürdig behaupten[31].

Wenn daher die Sektisten überredet werden sollen, ihre Zustimmung nicht zurückzuziehen, muß die Regierung einen viel komplizierteren Ausgleich finden. Natürlich können in einem Untertanenregime solche Sektistenforderungen ohne weiteres ignoriert werden[32]. Die sektistische Prägung ist im Vergleich zur positiven Diagonale so schwach, daß die Regierung sogar mehr an Konsens verlieren als gewinnen würde, wenn sie in die Richtung der Verteilungsgerechtigkeit ginge. In Schottland ertönt beispielsweise nur eine Stimme im Namen des Sektismus - die des Mr. Jamieson[33]. Mit bewunderungswürdiger und xenophobischer Raserei geißelt er sowohl die Unternehmer als auch die Hierarchisten wegen ihrer Bereitschaft, das Land wegzuwerfen, das tausend Schotten ernährt hat. Aber die letztliche Entscheidung, die zwar eine Reihe von Bedingungen als Reaktion auf die positiv-diagonalen Argumente der Conservation Society und der ADBJAG einschloß, schenkte dem armen Mr. Jamieson absolut keine Beachtung. Diese Entscheidung ist eine gerade Linie zwischen den zwei Säulen des Establishments, die Kompromisse laufen glatt und reibungslos die positive Diagonale hinauf und hinunter.

Aber in einem widerspenstigen Regime ist die sektistische Prägung stark genug, daß eine Abweichung der Regierung in Richtung der Verteilungsgerechtigkeit einen Zuwachs an Konsens mit sich bringt. Nur wenn sie sich *zu* weit in diese Richtung vorwagt, wird der Konsensverlust von der positiven Diagonale beginnen, den Zuwachs aus der negativen Diagonale aufzuwiegen. Deshalb muß die Regierung, wenn sie den Konsens maximieren will, einen komplexen dreiseitigen Ausgleich finden,

---

31. Das soll nicht heißen, daß die anderen sozialen Kontexte sich nicht der Armen Teufel annehmen würden, sondern nur, daß die sektistische Strategie "sie herausstreicht", während die anderen versuchen, "sie einzupassen" (hierarchische Strategie) oder "sie einzuschmelzen" (Unternehmerstrategie - "Was gut ist für General Motors, ist gut für Amerika, einschließlich der Schwächsten, verstehst du!").

32. Tatsächlich wird das untertänige Regime gerade durch das Ignorieren von sektistischen Forderungen (Anerkennung vielleicht gerade nur indirekt, auf Armeslänge) stabilisiert. Ich möchte nicht andeuten, daß die Regimes und die Prägungsmuster klar und deutlich trennbar sind. Man muß beide als sich gegenseitig verstärkende Bedingungen dafür sehen, daß bestimmte immer wiederkehrende Regelmäßigkeiten innerhalb eines kontinuierlichen Flusses möglich sind.

33. Mr. Jamieson erfährt in der britischen Fallstudie keine Erwähnung, aber er ist nicht nur ein Mitglied der ADBJAG, sondern er erschien auch als Einzelgegner bei der öffentlichen Erörterung. Er war auch ein Hauptdarsteller in den zwei Fernsehdokumentarberichten.

bei welchem der Lohn der Effizienz, der sich entlang der positiven Diagonale ergibt, um 90° die negative Diagonale entlang umgeleitet wird, damit die Basis nicht wackelt.

Wenn die zentrale Regierung einen zweiseitigen und die lokale Regierung einen dreiseitigen Ausgleich sucht, dann werden sie gegeneinander arbeiten. Die moralischen Rechtfertigungen der Effizienz, die die positive Diagonale tragen, können ganz einfach nicht mit den moralischen Rechtfertigungen der Verteilungsgerechtigkeit, die die negative Diagonale stützen, in Einklang gebracht werden. Die zentrale Regierung wird so handeln, daß sie ein untertäniges Regime stabilisiert, während die lokale Regierung alles daran setzen wird, um ein widerspenstiges Regime einzuführen. Wenn all dies auf das Sozialkontextschema bezogen wird (Bild 4), dann ergeben sich daraus zwei fundamentale Widersprüche. Die Effizienzargumente liefern eine Verhandlungssprache für die hierarchische und die unternehmerische Prägung

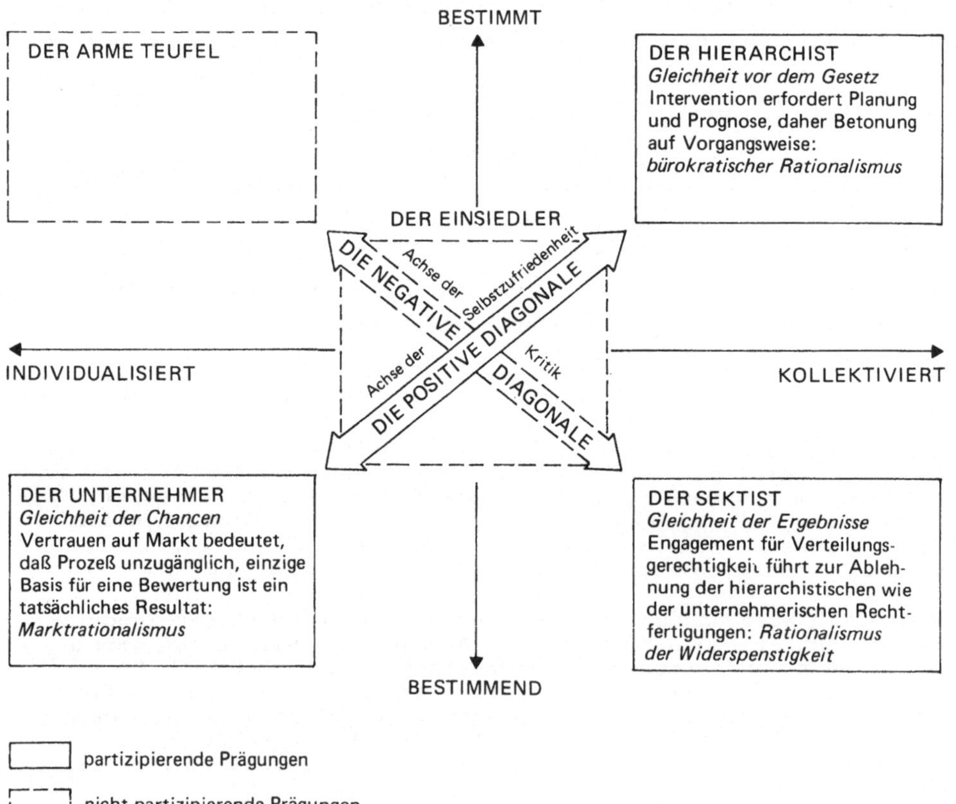

Bild 4: Soziale Kontexte, kulturelle Prägungen, moralische Legitimationen, Rationalismen und die Anziehungskraft der Gegensätze

und definieren damit eine *Achse der Selbstzufriedenheit*, die Argumente der Verteilungsgerechtigkeit verschaffen den Sektisten eine passive Klientel von Armen Teufeln und definieren damit eine *Achse der Kritik*. Auf diese Art stehen die Effizienz und die Verteilungsgerechtigkeit wörtlich im rechten Winkel zueinander.

Wiedersehen mit den holländischen Anomalien

Wie erklärt nun diese Hypothese - daß die Effizienz und die Verteilungsgerechtigkeit ganz wesentlich auseinanderklaffen und daß die zentrale Regierung in die eine Richtung geht, während die lokale Regierung in die andere geht - die holländischen Anomalien und was können wir als Beweis dafür finden?

Zuerst würden die Unterschiede im sozialen Gewebe zwischen dem wohlhabenden und verstädterten Gebiet von Rotterdam und dem weniger wohlhabenden und provinzielleren Bereich von Groningen den Abfall der Stärke der St. Florianer begründen und auf Grund des Prinzipes des Tänzelns durch die St. Florianer würde dieser Abfall erklären, warum der Terminal schließlich in Eemshaven landete. Zweitens würde eine sektistische kulturelle Prägung als Dominante innerhalb dieser Oppositionsgruppen den Umschaltmechanismus liefern, durch den eine selbstzufriedene Zentralregierung komplett aus dem Gleichschritt mit einer kritischen Lokalregierung (in Rotterdam und Rijnmond) fiel. Dies würde die Überraschung der zentralen Regierung erklären, als sie von einem sektistischen Angriff außerhalb der selbstgefälligen Arena, die sie mit der Gasunie teilte, getroffen wurde, und es würde auch das seltsame Rechtfertigungsmuster erklären, das das Kabinett danach verwendete.

Beim Tänzeln durch die St. Florianer entglitt die endgültige Entscheidung der Kontrolle eines untertänigen Regimes und verfolgte den Weg des geringsten Widerstandes, der sie von den konsenslosen widerspenstigen Regimes um Rotterdam weg und zu dem St. Florianslosen (und konsensbereiten) Gebiet um Groningen hinführte[34]. So fiel die Entscheidung eigentlich aufgrund der Kriterien der Verteilungsgerechtigkeit widerspenstiger lokaler Regierungsregimes, mußte jedoch entsprechend den Kriterien der Effizienz eines untertänigen Zentralregierungsregimes gerechtfertigt werden. Indem sich die Zentralregierung in die Stärke der

34. Es gab dort ein *paar* St. Florianer, die - ungern aber doch - zugaben, daß in einem direkten Wettbewerb mit Rotterdam der Eemshavener Standpunkt wesentlich sicherer war (hauptsächlich wegen seiner geringeren Bevölkerungsdichte), sodaß man sich nicht wirklich auf die TNO-Risikoanalyse, die diesen Unterschied bestätigte, berufen mußte.

sektistischen Argumente um Rotterdam fügte, mußte sie sich von ihren positiv-diagonalen Beratern trennen, durfte jedoch bei der Rechtfertigung dieser Entscheidung nicht dabei erwischt werden, daß sie sich den sektistischen Risikoargumenten, die in Wirklichkeit die Entscheidung brachten, anschloß. Welche Beweise gibt es nun für dieses Argument?

Es besteht kein Zweifel, daß die Gasunie in immer stärkerem Ausmaß mit der lokalen Regierungswelt zu tun bekam. Direkt und indirekt erhielt sie Hinweise darauf, daß im Gebiet von Rotterdam ein Mangel an Konsens über die Annehmbarkeit von LNG herrschte. Aber die Zentralregierung hielt sich von diesen Aktivitäten fern und sie "erfuhr" erst von der Wiederaufwärmung des Eemshavener Standortes, als sie eine Anfrage von den örtlichen Behörden zu Groningen erhielt, die zu diesem Zeitpunkt bereits eine zufriedenstellende Vereinbarung mit Gasunie getroffen hatten. Daß diese Vereinbarung zufriedenstellend war, weist darauf hin, daß im Gegensatz zu dem Rotterdamer Gebiet in Groningen ein Konsens über LNG vorlag. Was war also an dem Mangel an Konsens im Gebiet von Rotterdam schuld?

1. Die Fallstudie spricht von Berichten in den Medien, die darauf hinwiesen, daß die Hauptfrage die Auswirkung auf die unmittelbare Umgebung und im speziellen die erhöhte Gefahr für die lokale Bevölkerung durch das Flüssigerdgas war. Der Mangel an Konsens über Kriterien für die Bestimmung des *objektiven* Risikos führte dazu, daß die Sorge um die Höhe des von der örtlichen Bevölkerung *subjektiv wahrgenommenen* Risikos ventiliert wurde.

Die Orrsche Tabelle zeigt uns, daß Umweltveränderungen und technologische Unfälle genau jene Risiken sind, die in der sektistischen kulturellen Ausrichtung an Prominenz erlangen; und die Tatsache, daß diese Anliegen mit so viel Nachdruck vorgebracht wurden, daß die Bestimmung des objektiven Risikos durch die selbstzufriedene Achse verdrängt und durch ein höheres subjektives Risiko ersetzt wurde, weist darauf hin, daß die sektistische Prägung stark und wirksam war.

2. Eine ernsthafte Verzögerungsgefahr drohte durch "das Interesse, welches von einigen (speziell der Behörde von Rijnmond) an den Tag gelegt wurde, ein einzigartiges Programm der 'allgemeinen Partizipation' als Teil des Bewilligungsverfahrens auf der lokalen Ebene zu erstellen"[35].

---

35. Der genaue Wortlaut entstammt der umfassenden IIASA-Fallstudie (Schwarz 1982).

Obwohl die Fallstudie uns nicht mitteilt, wer diese "einige" waren, kann man es erraten. Je lokaler die lokale Regierung wird, desto stärker höhlt die allgemeine Partizipation (wenn sie sektistischer Art ist) den Konsens, der auf den höheren Ebenen (Zentralregierung und Rotterdam) erzielt wurde, aus.

3. Die Fallstudie muß sich auf das Vorliegen von "politischer Druckausübung" berufen, um den Wechsel von Maasvlakte zu Eemshaven zu erklären. Groningen, so wird uns gesagt, war sich einig und konnte eine wirkungsvolle Lobby bilden, während die lokalen Behörden in der Region von Rotterdam zerstritten waren. Außerdem trug auch die von Rotterdam gestellte Bedingung - daß ihnen zu dem LNG-Terminal nicht auch noch ein Kernkraftwerk vorgesetzt würde - dazu bei, daß die Entscheidung zugunsten Eemshavens getroffen wurde.

Aber warum stellte Rotterdam diese Bedingung und Groningen nicht? Und warum war Rotterdam zerstritten und Groningen einig? Die Kulturhypothese hat die perfekte Erklärung dafür.

Das Vorhandensein einer stark sektistischen Ausrichtung in Rotterdam (und besonders in Rijnmond) würde den Mangel an Konsens in dieser Gegend erklären, während das Fehlen einer solchen Prägung im Gebiet von Groningen das Vorliegen eines Konsenses erklären würde. Dazu kommt noch, daß bei der sektistischen Prägung die hauptsächlichen "Risiken für jemanden" in den unfreiwilligen, irreversiblen und katastrophalen Auswirkungen liegen, die ihrer Meinung nach mit der Kernenergie verbunden sind. Daher würde das Vorliegen einer sektistischen Prägung im Gebiet von Rotterdam die dortige Kernkraftwerksbedingung erklären und die Abwesenheit einer solchen Ausrichtung im Gebiet von Groningen das dortige Fehlen der Bedingung begründen.

4. Wir verstehen den absoluten Vorrang, den das Kabinett dem sozio-ökonomischen Argument (regionale Entwicklungspolitik, Arbeitslosigkeit, etc.) einräumte, um seine letztliche Entscheidung zugunsten Eemshavens zu begründen, wenn wir feststellen, daß seine offiziellen Berater aus Gründen der wirtschaftlichen Kosten und der Energiepolitik Maasvlakte bevorzugten. Aber dieses Argument sagt uns noch nicht, warum das Kabinett angesichts dieser beiden Effizienzargumente justament Eemshaven wählte und es erklärt auch nicht, warum es, nachdem es die Entscheidung getroffen hatte, nicht das ohne weiteres verfügbare Sicherheitsargument als machtvolle Rechtfertigung für diese Entscheidung verwendete.

Die Kulturhypothese (im speziellen der Übergang von der Untertänigkeit auf der zentralen Regierungsebene zur Widerspenstigkeit auf der lokalen Ebene) erklärt dagegen, warum die Zentralregierung, als sie mit einem sektistischen fait accompli auf lokaler Ebene konfrontiert war, keine Wahl hatte, als sich für Eemshaven zu entscheiden. Gleichzeitig erklärt sie auch, warum das Kabinett, als eine Institution, die an der Stabilisierung eines untertänigen Regimes interessiert ist, unmöglich dabei ertappt werden durfte, die sektistischen Sicherheitsargumente zu verwenden. Dies sind Argumente, die für die Stabilisierung eines widerspenstigen Regimes passen und damit die Kapitulation eines untertänigen Regimes rechtfertigen würden.

Nach einer anderen Interpretation, die aber immer noch mit der Kulturhypothese im Einklang steht (jedoch den Übergang vom hierarchistischen Einfluß auf die zentrale Regierung zum sektistischen Einfluß auf die lokale Regierung weniger stark betont), stolpert ein kulturell eher uneinheitliches Kabinett, so gut es geht, von einer Krise in die nächste. Bei den Koalititionssystemen, die sich aus dem Verhältniswahlrecht ergeben, kann der Sektismus die Regierung viel stärker durchdringen als in einem Zweiparteien-"Einer geht als erster durch das Ziel"-System. Alle möglichen Leute (wie z.B. unser Fallstudienautor) können zu den obersten Etagen der holländischen Regierung und Verwaltung mit einer Leichtigkeit und Legitimität vordringen, die in Großbritannien oder in der Bundesrepublik Deutschland nie geduldet würde. Die Folge ist ein Mangel an kultureller Einheitlichkeit und ein ziemlich hoher Grad an Willkürlichkeit, wo sich die Macht in privatere (und kulturell einheitlichere) Cliquen zurückzieht und wo die Handlungsfreiheit des Kabinetts auf zusammengestückelte bilaterale Vereinbarungen und Abkommen (wie z.B. mit Gasunie) zusammenschrumpft. Bei dieser Interpretation ist die Tatsache, daß die Regierung eine Rechtfertigung im Lichte des Unfallrisikos mied, nicht so sehr die Geltendmachung einer stark hierarchistischen kulturellen Prägung, sondern eher ein Notbehelf, der darauf abzielt, einen Präzedenzfall zu vermeiden, welcher den Spielraum und die Manövrierfähigkeit des Kabinetts reduzieren könnte.

Treiben wir die Hypothese auf ihre spekulative Spitze und betrachten wir diese beiden Interpretationen nicht so sehr als Alternativen, sondern eher als ziemlich ausgeprägte Phasen innerhalb eines einzigen fortlaufenden Wandlungsprozesses. Zuerst verstärkt sich der sektistische Einfluß auf die lokale Ebene und die Zentralregierung (die noch hierarchistisch ist) wehrt sich; dann breitet sich der Sektismus nach oben hin aus und pluralisiert sogar das Kabinett, zerstört seine kulturelle Einheitlichkeit und macht seine Entscheidungen immer willkürlicher und provisorischer; und schließlich wandert die Macht zu privateren und kulturell einheitlicheren Cliquen, die dann die Regierungsorgane praktisch nur mehr als Jasager und willfährige Instrumente zur Legitimierung ihrer weitverzweigten Geschäfte verwenden.

TECHNOLOGIEN ALS KULTURPRODUKTE

Wenn man von der Kernkraft und vom Rauchen und der Gesundheit zum LEG-Risiko kommt, so ist die interessanteste Tatsache an dieser Debatte, daß sie so langweilig ist. Zugegeben, Shell und Esso sind nicht *viel* langweiliger als British Nuclear Fuels oder Phillip Morris[36]; die Fadesse ergibt sich aus dem fast vollständigen Mangel an Abwechslung zwischen den Gruppen und Einzelpersonen, die zwar nicht die Anstifter der Vorschläge waren, sich aber trotzdem von ihnen so weit angesprochen fühlten, daß sie sich in der Öffentlichkeit dazu äußerten - dafür oder dagegen. In der Shell/Esso-Ecke finden wir kein Gegenstück zu SE_2 (Scientists and Engineers for Secure Energy) und dessen ehrfurchtgebietenden Sprecher, Ed Teller - "dem Vater der Wasserstoffbombe"; in der anderen Ecke steht anstelle einer mißtönenden Ansammlung von Antigruppen mit seltsamen Akronymen wie GASP (keuch) (Group Against Smokers' Pollution - Gruppe gegen die Verschmutzung durch die Raucher) oder SCRAM (hau ab) (Scottish Campaign to Resist the Atomic Menace - Schottischer Feldzug zum Widerstand gegen die drohende Kernkraftgefahr) lediglich eine durchaus wohlerzogene St. Floriansgruppe - die Aberdour and Dalgety Bay Joint Action Group - mit einem absolut uneinprägsamen Initialenwort, das man nicht einmal aussprechen kann.

Was nun diesen Mangel an Aufregung so aufregend macht, ist, das er der gegenwärtigen konventionellen Weisheit zuwiderläuft, die überall eine wachsende Besorgnis über die negativen Aspekte der Technologie sieht und dann dieses allgemeine Phänomen aus einem großflächigen Übergang von der industriellen zur post-industriellen Gesellschaft zu erklären sucht. Gemäß dieser vorherrschenden Hypothese kommt es, sobald ein bestimmter Grad an Wohlstand erreicht worden ist, zu einer unvermeidlichen Verschiebung von materiellen zu geistigen Werten. Indem diese Verschiebung die positiven (aber materiellen) Vorteile der modernen Technik abschwächt und ihre negativen (und geistig schädlichen) Nachteile aufbauscht, ändert sie ganz radikal unsere gesamte Einstellung zum Innovationsfluß, der seit Beginn der industriellen Revolution eine

36. Siehe mein Bericht "Fission and Fusion in Nuclear Society" (Thompson 1980d).

so zentrale Rolle in der westlichen Gesellschaft gespielt hat[37]. Aber diese Erklärung ist vom Typ der "Einfachproblem-Einfachantwort" und muß daher mit Vorsicht genossen werden.

Wenn also überall eine wachsende Desillusionierung mit der Technologie herrscht, warum gab es dann in Wilhelmshaven keine Beteiligung der nationalen oder regionalen Umweltschutzgruppen? Warum traten die Friends of the Earth in Schottland nicht in Erscheinung? Wo war die Oxford Political Ecology Group? Es sind dies keine müßigen Fragen. Die deutschen Grünen sind in der Kernenergiedebatte und am Frankfurter Flughafen äußerst aktiv, die britischen Friends of the Earth und die Oxford Political Ecology Group marschierten bei der Windscale-Erörterung in voller Kampfesstärke auf (wie auch SCRAM und andere Kernkraftgegner) und beide hatten (im Gegensatz zu SCRAM) legitime Gründe, auch bei der Mossmorran-Braefoot-Bay-Erörterung mitzumischen. Es stellte sich heraus, daß die britischen FoE gerne dabei gewesen wären, aber sie hatten alle ihre Mittel (insgesamt $ 40.000) in die Windscale-Untersuchung gesteckt, welche zum Glück für Shell/Esso praktisch zur gleichen Zeit stattfand. Aber warum teilten die FoE ihre Mittel so ungleich zwischen den beiden Technologien auf? Wenn das Flüssigenergiegas genausoviele Menschen umbringen kann wie die Aufbereitung von Uranoxid (und im Gegensatz zur Uranaufbereitung bereits eine ziemliche Menge Leute umgebracht hat), warum steht es dann so weit unten auf der Prioritätenliste und warum steht umgekehrt die Kernkraft so weit oben? Welche Logik verbirgt sich hinter einem solchen scheinbar unlogischen Verhalten?

Da ihr die erforderliche Varietät abgeht, ist die Theorie der postindustriellen Gesellschaft machtlos, wenn sie mit solchen augenfälligen Unterschieden in der Reaktion auf die beiden Technologien konfrontiert wird. Die Kulturtheorie bietet dagegen die folgende Hypothese im Kontext der "verdeckten Agendas" (der "Risiken für jemanden"), die in die jeweiligen kulturellen Prägungen eingebaut sind: In jeder kulturellen Prägung werden die Risiken danach ausgewählt, wie wirkungsvoll sie als Hebel für die Förderung der verdeckten Agenda sind - dem gewünschten Muster der sozialen Verhältnisse, das sich für die Stabilisierung der jeweiligen kulturellen Prägung eignet. Diese "Risiken für jemanden" müssen als intern entstehende Bedürfnisse für die Stabilisierung der verschiedenen organisatorischen Typen verstanden werden, die die verschiedenen kulturellen Prägungen tragen und gleichzeitig von ihnen gehalten werden [38].

---

37. Inglehart (1977); OECD/Interfutures (1979).

Was sind also die organisatorischen Bedürfnisse der abgegrenzten egalitären Gruppe - der Sekte - und welche Risikoarten eignen sich kulturtheoretisch gesehen am besten für ihre organisatorischen Zwecke?

Da die Sektenmitglieder auf Gleichheit eingeschworen sind, verhindert dies die Entwicklung von internen Differenzierungen, wie sie die verschachtelte hierarchistische Gruppe charakterisieren. Die Strukturierung der Sekte muß daher an den Rand der Gruppe gelegt werden, dort, wo sie sich von der widerlichen, ungleichen und ungerechten Außenwelt abkapselt. Um die konstante Wachsamkeit, die notwendig ist, um diese kritische Grenze zu halten und zu verteidigen, auf Dauer zu rechtfertigen, benötigt man eine entsprechend mächtige, gierige und schurkische Belagerungsarmee. An ihren Risiken sollt ihr sie erkennen[39]: Massive Konzentrationen von Energie, die rücksichtslos an den Türschwellen jener abgelegt werden, die am wenigsten imstande sind, sich zu wehren, die Verarmung (vielleicht sogar Ausrottung) künftiger Generationen zugunsten eines kurzfristigen Profits für eine machtgierige Elite und die heimtückische Zerstörung aller jener, die es wagen, dagegen aufzutreten.

Nach der Kulturhypothese steht daher für die abgegrenzte egalitäre Gruppe eine Frage wahrscheinlich dann weit oben auf der Prioritätenliste:

1. Wenn sie die technische Konzentration der Energie und die soziale Konzentration ihrer Steuerung nach sich zieht. Die konzentrierte Energie ist der Lebenssaft des korporativen Staates, und die spezialisierten Institutionen, die diese Energie in Kanäle leiten, sind die vitalen Eliteorgane seines Blutkreislaufes. Die *Energie ist* laut Aaron Wildavsky *für die Sektisten, was rohes Fleisch für die Vegetarier ist.*

2. Wenn längerfristige Risiken damit verbunden sind, oder noch besser, wenn einige der Risiken nur langfristig drohen, oder am besten, wenn sie auch noch irreversibel, unfreiwillig und katastrophal sind. Der Unternehmer verkauft bekanntlich seine Großmutter, der Hierarchist opfert den Teil für das Ganze auf und beide vergessen jeweils auf

38. Es muß betont werden, daß weder die kulturelle Prägung noch der organisatorische Typus als logisch oder kausal vor dem anderen gereiht gesehen werden darf. Ihre Gegenseitigkeit ist die notwendige Bedingung für ihren Fortbestand.

39. Ich leiste Abbitte bei St. Matthäus 7, 20.

ihre Art die Zukunft. Nur der Sektist sorgt sich unablässig um die Sanftmütigen, die Hilflosen und die Unschuldigen. Und was wäre noch perfekter ungerecht, als daß den künftigen Generationen als Folge von heute getroffenen Entscheidungen entsetzliche und unberechenbare Risiken aufgebürdet würden? Man identifiziere und verkünde die langfristigen, unfreiwilligen, irreversiblen und potentiell katastrophalen Auswirkungen einer neuen Technologie und man kann hier und jetzt die schrecklichste, verachtenswerteste und unentschuldbarste aller moralischen Greueltaten, die von der positiven Diagonale begangen werden, glaubhaft machen: *den Mord an den unschuldigen Ungeborenen.*

3. Wenn sie Risiken mit sich führt, die die unheimliche und unsichtbare Durchdringung des Körpers androhen. Ein scheinbares Paradoxon der sektenartigen Organisation liegt darin, daß ihre puritanische Ausrichtung dazu neigt, das Angebot an Symbolen für (u.a.) die Darstellung der sozialen Anliegen, welche sie am Leben erhalten, einzuschränken. Oft wird das Angebot zunächst auf den menschlichen Körper als Metapher für den sozialen Körper beschränkt[40]. Aber nachdem der menschliche Körper mit seiner zarten Haut und seinen verlockenden Öffnungen ein passendes und mächtiges natürliches Symbol für die weiche, verwundbare Sekte bildet, die immerwährend von widerlichen, verschlagenen und beutegierigen "die dort" bedroht wird, ist dies kein großer Nachteil. Man hat nicht so sehr Angst vor einer offenen Vergewaltigung als vor der fatalen Verderbnis durch die unsichtbare Durchdringung oder durch Agenten, die man zwar sieht, die aber nicht das sind, was sie zu sein scheinen (Zauberei und Angst vor Verschwörungen). Gestehen wir die Gültigkeit, die Macht und die organisatorische Sinnhaftigkeit dieses natürlichen Symbols zu und viele scheinbar emotionale und irrationale sektistische Reaktionen werden verständlich: *Vereinigter Kapitalismus verursacht Krebs*[41].

Die Kernkraft notiert in allen drei Wertungen ziemlich hoch. Ja, würde man absichtlich eine Technologie entwerfen, die ein Maximum an sektistischer Opposition provoziert, könnte man kaum etwas besseres finden. Das Flüssigenergiegas notiert hingegen sehr niedrig. Zwar beinhaltet es eine massive Energiekonzentration, aber es ist eine *saubere* Konzentration. Wenn es dich tötet, dann durch Schockfrieren oder Schnellbraten, wobei ein bißchen Wasserdampf und ein wenig Kohlendi-

40. Siehe Owen (1980).

41. Corporate Capitalism Causes Cancer - noch ein Wildavskyscher Aphorismus.

oxid entsteht, die sich bald verflüchtigen und keine giftigen oder hartnäckigen Rückstände hinterlassen. Die Risiken beim LEG (außer vielleicht jene aus der Entzündung infolge von Radiowellen) sind ehrlich, schnell und sichtbar und sie dringen nicht in den Körper ein. Gemäß den kulturellen Kriterien bietet also das LEG kaum einen Ansatzpunkt für die Förderung der verdeckten Agenda der Sektisten[42].

Ausgerüstet mit dieser Kulturhypothese können wir nun sagen, daß die Aufteilung der FoE-Mittel zwischen Kernkraft und LEG durchaus rational ist. Und wir können weiters sagen, daß der Überlauf von den Kernkraftproblemen zu anderen Fragen (wie z.B. LEG) zwar möglich ist, aber nicht einfach mechanisch vor sich geht. Es stimmt nicht, daß es überall eine wachsende Desillusionierung gegenüber der Technik gibt und es stimmt auch nicht, daß irgendeine "Pfadfindertechnologie" den Weg für andere, begünstigtere Technologien freigekämpft hätte, damit diese ihn im großen und ganzen ohne Widerstand beschreiten könnten[43]. Statt dessen müssen Eindämmung und Überlauf *sozial erzielt* werden, und die Kriterien der "Risiken für jemanden" liefern uns eine nützliche Basis, mit der wir abschätzen können, in welche Richtung eine bestimmte Technologie vermutlich gehen wird.

Natürlich bedeutet die Tatsache, daß die verschiedenen kulturellen Prägungen miteinander im Wettstreit stehen, daß Eindämmung und Überlauf nicht nur von dieser sektistischen Abschätzung abhängen. Die Technologie muß immer in bezug auf das Regime (der speziellen Mischung von Prägungen), das sie einsetzt, abgeschätzt werden. Obwohl der Nuklearfall eher etwas besonderes ist und (wenn die anderen Faktoren gleich sind) wahrscheinlich eingedämmt werden kann, besteht trotzdem die Möglichkeit, daß er in andere Technologien überläuft. Der Grund dafür ist der Konflikt, der daraus entstanden ist, daß die positive Diagonale die Stärke der Kritik der negativen Diagonale so gröblich unterschätzt hat. Reife und selbstbewußte Establishments wissen, wie sie sich beugen müssen, um einen ernsthaften Widerstand zu schlucken, aber das Pro-Kernkraft-Establishment hat sich (zumindest in Großbritannien und in der Bundesrepu-

---

42. Bereits der Titel des FoE-Buches - *Frozen Fire* (Gefrorenes Feuer) (Davis 1979) - reflektiert präzise die Schnelligkeit und Sauberkeit der Risiken dieser Technologie. Die Tatsache, daß sowohl der Sprecher der britischen FoE als auch die Autorin selbst (zugegeben lauwarm ausgesprochene) Einladungen für das IIASA-LEG-Arbeitsgruppentreffen ablehnten, spricht für die Interpretation, daß sie ihr Bestes mit dieser Technologie versucht haben, aber einen traurigen Mangel an verzögerten und heimtückischen Auswirkungen feststellen mußten.

43. Siehe Häfele (1974).

blik Deutschland) nicht gebeugt und hat, da es sein hierarchistisches Selbstbewußtsein verlor, selbst leicht sektistische Züge angenommen, indem es z.B. die allgemeinen apokalyptischen Auswirkungen betont, die eintreten werden, wenn es seinen Willen nicht bekommt ("Steinzeit? Nein danke!"-Aufkleber als Reaktion auf das "Kernkraft? Nein danke!" der Antis). Das Ergebnis dieses fließenden Konfliktes zwischen den zunehmend wirkungsvolleren Sekten und den schwer verstörten Hierarchien war ein Abnehmen der Kompromißbereitschaft und die Ausdehnung einer ursprünglich ziemlich eng gesteckten Frage; und diese Verallgemeinerung hat zu der Einverleibung anderer konkreter Fragen (z.B. der Frankfurter Flughafen) und einer Erosion der Legitimität von vielen übermäßig selbstzufriedenen Institutionen geführt[44].

AUSKLANG

Eine Hauptquelle dieser Selbstzufriedenheit war die *Technologiebewertung* und ihr Ableger, die *Risikoermittlung*, die sich mit technokratischer Zähigkeit ausschließlich auf die Technologie selbst konzentriert haben und nicht auf die Beziehung zwischen der Technologie und dem Charakter des Volkes, dem die Technologie dienen soll. Aber der Mensch kann nicht von mehrdimensionalen Nutzenfunktionen allein leben; und der enge Rationalismus, der von den weit verbreiteten Fehlwahrnehmungen der Laien spricht, der auf einen expliziten Trade-off zwischen Risiken und Nutzen besteht und der vorgibt, daß die systemisch offene Technik nur ein untergeordneter Zweig der theoretisch geschlossenen Laborwissenschaft ist - dieser Rationalismus wurde aus der Bahn geworfen, weil die Fehlwahrnehmer nicht willens waren, ihre Betrachtungsweise der der Experten anzupassen, weil jene, die bestimmte Dinge für unantastbar halten, sich weigern, sie für Dinge auszutauschen, die sie nicht als geheiligt betrachten und weil jenen, die behaupten, daß sie alles, was schief gehen kann, vorhergesehen und quantifiziert haben, ein tiefes Mißtrauen entgegenschlägt.

In diesem Postskriptum habe ich die Kulturtheorie als eine Methode vorgelegt, wie der Brennpunkt der Aufmerksamkeit von der Technologie selbst weg zu der Beziehung zwischen der Technologie und dem Regime, das diese handhabt, gelenkt werden kann. Im Gegensatz zu dem "Einfachproblem-Einfachantwort"-Ansatz, der sowohl die Technologiebewertung als auch ihre radikale Gefährtin, die Theorie der post-industriellen Gesellschaft, durchdringt, nimmt die Kulturtheorie eine Pluralität von

44. Ronge (1982).

Prägungen an, die in einem andauernden dynamischen und fließenden Wettstreit miteinander stehen. Materielle und geistige Werte sind immer um uns; es ist nicht ihre Gegenwart oder Abwesenheit, die zählt, sondern die Art, der Einfluß und die Stabilität ihrer Mischungen. Indem die Kulturtheorie diese Prägungen auf die Stabilisierungsbedürfnisse der verschiedenen Arten von sozialen Organisationen zurückführt, umgeht sie gleichzeitig das Gegenstück zum universalistischen Trugschluß - dem individualistischen Trugschluß, der darauf besteht, daß jeder Einzelmensch als Sonderfall behandelt werden muß.

Auf das hinauf sollte ich betonen, daß sowohl die Kulturtheorie als auch die hier gegebenen Interpretationen der Fallstudien nicht definitiv und endgültig sein wollen. Sie sollten als Sondierung und Anregung betrachtet werden, als Wege, die neue Aussichten eröffnen und in die Richtungen deuten, in die zu gehen es sich vielleicht in Zukunft lohnen wird. Der wesentlichste Unterschied liegt darin, daß die "Einfachproblem-Einfachantwort"-Theorien die Allgemeingültigkeit annehmen und dann Variationen nicht erklären können, während die Kulturhypothese annimmt, daß es Variationen gibt und dann bestimmte historische, soziale und symbolische Zusammenhänge benutzt, um bestimmte Fälle von Allgemeingültigkeit zu erklären, wenn sie dann doch auftreten.

Ratgeber und Kritiker

Die Autoren danken folgenden Personen für die wertvolle Mithilfe an diesem Buch:

William Ahern, California Public Utilities Commission, San Francisco, California, USA
Jesse Ausubel, US National Academy of Sciences, Washington, DC, USA
Robert Arvedlund, Environmental Evaluation Branch, Federal Energy Regulation Commission, Washington, DC, USA
David Bell, Harvard Business School, Cambridge, Mass., USA
Theodore C. Bergstrom, Department of Economics, University of Michigan, Ann Arbor, Mich., USA
Arthur Boni, Science Applications, Inc., La Jolla, California, USA
David Bull, Scheggenstrasse 24, 8620 Wetzikon ZH, Switzerland
Ian Burton, Institute for Environmental Studies, University of Toronto, Canada
Kimball C. Chen, Energy Transportation Group, Inc., New York, USA
Robert Chen, IIASA, Laxenburg, Austria
Jobst Conrad, Internationales Institut für Umwelt und Gesellschaft, Wissenschaftszentrum, Berlin, FRG
Robert W. Craig, The Keystone Center, Keystone, Colorado, USA
Norbert Dall, Alliance for Coastal Management, California, USA
Robert Dennis, Environmental and Societal Impacts Group, National Center for Atmospheric Research, Boulder, Colorado, USA
Randolph W. Deutsch, California Public Utilities Commission, San Francisco, California, USA
Elisabeth Drake, Arthur D. Little, Inc., Cambridge, Mass., USA
George Eads, School of Public Affairs, University of Maryland, College Park, Maryland, USA
William Fairley, Analysis and Inference, Inc., Boston, Mass., USA
Jörg Finsinger, Internationales Institut für Management und Verwaltung, Wissenschaftszentrum, Berlin, FRG

Baruch Fischhoff, Decision Research, Eugene, Oregon, USA

Orio Giarini, Association International pour l'Etude de l'Economie de l'Assurance, Geneva, Switzerland

Walter A. Hahn, Congressional Research Service, The Library of Congress, Washington, DC, USA

C. Robert Hall, National Association of Independent Insurers, Des Plaines, Illinois, USA

David Huard, Federal Energy Regulatory Commission, Washington, DC, USA

Patrick Humphreys, Decision Analysis Unit, London School of Economics, London, UK

Robert Inhaber, Oak Ridge National Laboratory, Oak Ridge, Tennessee, USA

dr. ir. J.L.A. Janssen, IV-TNO, Postbus 342, 7300 AH Apeldoorn, The Netherlands

Helmut Jungermann, Internationales Institut für Umwelt und Gesellschaft, Wissenschaftszentrum, Berlin, FRG

Ralph Keeney, Woodward-Clyde Consultants, San Francisco, California, USA

Paul Kleindorfer, Decision Sciences Department, The Wharton School, University of Pennsylvania, Philadelphia, Pennsylvania, USA

Jerry Kopecek, Energy Resources, Inc., La Jolla, California, USA

Charles E. Lindblom, Yale University, New Haven, Connecticut, USA

Harold A. Linstone, Futures Research Institute, Portland State University, Portland, Oregon, USA

Keith McKinney, Western LNG Terminal Associates, Los Angeles, California, USA

James G. March, Graduate School of Business, Stanford University, California, USA

Louis Miller, Decision Sciences Department, The Wharton School, University of Pennsylvania, Philadelphia, Pennsylvania, USA

Gavin H. Mooney, Health Economics Research Unit, University of Aberdeen, Scotland, UK

J.S. Nalevanko, Research and Special Programs Administration, US Department of Transportation, Washington, DC, USA

Richard R. Nelson, Institution for Social and Policy Studies, Yale University, New Haven, Connecticut, USA

H.J. Nikodem

Michael O'Hare, John F. Kennedy School of Government, Harvard University, Cambridge, Mass., USA

David Okrent, Chemical, Nuclear, and Thermal Engineering Department, School of Engineering and Applied Science, University of California, Los Angeles, California, USA

Timothy O'Riordan, School of Environmental Sciences, University of East Anglia, Norwich, UK

H.J. Otway, Commission of the European Communities, ISPRA, Italy

Elisabeth Paté-Cornell, Stanford University, California, USA

Lloyd Philipson, J.H. Wiggins Co., Redondo Beach, California, USA

dr A.P.J. Planken, Beatrixlaan 83, 2751 XX Moerkapelle, Netherlands

Charles R. Plott, Division of the Humanities and Social Sciences, California Institute of Technology, California, USA

Jerry Ravetz, Division of History and Philosophy of Science, The University of Leeds, Yorkshire, UK

Lucas Reijnders Stichting Natuur en Miliëu, Utrecht, Netherlands

A.A. von Rhijn

Volke Ronge, Infratest Sozialforschung, München, FRG

Dr Schwerter-Strumpf, Bezirksregierung Weser-Ems, Oldenburg, FRG

Leonard Slosky, Colorado Office of Intergovernmental Relations, Boulder, Colorado, USA

David Snowball, University of Leeds, Yorkshire, UK

Nicholas Sonntag, Environmental and Social Systems Analysts Ltd, Vancouver, BC, Canada

Chauncey Starr, Electric Power Research Institute, Palo Alto, California, USA

Michael Stoto, John F. Kennedy School of Government, Harvard University, Cambridge, Mass., USA

Richard Thaler, Cornell University, Ithaca, New York, USA

dr. W. Turkenburg

Carl C. Walters, Institute of Animal Resource Ecology, University of British Columbia, Vancouver, BC, Canada

Aaron Wildavsky, Survey Research Center, University of California, Berkeley, California, USA

Thomas Willoughby, Assembly Committee on Resources, Land Use, and Energy, Sacramento, California, USA

Sidney G. Winter, Yale School of Organization and Management, New Haven, Connecticut, USA

Detlof von Winterfeldt, Social Science Research Institute, University Park, Los Angeles, California, USA

Brian Wynne, University of Lancaster, Lancaster, UK

Richard Zeckhauser, John F. Kennedy School of Government, Harvard University, Cambridge, Mass., USA

Paul Zigman, John F. Kennedy School of Government, Harvard University, Cambridge, Mass., USA

Die Autoren der Fallstudien danken folgenden Institutionen für Ihre Mithilfe und Unterstutzung in der Zeit unserer Forschung:

Bundesrepublik Deutschland

Bezirksregierung Weser-Ems, Oldenburg
Bundesminister für Verkehr, Bonn
Bundesminister für Wirtschaft, Bonn
Deutsche Flüssigerdgas Terminal GmbH, Wilhelmshaven
Gemeinde Wangerland
Initiativausschuss Hooksieler Vereine, Wangerland
Landkreis Friesland, Jever
Niedersächsischer Minister für Wirtschaft und Verkehr, Hannover
Niedersächsischer Sozialminister, Hannover
Ruhrgas AG, Essen
Ruhrgas LNG Flüssigerdgas Service GmbH, Essen
Stadt Wilhelmshaven: Stadtverwaltung, Wilhelmshaven
Stadt Wilhelmshaven: Stadtrat, Wilhelmshaven
Wasser- und Schiffahrtsdirektion Nordwest, Aurich

Niederlande

Havenbedrijf der Gemeente Rotterdam
Havenschap Delfzijl
Ministerie van Binnenlandse Zaken
Ministerie van Economische Zaken
Ministerie van Onderwijs en Wetenschappen (Wetenschapsbeleid)
Ministerie van Sociale Zaken
Ministerie Verkeer en Waterstaat
Ministerie van Volksgezondheid en Miliëuhygiene
Ministerie van Volkshuisvesting en Ruimtilijke Ordening
NV Nederlandse Gasunie
Openbaar Lichaam Rijnmond
Provinciale Griffie van Groningen
Provinciale Griffie van Zuid-Holland
Stichting Natuur en Milieu
TNO, Nederlandse Organisatie voor Toegepast-Natuurwetenschappelijk Onderzoek
Werkgroep Noordzee

Vereinigtes Königreich

Aberdour and Dalgety Bay Joint Action Group
Department of Energy
Fife Regional Council Planning Officers
Health and Safety Executive
Kirkcaldy and Dunfermline District Planning Officers
Scottish Development Department
Employees of Shell and Esso

Vereinigte Staaten von Amerika

Alliance for Coastal Management
Arthur D. Little, Inc.
Assembly Committee on Resources, Land Use, and Energy
California Public Utilities Commission
Energy Resources, Inc.
Federal Energy Regulatory Commission
Science Applications, Inc.

Glossar

GENERAL	ALLGEMEIN
actor	Akteur, Partei (im Entscheidungsprozeß)
action group (citizen ∿, political ∿)	Bürgerinitiative
adversary culture	konfliktorientierte (politische) Kultur
agenda (political ∿)	"Agenda", politische Tagesordnung, auch Zielsetzung
hidden agenda	verdeckte Agenda
applicant	Antragsteller, Bewerber, Bauwerber, Ausbauunternehmer
approval	Bewilligung, Zustimmung
attribute	Merkmal
bias	systematische Fehleinschätzung, Prägung, Orientierung, Ausrichtung, Denkweise
bidding schemes	etwa: Formen der "Anbotsauswahl", Wettbewerbsverfahren (der Standortwahl)
concern	Interesse, Anliegen, Bedenken
consensus culture	konsensorientierte (politische) Kultur
cultural theory	(sozialanthropologische) Kulturtheorie
decision process (political ∿)	(politisch-administrativer) Entscheidungsprozeß, -verfahren)
government	Regierung, Verwaltung
national ∿	nationale, zentrale Regierung, staatliche Verwaltung
federal ∿ (USA, FRG)	Bundesregierung, -verwaltung (USA, BR Deutschland)
regional ∿: states (USA, FRG); provinces (NL); Scottish Office (UK)	Regionalverwaltung, -regierung: Bundesstaaten in USA, Länder in BR Deutschland, Provinzen in NL, Ministerium für Schottland in GB

local ~: municipalities and counties (USA, FRG); districts and regions (UK); municipalities and provinces (NL)	Kommunalverwaltung: Gemeinden und Kreise in USA, GB, BR Deutschland; Gemeinden und Provinzen in NL
hearing	Anhörung (USA, NL); Erörterung, (Erörterungs-)Termin (BR Deutschland)
inquiry	Erörterung (GB), Untersuchung
interest group (public ~)	Interessensverband, -vertretung, -gruppe
jetty	Anleger, Umschlaganlage
license, licensing	Genehmigung, Zulassung
one-stop licensing	einstufiges Bewilligungsverfahren (USA)
licensing authority/agency	Genehmigungs- (BR Deutschland), Zulassungsbehörde
liquefied energy gas (LEG)	Flüssigenergiegas (LEG), für die vorliegende Studie generierter Sammelbegriff für Flüssigerdgas (LNG), Flüssiggas (LPG) und Erdgaskondensate (NGL)
liquefied natural gas (LNG)	Flüssigerdgas (LNG)
liquefied petroleum gas (LPG)	Flüssiggas
multi-attribute multi-party (MAMP) framework	"mehrdimensionales Vielgruppenmodell" (MAMP-Rahmenmodell)
natural gas liquid (NGL)	Erdgaskondensat (NGL)
party (interested ~)	Partei, (Interessens-)Gruppe, auch Akteur (im Entscheidungsprozeß)
party/concern matrix	Parteien-/Interessensmatrix
peakshaving plant	Spitzenlastanlage, Spitzenlastbedarfsanlage
planning permission	(vorläufige) Bauerlaubnis, Standortbewilligung
outline planning permission	grundsätzliche Baubewilligung (GB)
plan specification	Planfeststellung (BR Deutschland)
political system	politisch(-administratives) System
radio-transmission break sparks	durch Radiowellen hervorgerufene Funkenbildung (GB)

regulatory authority/agency	Aufsichts-, Kontrollbehörde (USA), Fachbehörde (BR Deutschland)
rules of evidence	Beweisregeln
site screening	Auslese, Prüfung von Standortalternativen
siting	Standortbestimmung, -wahl
(non)remote siting	Errichtung einer Anlage an einem (nicht) entlegenen Standort (USA)
siting approval	Standortbewilligung
spill	Austritt (von LEG)
standing	Status, Recht auf Teilhabe am Entscheidungsprozeß
statutory authority/agency	von Gesetzes wegen mit einem bestimmten Aufgabengebiet beauftragte Behörde (GB)
terminal	Umschlaghafen, Terminal Exporthafen (GB), sonst: LNG-Anlande-, Importhafen
vapor cloud	Dampfwolke
RISK RESEARCH	RISIKOFORSCHUNG
acceptable risk	annehmbares, tragbares, zumutbares Risiko
best engineering judgment	Urteil nach bestem technischen Wissen, Fachurteil eines Technikers
comparison of risk	Vergleich von Risiken
decision analysis	Entscheidungstheorie
estimate	Schätzwert, Schätzung
event tree analysis	Ereignisbaumanalyse
factual risk	"objektives", faktisches Risiko
failure	Störfall
fault tree analysis	Fehlerbaumanalyse
group risk	Gruppenrisiko

individual risk	Individualrisiko
hazard	Gefahr, Risiko
hazard analysis	Gefahrenanalyse
hazard assessment	Gefahrenermittlung, -bestimmung, auch -analyse
level of risk	Risikoniveau
maximum credible accident	größter anzunehmender Unfall
multi-attribute utility analysis	"mehrdimensionale Nutzenanalyse"
occupational risk	Risiko am Arbeitsplatz, Berufsrisiko
perceived risk	(subjektiv) wahrgenommenes, angenommenes Risiko
population risk	Risiko für die Bevölkerung
probabilistic	wahrscheinlichkeitstheoretisch, Wahrscheinlichkeits-, probabilistisch
probabilistic measure	Wahrscheinlichkeitsmaß, auch -wert
public risk	Risiko für die Allgemeinheit, öffentliches Sicherheitsrisiko
reliability analysis	Zuverlässigkeitsanalyse
residual risk	Restrisiko
revealed preference approach	"Konzept manifester Präferenzen"
risk	Risiko, Sicherheitsrisiko
risk acceptance	Annahme, Inkaufnahme, Akzeptanz, auch Annehmbarkeit eines Risikos
risk acceptibility	Zumutbarkeit, Annehmbarkeit, Akzeptibilität eines Risikos
risk analysis	Risikoanalyse
risk assessment	Risikoermittlung, -bestimmung, -betrachtung, auch -studie
risk-benefit analysis	Risiko-Nutzen-Analyse
risk estimation	Risikoabschätzung
risk evaluation	Risikobewertung, -beurteilung
risk mitigation	Risikoreduzierung, -verminderung
risk of multiple fatalities	Risiko gehäufter Todesfälle
risk perception	Risikowahrnehmung, -perzeption
risk to life and limb	Lebens- und Gesundheitsrisiko

safety risk	Sicherheitsrisiko
sensitivity analysis	Sensitivitätsanalyse
societal risk	gesellschaftliches Risiko
trade-off	"Trade-off", Nutzenabwägung
uncertainty	(statistische) Unsicherheit, Fehlerbreite einer Abschätzung
worst-case scenario	Szenario des schlimmsten Störfalles, Katastrophenszenario

Literaturverzeichnis

Aberdour and Dalgety Bay Joint Action Group (1979) *Mossmorran-Braefoot Bay: Shipping Hazards* (mimeo) (Aberdour,UK).

ADL (1978) *Draft Environmental Impact Report for Proposed Point Conception LNG Project*, erstellt für die California Public Utilities Commission; und *LNG Safety*, Technical Report 16 of Draft EIR for Point Conception (Cambridge, MA: Arthur D. Little, Inc.).

Ahern, W.R. (1978) *Energy Facilities and the California Coastal Act* (San Francisco: California Coastal Commission)

Ahern, W.R. (1980) "California meets the LNG terminal" *Coastal Zone Management Journal* 7:185–221.

Allison, G.T. (1971) *Essence of Decision* (Boston: Little, Brown and Company).

Arrow, K. (1963) *Social Choice and Individual Values* (New York: Wiley).

Atz, H. (1982) *Siting and Approval Process for an LNG Terminal at Wilhelmshaven: A Case Study in Decision Making Concerning Risk-Prone Facilities in the Federal Republic of Germany* Collaborative Paper CP-82-62 (Laxenburg, Osterreich: Internationales Institut für Angewandte Systemanalyse).

BAM (1979) *Sicherheitstechnische Beurteilung einer Transport und Umschlagbrücke vor dem nördlichen Teil des Voslapper Grodens in Wilhelmshaven* (Berlin: Bundesanstalt für Materialprüfung).

Battelle (1978) *Risk Assessment Study for the Harbor of Gothenburg;* und *Risk Assessment Study for an Assumed LNG Terminal in the Lysekil Area*, erstellt für die schwedische Engergiekommission (Frankfurt: Battelle-Institut EV).

Behn, R.D. (1979) *Policy Analysis and Policy Politics* (Durham, NC: Institute of Policy Sciences and Public Affairs, Duke University).

Binnenlandse Zaken (1980) *Elk kent de laan die derwaart gaat* Bericht Nr. 3 ('s-Gravenhage: Commissie Hoofdstructuur Rijksdienst, Ministerie van Binnenlandse Zaken).

Blokker, E.F. (1981) "The use of risk analysis in the Netherlands" *Angewandte Systemanalyse* 2(4):168–171.

Braybrooke, D. (1974) *Traffic Congestion Goes Through the Issue-Machine* (London: Routledge and Kegan Paul).

Braybrooke, D. (1978) "Policy formation with issue processing and transformation of issues", in Hooker, Leach and McClennen (Hrsg.). *Foundations and Applications of Decision Theory* (Dordrecht, Holland: Reidel).

Braybrooke, D. und Lindblom, C. (1963) *A Strategy of Decision* (New York: The Free Press).

Brötz, W. (1978) *Sicherheitstechnisches Gutachten zum Planfeststellungsverfahren eines Schiffsanlegers vor dem nördlichen Teil des Voslapper Grodens im Norden von Wilhelmshaven* (Stuttgart: Institut für Technische Chemie der Universität Stuttgart).

Brötz, W. (1979) *Sicherheitstechnisches Gutachten zum Antrag auf Vorbescheid zur Errichtung und zum Betrieb eines LNG- Terminals in Wilhelmshaven der Deutschen Flüssigerdgas Terminal GmbH, Wilhelmshaven* (Stuttgart: Institut für Technische Chemie der Universität Stuttgart).

Calabresi, B. and Bobbitt, P. (1978) *Tragic Choices* (New York: Norton and Co.).

Calabresi, B. and Melamed, A. (1972) "Property rules, liability rules, and inalienability: One view of the cathedral" *Harvard Law Review* 85:1089–128.

CBS (1978) *Statistisch Zakboek 1978.* ('s-Gravenhage: Centraal Bureau voor de Statistiek).

CBS (1979). *De Nederlandse energiehuishouding* ('s-Gravenhage: Centraal Bureau voor de Statistiek)

Chevarley, U. (1975) "Power plant insurance and the Price-Anderson Act" *Risk Management* April:15–20.

Clark University Hazard Assessment Group and Decision Research (1982) *The Nature of Technological Hazard* Entwurf.

Cobb, R. and Elder, C.D. (1972) *Participation in American Politics: The Dynamics of Agenda Building* (Baltimore: John Hopkins University Press).

Conrad, J. (1982) "Society and Problem-Oriented Research: On the Socio-Political Functions of Risk Assessment", in Kunreuther, H. (Hrsg.) *Risk: A Seminar Series* Collaborative Proceedings CP-82-52 (Laxenburg, Osterreich: Internationales Institut für Angewandte Systemanalyse).

Cotgrove, S. (1981) "Risk, value conflict and political legitimacy" in R. Griffiths (Hrsg.) *Dealing with Risk: The Planning Management and Acceptability of Technological Risk* (Manchester, UK: Manchester University Press).

Council for Science and Society (1977) *The Acceptability of Risks* (Chichester, UK: Barry Rose).

Cremer und Warner (1977) *The Hazard and Environmental Impact of the Proposed Shell NGL Plant and Esso Ethylene Plant at Mossmorran, and Export Facilities at Braefoot Bay* Bd. I and II (London: Cremer and Warner).

Cyert, R. und March, J. (1963) *A Behavioral Theory of the Firm* (Englewood Cliffs, NJ: Prentice-Hall).

Daniels, E.J. und Anderson, P.J. (1977) "International LNG projects continue to progress as new plans evolve" *Pipeline and Gas Journal*, Juni.

Davis, L.N. (1979). *Frozen Fire: Where Will It Happen Next*? (San Francisco: Friends of the Earth).

DFTG (1978) *LNG-Terminal Wilhelmshaven. Kurze Projekt-beschreibung des LNG-Terminals in Wilhelmshaven nach § 9 des Bundes-immission-schutzgesetzes* (Wilhelmshaven).

DGWE (1979) *Genehmigungsvorbescheid (§ 4ff Bundes-immissionschutzgesetz): Errichtung eines Erdgas- Terminals in Wilhelmshaven der Deutschen Flüssigerdgas Terminal GmbH - DFTG* (Oldenburg: Bezirksregierung Weser-Ems).

Douglas, J. (1983) "How actual political systems cope with the paradoxes of social choice", in *Social Choice and Cultural Bias* Collaborative Paper CP-82-4 (Laxenburg, Osterreich: Internationales Institut für Angewandte Systemanalyse).

Douglas, M. (1972) "Environments at risk", in J. Benthall (Hrsg.) *Ecology: the Shaping Inquiry* (Harlow, UK: Longman).

Douglas, M. (1978a) *Purity and Danger* (London: Routledge and Kegan Paul).

Douglas, M. (1978b) "Cultural Bias" *Occasional Paper No. 35* (London: Royal Anthropological Institution).

Douglas, M. (1982) *Perceiving Low-Probability Events* (mimeo).

Douglas, M. und Wildavsky, A. (1982) *Risk and Culture* (in Vorbereitung).

Drake, E.M. und Kalelkar, A.S. (1981) "Handle with Care: Using risk analysis for hazardous materials facilities" *Risk Management* (March) S.44–50.

Edwards, W. (1981) "Reflections on and criticisms of a highly political multi-attribute utility analysis", in L. Cobb und R. Thrall (Hrsg.) *Mathematical Frontiers of the Social and Policy Sciences* (Boulder: Westview Press) S.157–9.

Edwards, W. und von Winterfeldt, D. (1981) *Towards Understanding Social Opposition to Risky Technologies* NSF Grant Division of Policy Research and Analysis.

Emory, C. and Niland, P. (1968) *Making Management Decisions* (Boston: Houghton Mifflin).

Fairley, W.B. (1981) "Assessment for catastrophic risks" *Risk Analysis*, 3:197–204.

Farmer, F. (1976) "Safety of nuclear power in a modern society," *Riv. Int. Ecol.* 23 (6) 595–604.

FERC (1978) *Final Environmental Impact Statement: Western LNG Project* Bd. III, Comments and Appendices (Washington, DC: Federal Energy Regulatory Commission).

Fife, Dunfermline und Kirkcaldy Councils (1977) *An Assessment of the Shell and Esso Proposals for Mossmorran and Braefoot Bay*.

Fischhoff, B., S. Lichtenstein, P. Slovic, R. Keeney, und S. Derby. (1981) *Acceptable Risk* (UK, Cambridge: Cambridge University Press).

Fischhoff, B., Slovic, P., und Lichtenstein, S. (1981a) "Lay foibles and expert fables in judgments about risk", in T. O'Riordan und R.K. Turner (Hrsg.) *Progress in Resource Management and Environmental Planning* Bd. 3 (Chichester, UK: Wiley).

Flint, A.R. (1981) "Risks and their control in civil engineering" *Proceedings of the Royal Society* A 376: 1764

FPC (1976) *Pacific-Indonesia Project. Final Environmental Statement*, Bureau of Natural Gas, FERC (Washington, DC: Federal Power Commission).

Gamble, D. (1978) "The Berger Inquiry: An impact assessment process" *Science* 199:946–52.

Gasunie (1978a) *Jaarverslag 1977* (Groningen: NV Nederlandse Gasunie).

Gasunie (1978b) *Memorandum aan de bijzondere commissie voor het stuk 14626: Aanvoer van vloeibaar aardgas (LNG) in Nederland; de keuze van de aanlandingsplaats; het Gasunie- standpunkt* (Groningen: NV Nederlandse Gasunie), 4 October 1978.

Gershuny, J. (1981) "What should forecasters do? A pessimistic view", in P. Bähr und B. Wittrock (Hrsg.) *Policy Analysis and Policy Innovation: Patterns, Problems and Potentials* (London: Sage Publications).

Groningen (1978a) *NOTA van gedeputeerde staten aan provinciale staten inzake de aanlanding van vloeibaar aardgas in de Eemshaven* No. 56/1978; und *Nadera Nota van gedeputeerde staten aan provinciale staten inzake aanlanding van vloeibaar aadgas in de Eemshaven*, Nr. 56a/1978 (Provincie Groningen).

Groningen (1978b) *Aanlanding vloeibaar aardgas in de Eemshaven* Provinciale Staten vergadering van 25 mei 1978 (Provincie Groningen).

Guggenberger, B. (1980) *Bürgerinitiaiven in der Parteiendemokratie* (Stuttgart).

Häfele, W. (1974) "Hypotheticality and the new challenges: The pathfinder role of nuclear energy" *Minerva* 1:303–23.

Häfele, W. (1981) *Energy in a Finite World: Paths to a Sustainable Future* (Cambridge, MA: Ballinger).

Hirschman, A. (1970) *Exit, Voice and Loyalty: Responses to Decline in Firms, Organizations and States* (Cambridge, MA: Harvard University Press).

Holdren, J.P., Anderson, K., Gleick, P., Mintzer, I., Morris, G., und Smith, K. (1979) *Risk of Renewable Energy Resources: A Critique of the Inhaber Report*. Contract No: W-7405-EWG-45 (Washington, DC: US Dept of Energy).

Holling, C.S. (1981a) *Science for Public Policy: Highlights of Adaptive Environmental Assessment and Management* (Vancouver, BC: Institute of Resource Ecology) R-23.

Holling, C.S. (1981b) *Resilience in the Unforgiving Society*, Lindberg Lecture (Vancouver, BC: Institute of Resource Ecology) R-24.

HSE (1978a) *An Assessment of the Hazard from Radio Frequency Ignition at the Shell and Esso sites at Braefoot Bay and Mossmorran, Fife* (London: Health and Safety Executive).

HSE (1978b) *Canvey; An Investigation of Potential Hazards from Operations in the Canvey Island/Thurrock area* (London: Health and Safety Executive).

Humphreys, P. (1982) "Value structure underlying risk assessments," in H. Kunreuther (Hrsg.) *Risk: A Seminar Series* Collaborative Proceedings CP-82-S2 (Laxenburg, Osterreich: Internationales Institut für Angewandte Systemanalyse).

ICONA (1977) *Beleidsadvies bij het 'Rapport van de Projectgroep LNG Terminal'*,Bericht an das Kabinett Nr. 84 ('s-Gravenhage: ICONA).

ICONA (1978a) *Nader advies van de ICONA inzake de aanvoer van vloeibaar aardgas (LNG) in Nederland*, Bericht an das Kabinett Nr. 49 ('s-Gravenhage: ICONA).

ICONA (1978b) *Aanvullend advices van de ICONA inzake de mogelijkheid van aanlanding van vloeibaar aardgas (LNG) in het Eemshavengebied*, Bericht an das Kabinett Nr. 145 ('s-Gravenhage: ICONA).

ICONA (1978c) *Jaarverslag ICONA 1978–1979* ('s-Gravenhage: ICONA).

Inglehardt, R. (1977) *The Silent Revolution* (Princeton, NJ: Princeton University Press).

Inhaber, P.H. (1979) "Risk with energy from conventional and nonconventional sources" *Science* 203:718–23.

Jennergren, L.P. und Keeney, R.L. (1979) *Risk Assessment* IIASA Entwurf (unveröffentlicht).

Johannsohn, G. (nicht datiert) *Gefährdung der Umwelt durch gefährliche Stoffe bei Kollissionsfällen von Gas- und Chemikalientankern* (Bremen).

Johnston, R. (1980) "The characteristics of risk assessment research" in J. Conrad (Hrsg.) *Society, Technology and Risk Assessment* (London: Academic Press) S.105–22.

Jungermann, H., von Winterfeldt, D. und Coppock, R. (1982) *Analysis, Evaluation and Acceptability of Hazardous Technologies and their Risks: A Workshop Report* (Berlin: Internationales Institut für Umwelt und Gesellschaft, Wissenschaft Zentrum) IIES-dp82-2.

Keeney, R.L. (1980) *Siting Energy Facilities* (New York: Academic Press).

Keeney, R., Kulkarni, R., und Nair, K. (1979) "A risk analysis of an LNG terminal" *Omega* 7:191–205.

Keeney, R. und Raiffa, H. (1976). *Decisions with Multiple Objectives* (New York: Wiley).

King, R. und Nugent, N. (Hsrg.) (1979) *Respectable Rebels: Middle Class Campaigns in Britain in the 1970s* (London: Hodder and Stoughton).

Kitschelt, H. (1980) *Kernenergiepolitik: Arena eines gesellschaftlichen Konfliktes* (Frankfurt/New York: Campus).

Krappinger, O. (1978a) "*Abschätzung des Risikos, daß Tanker mit gefährlicher Ladung im Jadefahrwasser mit anderen Schiffen kollidieren oder auf Grund laufen* (Hamburg: Hamburgische Schiffbau-versuchsanstalt GmbH).

Krappinger, O. (1978b) *Risikoanalyse: Uber die Gefährdung der an den Umschlagsbrücken der DFTG und ICI liegenden Schiffe durch den die Anlage passierenden Verkehr auf dem Fahrwasser der Jade* (Hamburg: Hamburgische Schiffbau-Versuchsanstalt GmbH), June.

Krappinger, O. (1978c) *Ergänzung der Risikoanalyse: Uber die Gefährdung der an den Umschlagsbrücken der DFTG und ICI liegenden Schiffe durch den die Anlage passierenden Verkehr auf dem Fahrwasser der Jade* (Hamburg: Hamburgische Schiffbau-Versuchsanstalt GmbH).

Kunreuther, H. (Hrsg.) (1982) *Risk: A Seminar Series* Collaborative Proceedings CP-82-S2 (Laxenburg, Osterreich: Internationales Institut für Angewandte Systemanalyse).

Kunreuther, H. und Lathrop, J. (1981) "Siting hazardous facilities: Lessons from LNG" *Risk Analysis* 1(4):289–302.

Kunreuther, H., Lathrop, J., und Linnerooth, J. (1981) *A Descriptive Model of Choice for Siting Facilities: The Case of the California LNG Terminal* Working Paper WP-81-106 (Laxenburg, Osterreich: Internationales Institut für Angewandte Systemanalyse).

Kunreuther, H.C. und Ley, E.V. (Hrsg.) (1982) *The Risk Analysis Controversy: An Institutional Perspective*, Protokoll eines IIASA Sommerseminares, Laxenburg, Osterreich Juni 1981 (Berlin: Springer-Verlag).

Kunreuther, H., Linnerooth, J. und Starnes, R. (Hrsg.) (1982) *Liquefied Energy Gases Facility Siting: International Comparisons*, Protokoll eines IIASA Arbeits pruppentreffens, 23.–26. September 1980. Collaborative Proceedings CP-82-S6 (Laxenburg, Osterreich: Internationales Institut für Angewandte Systemanalyse).

Lathrop, J. (1980) *The Role of Risk Assessment in Facility Siting: An Example from California* Working Paper WP-80-150 (Laxenburg, Osterreich: Internationales Institut für Angewandte Systemanalyse).

Lathrop, J. (1981). *Decision-Making on LNG Terminal Siting: California, USA* Case Study Draft Report (Laxenburg, Osterreich: Internationales Institut für Angewandte Systemanalyse).

Lathrop, J. und Linnerooth, J. (1982) "The role of risk assessment in a political decision process", in P. Humphreys and A. Vari (Hrsg.) *Analysing and Aiding Decision Processes* (Amsterdam: North-Holland).

Lave, L. (1981) *The Strategy of Social Regulation: Decision Framework for Policy* (Washington, DC: The Brookings Institution).

Lawless, E.J. (1977) *Technology and Social Shock* (New Brunswick, NJ: Rutgers University Press).

Levi-Strauss, C. (1966) *The Savage Mind* (London: Wiedenfeld and Nicholson).

Lewis, H.W. (Versitzender) (1978) *Risk Assessment Review Group Report to the U.S. Nuclear Regulatory Commission* NUREG/CR-0400 (Washington, DC: US Nuclear Regulatory Commission).

Lichtenstein, S., Slovic, P., Fischhoff, B., Layman, M., und Combs, B. (1978) "Judged frequency of lethal events" *Journal of Experimental Psychology: Human Learning and Memory* 4:551–78.

Lindblom, C. (1959) "The science of muddling through" *Public Administration Review* 19:79–88.

Linnerooth, J. (1975) *The Evaluation of Life Saving: A Survey* Research Report RR-75-21 (Laxenburg, Osterreich: Internationales Institut für Angewandte Systemanalyse).

Linnerooth, J. (1979) "The value of human life: A review of models" *Economic Inquiry* 17:52–74.

Linnerooth, J. (1980) *A Short History of the California LNG Terminal* Working Paper WP-80-155 (Laxenburg, Osterreich: Internationales Institut für Angewandte Systemanalyse).

Linnerooth, J. (1982) "Murdering statistical lives ...?", in M.W. Jones-Lee (Hrsg.) *The Value of Life and Safety* (Amsterdam: North-Holland).

Linstone, H. *et al.* (1981) "The multiple perspective concept with applications to technological assessment and other decision areas" *Technological Forecasting and Social Change* 20:275–325.

Lloyd, G. (1978) *Gutachten: Zur Sicherheit von LNG-Tankern* (Hamburg).

Lowrance, W. (1976) *Of Acceptable Risk: Science and the Determination of Safety* (Los Altos: Kaufman).

Luce, R.D. und Raiffa, H. (1957) *Games and Decisions* (New York Wiley).

McFadden, D. (1975) "The revealed preference of a government bureaucracy theory" *Bell Journal of Economics* 6 (2): 401–16.

Macgill, S.M. (1982) *Decision Case Study: Mossmorran–Braefoot Bay, United Kingdom* Collaborative Paper CP-82-40 (Laxenburg, Osterreich: Internationales Institut für Angewandte Systemanalyse).

Macgill, S.M., und Snowball, D.J. (1982) *What Use Risk Assessment*? Working Paper 323 (Leeds, UK: School of Geography, Unversity of Leeds).

Majone, G. (1978) "The uses of policy analysis", in *Russel Sage Foundation, The Future and the Past: Essays on Progress and the Annual Report 1976–77* (New York: Russel Sage Foundation).

Majone, G. (1979) "Process and outcome in regulatory decisions" *American Behavioral Scientist* 22 S.561–83.

Majone, G. (1980) "An anatomy of pitfalls", in G. Majone und E. Quade (Hrsg.) *Pitfalls of Analysis*. IIASA Series on Applied Systems Analysis Nr.8 (Chichester, UK: Wiley).

Majone, G. (Hsrg.) (1982) "Policies vs. decisions" erscheint in *The Uses of Policy Analysis* (in Vorbereitung).

March, J.G. (1978). "Bounded rationality: Ambiguity and engineering of choice" *Bell Journal of Economics* 9:587–608.

March, S.G. und Simon, H.A. (1958) *Organizations* (New York: Wiley).

Mazur, A. (1980) "Societal and scientific cases of the historical development of risk assessment", in J. Conrad (Hrsg.) *Society, Techology, and Risk Assessment* (London: Academic Press) S.151–58.

Mechitov, A.I. (1982) *A Descriptive Study of Gas Pipeline Route Selection in West Georgia, USSR* Working Paper WP-82-56 (Laxenburg, Osterreich: Internationalcs Institut für Angewandte Systemanalyse).

Meltsner, A.J. (1980) "Don't slight communication: Some problems of analytical practice", in G. Majone und E.S. Quade (Hsrg.) *Pitfalls of Analysis* IIASA Series on Applied Systems Analysis Nr. 8 (Chichester, UK: Wiley).

Moss, T. und Lubin, B. (1980) "Risk analysis: A legislative perspective", in C.R. Richmond, P. Walsh, und E. Copenhaven (Hsrg.) *Health Risk Analysis* (Philadelphia, PA: The Franklin Institute Press).

Mulkay, M. (1979) *Science and the Sociology of Knowledge* (London: George Allen and Unwin).

Murphy, D. *et al.* (1979) *Protest: Grüne und Steuerrebellen: Ursachen und Perspektiven* (Reinbeck bei Hamburg: Rowohlt)

National Research Council Governing Board Committee on the Assessment of Risk (1981) *The Handling of Risk Assessments in NRC Reports*, Report to the Governing Board (Washington, DC: US National Research Council).

Nelkin, D. (1971) "Scientists in an environmental controversy" *Science Studies* 1:245–61.

Nelkin, D. (1975) "The political impact of technical expertise" *Social Studies of Science* 5:35–54.

Nelkin, D (1981). "Some social and political dimensions of nuclear power: Examples from Three Mile Island" *American Political Science Review* 75:132–42.

Neustadt, R. (1970) *Alliance Politics* (New York).

New Scientist (1982) "Nuclear watchdog decides how safe is safe", 18. Feb. S.421.

NMAB (1980) *Safety Aspects of Liquefied Natural Gas in the Marine Environment*, National Materials Advisory Board Publication No. NMAB 354 (Washington, DC: US Department of Transportation).

Nowotny, H. (1982) "Sociological proposals – critical comments", in H. Jungerman, D. von Winterfeldt, und R. Coppock (Hrsg.) *Analysis, Evaluation and Acceptability of Hazardous Technologies and Their Risks: A Workshop Report* (Berlin: Internationales Institut für Umwelt und Gesellschaft, Wissenschaftszentrum) IIES-dp82-2 S. 35–46.

NRC (1975) *Reactor Safety Study: an Assessment of Accident Risks in U.S. Commercial Nuclear Power Plants* Rasmussen Report WASH-1400 (Washington, DC: Nuclear Regulatory Commission).

OECD/Interfutures (1979) *Facing the Future* (Paris: OECD).

O'Hare, M. (1977) "Not on my block you don't: Facility siting and the strategic importance of compensation" *Public Policy* 25:409–58.

O'Hare, M. (1981) "Information management and public choice" in *Public Policy Analysis and Management* 1:223–56.

O'Hare, M., Bacow, L.S., und Sanderson, D. (1983) *Facility Siting and Public Opposition* (New York: Van Nostrand Reinhold).

Office of Technology Assessment (OTA), (1977) *Transportation of Liquefied Natural Gas* (Washington, DC: Office of Technology Assessment).

O'Riordan, T. (1981) "Societal attitudes and energy risk assessment", in G.T. Goodman, L.A. Kristoferson, und J. Hollander (Hrsg.), *European Transitions from Oil – Societal Impacts and Constraints on Energy Policy* (London: Academic Press).

Orr, D.W. (1977) "US energy policy and the political economy of participation" *Journal of Politics* 41(4):1027–56.

Otway, H.J., Pahner, P.D., und Linnerooth, J. (1975) *Social Values in Risk Acceptance* Research Memorandum RM-75-54 (Laxenburg, Osterreich: Internationales Institut für Angewandte Systemanalyse).

Otway, H.J. und von Winterfeldt, D. (1982) "Beyond acceptable risk: On the social acceptability of technologies" *Policy Sciences* 14(3) Juni.

Owen, D. (1982) "Spectral evidence: The witchcraft cosmology of Salem village in 1692" in Douglas, M. (Hrsg.) *Essays in the Sociology of Perception* (London: Routledge and Kegan Paul).

Pfenningsdorf, W. (1979) "Environment, damages and compensation" *American Bar Foundation* 2:347–448.

Philipson, L.L. (1978) "Safety of LNG systems" *Energy Sources* 4:135–155.

Plott, C.R. und Levine, M.E. (1977) "Agenda influence and its implications" *Virginia Law Review* 63(4).

Quade, E.S. (1975) *Analysis for Public Decisions* (New York: Elsevier).

Quine, W.V. (1953) *From a Logical Point of View: Logico-Philosophical Essays* (Cambridge, MA: Harvard University Press).

Raiffa, H. (1980) *Science and Policy: Their Separation and Integration in Risk Analysis* Vortrag gehalten bei dem 6. Symposium über Statistik und die Umwelt, 6.Oktober.

Ramsay, W. (1981) "On assessing risk" *Resources* Nr. 68 (RFF), Oktober, S.10–17.

Rasbash, D.J. and Drysdale, D.D. (1977) *Fire and Explosion Hazard to Dalgety Bay and Aberdour Associated with the Proposed Fife NGL Plant* (University of Edinburgh: Department of Fire Safety Engineering).

Reichel, P. (1981) *Politische Kultur der Bundesrepublik* (Opladen: Leske und Budrich).

Reijnders, L. (1982) "Societal interest", in H. Kunreuther, J. Linnerooth, und R. Starnes (Hrsg.) *Liquefied Energy Gases Facility Siting: International Comparisons*. Protokoll eines IIASA Arbeitspruppentreffens 23–26. September 1980, Collaborative Proceedings CP-82-56 (Laxenburg, Osterreich: Internationales Institut für Angewandte Systemanalyse).

Resnikoff, H.L (1982) *Remarks on Information, Energy, and Economics* Collaborative Paper CP-82-1 (Laxenburg, Osterreich: Internationales Institut für Angewandte Systemanalyse).

Rijnmond (1977) *Notitie inzake diverse aspecten verbonden aan de inspraakprocedure m.b.t. de eventuele aanlanding van LNG op de Maasvlakte* (mimeo) Openbaar Lichaam Rijnmond (afd. milieubeheer) Rotterdam, 7. Dezember.

Rijnmond (1978a) *Nota inzake de aanlanding van LNG* (politische Erklärung, mimeo) Openbaar Lichaam Rijnmond 1978/613, Rotterdam, 7. Juni.

Rijnmond (1978b) *Statement by Rijnmond Public Authority to Parliamentary Committee 14626* (mimeo) Openbaar Lichaam Rijnmond, Rotterdam, 3. Oktober.

Risikoabschätzung (1979) *Risikoabschätzung für den Transport und Umschlag von tiefkalt verflüssigtem Erdgas (LNG) und Chemikalien auf der Jade* (Bonn: Arbeitsgruppe des Beirates für die Beförderung gefährlicher Güter beim Bundesverkehrsministerium).

Ronge, V. (1980) "Theoretical concepts of political decision-making processes", in J. Conrad (Hrsg.) *Society, Technology and Risk Assessment* (New York: Academic Press) S.209.

Ronge, V. (1982) "Risks and the waning of compromise in politics", in H.C. Kunreuther und E.V. Ley (Hrsg.) *The Risk Analysis Controversy: An Institutional Perspective* Protokoll eines IIASA-Sommerseminars in Laxenburg, Osterreich, Juni 1981 (Berlin: Springer-Verlag).

Rotterdam (1977) *LNG Aanvoer via Rotterdam* (Rotterdam: Havenbedrijf der Gemeente).

Rotterdam (1978a) *Aanlanding LNG, Verzameling gedrukte stukken 1978* Bd. 174 (75/47): S.1019–62 (B&W Rotterdam).

Rotterdam (1978b) *Notulen Raadsvergadering* (Gemeenteraad van Rotterdam) S.215–243.

Rowe, W.D. (1977) *An Anatomy of Risk* (New York: Wiley).

Rowe, W.D. (1980) "Risk assessment approaches and methods" in J. Conrad (Hrsg.) *Society, Technology and Risk Assessment* (London: Academic Press).

Saaty, T.L. (1980) *The Analytic Hierarchy Process* (New York: McGraw-Hill).

SAI (1975a) *LNG Terminal Risk Assessment Study for Los Angeles, California*, erstellt für die Western LNG Terminal Company, SAI-75-614-LJ (La Jolla, California: Science Applications, Inc.) Kapitel 1, 8, & 9.

SAI (1975b) *LNG Terminal Risk Assessment Study for Oxnard, California*, erstellt für die Western LNG Terminal Company, SAI-75-615-LJ (La Jolla, California: Science Applications, Inc.).

SAI (1976) *LNG Terminal Risk Assessment for Point Conception, California*, erstellt für die Western LNG Terminal Company (La Jolla, California: Science Applications, Inc.)

Scharpf, F.W., Reissert, B., und Schnabel, F. (1976) *Politikverflechtung: Theorie und Empirie des kooperativen Föderalismus in der BDR* (Kronberg: Scriptor-Verlag).

Schulze, W. und Kneese, A. (1981) "Risk in benefit-cost analysis" *Risk Analysis* 1 (1).

Schwarz, M. (1982) *Decision Making on LNG Terminal Siting: The Netherlands* Collaborative Paper CP-82-45 (Laxenburg, Osterreich: Internationales Institut für Angewandte Systemanalyse).

SES (1976) *Environmental Impact Report for the Proposed Oxnard LNG Facilities* Draft EIR, Appendix B (Los Angeles, California: Socio-Economic Systems, Inc.).

SES (1977) *Survey of LNG Risk Assessment*, erstellt für die California Public Utilities Commission, Contract SA–31 (Los Angeles, CA: Socio-Economic Systems, Inc.).

Simon, H. (1967) "The changing theory and changing practice of public administration", in I. de Sola Pool (Hrsg) *Contemporary Political Science: Toward Empirical Theory* (New York: McGraw-Hill).

Simon, H. (1978) "Rationality as process and as a product of thought" *American Economic Review* 68:1–16.

Simon, H. (1979) "Rational decision making in organizations" *American Economic Review* 69:493–513.

Slovic, P., Fischoff, B., und Lichtenstein, S. (1979) "Rating the risks" *Environment* 21:14–20.

Slovic, P., Fischoff, B., und Lichtenstein, S. (1983) "Characterizing perceived risk", in R.W. Kates und C. Hohenente (Hrsg.) *Technological Hazard Management* (Cambridge, MA: Oelgeschlager, Gunn, and Hain).

Southern, D. (1979) "Germany" in F.F. Ridley (Hrsg.) *Government and Administration in Western Europe* (London: Martin Robertson).

Stallen, P.J.M. und Tomas, A. (1981) *Psychological Aspects of Risk: The Assessment of Threat and Control*. Vortrag gehalten an der Internationale Schule für Technische Risikoermittlng, Euci, Sizilien 20.–31. May.

Starr, C. (1969) "Societal benefits vs. technological risk" *Science* 165:1232–8.

Steiger, H. und Kimminich, O. (1976) *The Law and Practice Relating to Pollution Control in the Federal Republic of Germany* (London: Graham and Trotman).

Stoto, M. (1982) *What to do when the Experts Disagree* Working Paper WP-82-65 (Laxenburg, Osterreich: Internationales Institut für Angewandte Systemanalyse).

STUNET (1977) *LNG Terminal in de Noordzee* Projectgroep LNG Terminal ('s-Gravenhage: STUNET).

Thompson, M. (1979) *Rubbish Theory* (London: Oxford University Press).

Thompson, M. (1980a) *Political Culture: An Introduction* Working Paper WP-80-75 (Laxenburg, Osterreich: Internationales Institut für Angewandte Systemanalyse).

Thompson, M. (1980b) *An Outline of the Cultural Theory of Risk* Working Paper WP-80-177 (Laxenburg, Osterreich: Internationales Institut für Angewandte Systemanalyse).

Thompson, M. (1980c) "Fission and fusion in nuclear society" *Rain*, Newsletter of the Royal Anthropological Institution, London.

Thompson, M. (1981) *Beyond Self-Interest: A Cultural Analysis of a Risk Debate* Working Paper WP-81-17 (Laxenburg, Osterreich: Internationales Institut für Angewandte Systemanalyse).

Thompson, M. (1982) *Among the Energy Tribes: The Anthropology of the Current Policy Debate* Working Paper WP-82-59 (Laxenburg, Osterreich: Internationales Institut für Angewandte Systemanalyse).

TNO (1976) *Evaluatie van de gevaren verbonden aan aanvoer, overslag en opslag van vloeibaar aardgas* (Apeldoorn: TNO Bureau Explosieveiligheid)

TNO (1978) *Evaluatie va de gevaren verbonden aan aanvoer, overslag en opslag van vloeibaar aardgas met betrekking tot een Eemshaven-terminal* (Rijswijk: TNO Bureau Explosieveiligheid).

TNO (1980) *De besluitvorming rond de aanlanding van LNG in Nederland* ir. H. van Amerongen (mimeo) (Apeldoorn: TNO Werkgroep Industrielc Vcilighcid).

Tuller, J. (1978) *The Scope of Hazard Management Expenditure in the US* (mimeo) (Worcester, MA: Clark University).

TÜV (1979) *Sicherheitstechnisches Gutachten im Rahmen des Planfeststellungsverfahrens nach dem Wasserstraßengesetz für die Errichtung und den Betrieb einer Transport- und Umschlagbrücke vor dem nördlichen Teil des Voslapper Grodens in Wilhelmshaven* (Hamburg: Technischer Überwachungs-verein Norddeutschland eV).

Tversky, A. und Kahneman, D. (1974) "Judgment under uncertainty: Heuristics and biases" *Science* 185:1124–31.

Tweede Kamer (1974) *Energienota* Energiepolitische Aussage der Regierung zitting 13122 (1974–1975) Nr. 1–2 ('s-Gravenhage: Tweede Kamer der Staten-Generaal).

Tweede Kamer (1978) *Rapport Onderzoek aanvoer vloeibaar aardgas (LNG) in Nederland* zitting 14626 (1977, 1978, 1979) Nr. 1–33, ('s-Gravenhage: Tweede Kamer der Staten-Generaal).

Tweede Kamer (1978/1979) *Handelingen* (Parlamentsdebatten) zitting (1978-1979) Nr. 5 & 6 ('s-Gravenhage: Tweede Kamer der Staten-Generaal).

US General Accounting Office (1978) *Need to Improve Regulatory Review Process for Liquefied Natural Gas Imports*, Bericht an den Kongreß ID-78-17 (Washington, DC).

Vahrenholt, F. (1980) *Chemieanlagen sind keine Schokoladefabriken!*

Vaupel, J.W. (1981a). *On Statistical Insinuation and Implicational Honesty* Duke University und International Institute for Applied Systems Analysis (unveröffentlicht).

Vaupel, J.W. (1981b) *Analytic Perspective on Setting Environmental Standards* Entwurf eines Berichtes für das Office of Air Quality Planning and Standards (Washington, DC: US Environmental Protection Agency).

Vaupel, J.W. (1982) "Truth and consequences: Roles for analysts and scientists in health safety and environmental policy making", in W.A. Magrat (Hrsg.) *Improving Environmental Regulation* (Cambridge, MA: Ballinger).

Vaupel, J., Kunreuther, H., und Linnerooth, J., und Stoto, M. (1982) *An Abuser's Guide to Risk Assessment* Vortrag gehalten bei der Conference on Low-Probability/High Consequence Risk Analysis, Arlington, VA, Juni (unveröffentlicht).

Walker, J. (1977) "Setting the agenda in the US Senate: A theory of problem selection" *British Journal of Political Science* 7:423–445.

Weinberg, A.M. (1972) "Science and trans-science" *Minerva* 10:209-22.

Weinberg, A.M. (1982) "Reflections on risk assessment" *Risk Analysis* 1(1) März.

Wildavsky, A. (1964) *The Politics of the Budgetary Process* (Boston: Little, Brown and Co).

von Winterfeldt, D. und Edwards, W. (1981) *Assessing Social Controversies about Energy Scenarios* Vortrag gehalten bei dem Workshop on Analysis, Evaluation, and Acceptability of Hazardous Technologies and their Risks, Wissenschaftszentrum, Berlin, 14–17. Dezember.

Wittman, D. (1982) "Efficient rules in highway safety and sparks activity" *American Economic Review* 72(1).

WSB (1978) *Transport gefährlicher Güter zu den geplanten DFTG/ICI-Umschlagsbrücken* (Aurich: Wasser- und Schiffahrtsdirektion Nordwest).

WSB (1979) *Planfeststellungsbeschluß für den Ausbau der Bundeswasserstraße Jade durch die Errichtung und den Betrieb einer Umschlaganlage für Flüssigerdgas der Firma Deutsche Flüssigerdgas Terminal GmbH- DFTG-Essen, vor dem nördlichen Voslapper Groden in Wilhelmshaven* (Aurich: Wasser- und Schiffahrtsdirektion Nordwest).

Wynne, B. (1982) "Institutional mythologies and dual societies in the management of risk" in H.C. Kunreuther und E.V. Ley (Hrsg.) *The Risk Analysis Controversy: An Institutional Perspective*, Protokoll eines workshop über die

Analyse, Bewertung und Annehmbarkeit von gefährlichen Technologien und ihrer Risiken IIASA - Sommerseminars Laxenburg, Osterreich, Juni (Berlin: Springer-Verlag).

Zuid-Holland (1978a) *Aanlanding Vloeibaar Aardgas*, Gedeputeerde Staten van Zuid-Holland (provinciale staten vergadering) ('s-Gravenhage).

Zuid-Holland (1978b) *Notulen Provinciale Staten van Zuid-Holland – Vergadering 15 Juni 1978* Provincie Zuid-Holland ('s-Gravenhage) S.4349–71.

Sachverzeichnis